高等职业教育教材（医药卫生类专业适用）

"十二五"职业教育国家规划教材
经全国职业教育教材审定委员会审定

有机化学
第三版

刘德秀　潘华英　主　编
郝利娜　杨宏芳　副主编

化学工业出版社
·北京·

内 容 提 要

本教材以结构特征为基本点,以各类化合物的基本性质、基本反应为主线,对成熟的电子理论做了相应的简介,着重强调官能团的结构与性质的关系。

本教材共有十六章,第一章绪论介绍了有机化合物的特点、结构和表示方法,有机化合物与医学的关系。第二章至第四章介绍了烷烃、不饱和烃、环烃的结构、命名和性质。第五章至第九章分别介绍了烃分子中的氢原子被卤素原子取代后的化合物——卤代烃;烃的含氧衍生物——醇、酚、醚;羰基化合物(醛、酮、醌);羧酸、取代羧酸(羟基酸和酮酸)和羧酸衍生物。第十章立体化学基础介绍了在有机化合物中极为普遍的立体异构现象。第十一章至第十四章分别介绍了自然界中分布很广,且在生理过程中具有重要作用的含氮化合物;在动植物体内起着重要生理作用的杂环化合物和生物碱;广泛存在于植物、动物组织内,与人们的生活密切相关的有机化合物——糖类;存在于一切细胞中的大分子化合物,生命活动的物质基础——氨基酸和蛋白质;生物体的重要组成部分——类脂。第十六章介绍了医药用有机高分子化合物。本书每章配自测题,可扫描二维码进行在线测试或下载试题。

本教材实验部分共 20 个实验,其中包括沸点测定等 6 个技能实验,乙酸乙酯合成等 3 个制备实验,羧酸和取代羧酸性质等 8 个验证实验,黄连素提取等 3 个提纯实验。

本书可作为高中后三年制高职高专医学检验、临床检验、卫生检验、药学、中药、药物制剂和医学营养等专业有机化学课程教学用书,也可供初中后五年制高职相关专业作为教材使用。

图书在版编目(CIP)数据

有机化学/刘德秀,潘华英主编.—3 版.—北京:化学工业出版社,2020.8(2022.11重印)
"十二五"职业教育国家规划教材:医药卫生类专业适用
ISBN 978-7-122-36873-7

Ⅰ.①有… Ⅱ.①刘… ②潘… Ⅲ.①有机化学-高等职业教育-教材 Ⅳ.①O62

中国版本图书馆 CIP 数据核字(2020)第 081780 号

责任编辑:窦 臻 林 媛　　　　　装帧设计:刘丽华
责任校对:刘 颖

出版发行:化学工业出版社(北京市东城区青年湖南街 13 号　邮政编码 100011)
印　　刷:三河市延风印装有限公司
787mm×1092mm　1/16　印张 18¾　字数 453 千字　2022 年 11 月北京第 3 版第 4 次印刷

购书咨询:010-64518888　　　　　售后服务:010-64518899
网　　址:http://www.cip.com.cn
凡购买本书,如有缺损质量问题,本社销售中心负责调换。

定　价:48.00 元　　　　　　　　　　　　　　　版权所有　违者必究

编 写 说 明

无机化学、有机化学和分析化学是医学相关类各专业的基础课，本系列教材包括《无机化学》《有机化学》《分析化学》三个分册。自出版以来，以"贴近专业、贴近学生、贴近生活"、体现"浅、宽、新"为特色，受到广大师生的欢迎。第二版均被教育部评审为"十二五"职业教育国家规划教材。该系列教材第三版在"不断完善、不断优化"和"服务专业、学以致用"的思想指导下，在原有教材基础上进行了完善和优化，并结合专业需要适当增加了部分内容。

根据"化学直接为医学相关类各专业课程奠定必要的理论和实践基础；同时体现化学在人们日常生活中指导科学饮食、预防疾病、环境保护等方面的重要作用"的课程定位，在教材修订过程中，注重理论与实践的联系，突出职业能力的培养，弱化其理论性；依据专业课和岗位的需求，筛选教材内容；依据认知规律和学生的实际情况对教材内容进行组织编排。从专业角度出发，以相应的职业资格为导向，吸纳新知识、新技术、新方法。围绕必需的知识点组织编排教材内容，内容简明扼要，便于学生接受，充分体现高职教学的特点，体现以学生为主的教学理念。

本系列教材适用于高中后三年制高职高专医学检验、临床检验、卫生检验、药学、中药、药物制剂和医学营养等专业学生；初中后五年制高职相关专业学生也可选用。

本系列教材的三个分册既有一定的联系，在内容编排上又具有各自的完整性与独立性，各学校可以整体配套使用，也可以根据不同专业课程设置的需要单独选择使用。

教材编写组
2020 年 1 月

前言

"有机化学"是医学相关类（药学、中药学、医学检验、卫生检验、医学营养等）专业的专业基础课。它的主要任务是为学习后续专业课奠定必要的理论和实践基础。通过本课程的学习，学生可掌握有机化合物的基本结构理论、基本知识及应用和基本操作技能，培养学生创新、获取信息以及终身学习的能力。

《有机化学》教材第一版于2010年由化学工业出版社出版，2014年第二版教材入选为教育部第一批"十二五"职业教育国家规划教材。本教材自出版以来，以"贴近专业、贴近学生、贴近生活"、体现"浅、宽、新"为特色，受到国内许多兄弟院校师生的喜爱和好评。同时在使用过程中编者与读者之间通过多种途径的交流和探讨，对不妥之处加以修改和纠正。在此，对关心本教材和提出宝贵意见的老师和学生表示由衷的感谢！为进一步提高教材的水平和质量，与时俱进，在继承和巩固前二版教材建设工作成果的基础上，进行第二次修订并再版。

本教材的修订适应时代需求，贯彻落实《国家职业教育改革实施方案》的主要内涵和精神实质，全面落实以学生为本的教育理念，将社会主义核心价值观渗透到教材中；教材编写紧紧围绕专业培养目标要求，充分体现"三基""五性""三特定"（三基：基本知识、基本理论、基本技能；五性：思想性、科学性、先进性、启发性、适用性；三特定：特定目标、特定对象、特定限制）的原则。在修订过程中，编者们虚心接受了各院校使用本教材的意见和建议，对各章内容进行优化和精练文字，使老师更容易讲授，学生更容易读懂。在原有教材的基础上，每章开始，均增设了"知识导图"，清晰梳理了章节内容，便于学生学习、理解和记忆；每章的结尾，均设有"二维码"，学生可利用智能手机扫描二维码，通过在线测试完成自测题，检查学习效果，还可下载自测题，方便复习和巩固；在适当的章节增加了"致用小贴"，体现课程知识与生活、专业的联系，提高学习兴趣。本教材配套有教学课件，使用本教材的学校可以和化学工业出版社联系（cipedu@163.com）免费索取。

教材在整体上仍以简明为特点，基本内容覆盖面宽而不杂。各学校可根据各专业的课程标准和教学课时数，对教材的授课和实验内容进行选取。

本教材由苏州卫生职业技术学院刘德秀、潘华英任主编，苏州卫生职业技术学院郝利娜、福建卫生职业技术学院杨宏芳任副主编，苏州卫生职业技术学院杨斌、福建卫生职业技术学院刘全裕和鞍山卫生学校刘珉、范春红等参加了编写工作。

在对教材不断优化，不断完善的过程中，深感教材建设仍是一项系统工程，永无止境。恳请使用本书的师生提出宝贵意见，以便再版时予以改进，使教材更好地适应高职高专医学相关类专业的发展需要。

编者

2020年2月

第一版前言

随着高等职业教育的普及与深入发展，作为高职高专类医学检验、药学、医学营养等专业的一门重要的基础课程——有机化学课程建设也面临着新的挑战。高职高专类的医学检验、药学、医学营养等专业，既不同于本科类专业，也不同于中专类专业，不仅学生的知识水平发生了变化，教学的内容和要求也有了重要改变。针对这一情况，我们组织了一批具有丰富教学经验的教师对职业教育课程模式进行全面和深入的调查，走访了多家药厂和医院，在充分了解相关医学专业的现状、水平、发展趋势，以及后续专业课程对有机化学课程需求的基础上，制定了课程标准，组织编写了本教材。本教材也是江苏省卫生厅卫生职业技术教育研究课题"三年制检验、药学、营养专业化学类课程标准定位与教学方法研究"成果之一。

《有机化学》教材以化合物结构特征为基本点，以各类化合物的基本性质、基本反应为主线，对成熟的电子理论做了相应的简介，着重强调官能团的结构与性质的关系。

本教材共有16章，其中第一章绪论介绍了有机化合物的特点、结构等基本概念；第二章至第五章分别介绍了烷烃、不饱和烃、环烃和卤代烃等；第六章至第九章分别介绍醇、酚、醛、酮、羧酸及取代羧酸、羧酸衍生物等；第十章介绍了立体异构；第十一章至第十五章分别介绍含氮化合物、杂环化合物、生物碱、糖类、氨基酸、蛋白质、萜类和甾体化合物等；第十六章对医药用有机高分子化合物做了简介。

本教材在整体上以简明为特点，基本内容覆盖面宽而不杂。书后附有19个实验，其中包括6个技能实验（沸点测定等），3个制备实验（乙酸乙酯合成等），8个性质实验（羧酸和取代羧酸性质等），2个提纯实验（黄连素提取等）。

各学校可根据不同专业的课程标准和教学时数，对教材的授课和实验内容进行选取。

为方便教学，本书配有PPT课件以及思考与练习参考答案，使用本教材的学校可以与化学工业出版社联系（cipedu@163.com），免费索取。

本教材由苏州卫生职业技术学院潘华英、山东中医药高等专科学校叶国华任主编，苏州卫生职业技术学院张建云任副主编，苏州卫生职业技术学院钱苏生、泉州医学高等专科学校陈剑雄、鞍山师范学院附属卫生学校刘珉参加了编写工作。

教材在编写过程中，得到了苏州卫生职业技术学院检验药学系的老师和临床专家的大力帮助和支持，再次表示衷心感谢！对本书所引用文献资料的作者表示深深的谢意！

限于编者水平，若有疏漏和不当之处，恳请使用本书的师生批评指正，以便不断修改，更臻完善。

编者

2010年6月

第二版前言

2010年出版的《有机化学》以"贴近专业、贴近学生、贴近生活"、体现"浅、宽、新"为特色，承蒙广大读者的喜爱和好评。本着不断优化、精益求精的理念，我们在原来教材基础上进行了优化整合，修正了存在的不足，以更好地服务专业，提高教学效率。主要修订内容如下：

1. 在原教材框架基础上，每个章节增加"学习目标"，针对不同专业对课程的需求，在教材附录中列出了"主要有机物与后续课程知识点的衔接关系"，以便掌握"够用"和"实用"的尺度。

2. 将原教材的"思考与练习"改为"目标测试"。测试内容分为必做题和选做题，可根据不同专业的课程目标，指导学生完成目标测试，有利于学生把握"学什么？如何学？"。

3. 调整了部分章节的名称及内容，使教材所介绍内容更为合理。例如：原第八章"羧酸及取代羧酸"，改为"羧酸、羟基酸和酮酸"。原第十章"立体异构"，改为"立体化学基础"。

4. 调整了部分章节中介绍的化合物，增加了一些与专业更为密切的化合物。例如：羧酸衍生物一章中，删除了光气改为盐酸普鲁卡因；含氮化合物一章中，删除了甲胺改为多巴胺和肾上腺素。

5. 进一步优化和精练文字，使老师更容易讲授，学生更容易读懂。

6. 教材的知识层次和相互关系更加明晰。修订后的教材仍保持原来十六章，第一章介绍了有机化合物的特点、结构和表示方法，有机化合物与医学的关系。第二章至第四章介绍了烷烃、不饱和烃、环烃及其结构、命名和性质，烃是一切有机化合物的母体，是有机化学的重要基础。之后各章，循序渐进，不断深入介绍各类有机物。第五章至第九章分别介绍了烃分子中的氢原子被卤素原子取代后的化合物——卤代烃；烃的含氧衍生物——醇、酚、醚；羰基化合物（醛、酮、醌），羧酸、取代羧酸（羟基酸和酮酸）和羧酸衍生物。第十章立体化学基础介绍了在有机化合物中极为普遍的立体异构现象。第十一章至第十五章分别介绍了自然界中分布很广，且在生理过程中具有重要作用的含氮化合物；在动植物体内起着重要的生理作用的杂环化合物和生物碱；广泛存在于植物、动物组织内，与人们的生活密切相关的有机化合物——糖类；存在于一切细胞中的大分子化合物，生命活动的物质基础——氨基酸和蛋白质；生物体的重要组成部分——类脂。第十六章介绍了医药用有机高分子化合物。

7. 修订的教材将充分利用网络平台进行知识拓展更新和课件的发布，使得纸质教材与网络资源得到互补，及时完善教材内容，提高教学质量和效率。使用本教材的学校也可发邮件至化工出版社（cipedu@163.com）免费索取。

教材保留了丰富的实验内容，包括6个技能实验（熔点、沸点测定等），3个制备实验（乙酸乙酯合成等），8个验证实验（羧酸和取代羧酸性质等），3个提纯实验（黄连素提取等）。为便于教学，本教材利用网络平台发布参考的实验指导书。

教材在整体上仍以简明为特点，基本内容覆盖面宽而不杂。各学校可根据医学相关类专业的课程标准和教学课时数，对教材的授课和实验内容进行选取。

本教材由苏州卫生职业技术学院潘华英任主编，苏州卫生职业技术学院张建云、刘德秀任副主编，泉州医学高等专科学校陈剑雄、扬州职业大学车音、鞍山师范学院附属卫生学校刘珉参加了编写工作。

在对教材不断优化、不断完善的过程中，我们深感教材建设仍是一项系统工程，永无止境。恳请使用本书的师生批评指正，通过多种渠道反馈使用信息，使本教材更好地适应高职高专医学类相关专业的发展需要。

编者

2014 年 2 月

目 录

第一章 绪论 ········· 1
知识导图 ········· 1
学习目标 ········· 1
第一节 有机化合物的特点 ········· 2
　一、有机化合物和有机化学 ········· 2
　二、有机化合物的特性 ········· 2
　三、有机化合物的分类 ········· 3
　四、有机化学与医学 ········· 4
第二节 有机化合物的结构 ········· 4
　一、碳原子的成键特性 ········· 4
　二、共价键的键参数 ········· 5
　三、有机化合物的表示方法 ········· 7
　四、共价键的断裂方式和有机化学反应的基本类型 ········· 8
致用小贴 ········· 10
目标测试 ········· 10

第二章 烷烃 ········· 12
知识导图 ········· 12
学习目标 ········· 12
第一节 烷烃的结构和命名 ········· 13
　一、烷烃的通式、同系列和同系物 ········· 13
　二、烷烃的分子结构 ········· 13
　三、烷烃的命名 ········· 14
第二节 烷烃的性质 ········· 17
　一、烷烃的物理性质 ········· 17
　二、烷烃的化学性质 ········· 17
　三、重要的烷烃 ········· 19
致用小贴 ········· 19
目标测试 ········· 19

第三章 不饱和烃 ········· 21
知识导图 ········· 21
学习目标 ········· 21
第一节 烯烃 ········· 22

一、烯烃的命名、异构现象和结构 ………………………………………… 22
　　　二、烯烃的性质 …………………………………………………………… 24
　　　三、诱导效应 ……………………………………………………………… 27
　　　四、重要的烯烃 …………………………………………………………… 28
　第二节　二烯烃 ……………………………………………………………… 28
　　　一、二烯烃的分类、命名和结构 ………………………………………… 28
　　　二、共轭二烯烃的化学性质 ……………………………………………… 29
　　　三、重要的共轭烯烃 ……………………………………………………… 30
　第三节　炔烃 ………………………………………………………………… 30
　　　一、炔烃的命名、异构现象和结构 ……………………………………… 30
　　　二、炔烃的性质 …………………………………………………………… 32
　　　三、重要的炔烃 …………………………………………………………… 34
　致用小贴 ……………………………………………………………………… 34
　目标测试 ……………………………………………………………………… 34

第四章　环烃 …………………………………………………………………… 36
　知识导图 ……………………………………………………………………… 36
　学习目标 ……………………………………………………………………… 37
　第一节　脂环烃 ……………………………………………………………… 37
　　　一、脂环烃的分类、命名和结构 ………………………………………… 37
　　　二、脂环烃的性质 ………………………………………………………… 39
　第二节　芳香烃 ……………………………………………………………… 40
　　　一、芳香烃的分类、命名和结构 ………………………………………… 40
　　　二、单环芳香烃的性质 …………………………………………………… 42
　　　三、亲电取代反应的定位规律 …………………………………………… 45
　　　四、稠环芳香烃 …………………………………………………………… 47
　致用小贴 ……………………………………………………………………… 49
　目标测试 ……………………………………………………………………… 49

第五章　卤代烃 ………………………………………………………………… 52
　知识导图 ……………………………………………………………………… 52
　学习目标 ……………………………………………………………………… 52
　第一节　卤代烃的分类和命名 ……………………………………………… 53
　　　一、卤代烃的分类 ………………………………………………………… 53
　　　二、卤代烃的命名 ………………………………………………………… 53
　第二节　卤代烃的性质 ……………………………………………………… 54
　　　一、物理性质 ……………………………………………………………… 54
　　　二、化学性质 ……………………………………………………………… 54
　第三节　重要的卤代烃 ……………………………………………………… 59
　致用小贴 ……………………………………………………………………… 60

    目标测试 ………………………………………………………………………………… 60

第六章　醇、酚和醚 ………………………………………………………………… 62
知识导图 ……………………………………………………………………………… 62
学习目标 ……………………………………………………………………………… 63
第一节　醇 ……………………………………………………………………… 64
一、醇的分类、命名和结构 …………………………………………………… 64
二、醇的性质 …………………………………………………………………… 66
三、醇的制备 …………………………………………………………………… 69
四、重要的醇 …………………………………………………………………… 70
第二节　酚 ……………………………………………………………………… 71
一、酚的分类、命名和结构 …………………………………………………… 71
二、酚的性质 …………………………………………………………………… 72
三、重要的酚 …………………………………………………………………… 74
第三节　醚 ……………………………………………………………………… 75
一、醚的分类、命名和结构 …………………………………………………… 75
二、醚的性质 …………………………………………………………………… 76
三、醚的制备 …………………………………………………………………… 77
四、重要的醚 …………………………………………………………………… 77
致用小贴 ……………………………………………………………………………… 78
目标测试 ……………………………………………………………………………… 79

第七章　醛、酮和醌 ………………………………………………………………… 81
知识导图 ……………………………………………………………………………… 81
学习目标 ……………………………………………………………………………… 82
第一节　醛和酮 ………………………………………………………………… 82
一、醛和酮的分类、命名和结构 ……………………………………………… 82
二、醛和酮的性质 ……………………………………………………………… 83
三、重要的醛和酮 ……………………………………………………………… 89
第二节　醌 ……………………………………………………………………… 90
一、醌的结构和命名 …………………………………………………………… 90
二、醌的性质 …………………………………………………………………… 90
三、重要的醌 …………………………………………………………………… 91
致用小贴 ……………………………………………………………………………… 92
目标测试 ……………………………………………………………………………… 92

第八章　羧酸、羟基酸和酮酸 ……………………………………………………… 94
知识导图 ……………………………………………………………………………… 94

学习目标 ·· 95
　第一节　羧酸 ·· 95
　　一、羧酸的分类、命名和结构 ··· 95
　　二、羧酸的性质 ·· 97
　　三、重要的羧酸 ·· 101
　第二节　羟基酸 ··· 102
　　一、羟基酸的分类和命名 ··· 102
　　二、羟基酸的性质 ··· 103
　　三、重要的羟基酸 ··· 105
　第三节　酮酸 ··· 106
　　一、酮酸的分类和命名 ·· 106
　　二、酮酸的性质 ·· 106
　　三、重要的酮酸 ·· 107
　致用小贴 ··· 108
　目标测试 ··· 108

第九章　羧酸衍生物 ··· 110
　知识导图 ··· 110
　学习目标 ··· 111
　知识导图 ··· 110
　第一节　羧酸衍生物 ·· 111
　　一、羧酸衍生物的命名 ·· 111
　　二、羧酸衍生物的结构 ·· 112
　　三、羧酸衍生物的性质 ·· 113
　　四、重要的羧酸衍生物 ·· 118
　第二节　油脂 ··· 119
　　一、油脂的组成与结构 ·· 120
　　二、油脂的性质 ·· 121
　第三节　碳酸衍生物 ·· 122
　　一、脲 ·· 123
　　二、丙二酰脲 ··· 124
　　三、胍 ·· 125
　　四、硫脲 ·· 125
　致用小贴 ··· 126
　目标测试 ··· 126

第十章　立体化学基础 ··· 128
　知识导图 ··· 128

学习目标 ········· 129

第一节 顺反异构 ········· 130
一、顺反异构的概念 ········· 130
二、顺反异构产生的条件 ········· 130
三、顺反异构体的构型表示法 ········· 131
四、顺反异构体在性质上的差异 ········· 132

第二节 对映异构 ········· 133
一、偏振光和旋光性 ········· 133
二、对映异构 ········· 135
三、旋光异构体的拆分 ········· 141

第三节 构象异构 ········· 142
一、乙烷的构象 ········· 142
二、正丁烷的构象 ········· 142
三、环己烷的构象 ········· 143

致用小贴 ········· 144
目标测试 ········· 145

第十一章 含氮化合物 ········· 146
知识导图 ········· 146
学习目标 ········· 147

第一节 硝基化合物 ········· 147
一、硝基化合物的分类和命名 ········· 147
二、硝基化合物的结构 ········· 148
三、硝基化合物的性质 ········· 148
四、重要的硝基化合物 ········· 151

第二节 胺 ········· 151
一、胺的分类和命名 ········· 152
二、胺的结构 ········· 153
三、胺的性质 ········· 153
四、季铵盐和季铵碱 ········· 159
五、重要的胺 ········· 160

第三节 重氮和偶氮化合物 ········· 161
一、重氮化合物 ········· 161
二、偶氮化合物 ········· 163

致用小贴 ········· 164
目标测试 ········· 164

第十二章 杂环化合物和生物碱 ········· 167
知识导图 ········· 167

学习目标·· 168

第一节　杂环化合物分类、命名和结构·················· 168
一、杂环化合物的分类·· 168
二、杂环化合物的命名·· 168
三、杂环化合物的结构·· 170

第二节　杂环化合物的性质·················· 171
一、溶解性··· 171
二、酸碱性··· 171
三、氧化反应··· 172
四、取代反应··· 172
五、氢化反应··· 174

第三节　重要的杂环化合物·················· 175
一、五元杂环化合物··· 175
二、六元杂环化合物··· 176
三、稠杂环化合物··· 177

第四节　生物碱·················· 178
一、生物碱的分类和命名··· 179
二、生物碱的一般性质··· 179
三、医学上常见的生物碱··· 180

致用小贴·· 181
目标测试·· 182

第十三章　糖类·· 184
知识导图·· 184
学习目标·· 185

第一节　单糖·················· 186
一、单糖的结构··· 186
二、单糖的性质··· 190
三、重要的单糖··· 194

第二节　双糖·················· 195
一、麦芽糖··· 195
二、乳糖··· 196
三、蔗糖··· 196

第三节　多糖·················· 197
一、淀粉··· 197
二、糖原··· 198
三、右旋糖酐··· 199

四、纤维素 199
　致用小贴 200
　目标测试 200

第十四章 氨基酸和蛋白质 202
　知识导图 202
　学习目标 203

　第一节 氨基酸 203
　　一、氨基酸的分类和命名 203
　　二、氨基酸的理化性质 205
　第二节 蛋白质 208
　　一、蛋白质的组成和分类 209
　　二、蛋白质的结构 209
　　三、蛋白质的性质 211
　致用小贴 215
　目标测试 215

第十五章 类脂 216
　知识导图 216
　学习目标 216

　第一节 磷脂 217
　第二节 萜类化合物 218
　　一、萜类化合物定义、分类和通性 218
　　二、重要的萜类化合物 220
　第三节 甾体化合物 223
　　一、甾体化合物的结构 223
　　二、甾体化合物的命名 224
　　三、重要的甾体化合物 224
　致用小贴 227
　目标测试 227

第十六章 医药用有机高分子化合物简介 228
　知识导图 228
　学习目标 228

　第一节 高分子化合物概述 229
　　一、高分子化合物的基本概念 229
　　二、高分子化合物的分类 229

  三、高分子化合物的命名 ………………………………………………… 230
  四、高分子化合物的合成方法 ……………………………………………… 231
 第二节　高分子化合物结构与性质 …………………………………………… 232
  一、高分子化合物的结构 ………………………………………………… 232
  二、高分子化合物的性质 ………………………………………………… 233
 第三节　高分子化合物在医药中的应用 ……………………………………… 234
  一、高分子化合物在医学中的应用 ……………………………………… 234
  二、高分子化合物在药学中的应用 ……………………………………… 236
 致用小贴 …………………………………………………………………………… 238
 目标测试 …………………………………………………………………………… 238

实验部分 ………………………………………………………………………… 239

 有机化学实验须知 ………………………………………………………………… 239
 实验一　熔点的测定 ……………………………………………………………… 241
 实验二　常压蒸馏及沸点的测定 ………………………………………………… 243
 实验三　水蒸气蒸馏 ……………………………………………………………… 245
 实验四　烃和卤代烃的性质 ……………………………………………………… 247
 实验五　醇、酚、醚的性质 ……………………………………………………… 249
 实验六　醛和酮的性质 …………………………………………………………… 252
 实验七　羧酸和取代羧酸的性质 ………………………………………………… 253
 实验八　羧酸衍生物的性质 ……………………………………………………… 255
 实验九　有机含氮化合物的性质 ………………………………………………… 257
 实验十　乙酸乙酯的制备 ………………………………………………………… 259
 实验十一　乙酰水杨酸的制备 …………………………………………………… 261
 实验十二　糖的化学性质 ………………………………………………………… 263
 实验十三　葡萄糖溶液旋光度的测定 …………………………………………… 265
 实验十四　氨基酸和蛋白质的性质 ……………………………………………… 266
 实验十五　苯甲醇和苯甲酸的制备 ……………………………………………… 268
 实验十六　从茶叶中提取咖啡因 ………………………………………………… 270
 实验十七　从黄连中提取黄连素 ………………………………………………… 271
 实验十八　重结晶 ………………………………………………………………… 272
 实验十九　减压蒸馏 ……………………………………………………………… 274
 实验二十　从海带中提取碘 ……………………………………………………… 277
 实验附录　本书实验所用部分试剂配制法 ……………………………………… 278

附录　主要有机物与后续课程知识点的衔接关系 ………………………………… 280

参考文献 …………………………………………………………………………… 283

第一章 绪 论

 知识导图

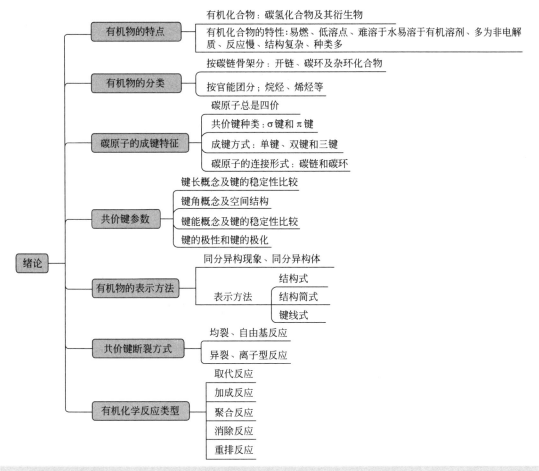

学习目标

1. 掌握有机化合物和有机化学的概念。
2. 掌握有机化合物的特点和有机化合物的结构。
3. 熟悉共价键的重要参数。
4. 熟悉有机化合物的分类方法和有机反应的类型。
5. 熟悉有机化合物结构式的表示方法。

第一节　有机化合物的特点

一、有机化合物和有机化学

有机化合物简称有机物,它与人们的生活密切相关,例如,多数的食物、药物、服装、塑料、橡胶、汽油等都是有机化合物。

早在古代,人类就已经利用了一些有机物,以供生产和生活的需要。除了吃的植物和动物等自然的有机物外,经过化学加工的有机物也不少。我国古代在制糖、酿造、染色、医药、造纸等方面都做出了许多成就。古印度、巴比伦、埃及、希腊和罗马,在染色、酿造、制造有机药剂等方面也做出了不少的贡献。但是有关这些有机物质的化学知识却知道得很少,比较起来远远落后于无机化学。

"有机化学"这一名词于1806年首次由贝采利乌斯提出。当时是作为"无机化学"的对立物而命名的。19世纪初,许多化学家相信,在生物体内由于存在所谓"生命力",才能产生有机化合物,而在实验室里是不能由无机化合物合成的。

1824年,德国化学家维勒从氰经水解制得草酸;1828年他无意中用加热的方法又使氰酸铵转化为尿素。氰和氰酸铵都是无机化合物,而草酸和尿素都是有机化合物。维勒的实验结果给予"生命力"学说第一次冲击。此后,乙酸等有机化合物相继由碳、氢等元素合成,"生命力"学说才逐渐被人们抛弃。

由于合成方法的改进和发展,越来越多的有机化合物不断地在实验室中合成出来,其中,绝大部分是在与生物体内迥然不同的条件下合成出来的。"生命力"学说被彻底推翻了,"有机化学"这一名词却沿用至今。

根据对有机化合物的研究,得知有机化合物都含有碳元素,绝大多数还含有氢元素,有的还含有氧、氮、硫、磷等元素。所以有机化合物是含碳的化合物,根据有机化合物的组成,也可以说**有机化合物是碳氢化合物及其衍生物**。一些具有无机化合物性质的含碳化合物,如一氧化碳、二氧化碳、碳酸和碳酸盐、氰化物等,则不列入有机化合物。

研究有机化合物的化学称为有机化学(organic chemistry)。有机化学是研究有机化合物的组成、结构、性质、合成、应用以及它们之间的相互转变和内在联系的科学。

二、有机化合物的特性

有机化合物都含有碳元素,由于碳原子的结构和成键特点,使有机化合物的结构和性质具有特殊性。与无机化合物比较大多数有机化合物具有以下特性。

(1) 容易燃烧　绝大多数无机化合物不易燃烧而大多数有机化合物可以在空气中燃烧,燃烧时主要生成二氧化碳和水。

(2) 熔点和沸点较低　无机化合物中多为离子键,靠离子间较强的静电作用力形成离子晶体,破坏离子晶体所需的能量较高。固态有机化合物是靠相对较弱的分子之间作用力结合而成的分子晶体,破坏这种晶体所需的能量较小,所以有机化合物的熔点较低,一般不超过400℃。同样,有机化合物沸点也比较低。

(3) 难溶于水而易溶于有机溶剂　大多数有机化合物分子的极性较弱或者是非极性的。根据"相似相溶"原理,它们难溶于极性较强的水,而易溶于非极性或极性小的有机溶剂。

(4) 一般不导电，多为非电解质　有机化合物中的化学键基本上是共价键，极性小或无极性。在水溶液中或熔化状态下难电离，不导电，所以一般为非电解质。

(5) 反应速率慢，反应复杂，常伴有副反应　无机化合物之间发生反应很快，往往瞬间完成。而有机物之间的反应则比较慢，需要较长的时间，如几十分钟、几个小时或更长的时间才能完成。这主要原因是无机物反应为离子反应，反应速率快。而有机物反应一般为分子之间反应，反应速率取决于分子之间的有效碰撞。因此通常需要加热或加催化剂等方法来加快反应速率。

(6) 结构复杂、种类繁多　有机化合物分子中，碳原子之间的相互结合力很强。由于碳原子之间连接顺序和成键方式的不同，使得有些有机化合物，虽然分子组成相同，但却有不同的分子结构，性质也不相同，则不是同一种物质。而无机化合物往往分子组成与其分子结构是一一对应的，即一个化学式只代表一种物质。因此，虽然参与形成有机化合物的元素种类比无机化合物的元素种类少得多，但有机化合物的数目却比无机化合物的数目多得多。

有机化合物具有以上特性，但也有例外的情况。例如：四氯化碳不但不燃烧，而且可用做灭火剂；糖、醋酸、酒精等在水中极易溶解；梯恩梯（TNT）炸药的爆炸是瞬间完成的。

三、有机化合物的分类

有机化合物一般有两种分类方法：一种是根据分子中碳原子的连接方式（碳链的骨架）分类；另一种是按照官能团分类。

（一）根据碳链骨架分类

1. 开链化合物（脂肪族化合物）

碳原子互相结合形成链状，两端张开不成环。例如：

$$CH_3CH_2CH_2CH_3 \qquad CH_3CH_2CH = CH_2$$

2. 碳环化合物

碳原子互相连接成环，它们又分为两种。

(1) 脂环族化合物　这一类化合物的碳原子互相连接成环，其性质与开链化合物相似。例如：

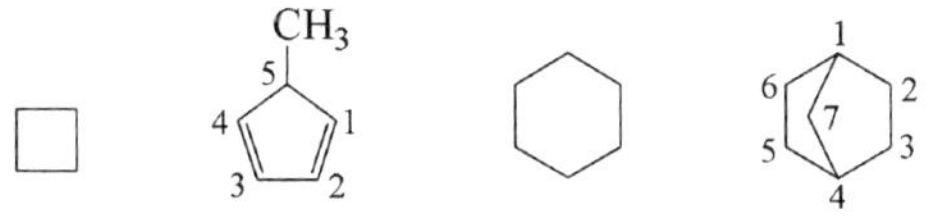

(2) 芳香族化合物　这类化合物经典的概念是指含有苯环的化合物，它们具有特殊的"芳香性"，与脂肪族化合物的性质有很大的不同。例如：

3. 杂环化合物

碳原子和其他元素的原子（称为杂原子）如 O、S、N 等共同构成环状化合物。例如：

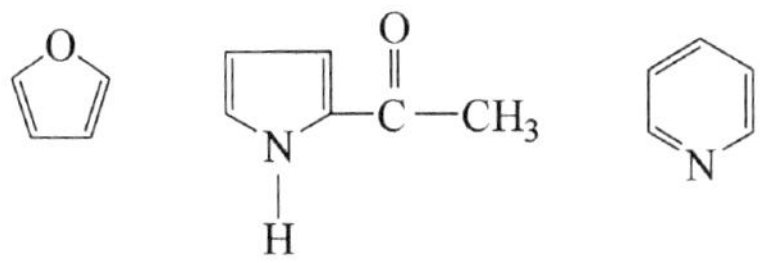

（二）根据官能团分类

能决定有机化合物主要性质的原子或原子团称为官能团。一般来说，含有相同官能团的化合物具有类似的性质。常见的官能团及化合物类别见表 1-1。

表 1-1　常见的官能团及化合物的类别

官能团结构	官能团名称	物质类别	官能团结构	官能团名称	物质类别
—C=C—	碳碳双键	烯	$\overset{O}{\underset{\|}{—C—}}$	酮基	酮
—C≡C—	碳碳三键	炔	—COOH	羧基	羧酸
—X	卤素	卤代烃	—CONH$_2$	酰胺键	酰胺
—OH	羟基	醇/酚	—NH$_2$	氨基	胺
—SH	巯基	硫醇	—NO$_2$	硝基	硝基化合物
—C—O—C—	醚键	醚	$\overset{O}{\underset{\|}{—C—O—}}$	酯键	酯
—CHO	醛基	醛	—SO$_3$H	磺酸基	磺酸

四、有机化学与医学

有机化学是医学科学的一门专业基础课程。医学研究的对象是复杂的人体，组成人体的物质除了水和一些无机盐外，绝大部分是有机化合物，它们在人体内有着不同的功能并进行一系列的化学变化。生物化学就是运用有机化学的原理和方法来研究这些变化的一门学科。医学检验学离不开有机化学的基本知识，例如蛋白质测定、氨基酸及其代谢产物的测定、糖类及其代谢产物的测定、血红蛋白及其代谢产物的测定等都需要用到有机化学知识。有机化学与药学专业的关系十分密切，人类用于防病治病的药物绝大部分是有机化合物；分析药物的组成、结构，药物的有效成分的含量测定；药理学中研究药物化学结构与药效的关系；中草药中有效成分的分离、提纯、改性以及药物的鉴定、保存、剂型加工和药物合成、质量管理等，均需要有机化学知识。在与各种疾病作斗争的过程中，不断涌现出来的新药几乎无一例外是有机化合物。因此，医学院校的学生必须具备一定的有机化学知识。

第二节　有机化合物的结构

有机化合物的结构包括分子的组成、分子内原子间的连接顺序、排列方式、化学键和空间构型及分子中电子云的分布等。形成有机化合物的元素种类不多，但是有机化合物却有几千万种。有机化合物如此庞大的数目与碳原子的结构及其独特的成键方式是分不开的。

一、碳原子的成键特性

1. 碳原子的化合价

碳在元素周期表中位于第 2 周期ⅣA 族，碳原子的核外电子排布式为 $1s^2 2s^2 2p^2$，最外电子层有四个电子，要通过得失电子达到稳定的电子构型是不容易的，它往往通过共用电子对（电子云重叠）与其他原子相结合，因此在有机化合物分子中，碳有四个共价键。

2. 共价键的种类

成键时由于原子轨道重叠的方式不同，共价键分为σ键和π键两种类型。**成键的两个原子沿着键轴的方向"头对头"相互重叠所形成的共价键叫σ键**。s轨道和s轨道之间、s轨道和p轨道之间、p轨道和p轨道之间均可形成σ键（图1-1）。

图1-1　σ键的形成

若由**两个相互平行的p轨道从侧面"肩并肩"相互重叠所形成的共价键叫π键**（图1-2）。

σ键的电子云呈圆柱形对称分布于键轴周围，可以绕键轴自由旋转，说明σ键的电子云比较集中，受两核的约束较大，不易受外电场的影响，因此，σ键不易断裂，性质较稳定。而π键的电子云分布于键轴的上下两边，轨道重叠程度较小，说明π键电子云比较分散，受两核的约束较小，易受外电场的影响，因此π键容易断裂，性质较活泼。σ键比π键牢固，有机化合物中的单键都是σ键，π键不能单独存在，只能与σ键共存于双键和三键之中。

图1-2　π键的形成

3. 碳原子的成键方式

碳原子不仅能与H、O、N等原子形成共价键，碳原子之间也能通过共用电子对形成单键、双键或三键。例如：

碳碳单键　　　碳碳双键　　　碳碳三键

4. 碳原子的连接形式

由碳原子相互结合后构成的有机化合物基本骨架称为碳架。碳架可分为碳链和碳环两类。碳原子之间连接成一条长短不一、首尾不相连的碳链。例如：

```
                                    C
                              |     |
—C—C—C—C—C—C—    —C  C—C—    —C—C—C—C—C—
                        |           |   |
                        C           C   C
```

碳原子之间首尾相连形成形状各异的碳环。例如：

```
    C             C           C              C
   / \           / \         / \            / \
  C   C     C   C   C—C—C—  C   C         C—C
  |   |     |   |              |   |
  C—C       C   C           C   C
             \ /             \ /
              C               C
```

二、共价键的键参数

共价键的键参数是指键长、键角、键能和键的极性等物理量。这些物理量能体现共价键的基本性质，是分析、研究有机化合物结构和性质的重要依据。

1. 键长

键长是指形成共价键的两个原子核之间的距离，单位pm。键长主要取决于电子云的重叠程度，重叠程度越大，键长越短。键长还与碳原子的杂化及成键类型有关。键长是判断共价键稳定性的参数之一,一般共价键键长越长,共价键的稳定性越差。一些常见共价键的键长见表 1-2。

表 1-2 一些常见共价键的键长　　　　　　　　　　　　单位:pm

共 价 键	键 长	共 价 键	键 长	共 价 键	键 长
C—C	154	C—F	141	C=C	134
C—H	109	C—Cl	177	C=O	122
C—O	143	C—Br	191	C=N	128
C—N	147	C—I	212	C≡N	116
O—H	96	N—H	109	C≡C	120

2. 键角

原子与其他两个原子形成共价键时,键与键之间的夹角称为键角。键角是决定有机化合物分子空间结构和性质的重要因素。若键角与正常角度相比改变过大,就会影响分子的稳定性,导致一些特殊的性质。

3. 键能

双原子分子的共价键裂解时所吸收的能量,称为该共价键的键能,又称为离解能。但对于多原子分子,键能与离解能是不同的。键能是指分子中同类共价键的平均离解能,而离解能是裂解分子中某一个共价键时所需的能量。键能是表示共价键强度的一个物理量。一般说来,键能越大,该共价键越稳定。常见的共价键的键能见表 1-3。

表 1-3 常见共价键的平均键能　　　　　　　　　　　　单位:kJ·mol^{-1}

共 价 键	键 能	共 价 键	键 能	共 价 键	键 能
C—H	414.4	C—F	485.6	C=C	611.2
C—C	347.4	C—Cl	349.1	C≡C	837.2
C—O	360	C—Br	284.6	C≡N	891.6
C—N	305.6	C—I	217.8	C=O(醛)	736.7
O—H	464.5	N—H	389.3	C=O(酮)	749.3

4. 键的极性与极化

两个相同原子形成共价键时,电子云对称分布在两个原子之间,这样的共价键是非极性共价键。两个不同原子形成共价键时,由于成键两原子的电负性不同,吸引成键电子的能力也就不同。电子云偏向电负性较大的原子一端,使其带有部分负电荷,用"δ^-"表示;电负性较小的原子带部分正电荷,用"δ^+"表示,这样的键是极性共价键。如:$H^{\delta+}—Cl^{\delta-}$、$H_3C^{\delta+}—Cl^{\delta-}$。共价键极性的大小,由成键两原子电负性之差决定。差值越大,键的极性就越大。有机化合物中常见元素的电负性值见表 1-4。

表 1-4　常见元素的电负性值

元　素	H	C	N	O	F	Cl	Br	I	S	P
电负性	2.1	2.5	3.0	3.5	4.0	3.0	2.9	2.5	2.5	2.2

共价键极性的大小常用偶极矩(μ)表示。偶极矩为正、负电荷中心的电荷值(q)和正、负电荷中心之间的距离(d)的乘积，即 $\mu = qd$。偶极矩的 SI 单位为库仑·米($C \cdot m$)，常用的单位是德拜(Debye)，简写为"D"。$1D = 3.34 \times 10^{-30} C \cdot m$。偶极矩具有方向性，用 +——→ 表示，箭头所示方向是从正电荷到负电荷的方向。例如：

$$H^{\delta+}-Cl^{\delta-} \qquad H-C\equiv C-H \qquad$$

$\mu=1.03D \qquad \mu=0 \qquad \mu=1.84D$

双原子分子中键的偶极矩就是分子的偶极矩。但多原子分子的偶极矩是分子中各键偶极矩的向量和，也就是说它不只决定于键的极性，也决定于各键的空间分布，即决定于分子的形状。如 C—Cl 键的偶极矩为 2.3D，四氯化碳分子的正、负电荷中心重合，偶极矩为零，所以是非极性分子；而二氯甲烷分子正、负电荷中心不重合，具有极性，所以是极性分子。一些共价键的偶极矩见表 1-5。

共价键在外电场（极性试剂、溶剂）影响下，电子云分布会发生改变，即键的极性发生变化，称为共价键的极化性。 成键原子的体积越大、电负性越小、对核外电子的束缚力越弱，键的极化就越容易。如 π 键比 σ 键易极化。极化的难易程度，一般称为极化度。例如：C—X 键的极化度大小顺序为：C—I＞C—Br＞C—Cl＞C—F。

表 1-5　一些共价键的偶极矩　　　　　　　　　　　　　　　　　单位：D

键	偶极矩	键	偶极矩	键	偶极矩
C—H	0.4	H—Cl	1.03	C—O	1.5
H—N	1.31	H—Br	0.78	C—Cl	2.3
H—O	1.50	H—I	0.38	C—Br	2.2
H—S	0.68	C—N	1.15	C—I	2.0

键的极性与键的极化不同，键的极性取决于两个成键原子的电负性，所以是永久的现象；而键的极化是受外界电场影响而产生的暂时现象，外界电场消失，键的极化也消失。

三、有机化合物的表示方法

1. 同分异构现象

有机化合物中的许多物质具有相同的分子组成，但又有不同的结构，因而具有不同的性质。例如：乙醇和甲醚具有相同的分子式 C_2H_6O，但它们具有不同的结构：

乙醇　　　　　甲醚

它们的性质也不同，乙醇常温下是液体，能与金属钠反应；甲醚在常温下是气体，不与金属钠反应。这种分子组成相同而结构不同的化合物，互称为同分异构体，这种现象称为同分异构现象。

2. 有机化合物结构的表示方法

有机化合物一般不用分子式表示。因为有机化合物普遍存在着同分异构现象，往往几种物质具有相同的分子式。表示有机化合物结构的方法主要有结构式、结构简式和键线式。

结构式反映了有机化合物分子中原子的种类和数目、原子间的连接顺序和方式，结构式中用短线代表共价键。为了简便，通常用的是结构简式，省略了部分表示化学键的短线，合并同碳上的氢原子等。另外还可用键线式表示。键线式的骨架中不标出碳和氢的元素符号，键线的始端、末端和折角均表示碳原子，线上若不标明其他元素，就认为它是被氢原子所饱和，如果碳和其他原子或基团相连，则必须写出。结构式、结构简式和键线式示例见表1-6。

表1-6 结构式、结构简式和键线式示例

分子式	结构式	结构简式	键线式
戊烷 (C_5H_{12})	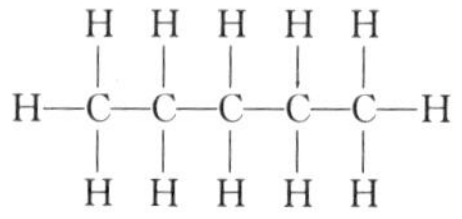	$CH_3CH_2CH_2CH_2CH_3$	
2-甲基戊烷 (C_6H_{14})	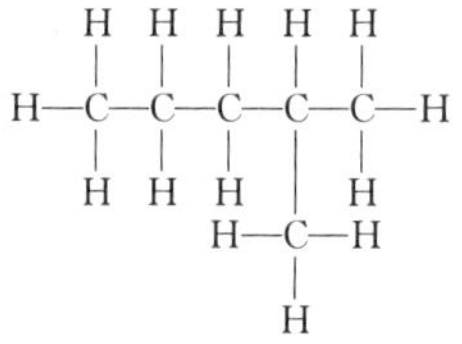	 $CH_3CH_2CH_2CHCH_3$ 　　　　　　　CH_3	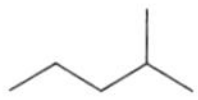
2-戊烯 (C_5H_{10})	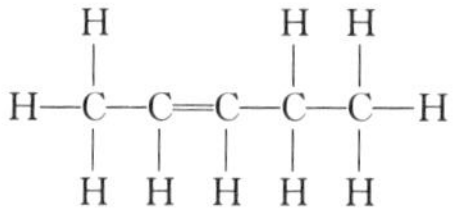	$CH_3CH_2CH\!=\!CHCH_3$	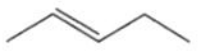
丁醇 ($C_4H_{10}O$)	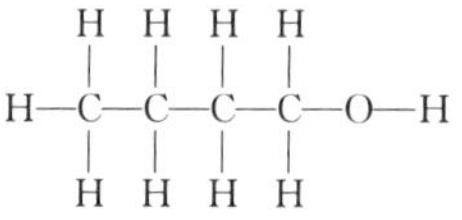	$CH_3CH_2CH_2CH_2OH$	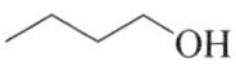
苯 (C_6H_6)	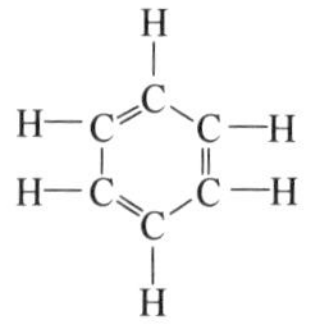	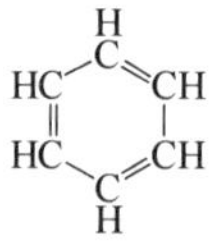	

四、共价键的断裂方式和有机化学反应的基本类型

（一）共价键的断裂方式

有机化学反应的实质，就是在一定条件下，原有化学键的断裂和新键的形成。共价键的

断裂方式主要有两种：均裂和异裂。

1. 均裂

共价键断裂时，两个原子共用的电子对由两个原子各保留一个，生成带单个电子的原子或基团，这种断裂方式称为均裂。

$$R-\overset{\overset{H}{|}}{\underset{\underset{H}{|}}{C}} \vdots A \xrightarrow{\text{均裂}} R-\overset{\overset{H}{|}}{\underset{\underset{H}{|}}{C}}\cdot + \cdot A$$

由均裂产生的带单个电子的原子或基团称为**游离基（自由基）**，它是瞬间存在的活性中间体。由共价键均裂引起的反应称为**游离基反应（自由基反应）**。

2. 异裂

共价键断裂时，两个原子共用的电子对归一个原子所有，产生正、负离子，这种断裂方式称为异裂。

$$R-\overset{\overset{H}{|}}{\underset{\underset{H}{|}}{C}} \vdots A \xrightarrow{\text{异裂}} R-\overset{\overset{H}{|}}{\underset{\underset{H}{|}}{C}}^+ + :A^- \qquad R-\overset{\overset{H}{|}}{\underset{\underset{H}{|}}{C}}: \vdots A \xrightarrow{\text{异裂}} R-\overset{\overset{H}{|}}{\underset{\underset{H}{|}}{C}}:^- + A^+$$

碳与其他原子间的 σ 键异裂可得到碳正离子或碳负离子，它们是反应的活性中间体。**由共价键异裂引起的反应称为离子型反应**。根据反应试剂的类型不同，离子型反应又可分为：

$$\text{离子型反应} \begin{cases} \text{亲电反应} \begin{cases} \text{亲电取代反应} \\ \text{亲电加成反应} \end{cases} \\ \text{亲核反应} \begin{cases} \text{亲核取代反应} \\ \text{亲核加成反应} \end{cases} \end{cases}$$

（二）有机化学反应的基本类型

有机化学反应根据反应物和生成物的组成及结构的变化分为五类。

1. 取代反应

有机化合物分子中的原子或原子团被其他原子或原子团所替代的反应称为取代反应。例如：

$$CH_4 + Cl_2 \xrightarrow{\text{紫外线}} CH_3Cl + HCl$$

2. 加成反应

有机化合物分子中的 π 键断裂，加成试剂中的 2 个原子或基团分别加到断开的 π 键上，形成两个新的 σ 键，生成饱和化合物，这类反应称为加成反应。例如：

$$CH_2=CH_2 + HCl \longrightarrow CH_3-CH_2Cl$$

3. 聚合反应

由低分子结合成高分子（或大分子）的反应称为聚合反应。例如：

$$nCH_2=CH_2 \xrightarrow[100℃]{TiCl_4} \text{―}[CH_2-CH_2]_n\text{―}$$

4. 消除反应

从一个有机化合物分子中消去一个简单分子（如 H_2O、HX 等）而生成不饱和化合物的反应称为消除反应。例如：

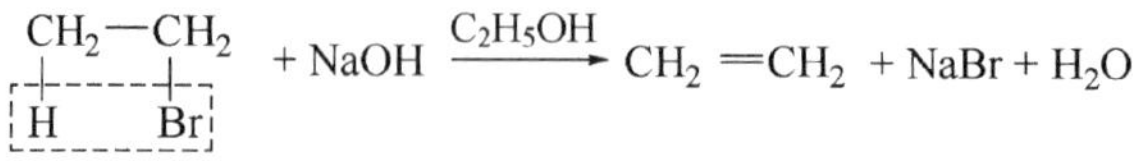

 + NaOH $\xrightarrow{C_2H_5OH}$ CH_2=CH_2 + NaBr + H_2O

5. 重排反应

有机化合物由于自身的稳定性较差，在常温、常压下或在其他试剂、加热等外界因素影响下，分子中的某些基团发生转移或分子中碳原子骨架发生改变的反应称为重排反应。例如：

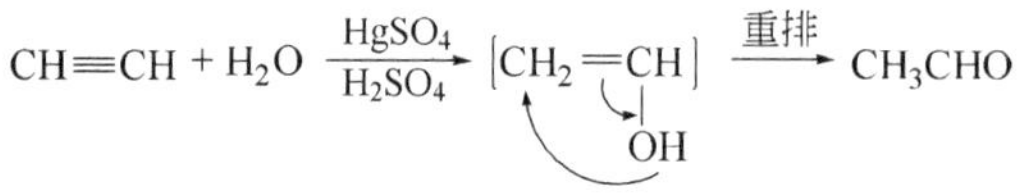

$CH\equiv CH + H_2O \xrightarrow[H_2SO_4]{HgSO_4} [CH_2=CH\text{—}OH] \xrightarrow{重排} CH_3CHO$

致用小贴

杂化轨道理论

价键理论对共价键的本质和特点做了有力的论证，但它将讨论的基础放在共用一对电子形成一个共价键上，在解释许多多原子分子的价键数目及分子空间结构时却遇到了困难。例如，经实验测知，甲烷分子具有正四面体的空间构型。而碳原子的外层电子构型是 $2s^2 2p_x^1 2p_y^1$，有两个未成对的 p 电子，按照价键理论，碳只能与两个氢原子形成两个共价键，若将碳原子的一个 2s 电子激发到 2p 空轨道上去，则碳原子有四个未成对电子（一个 s 电子和三个 p 电子），可与四个氢原子的 1s 电子配对形成四个 C—H 键。但从能量观点上看，形成的四个 C—H 键也应当不同，这与甲烷分子正四面体的空间构型实验事实不符。为了解决这一矛盾，1931 年鲍林（Pauling）和斯莱脱（Slater）提出了杂化轨道理论，进一步发展和丰富了现代价键理论。杂化轨道理论的基本要点包括：

① 在成键过程中，由于原子间的相互影响，同一原子中参加成键的几个能量相近的原子轨道可以混合，重新分配能量和空间方向，组成数目相等的新原子轨道。这种轨道重新组合的过程称为轨道杂化，简称杂化。所组成的新原子轨道叫做杂化轨道。

② 杂化轨道之间互相排斥，力图在空间取得最大的键角，使体系能量降低。原子轨道杂化以后所形成的杂化轨道更有利于成键。因为杂化后原子轨道的形状发生了变化，如 s 轨道和 p 轨道杂化形成的杂化轨道，使本来平分在对称两个方向上的 p 轨道比较集中在一个方向上，变成一头大一头小，成键时在较大一头重叠，有利于最大重叠。因此杂化轨道的成键能力比单纯轨道的成键能力强。

目标测试

1. 什么是有机化合物？以生活中的常见物质为例说明有机化合物的特性。
2. 将共价键 C—H、N—H、F—H、O—H 按极性由大到小的顺序进行排列。
3. 在 CH_3Cl、CCl_4、NH_3、H_2O、CO_2、CH_3OH、HCl 中，哪些是非极性分子？
4. 将下列化合物由键线式改写为结构简式，并指出含有哪种官能团。

（1） 　（2） 　（3）

（4） 　（5） 　（6） $CH_3-\underset{}{\overset{OH}{\overset{|}{C}H}}-CH_2-COOH$

5．下列化合物各含有哪种官能团？属于哪类有机化合物？

（1）$CH_2=CHCH_3$　（2）$CH_3CH_2CH_2OH$　（3）CH_3-O-CH_3　（4）CH_3COOH

（5）$CH_3-\overset{O}{\overset{\|}{C}}-H$　（6）$CH_3-\overset{O}{\overset{\|}{C}}-CH_3$　（7）$CH_3-\overset{O}{\overset{\|}{C}}-OCH_3$（8）$CH_3CH_2NH_2$

6．下列哪些化合物互为同分异构体？

（1）$CH_3CH_2OCH_2CH_2CH_3$　（2）$CH_3CH=CHCH_2CH_3$　（3）

（4） 　（5）$CH_2=CHCH_2\underset{OH}{\underset{|}{C}H}CH_3$　（6）$CH_3\underset{CH_3}{\underset{|}{C}H}CH_2CH_2OH$

（7） 　（8）

扫码做自测题

资源获取步骤

第一步　微信扫描二维码

第二步　关注“易读书坊”公众号

第三步　进入公众号，在线自测或下载自测题

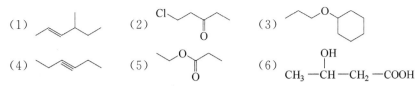

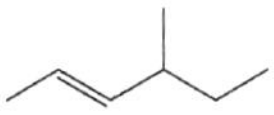

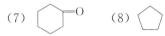

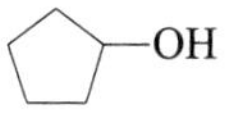

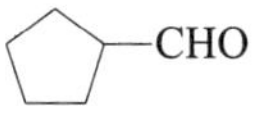

第二章 烷　　烃

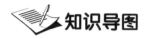

知识导图

- 烷烃
  - 概念
    - 烷烃、同系列、同系物、取代反应
  - 结构
    - 甲烷结构：正四面体
    - sp^3杂化和σ键
  - 命名
    - 普通命名法：某烷(天干及十一、十二烷等)；用正、异、新区分同分异构体
    - 系统命名法：选主链、编号、取代基
    - 同分异构现象
    - 碳原子的类型：伯、仲、叔、季碳原子
  - 化学性质
    - 稳定性：不易与强酸、强碱、强氧化剂、还原剂反应
    - 取代反应：与卤素发生卤代反应、自由基(游离基)反应
    - 氧化反应：点燃或高温下与氧气反应

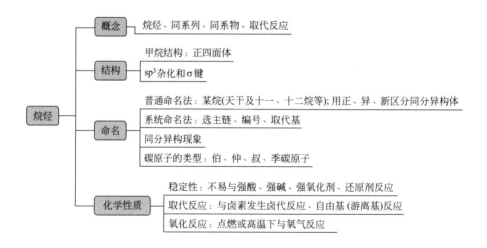

学习目标

1. 掌握烷烃的命名方法。
2. 掌握烷烃的化学性质，了解其物理性质。
3. 熟悉烷烃的结构特点和同分异构现象，了解烷烃的碳原子杂化方式。
4. 了解烷烃的卤代反应机理。

只由碳和氢两种元素组成的化合物叫做碳氢化合物,简称为烃。烃是一切有机化合物的母体,其他有机化合物都可以看作是烃的衍生物。根据烃分子中碳架的结构,烃可分为

$$\begin{cases}开链烃\begin{cases}饱和烃\quad 烷烃\\不饱和烃\begin{cases}烯烃\\炔烃\end{cases}\end{cases}\\闭链烃\begin{cases}脂环烃\\芳香烃\end{cases}\end{cases}$$

第一节　烷烃的结构和命名

一、烷烃的通式、同系列和同系物

烷烃是指碳原子和碳原子之间以单键相连,碳原子的其他共价键均与氢原子相连的化合物。

烷烃中最简单的是甲烷,分子式 CH_4。碳原子数目逐渐递增,可以得到一系列烷烃。

名称	甲烷	乙烷	丙烷	丁烷	戊烷
结构简式	CH_4	CH_3CH_3	$CH_3CH_2CH_3$	$CH_3CH_2CH_2CH_3$	$CH_3CH_2CH_2CH_2CH_3$

上述一系列烷烃中,相邻的两个化合物之间的组成差 CH_2 称为系差。具有这样相同系差的一系列化合物叫做同系列,同系列中的各个化合物互称为同系物。

比较上述烷烃的组成,可以看出:在烷烃的系列化合物中,碳原子和氢原子在数量上存在着一定的比例关系,可用式子 C_nH_{2n+2} 来表示烷烃的组成,这个表达式称为烷烃的通式。

二、烷烃的分子结构

1. 甲烷的分子结构

现代物理方法测定,甲烷的四个碳氢键键长相等,都是 0.110nm,四个键角相同,都是 109.5°。甲烷应是一个正四面体结构的分子,碳原子位于正四面体的中心,四个键角伸向正四面体的四个顶角,与四个氢原子相结合。甲烷的空间结构及其模型见图 2-1。

2. **碳原子的 sp^3 杂化轨道和 σ 键**

杂化轨道理论认为,碳原子的外层电子排布式为 $2s^2 2p^2$,甲烷分子中的碳原子是以激发态的 1 个 2s 轨道和 3 个 2p 轨道进行杂化,形成 4 个能量完全相同的 sp^3 杂化轨道。其 sp^3 杂化过程可表示为:

(a) 正四面体结构

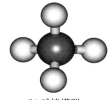

(b) 球棒模型

(c) 比例模型

图 2-1　甲烷的空间结构及其模型

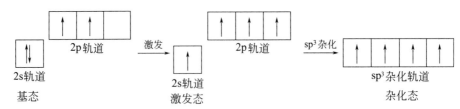

碳原子在成键时，首先由一个 2s 电子吸收能量受到激发，跃迁到 2p 的空轨道中，形成 $2s^1 2p^3$ 的电子排布。然后，1 个 2s 轨道和 3 个 2p 轨道混合，重新组合成 4 个具有相同能量的新轨道，称为 sp^3 杂化轨道。

每个 sp^3 杂化轨道均含有 1/4s 轨道和 3/4p 轨道成分。sp^3 杂化轨道的形状是不对称的葫芦形，一头大一头小，大的一头表示电子云偏向的一边。4 个 sp^3 杂化轨道在碳原子核周围对称分布，2 个相邻轨道的对称轴间夹角为 109.5°，相当于由正四面体的中心伸向 4 个顶点，见图 2-2。

碳原子的每个 sp^3 杂化轨道上的 1 个电子再分别与氢原子 1s 轨道上的 1 个电子成键，形成甲烷分子。甲烷分子中的 C—H 键是由氢原子的 s 轨道，沿着碳原子的 sp^3 杂化轨道对称轴方向正面重叠（"头对头"重叠）而成 σ 键，见图 2-3。

其他烷烃分子中所有碳原子都是 sp^3 杂化轨道形成 C—Cσ 键和 C—Hσ 键。由于烷烃分子的键角保持正常键角 109.5°，因此碳链的立体形状

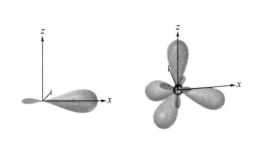

图 2-2　sp^3 杂化轨道的形状及空间分布

不是直线形，而呈曲折状态，见图 2-4。

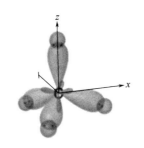

图 2-3　甲烷分子结构

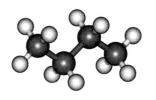

图 2-4　丁烷的分子结构

三、烷烃的命名

1. 普通命名法（common nomenclature）

将直链烷烃叫做正某烷，按天干顺序甲、乙、丙、丁、戊、己、庚、辛、壬、癸 10 个字分别表示 10 个以内碳原子的数目，10 个以上的碳原子就用十一、十二、十三等数字表示。如：C_5H_{12} 叫正戊烷，$C_{17}H_{36}$ 叫正十七烷等。

含支链的烷烃用异、新等字来区别。碳链的一端具有 $CH_3-\underset{\underset{CH_3}{|}}{CH}-$ 且其他碳原子在一条链上的结构称为"异"某烷；碳链一端具有 $CH_3-\underset{\underset{CH_3}{|}}{\overset{\overset{CH_3}{|}}{C}}-$ 且其他碳原子在一条链上的结构称

为"新"某烷。例如：

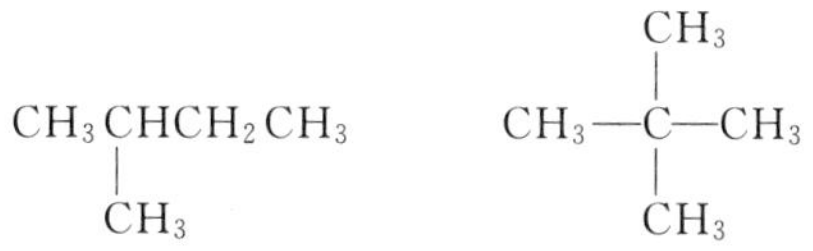

$$CH_3CHCH_2CH_3 \quad\quad CH_3-\underset{\underset{CH_3}{|}}{\overset{\overset{CH_3}{|}}{C}}-CH_3$$
$$\underset{CH_3}{|}$$

异戊烷　　　　　　新戊烷

2. 系统命名法

学习系统命名法首先要了解烷基的概念，**烷基是指烷烃分子失去一个氢原子所剩下的基团**。通式为 C_nH_{2n+1}，常用 R— 表示。常见的烷基有：

$$CH_3— \quad CH_3CH_2— \quad CH_3CH_2CH_2— \quad CH_3CHCH_3$$

甲基　　　乙基　　　　正丙基　　　　　异丙基

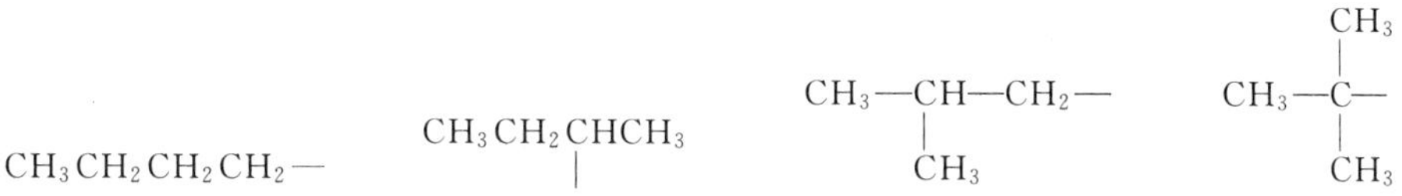

$$CH_3CH_2CH_2CH_2— \quad CH_3CH_2CHCH_3 \quad CH_3-CH-CH_2— \quad CH_3-C-CH_3$$

正丁基　　　　　　仲丁基　　　　　　异丁基　　　　　叔丁基

系统命名法对于无支链的烷烃，省去"正"字，对于结构复杂的烷烃按以下步骤进行命名。

（1）选择最长的碳链为主链作为母体，叫做"某"烷。

（2）从靠近支链的一端开始把主链依次以阿拉伯数字编号。

（3）把取代基的名称写在母体名称的前面，并标明取代基的位次；取代基的位次与名称之间加一短线。例如：

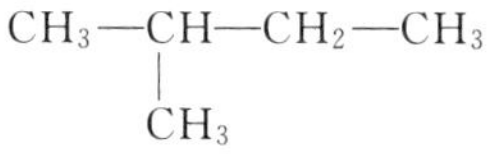

$$CH_3-CH-CH_2-CH_3 \quad\quad 2\text{-甲基丁烷}$$
$$\underset{CH_3}{|}$$

（4）如果有几个不同的取代基，把取代基中直接与主链连接的原子的原子序数小的放在前面，大的放在后面。如果两个基团与主链直接连接的原子相同，则顺次比较第二个原子，依次类推直至比较出大小为止。例如：

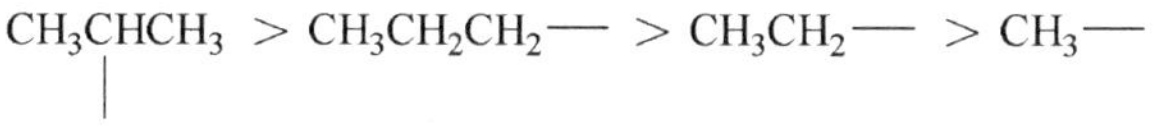

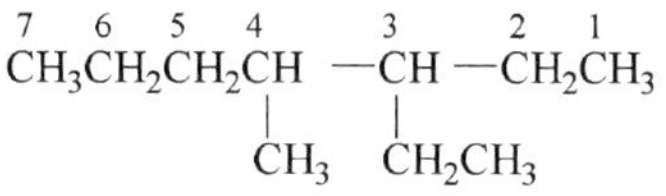

$$CH_3CHCH_3 > CH_3CH_2CH_2— > CH_3CH_2— > CH_3—$$

$$\overset{7}{C}H_3\overset{6}{C}H_2\overset{5}{C}H_2\overset{4}{C}H-\overset{3}{C}H-\overset{2}{C}H_2\overset{1}{C}H_3 \quad\quad 4\text{-甲基-3-乙基庚烷}$$

（5）如果有相同的取代基则合并，并在取代基前用二、三、四等大写数字注明相同取代基的数目。例如：

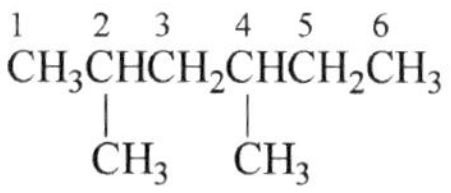

$$\overset{1}{C}H_3\overset{2}{C}H\overset{3}{C}H_2\overset{4}{C}H\overset{5}{C}H_2\overset{6}{C}H_3 \quad\quad 2,4\text{-二甲基己烷}$$

(6) 如果有几条相等的最长碳链，选择含取代基最多的为主链。例如：

$$CH_3CH_2CH_2\underset{6}{\overset{\underset{|}{\underset{7}{CH_2}-\underset{8}{CH_3}}}{\underset{|}{\underset{|}{CH}-CH_3}}}-\overset{5}{CH}-\overset{4}{CH_2}\overset{3}{CH_2}\overset{2}{CH}\overset{1}{CH_3}$$ 　　2,6-二甲基-5-丙基辛烷

(7) 遇到主链有多个相同取代基，并且有几种可能的编号，应当选定取代基具有"最低系列"的编号。所谓"最低系列"是指碳链从不同方向得到两种以上编号，要顺次比较各系列的不同位次，最先遇到位次最小的，定为"最低系列"。例如：

$$\overset{1}{\underset{6}{CH_3}}-\overset{2}{\underset{5}{\underset{|}{\underset{CH_3}{C}}}}\overset{CH_3}{\underset{|}{-}}\overset{3}{\underset{4}{CH_2}}-\overset{4}{\underset{3}{CH_2}}-\overset{5}{\underset{2}{\underset{|}{CH}}}\overset{CH_3}{\underset{|}{-}}\overset{6}{\underset{1}{CH_3}}$$ 　　2,2,5-三甲基己烷

(8) 若支链上还有取代基，从与主链相连接的碳原子开始，把支链依次编号，它的全名可放在括号中，或用带撇的编号来表示。例如：

$$\overset{1}{CH_3}\overset{2}{CH}-\overset{3}{CH}-\overset{4}{CH_2}-\overset{5}{CH}-\overset{6}{CH_2}\overset{7}{CH_2}\overset{8}{CH_2}\overset{9}{CH_2}\overset{10}{CH_3}$$

2,3-二甲基-5-(2-甲基丙基)癸烷
或 2,3-二甲基-5-2'-甲基丙基癸烷

3. 烷烃的同分异构现象

有机物的同分异构现象非常普遍，在烷烃中，从 C_4H_{10} 开始都存在同分异构现象，例如：丁烷有两种异构体，戊烷有三种异构体。

$CH_3CH_2CH_2CH_3$　　CH_3CHCH_3　　$CH_3CH_2CH_2CH_2CH_3$　　$CH_3CHCH_2CH_3$　　$CH_3-\underset{|}{\overset{|}{C}}-CH_3$
　　　　　　　　　　|　　　　　　　　　　　　　　　　　　　|　　　　　　　　　　|
　　　　　　　　　CH_3　　　　　　　　　　　　　　　　　　CH_3　　　　　　　　CH_3

正丁烷　　　　异丁烷　　　　　正戊烷　　　　　异戊烷　　　　新戊烷

随着烷烃的碳原子数目增加，异构体的数目迅速增多，烷烃异构体数目见表 2-1。

表 2-1　烷烃异构体数目

烷　烃	异构体数目	烷　烃	异构体数目
C_4H_{10}	2	C_9H_{20}	35
C_5H_{12}	3	$C_{10}H_{22}$	75
C_6H_{14}	5	$C_{11}H_{24}$	159
C_7H_{16}	9	$C_{20}H_{42}$	366319
C_8H_{18}	18	$C_{30}H_{62}$	4111646763

烷烃的同分异构体是因为碳原子结合的顺序不同，从而产生直链的和带支链的化合物，这种异构体称为碳链异构体或碳架异构体。

观察烷烃异构体的结构式，可以发现碳原子在碳链中所处的环境并非完全相同。为了加

以识别，把碳原子分为四类。只与一个碳原子直接相连的碳称为伯（一级或 1°）碳原子；与两个碳原子直接相连的碳称为仲（二级或 2°）碳原子；与三个碳原子直接相连的碳称为叔（三级或 3°）碳原子；与四个碳原子直接相连的碳称为季（四级或 4°）碳原子。

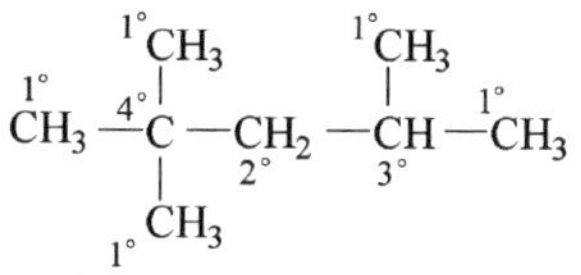

$$\underset{1°}{CH_3}-\underset{\underset{\underset{1°}{CH_3}}{|}}{\overset{\overset{1°}{CH_3}}{\underset{}{\overset{|}{C}}}}{}^{4°}-\underset{2°}{CH_2}-\underset{3°}{\overset{\overset{1°}{CH_3}}{\overset{|}{CH}}}-\underset{1°}{CH_3}$$

与之相对应的连接在伯、仲、叔碳原子上的氢原子分别称为伯（1°）、仲（2°）、叔（3°）氢原子。四种碳原子和三种氢原子所处的环境不同，反应性能也有差别。

第二节 烷烃的性质

一、烷烃的物理性质

在常温（20℃）常压（100kPa）下，含有 1～4 个碳原子的烷烃为气体，5～16 个碳原子的烷烃为液体，17 个碳原子以上的高级烷烃为固体。

直链烷烃的沸点随着分子量的增加而升高。支链异构体比直链异构体具有较低的沸点，支链越多，沸点越低。例如：正戊烷的沸点为 36℃，而有一个支链的异戊烷为 28℃，有两个支链的新戊烷为 9.5℃。

直链烷烃的熔点也是随着碳原子数的增加而升高，且偶数碳原子烷烃的熔点增高的幅度比奇数碳原子的要大一些。对于含有相同碳原子数的烷烃来说，分子对称性越好，其熔点越高。在戊烷的三种异构体中，新戊烷的对称性最好，正戊烷次之，异戊烷最差，因此，新异烷的熔点最高，异戊烷的熔点最低。

烷烃是所有有机化合物中密度最小的一类化合物，无论是固体还是液体，密度均比水小。随着分子量的增大，烷烃的密度也逐渐增大。烷烃是非极性化合物，难溶于水，易溶于极性小的有机溶剂。

二、烷烃的化学性质

（一）稳定性

在常温下，烷烃是不活泼的，特别是直链烷烃，它们不与强酸、强碱、强氧化剂、强还原剂及活泼金属发生化学反应。这是由于烷烃是非极性分子，分子中的 C—Cσ 键、C—Hσ 键是非极性或弱极性，键能较高，又不易极化，所以稳定。

（二）取代反应

烷烃的稳定性是相对的，在一定条件下也能参与某些化学反应。例如烷烃在光照下的取代反应、燃烧等。

1. 卤代反应

烷烃分子中的氢原子被其他原子或原子团取代的反应，称为取代反应（substitution reaction）。被卤素原子取代的反应称为卤代反应（halogenation）。例如，甲烷在光照或加热下可与氯气发生取代反应，得到多种氯代甲烷和氯化氢的混合物。

$$CH_4 + Cl_2 \xrightarrow{h\nu} CH_3Cl + HCl$$

$$CH_3Cl + Cl_2 \xrightarrow{h\nu} CH_2Cl_2 + HCl$$

$$CH_2Cl_2 + Cl_2 \xrightarrow{h\nu} CHCl_3 + HCl$$

$$CHCl_3 + Cl_2 \xrightarrow{h\nu} CCl_4 + HCl$$

烷烃发生卤代反应的速率，与卤素的活性顺序有关，卤素越活泼，反应速率越快，其活性次序为 $F_2 > Cl_2 > Br_2 > I_2$；还与碳原子的类型有关，实验证明，叔氢原子最容易被取代，仲氢原子次之，伯氢原子最难被取代。

2. 卤代反应的历程

有机化学反应所经历的途径或过程，称为反应历程，又称反应机理。烷烃的卤代反应属于自由基的链锁反应历程，自由基的化学活性很大，一旦形成立即引起一连串的反应发生，称为链锁反应。例如：甲烷的卤代反应分为3个阶段。

（1）**链引发** 在光照或加热至250～400℃时，氯分子吸收能量均裂为2个氯原子自由基，引发反应。

$$Cl \colon Cl \xrightarrow{h\nu} 2Cl\cdot$$

（2）**链增长** 氯原子自由基很活泼，它能夺取甲烷分子中的氢原子，结合成氯化氢分子并产生甲基自由基。

$$Cl\cdot + CH_4 \longrightarrow HCl + \cdot CH_3$$

甲基自由基与体系中的氯分子作用，生成一氯甲烷和新的氯原子自由基。

$$\cdot CH_3 + Cl_2 \longrightarrow CH_3Cl + Cl\cdot$$

新的氯自由基重复上述反应，与刚生成的一氯甲烷反应，逐步生成二氯甲烷、三氯甲烷和四氯化碳。这是链锁反应的第二阶段，称为链的增长。

$$Cl\cdot + H \colon CH_2Cl \longrightarrow HCl + \cdot CH_2Cl$$

$$\cdot CH_2Cl + Cl \colon Cl \longrightarrow CH_2Cl_2 + \cdot Cl$$

$$\vdots \qquad \vdots \qquad \vdots \qquad \vdots$$

（3）**链终止** 随着反应的进行，自由基的浓度不断增加，自由基互相结合形成稳定的化合物，反应随之终止。如：

$$Cl\cdot + \cdot Cl \longrightarrow Cl_2$$

$$\cdot CH_3 + \cdot CH_3 \longrightarrow CH_3 - CH_3$$

$$\cdot CH_3 + Cl\cdot \longrightarrow CH_3Cl$$

$$\vdots \qquad \vdots \qquad \vdots$$

最终的产物是由多种物质组成的混合物。

（三）氧化反应

在有机化学中，通常把在有机化合物分子中**加氧或脱氢**的反应称为**氧化反应**。反之，脱氧或加氢的反应称为还原反应。

烷烃在室温下不与氧化剂反应，但可以在空气中燃烧，燃烧时如果氧气充足，可完全氧化生成二氧化碳和水，同时放出大量的热能。

$$CH_4 + 2O_2 \longrightarrow CO_2 + 2H_2O + Q$$

汽油、柴油的主要成分是不同碳原子数的烷烃混合物，燃烧时放出大量的热量，它们都是重要的燃料。低级烷烃的气体或蒸气与空气混合，会形成爆炸性的混合物，如矿井瓦斯。烷烃的不完全燃烧放出有毒气体一氧化碳，使空气受到严重污染。

三、重要的烷烃

1. 凡士林

凡士林是液体石蜡和固体石蜡的混合物，呈软膏状的半固体，不溶于水，溶于乙醚和石油醚。因为它不被皮肤吸收，化学性质稳定，不与软膏中的药物起变化，无刺激性，因此常用作软膏的基质。凡士林一般呈黄色，经漂白或用骨炭脱色，可得白色凡士林。

2. 石油醚

石油醚是低级烷烃的混合物，透明无色的液体，含碳原子数 5～8 个，主要用作溶剂，它极易燃烧，使用和贮存时要特别注意防火措施。

3. 液体石蜡

液体石蜡是透明无色的液体，不溶于水和醇，能溶于醚和氯仿。含碳原子数 18～24 个医药上主要用于调节软膏的稠度，还可用作配制滴鼻剂或喷雾剂的基质，也用作缓泻剂。

 致用小贴

瓦斯爆炸

矿井瓦斯爆炸是一种热-链式反应（也叫链锁反应）。当爆炸混合物吸收一定能量（通常是引火源给予的热能）后，反应分子的链即行断裂，离解成两个或两个以上的自由基（也叫游离基）。这类自由基具有很大的化学活性，成为反应连续进行的活化中心。在适合的条件下，每一个自由基又可以进一步分解，再产生两个或两个以上的自由基。这样循环不已，自由基越来越多，化学反应速率也越来越快，最后就可以发展为燃烧或爆炸式的氧化反应。所以，瓦斯爆炸就其本质来说，是一定浓度的甲烷和空气中度作用下产生的激烈氧化反应。

发生瓦斯爆炸必须具备一定的条件：一定浓度的甲烷、高温火源和充足的氧气。方程式为 $CH_4 + 2O_2 \longrightarrow CO_2 + 2H_2O$。

瓦斯爆炸产生的高温高压，促使爆源附近的气体以极大的速度向外冲击，造成人员伤亡，破坏巷道和器材设施，扬起大量煤尘并使之参与爆炸，产生更大的破坏力。另外，爆炸后生成大量的有害气体，会造成人员中毒甚至死亡。

目标测试

1. 写出庚烷的各个异构体的结构简式并用系统命名法命名。
2. 用系统命名法命名下列化合物，并指出（1）和（3）中各原子的级数。

(1) 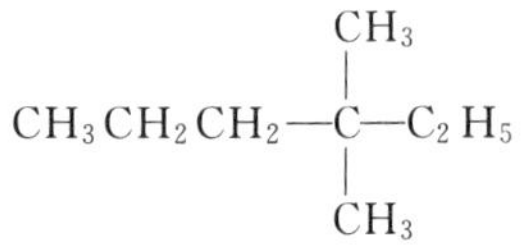 $CH_3CH_2CH_2\underset{\underset{CH_3}{|}}{\overset{\overset{CH_3}{|}}{C}}-C_2H_5$ (2) $CH_3\overset{\overset{CH_3}{|}}{CH}CH_2\overset{\overset{}{|}}{CH}\underset{\underset{CH_3}{|}}{}CH_3$ (3) $CH_3CH_2\overset{\overset{CH_3}{|}}{CH}\overset{\overset{CH_3}{|}}{CH}C_2H_5$

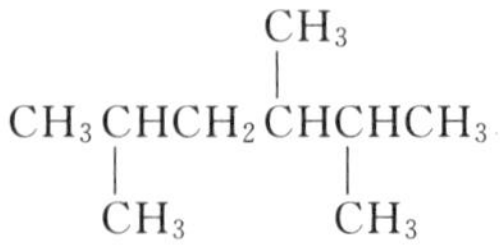

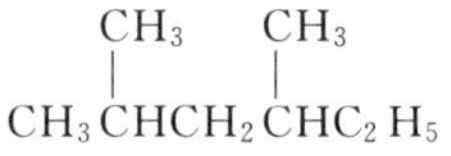

药学专业学生完成：

(4) 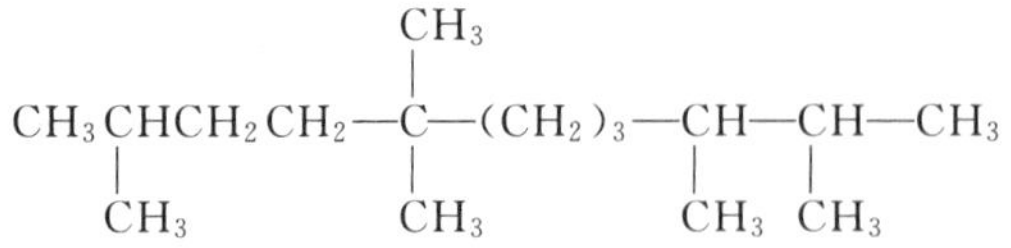 $CH_3\overset{\overset{}{|}}{\underset{\underset{CH_3}{|}}{CH}}CH_2CH_2\underset{\underset{CH_3}{|}}{\overset{\overset{CH_3}{|}}{C}}-(CH_2)_3-\overset{\overset{}{|}}{\underset{\underset{CH_3}{|}}{CH}}-CH_3$ (5) $CH_3CH(CH_2)_4-\overset{\overset{}{|}}{\underset{\underset{CH_3}{|}}{CH}}-\overset{\overset{}{|}}{\underset{\underset{CH_3}{|}}{CH}}C_2H_5$

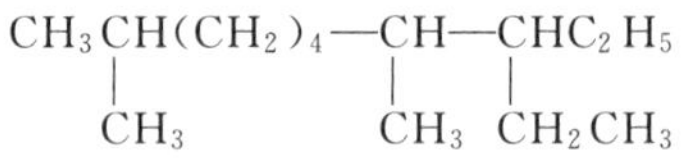

(6) $(CH_3)_2CHCH_2C(CH_3)_3$

3. 写出下列化合物的结构简式。

(1) 2,3-二甲基己烷　　(2) 3,3-二甲基己烷　　(3) 2,4-二甲基-3-乙基戊烷

(4) 2,2,5-三甲基-4-乙基己烷

4. 下列（1）～（5）结构式实际上是几种异构体？

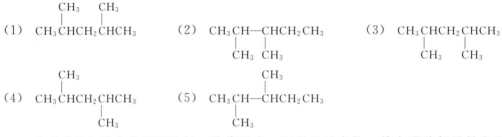

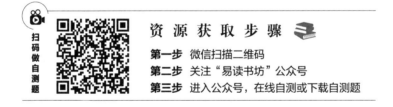

5. 3-乙基戊烷与溴在光照下进行一溴代反应，可得几种产物？其中哪种氢最易发生取代反应？（药学专业学生完成）

第三章 不饱和烃

知识导图

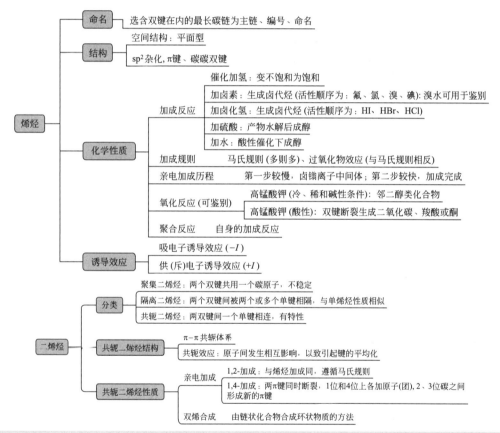

学习目标

1. 掌握烯烃和炔烃的系统命名方法。
2. 掌握烯烃和炔烃的化学性质，了解其物理性质。
3. 熟悉共轭二烯烃的结构和性质。
4. 熟悉诱导效应和共轭效应。
5. 了解烯烃和炔烃的碳原子杂化方式、结构特点及同分异构现象。
6. 了解亲电加成反应历程。

分子中含有碳碳双键或三键的烃称为不饱和烃,它所含的氢原子数目比相应的烷烃少。不饱和烃包括烯烃、二烯烃和炔烃。

第一节 烯　　烃

分子中含有碳碳双键的烃称为烯烃(alkene)。它比相同碳原子数的烷烃少两个氢原子,通式是 C_nH_{2n}。碳碳双键（—C=C—）是烯烃的官能团。

一、烯烃的命名、异构现象和结构

(一) 烯烃的命名

烯烃的系统命名法与烷烃相似,命名原则如下:
(1) 选择含有双键的最长碳链为主链,根据主链碳原子数,称为某烯。
(2) 从靠近双键的一端开始,给主链上的碳原子编号,确定双键和取代基的位次,若双键正好在主链中央,编号则从靠近取代基近的一端开始。
(3) 以双键碳原子中编号较小的数字表示双键的位次,写在烯的名称前面。再在前面写出取代基的位次、数目和名称。若有多个取代基,命名方法与烷烃的相同。如:

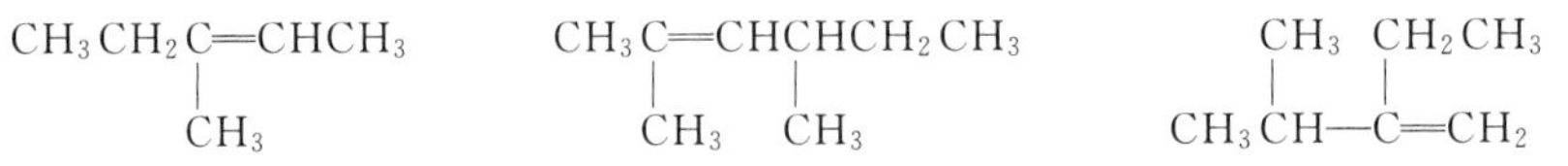

$$CH_3CH_2\underset{\underset{CH_3}{|}}{C}=CHCH_3 \qquad CH_3\underset{\underset{CH_3}{|}}{C}=CH\underset{\underset{CH_3}{|}}{CH}CH_2CH_3 \qquad CH_3-\underset{\underset{CH_3}{|}}{\overset{\overset{CH_2CH_3}{|}}{C}}=CH_2$$

3-甲基-2-戊烯　　　　2,4-二甲基-2-己烯　　　　3-甲基-2-乙基-1-丁烯

当烯烃去掉一个氢原子后剩下的基团叫烯基。常见的烯基有:

$$CH_2=CH- \qquad CH_3-CH=CH- \qquad CH_2=CH-CH_2-$$

乙烯基　　　　　　丙烯基　　　　　　　烯丙基

(二) 烯烃的异构现象

由于烯烃分子中存在着碳碳双键,所以烯烃的异构现象比烷烃复杂,其异构体的数目也比相同碳原子数目的烷烃多。除了有烷烃那样的碳链异构外,还有双键的位置异构和顺反异构。例如丁烷有两种异构体,而丁烯却有三种异构体。

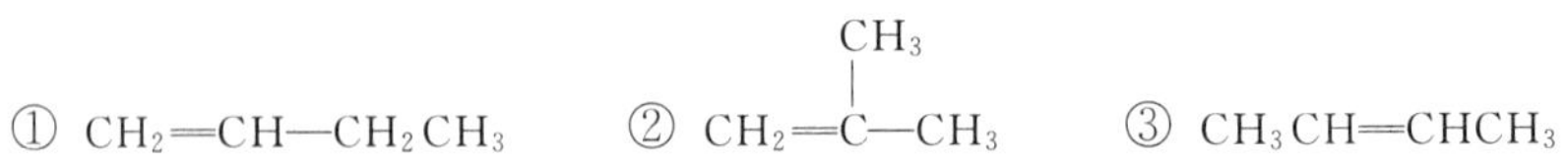

$$① \ CH_2=CH-CH_2CH_3 \qquad ② \ CH_2=\underset{\underset{CH_3}{|}}{C}-CH_3 \qquad ③ \ CH_3CH=CHCH_3$$

1-丁烯　　　　　　　2-甲基丙烯　　　　　　2-丁烯

①式和②式为碳链异构；①式和③式为双键位置异构。烯烃的顺反异构将在第十章进行介绍。

(三) 烯烃的结构

1. 乙烯的分子结构

乙烯是最简单的烯烃,分子式为 C_2H_4,结构简式为:$CH_2=CH_2$。

现代物理方法测定，乙烯分子中 2 个碳原子和 4 个氢原子都在同一平面上，它们彼此之间的键角约为 120°，双键是两个不同的共价键。乙烯的空间结构和模型见图 3-1。

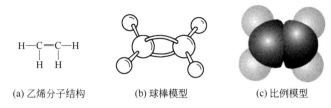

(a) 乙烯分子结构　　　(b) 球棒模型　　　(c) 比例模型

图 3-1　乙烯的空间结构和模型

2. 碳原子的 sp² 杂化轨道和 π 键

杂化轨道理论认为，乙烯分子中的碳原子在成键时，是以激发态的 1 个 2s 轨道和 2 个 2p 轨道进行杂化，形成 3 个能量完全相同的 sp² 杂化轨道，其 sp² 杂化过程可表示为：

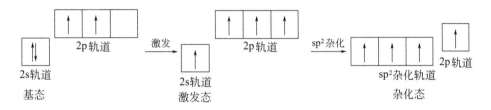

形成的 3 个 sp² 杂化轨道每个均含有 1/3 的 s 轨道成分和 2/3 的 p 轨道成分，所以比 sp³ 杂化轨道要稍微收缩而短胖一些。3 个 sp² 杂化轨道的对称轴在同一平面，并以碳原子为中心，分别指向正三角形的 3 个顶点，杂化轨道对称轴之间的夹角为 120°，见图 3-2。此外，每个碳原子还剩余 1 个 2p 轨道未参与杂化，它的对称轴垂直于 3 个 sp² 杂化轨道所处的平面，见图 3-3。

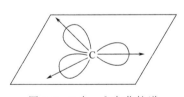 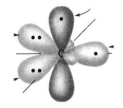

图 3-2　3 个 sp² 杂化轨道　　　　　　　图 3-3　未参加杂化的 p 轨道

形成乙烯分子时，每个碳原子的 3 个 sp² 杂化轨道分别与两个氢原子的 s 轨道和另一个碳原子的 sp² 杂化轨道沿轴向相互正面重叠，形成 5 个 σ 键，这 5 个 σ 键都在同一平面上，故乙烯分子为平面分子。乙烯分子中 σ 键的形成见图 3-4。

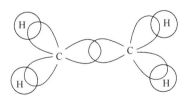

图 3-4　乙烯分子中 σ 键的形成

2个碳原子上未参加杂化的2p轨道,垂直于5个σ键所在的平面,而互相平行,这两个平行的p轨道,可从侧面重叠形成π键,乙烯分子中π键的形成见图3-5。

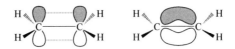

图3-5 乙烯分子中π键的形成

由此可见,乙烯分子中的碳碳双键是由1个σ键和1个π键组成的。由于π键电子云分布于键轴上下,受原子核的束缚力弱,所以π键不稳定。σ键和π键的区别可简单归纳如表3-1所示。

表3-1 σ键和π键的区别

价 键	σ 键	π 键
形成	成键轨道沿键轴"头对头"正面重叠,重叠程度大	成键轨道"肩并肩"重叠,重叠程度小
性质	(1)键能较大,键比较稳定 (2)不易被极化 (3)成键原子可沿键轴自由旋转	(1)键能较小,键不稳定 (2)易被极化 (3)不能自由旋转
存在	可以单独存在	不能单独存在,只能与σ键共存

二、烯烃的性质

(一) 物理性质

在常温下,$C_2 \sim C_4$的烯烃是气体,$C_5 \sim C_{18}$的烯烃为液体,C_{19}以上的烯烃为固体。烯烃比水轻,都难溶于水,易溶于有机溶剂。熔点、沸点都随分子量的增加而升高。

(二) 化学性质

烯烃的化学性质比烷烃活泼,因为烯烃分子中的碳碳双键中有π键,由于π键电子云分布于键轴上下,受原子核的束缚力弱,易被极化,受反应试剂的进攻,易断裂,故烯烃的反应主要发生在π键上。

1. 加成反应

反应过程中,双键中的π键断裂,加成试剂中的两个原子或基团分别加到双键的两个碳原子上,形成两个新的σ键,生成饱和烃,这类反应称为加成反应(addition reaction)。

(1) 催化加氢 在催化剂(铂、镍等)存在时,烯烃可与氢发生加成反应,生成烷烃。

$$CH_2=CH_2 + H_2 \xrightarrow{Pt} CH_3-CH_3$$

双键的催化加氢在药物合成中常被采用。还可通过测定反应所消耗氢的体积,求得化合物分子所含的双键数目,用以测定其结构。

(2) 加卤素 烯烃很容易与氯、溴发生加成反应,生成二卤代烃。

$$CH_2=CH_2 + Cl_2 \xrightarrow{Pt} CH_2Cl-CH_2Cl \qquad 1,2\text{-二氯乙烷}$$

$$CH_3CH=CH_2 + Br_2 \longrightarrow CH_3CHBr-CH_2Br \qquad 1,2\text{-二溴丙烷}$$

烯烃与溴的四氯化碳溶液或溴水加成时，溴的红棕色消失，这是检验不饱和烃的一种方法。卤素的反应活性为：$F_2 > Cl_2 > Br_2 > I_2$，F_2 与烯烃反应太剧烈，I_2 与烯烃反应活性太低，难于进行。所以烯烃与卤素加成，一般是指加氯或加溴反应。

（3）加卤化氢　烯烃与卤化氢发生加成反应，生成卤代烃。

$$CH_2=CH_2 + HCl \longrightarrow CH_3-CH_2Cl \qquad 氯乙烷$$

卤化氢的反应活性为：$HI > HBr > HCl$。当结构不对称的烯烃与卤化氢加成时，可能生成两种产物。

$$CH_3CH=CH_2 + HBr \longrightarrow \begin{cases} CH_3CHCH_3 \\ \quad | \\ \quad Br \end{cases} \text{2-溴丙烷} \\ CH_3CH_2CH_2Br \quad \text{1-溴丙烷}$$

实验证明，反应的主要产物是 2-溴丙烷。1869 年马尔可夫尼可夫（Markovnikov）根据大量实验事实，总结出一条经验规则：**当不对称烯烃与不对称试剂发生加成反应时，不对称试剂中带正电荷的部分，总是加到含氢较多的双键碳原子上，而带负电荷部分则加到含氢较少或不含氢的双键碳原子上，这一规则称为马氏规则。**

在少量过氧化物存在下，HBr 和烯烃的加成就不再遵守马氏规则。例如，有少量过氧化物存在下，HBr 与丙烯的加成产物是 1-溴丙烷，而不是 2-溴丙烷。

$$CH_3CH=CH_2 + HBr \xrightarrow{\text{过氧化物}} CH_3CH_2CH_2Br$$

这种加成反应方向的改变是由于过氧化物的存在，改变了加成反应的历程。这种现象称为过氧化物效应（peroxide effect）。

（4）加硫酸　烯烃能与浓硫酸反应，生成硫酸氢烷酯。硫酸氢烷酯易溶于硫酸，用水稀释后水解生成醇。例如：

$$CH_3CH=CH_2 + H_2SO_4 \longrightarrow \underset{\underset{\text{硫酸氢异丙酯}}{|}}{CH_3CHCH_3} \longrightarrow \underset{\underset{\text{异丙醇}}{|}}{CH_3CHCH_3}$$
$$\qquad\qquad\qquad\qquad\qquad OSO_3H \qquad\qquad OH$$

（5）加水　在酸的催化下，烯烃与水加成，生成醇。

$$CH_2=CH_2 + H_2O \xrightarrow[300℃, 7MPa]{H_3PO_4/\text{硅藻土}} CH_3CH_2OH$$

$$CH_3CH=CH_2 + H_2O \xrightarrow[300℃, 7MPa]{H_3PO_4/\text{硅藻土}} \underset{\underset{OH}{|}}{CH_3CHCH_3}$$

（6）加硼氢化合物　烯烃与硼氢化合物加成，生成烷基硼。常用的硼氢化合物是乙硼烷（B_2H_6），其中硼原子有一个很强的亲电性，与不对称试剂加成时硼原子加到含氢较多的双键碳原子上，最终产生是三烷基硼。

$$2RCH=CH_2 + B_2H_6 \longrightarrow 2RCH_2CH_2BH_2$$

$$RCH_2CH_2BH_2 + RCH=CH_2 \longrightarrow (RCH_2CH_2)_2BH$$

$$(RCH_2CH_2)_2BH + RCH=CH_2 \longrightarrow (RCH_2CH_2)_3B$$

（7）亲电加成反应历程　烯烃与卤素、卤化氢、硫酸的加成反应都属于亲电加成反应，具有相似的反应历程。现以烯烃与溴的加成反应为例来说明亲电加成反应历程。

第一步，当溴分子与烯烃接近时，溴分子的电子受烯烃π电子的排斥，使溴分子极化，两端出现极性，极化了的溴分子带正电荷的一端，靠近π键，极化进一步加深，溴分子的共价键发生异裂，产生中间体环状溴鎓离子和溴负离子。

$$\overset{\delta^+}{H_2C}\!=\!\overset{\delta^-}{CH_2} + \overset{\delta^+}{Br}\!-\!\overset{\delta^-}{Br} \longrightarrow \underset{\text{π配合物}}{CH_2\!-\!CH_2\cdots\overset{Br\,\delta^+}{\underset{Br\,\delta^-}{|}}} \xrightarrow{\text{慢}} \underset{\text{溴鎓离子}}{CH_2\!-\!CH_2\cdots Br^+} + Br^-$$

第二步，溴负离子从溴鎓离子的反面与碳原子结合而完成加成反应。

$$Br^- + \underset{H_2C}{\overset{H_2C}{|}}\!\!-\!\!Br^+ \xrightarrow{\text{快}} \underset{Br}{\overset{Br}{|}}CH_2\!-\!CH_2\underset{|}{}$$

第一步反应时，π键的断裂，溴分子共价键的异裂，都需要一定的能量，所以反应速率较慢；第二步反应，是正负离子间的反应，是放热反应，反应容易进行，速率快。在分步反应中整个反应的速率取决于最慢的一步。因此反应的第一步是主要的，这一步是**试剂中带正电部分进攻烯烃分子中电子云密集的双键而引起的加成反应**，称为亲电加成反应（electrophilic addition reaction）。**进攻的试剂称为亲电试剂**。卤素、卤化氢、硫酸等都是亲电试剂。亲电加成反应是由于试剂共价键异裂产生离子而出现的反应，因此属于离子型反应。

2. 氧化反应

烯烃很容易被氧化，氧化反应发生在双键上，用冷而稀的高锰酸钾碱性或中性溶液作氧化剂，烯烃的π键被打开，生成邻二醇化合物。此反应称为羟基化反应。

$$CH_2\!=\!CH_2 + KMnO_4 \xrightarrow{H_2O \text{ 或 } OH^-} \underset{\text{邻二醇}}{\underset{OH\quad OH}{\underset{|\quad\quad |}{CH_2\!-\!CH_2}}}$$

由于该反应容易进行，速率较快，并且随着反应的进行高锰酸钾溶液的紫色逐渐消失，生成褐色的二氧化锰沉淀，现象明显，常用于定性检验不饱和烃。

如果用高锰酸钾的酸性溶液作氧化剂，不仅π键被打开，σ键也断裂，并且与双键直接相连的碳氢键也被氧化。按烯烃的结构不同，氧化的产物各不相同。例如：

$$R\!-\!CH\!=\!CH_2 \xrightarrow{KMnO_4/H^+} R\!-\!COOH + H_2O + CO_2\uparrow$$

$$R\!-\!CH\!=\!CH\!-\!R' \xrightarrow{KMnO_4/H^+} R\!-\!COOH + R'COOH$$

$$R\!-\!CH\!=\!\underset{R''}{\overset{R'}{\underset{|}{\overset{|}{C}}}} \xrightarrow{KMnO_4/H^+} R\!-\!COOH + R'\!-\!\overset{O}{\underset{}{\overset{\|}{C}}}\!-\!R''$$

由以上反应可以看出，烯烃被酸性高锰酸钾溶液氧化，产物有以下规律：

$$CH_2= \xrightarrow{\text{氧化}} CO_2 + H_2O, \quad R-CH= \xrightarrow{\text{氧化}} R-COOH, \quad \underset{R'}{\overset{R}{>}}C= \xrightarrow{\text{氧化}} R-\overset{O}{\underset{\|}{C}}-R'$$

因此，只要鉴定氧化产物，就可推断烯烃分子的结构。例如：某一烯烃经酸性高锰酸钾氧化后的产物为 CH_3CH_2COOH、CO_2 和 H_2O，烯烃的原结构式应为 $CH_3CH_2CH=CH_2$。

3. 聚合反应

在一定条件下，烯烃还能自身发生加成反应，生成大分子化合物，**这种由低分子结合成更大分子的过程叫做聚合反应**（polymerization）。例如：

$$nCH_2=CH_2 \xrightarrow[\text{高温高压}]{O_2(\text{微量})} \underset{\text{聚乙烯}}{-[CH_2-CH_2]_n-}$$

乙烯称为单体，生成的产物叫聚合物，n 称为聚合度。

三、诱导效应

电负性不同的原子之间形成的共价键，成键电子云偏向电负性较大的一方，使共价键出现极性，这种极性不但影响直接相连的部分，也影响到分子的其他部分。**由于成键原子间电负性不同而产生的极性，使整个分子的电子云通过静电诱导作用，沿着分子链向某一方向偏移的效应**，称为诱导效应（inductive effect）。以符号 I 表示。

诱导效应分为吸电子诱导效应（$-I$）和供电子诱导效应（$+I$）两种。诱导效应的方向以 C—H 键中的氢原子为标准，用电负性大于氢原子的原子或基团 X 取代氢原子，则电子云偏向 X，X 称为吸电子基，由**吸电子基引起的电子云偏移，称为吸电子诱导效应**；用电负性小于氢原子的原子或基团 Y 取代氢原子，则电子云偏向碳原子，Y 称为供电子基，由**供电子基引起的电子云偏移，称为供（斥）电子诱导效应**。

$$\underset{\text{吸电子诱导效应}}{-\overset{|}{\underset{|}{C}}\rightarrow X} \qquad \underset{\text{比较标准}}{-\overset{|}{\underset{|}{C}}-H} \qquad \underset{\text{供电子诱导效应}}{-\overset{|}{\underset{|}{C}}\leftarrow Y}$$

常见的吸电子基和供电子基及其诱导效应的相对强弱顺序如下：

吸电子基：$-F > -Cl > -Br > -I > -OCH_3 > -OH > -C_6H_5 > -CH=CH_2 > H$

供电子基：$-C(CH_3)_3 > -CH(CH_3)_2 > -C_2H_5 > -CH_3 > H$

在多原子分子中，诱导效应可由近及远地沿着分子链传递，但其影响逐渐减弱，一般到第 3 个原子以后，就可忽略不计。如：

$$H-\underset{H}{\overset{H}{\underset{|}{\overset{|}{C_3}}}}\xrightarrow{\delta\delta\delta^+} \underset{H}{\overset{H}{\underset{|}{\overset{|}{C_2}}}}\xrightarrow{\delta\delta^+} \underset{H}{\overset{H}{\underset{|}{\overset{|}{C_1}}}}\xrightarrow{\delta^+} \overset{\delta^-}{Cl}$$

诱导效应可解释马氏规则。由于丙烯分子中的甲基是供电子基，具有供电子诱导效应，使共用电子对移向双键碳原子，进而引起 π 键的极化：

$$CH_3\rightarrow HC\overset{\delta^+\frown\delta^-}{=}CH_2$$

电子云转移的结果，使甲基所连的双键碳原子，即含氢较少的碳原子带有部分正电荷，而含氢较多的双键碳原子则带有部分负电荷。加成反应时，首先由 H^+ 加到含氢较多的双键碳原子上，然后 X^- 加到含氢较少的双键碳原子上，所以主产物是 2-卤丙烷。

四、重要的烯烃

1. 乙烯

乙烯（$CH_2=CH_2$）常温常压下为无色气体，燃烧时火焰明亮但有烟。在医药上，乙烯与氧的混合物可作麻醉剂；农业上，乙烯可作为果实的催熟剂；工业上，乙烯不仅可制备乙醇，也是氧化制备环氧乙烷、苯乙烯等重要的化工原料。

2. 丙烯

丙烯（$CH_3CH=CH_2$）常温常压下为无色气体，燃烧时火焰明亮。丙烯为重要的化工原料，广泛用于有机合成，如工业上用丙烯来制备异丙醇和丙酮。丙烯经聚合后得到聚丙烯，聚丙烯可制作薄膜、纤维、耐热和耐化学腐蚀的管道、医疗器械、电缆、电线。

第二节 二烯烃

一、二烯烃的分类、命名和结构

1. 二烯烃的分类和命名

分子中含有两个碳碳双键的不饱和链烃，叫做二烯烃。 通式为：C_nH_{2n-2}。

根据二烯烃中两个双键的相对位置的不同，可将二烯烃分为三类。

（1）聚集二烯烃　分子中有两个双键与同一个碳原子相连接的二烯烃，叫做聚集二烯烃。例如：丙二烯 $CH_2=C=CH_2$，这类化合物性质不稳定。

（2）隔离二烯烃　两个双键被两个或两个以上的单键隔开的二烯烃称为隔离二烯烃。例如：1,4-戊二烯 $CH_2=CHCH_2CH=CH_2$。此类二烯烃分子中两个双键可看作独立的双键，其性质与一般烯烃相似。

（3）共轭二烯烃　两个双键被一个单键隔开的二烯烃称为共轭二烯烃。最简单的共轭二烯烃是 1,3-丁二烯 $CH_2=CH-CH=CH_2$。此类二烯烃的结构和性质都很特殊，是重要的二烯烃。

二烯烃的命名与烯烃相似，选取含两个双键的最长碳链为主链，称为某二烯。双键的数目用中文数字表示，双键的位次用阿拉伯数字表示。例如：

$$CH_2=CH-CH=CH_2 \qquad \begin{matrix} CH_2=C-CH=CH_2 \\ | \\ CH_3 \end{matrix} \qquad \begin{matrix} CH_2=C-C=CH_2 \\ | \quad | \\ CH_3 \ CH_3 \end{matrix}$$

$\qquad$ 1,3-丁二烯 $\qquad\qquad$ 2-甲基-1,3-丁二烯 $\qquad$ 2,3-二甲基-1,3-丁二烯

2. 共轭二烯烃的结构

1,3-丁二烯是最简单的共轭二烯，其中 4 个碳原子都是 sp^2 杂化，3 个 C—C σ键和 6 个 C—H σ键共平面，各碳原子上未杂化的 p 轨道互相平行，都垂直于 σ键所在的平面。C1 和 C2 之间、C3 和 C4 的 p 轨道电子云相互平行重叠，形成 2 个 π键，由于这两个 π键距离很

近，C2 和 C3 的 p 轨道电子云之间也可发生重叠，使两个 π 键不是孤立存在，而是 4 个碳的 p 轨道电子云整个连接起来，形成了一个共轭大 π 键（图 3-6）。

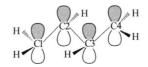

图 3-6　1,3-丁二烯中的大 π 键

分子内具有单双键间隔排列的结构特征的化合物称为 π-π 共轭体系。除 π-π 共轭体系外，还有 p-π 共轭体系和 σ-π 共轭体系，后面章节讨论。

实验表明，1,3-丁二烯分子中双键的键长（137pm）较一般烯烃碳碳双键（135pm）长，而单键的键长（146pm）较一般烷烃中的碳碳单键（154pm）短，说明共轭体系中键长趋于平均化，并且共轭体系的内能较低，较稳定。

共轭体系一般有三个显著特点：一是键长平均化；二是体系能量低，稳定性明显增加；三是当进行反应时，外界试剂的作用不仅使一个双键极化，而且会影响到整个共轭体系，使整个共轭体系电子云变形，产生交替极化现象。

由于共轭体系的存在，而使分子中的原子间发生相互影响，而引起键的平均化现象，称为共轭效应。

二、共轭二烯烃的化学性质

以 1,3-丁二烯为例。1,3-丁二烯化学性质与烯烃有相似之处，由于是共轭体系，又表现出特殊性。

1. 亲电加成

1,3-丁二烯能与卤素、卤化氢等发生亲电加成反应，通常有 1,2-加成和 1,4-加成两种产物生成：

$$CH_2=CH-CH=CH_2 \xrightarrow{HBr} \begin{cases} \xrightarrow{1,4-\text{加成}} CH_3-CH=CH-CH_2Br & 1\text{-溴-2-丁烯} \\ \xrightarrow{1,2-\text{加成}} CH_3-CH-CH=CH_2 \\ \quad\quad\quad\quad\quad\; |\\ \quad\quad\quad\quad\;\; Br & 3\text{-溴-1-丁烯} \end{cases}$$

哪种产物为主，取决于反应条件，一般情况下，在低温及非极性溶剂中以 1,2-加成产物为主，高温及极性溶剂中以 1,4-加成产物为主。

2. 双烯合成

双烯合成又叫狄尔斯-阿尔德（Diels-Alder）反应，其反应特点是：共轭二烯烃与某些具有碳碳双键的不饱和化合物发生 1,4-加成反应，生成环状化合物。例如：

$$\begin{matrix} HC=CH_2 \\ | \\ HC=CH_2 \end{matrix} + \begin{matrix} CH_2 \\ \| \\ CH_2 \end{matrix} \xrightarrow[\text{高压}]{200\sim300℃} \begin{matrix} HC \\ \| \\ HC \end{matrix}\begin{matrix} CH_2 \\ \\ CH_2 \end{matrix}\begin{matrix} CH_2 \\ \\ CH_2 \end{matrix}$$

1,3-丁二烯　乙烯　　　　　　　环己烯进行双烯合成需要两种化合物：一类叫双烯体，如 1,3-丁二烯；另一类叫亲双烯体，如乙烯。当亲双烯体上连有吸电子基（如—CHO、—CN、—NO$_2$ 等）时，反应容易进行。例如：

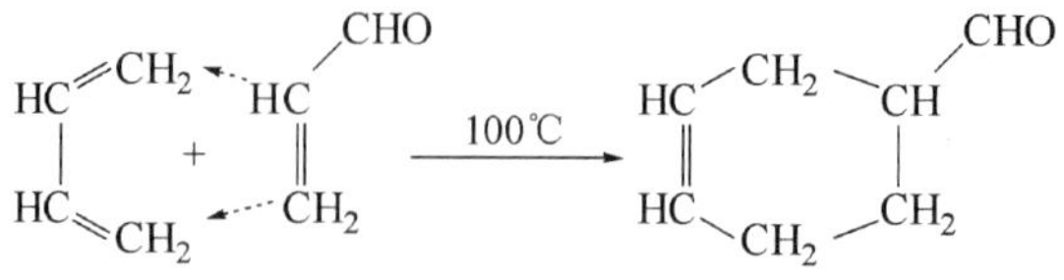

1,3-丁二烯　　乙烯醛　　→　　4-环己烯甲醛

双烯合成反应在合成六元环状化合物方面具有重要意义。

三、重要的共轭烯烃

维生素 A(vitamin A)又称视黄醇(其醛衍生物为视黄醛)或抗干眼病因子，是一个具有脂环的不饱和一元醇，包括动物性食物来源的维生素 A$_1$、A$_2$ 两种，是一类具有视黄醇生物活性的物质。维生素 A$_1$ 多存于哺乳动物及咸水鱼的肝脏中，而维生素 A$_2$ 常存于淡水鱼的肝脏中。由于维生素 A$_2$ 的活性比较低，所以通常所说的维生素 A 是指维生素 A$_1$。

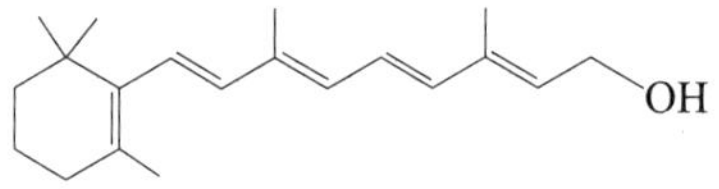

第三节　炔　烃

分子中含有碳碳三键的烃称为炔烃。碳碳三键是炔烃的官能团。炔烃比相应的单烯烃分子少 2 个氢原子，分子通式是 C_nH_{2n-2}。炔烃与同碳原子数的二烯烃互为同分异构体。

一、炔烃的命名、异构现象和结构

（一）炔烃的命名和异构现象

炔烃的命名方法与烯烃相似，只需依据三键确定主链、编号，名称中把"烯"改为"炔"。例如：

$CH_3—C≡C—CH_2CH_3$　　$CH≡C—CH_2CH_2CH_3$　　$CH≡C—CH—CH_3$ (CH_3)　　$CH_3—C≡C—CHCH_2CH_3$ (CH_2CH_3)

2-戊炔　　　　　1-戊炔　　　　　甲基丁炔　　　　4-乙基-2-庚炔

当化合物同时含有双键和三键时，若双键和三键距离碳链末端的位置不同，应该从靠近碳链末端的一侧编号；若双键和三键距离碳链末端的位置相同，则按先烯后炔的顺序编号。如：

$CH_3—CH=CH—C≡CH$　　　$CH≡C—CH_2CH=CH_2$

3-戊烯-1-炔　　　　　　1-戊烯-4-炔

炔烃的同分异构与烯烃相似，有三键位置异构和碳链异构，但没有顺反异构。与同数碳原子的烯烃相比，炔烃的异构体数目相对较少。例如：丁烯有 3 种异构体，既有碳链异构，还有位置异构，而丁炔只有 2 种异构体，即只有位置异构，没有碳链异构。

$$CH_3—C≡C—CH_3 \qquad CH≡C—CH_2—CH_3$$

（二）炔烃的结构

1. 乙炔的分子结构

乙炔是最简单的炔烃，分子式：C_2H_2，结构简式：$H—C≡C—H$ 。

现代物理方法测定，乙炔分子中 —C≡C— 键跟 C—H 键间的夹角是 $180°$，也就是说乙炔分子为直线型分子。碳碳三键中，一个是 σ 键，两个是 π 键。乙炔的空间结构和模型见图 3-7。

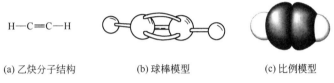

(a) 乙炔分子结构　　　　(b) 球棒模型　　　　(c) 比例模型

图 3-7　乙炔的空间结构及其模型

2. 碳原子的 sp 杂化轨道

杂化轨道理论认为，乙炔分子中的碳原子在成键时，是以激发态的 1 个 2s 轨道和 1 个 2p 轨道进行杂化，形成 2 个能量完全相同的 sp 杂化轨道，其 sp 杂化过程可表示为：

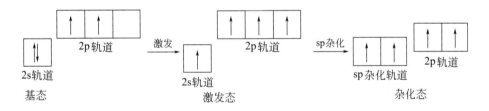

sp 杂化轨道每个均含有 1/2 的 s 轨道成分和 1/2 的 p 轨道成分，形状与 sp^2、sp^3 杂化轨道相似，也是葫芦形，两个 sp 杂化轨道的对称轴在同一条直线上，互成 $180°$ 角，如图 3-8。当两个 sp 杂化碳原子接近和成键时，两个碳原子的 sp 杂化轨道正面互相重叠，形成 C—C σ 键，同时两个碳原子又各自以另外一个 sp 杂化轨道与氢原子的 s 轨道互相重叠，形成 C—H σ 键。分子中的三个 σ 键的对称轴在同一条直线上，如图 3-9。

图 3-8　乙炔的 sp 杂化　　　　　　　　图 3-9　乙炔的 σ 键

每个碳原子上还各有两个未参与杂化而又互相垂直的 2p 轨道。两个碳原子的 4 个 p 轨道，其对称轴两两平行，侧面"肩并肩"地重叠，形成两个互相垂直的 π 键，两个 π 键的电子云围绕在两个碳原子的上下、前后对称地分布在 C—C σ 键键轴的周围，呈圆筒形，如图

3-10。

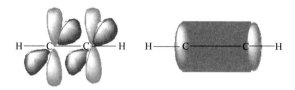

图 3-10 乙炔的 π 键

炔烃的 π 键与烯烃相似,具有较大的反应活性。但三键比双键多一个 π 键,增加了成键电子云对两个原子核的吸引力,使三键键长小于双键键长,三键上碳氢键的键长也较双键上碳氢键的键长短,三键的键能大于碳碳双键,因而三键的活性不如双键。

二、炔烃的性质

(一)物理性质

炔烃的物理性质与烯烃相似。常温下乙炔、丙炔和 1-丁炔为气体,戊炔以上的低级炔烃为液体,高级炔烃为固体。简单炔烃的沸点、熔点及密度等比相应烯烃要高。炔烃难溶于水,易溶于丙酮、石油醚及苯等有机溶剂。

(二)化学性质

炔烃的化学性质与烯烃相似,也可发生亲电加成、氧化、聚合等反应,但由于炔烃的三键碳原子是 sp 杂化,其化学性质与烯烃又有一些区别,能发生一些特殊的反应。

1. 加成反应

(1) 催化加氢　在铂或钯等催化剂的存在下,炔烃发生催化加氢反应,生成烷烃。

$$CH\equiv CH + H_2 \xrightarrow{Pt} CH_2=CH_2 \xrightarrow{Pt}_{H_2} CH_3-CH_3$$

若用活性较低的林德拉(Lindlar)催化剂(即 Pd-BaSO$_4$-喹啉),反应生成烯烃。

$$CH_3-C\equiv CH + H_2 \xrightarrow{Lindlar} CH_3-CH=CH_2$$

(2) 加卤素　炔烃与卤素的加成是分两步进行的,先加一分子卤素,生成二卤代烯,继续加一分子卤素,生成四卤代烷。

$$CH\equiv CH + Br_2 \longrightarrow \underset{\underset{Br}{|}}{CH}=\underset{\underset{Br}{|}}{CH} \longrightarrow CHBr_2-CHBr_2$$

当分子内同时存在碳碳三键和双键时,卤素首先加到双键上。

$$CH\equiv C-CH_2CH=CH_2 + Br_2 \longrightarrow CH\equiv C-CH_2\underset{\underset{Br}{|}}{CH}-\underset{\underset{Br}{|}}{CH_2}$$

炔烃使溴的四氯化碳溶液褪色的反应也可作为炔烃的鉴定试验,但褪色速率比烯烃慢,因为炔烃的亲电加成反应比烯烃困难。

(3) 加卤化氢　炔烃与氯化氢的加成较困难,要在催化剂存在下才能发生;与活性较大的溴化氢、碘化氢加成，在暗处即可发生，反应分两步进行，第二步遵循马氏规则。

$$CH\equiv CH + HBr \longrightarrow CH_2=CHBr \longrightarrow CH_3-CHBr_2$$

在过氧化物存在下，生成反马氏规则的产物。

（4）加水　在汞盐的催化下，炔烃在稀硫酸溶液中，与水发生加成反应，首先生成烯醇，然后立即发生分子内重排，生成稳定的羰基化合物。一般乙炔生成乙醛，其他炔生成酮。

$$CH\equiv CH + H_2O \xrightarrow[H_2SO_4]{HgSO_4} \left[\begin{array}{c}CH_2=CH\\|\\OH\end{array}\right] \xrightarrow{\text{分子内重排}} CH_3CHO \quad 乙醛$$

$$CH_3C\equiv CH + H_2O \xrightarrow[H_2SO_4]{HgSO_4} \left[\begin{array}{c}CH_3-C=CH_2\\|\\OH\end{array}\right] \xrightarrow{\text{分子内重排}} CH_3-\underset{\underset{O}{\|}}{C}-CH_3 \quad 丙酮$$

2. 氧化反应

炔烃可被高锰酸钾溶液氧化，炔烃的碳碳三键在高锰酸钾等氧化剂的作用下可发生断裂，生成羧酸、二氧化碳等产物。

$$CH\equiv CH \xrightarrow{KMnO_4/H_2O} CO_2\uparrow + H_2O$$

$$CH_3C\equiv CH \xrightarrow{KMnO_4/H_2O} CH_3COOH + CO_2\uparrow + H_2O$$

$$CH_3C\equiv CCH_3 \xrightarrow{KMnO_4/H_2O} CH_3COOH + CH_3COOH$$

根据生成产物的种类和结构可推断炔烃的结构。与烯烃一样，炔烃的氧化反应也能使高锰酸钾溶液褪色，可作为炔烃的鉴定。

3. 聚合反应

在不同催化剂作用下，乙炔可以分别聚合成链状或环状化合物。

$$2CH\equiv CH \xrightarrow{Cu_2Cl_2,NH_4Cl} CH_2=CH-C\equiv CH$$

$$3CH\equiv CH \xrightarrow[\text{催化剂}]{\text{高温}} \text{（苯环）}$$

4. 端基炔的特性——炔化物的生成

炔烃中 sp 杂化的碳原子表现出较大的电负性，使三键碳原子与氢原子之间的碳氢键极性增大，三键碳原子上直接相连的氢原子比较活泼，显示出一定的酸性，容易被金属取代，生成炔化物。例如：将乙炔或丙炔通入硝酸银的氨溶液或氯化亚铜的氨溶液中，则分别生成白色的乙炔银或棕红色的丙炔亚铜沉淀。

$$CH\equiv CH + [Ag(NH_3)_2]NO_3 \longrightarrow AgC\equiv CAg\downarrow + NH_3 + NH_4NO_3$$
$$\text{乙炔银（白）}$$

$$CH_3C\equiv CH + [Cu(NH_3)_2]Cl \longrightarrow CH_3C\equiv CCu\downarrow + NH_3 + NH_4Cl$$
$$\text{丙炔亚铜（红棕色）}$$

上述反应很灵敏，现象也很明显，常用来鉴别分子中含有—C≡CH 结构特征的端基炔。

三、重要的炔烃

乙炔（CH≡CH）是最简单和重要的炔烃。常温常压下，纯乙炔为无色无臭的气体，微溶于水易溶于有机溶剂。乙炔燃烧时产生明亮的火焰，可供照明。乙炔在氧气中燃烧所产生的火焰，温度高达 3000℃，广泛用于焊接和切割金属。乙炔也是有机合成的重要基本原料，可合成多种化工产品。

致用小贴

塑料

树脂是以烯烃单体为原料，通过加聚或缩聚反应聚合而成的高分子化合物。塑料由合成树脂以及填料、增塑剂、稳定剂、润滑剂、色料等添加剂组成。塑料抗形变能力中等，介于纤维和橡胶之间。

树脂这一名词最初是由动植物分泌出的脂质而得名，如松香、虫胶等。树脂约占塑料总质量的 40%～100%。塑料的基本性能主要决定于树脂的本性，但添加剂也起着重要作用。有些塑料基本上是由合成树脂所组成，不含或少含添加剂，如有机玻璃、聚苯乙烯等。

1. 解释下列名词。
   (1) σ 键和 π 键　　(2) 诱导效应和共轭效应　　(3) 马氏规则

2. 用系统命名法命名下列化合物。
   (1) $CH_3CH_2CH=CH_2$　　(2) $CH_3CH=CHCH_3$　　(3) $CH_3-C=CH_2$
   　　　　　　　　　　　　　　　　　　　　　　　　　　　　　　　　　　$\quad\quad\quad\ \ |$
   　　　　　　　　　　　　　　　　　　　　　　　　　　　　　　　　　　$\quad\quad\ CH_3$

   (4) $CH_3CH_2CHCH_2CH_3$　　(5) $CH_3-CHCH=CHCH_2CH_3$
   　　　　　　$\quad\ \ |$　　　　　　　　　　　　　　　$\quad\ \ |$
   　　　　　　$CH=CH_2$　　　　　　　　　　　　　　CH_3

   (6) $CH_3CH(CH_3)CH_2C≡CCH_3$　　(7) $HC≡C-CH_2CHCH_3$
   　　　　　　　　　　　　　　　　　　　　　　　　　　　　$\quad\ \ |$
   　　　　　　　　　　　　　　　　　　　　　　　　　　　　CH_3

   (8) $CH_2=CH-C≡C-CH_3$　　(9) $CH_2=CH-CH=C(CH_3)_2$

   (10) $CH_2=CHCH_2CHCH=CH_2$
   　　　　　　　　　$\quad\ \ |$
   　　　　　　　　　CH_3

3. 写出下列化合物的结构简式。
   (1) 2-甲基-1-戊烯　　(2) 2,3-二甲基-1-戊烯　　(3) 2-戊炔
   (4) 3-甲基-4-异丙基-3-庚烯　　(5) 3,3-二甲基-1-己炔　　(6) 2-甲基-1,3-丁二烯
   (7) 3-乙基-1-戊烯-4-炔

4. 完成下列反应。
   (1) $CH_3CH_2C=CH_2 + HBr \longrightarrow$　　(2) $CH_3-C=CH_2 \xrightarrow{KMnO_4/H^+}$
   　　　　$\quad\ \ |$　　　　　　　　　　　　　　　　　$\quad\ \ |$
   　　　　CH_3　　　　　　　　　　　　　　　　　　CH_3

(3) $CH_3CH_2CH=CH_2 + HCl \longrightarrow$

(4) $CH\equiv C-CH_3 + HBr \longrightarrow$

(5) $CH\equiv C-CH_2CH_3 + Br_2 \longrightarrow$

(6) $CH\equiv C-CH_2CH_3 + H_2O \xrightarrow{H_2SO_4/HgSO_4}$

(7) $CH\equiv C-CH=CH_2 + Br_2 \longrightarrow$

(8) $CH_3CH_2C\equiv CCH_3 \xrightarrow{KMnO_4/H_2O}$

(9) $CH_2=CH-CH=CH_2 + Br_2 \xrightarrow{1,4-加成}$

(10) $CH_2=CH-CH=CH_2 + HCl \xrightarrow{1,2-加成}$

(11) $CH_3CH_2CH=CH_2 + H_2O \xrightarrow{H^+}$

(12)

5. 经高锰酸钾酸性溶液氧化后得到下列产物，试写出原烯烃的结构式。

(1) CH_3COOH 和 CO_2

(2) CH_3COOH 和 $(CH_3)_2CHCOOH$

(3) 只有 $(CH_3)_2CHCOOH$

(4) CH_3COCH_3 和 CH_3CH_2COOH

6. 用化学方法区分下列各组化合物。

(1) 乙烷、乙烯和乙炔

(2) 1-丁炔和 2-丁炔

7. 有 A、B 两种烯烃，分别与溴化氢作用，A 的产物是 $CH_3-\underset{CH_3}{\underset{|}{CH}}-\underset{Br}{\underset{|}{CH}}-CH_3$；B 的产物是 $CH_3-\underset{\underset{CH_3}{|}}{\overset{\overset{Br}{|}}{C}}-CH_2-CH_3$。试推测 A 和 B 的结构式。

8. 分子式相同的三种化合物（C_5H_8）经氢化后都生成 2-甲基丁烷。它们都可以与两分子溴加成，但其中一种能使 $AgNO_3$ 氨溶液产生白色沉淀，另两种则不行。试推测这三种异构体的结构式。

9. 1-丁烯和 2-丁烯与氯化氢发生亲电加成反应，得到相同的产物 2-氯丁烷，但 1-丁烯的反应速率要比 2-丁烯快。请解释原因。（药学专业学生完成）

第四章 环 烃

 知识导图

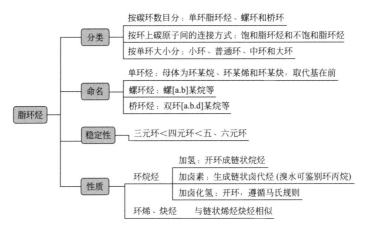

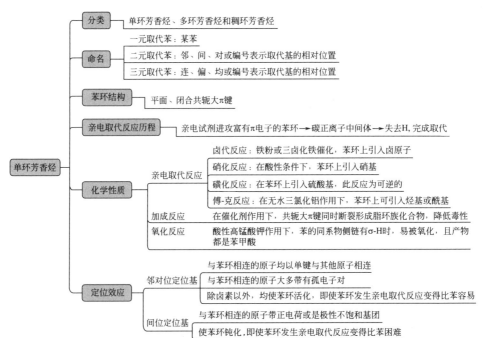

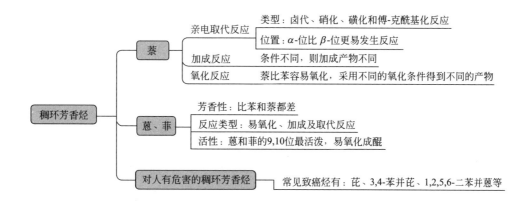

学习目标

1. 掌握脂环烃和苯的同系物的命名方法。
2. 掌握脂环烃和苯及其同系物的化学性质，了解其物理性质。
3. 熟悉亲电取代反应的定位效应和应用，了解亲电取代反应的机理。
4. 了解环烷烃的稳定性。
5. 了解苯环碳原子的杂化方式、结构特点和同分异构现象。
6. 了解致癌芳香烃的结构。

环烃又称为闭链烃，它是由碳氢两种元素组成的环状有机化合物。环烃按碳环结构不同又分为脂环烃和芳香烃。

第一节 脂 环 烃

脂环烃是指具有环状结构而性质与链烃类似的烃。脂环烃及其衍生物广泛存在于自然界中，如石油中含有环戊烷、环己烷等脂环烃，动植物体内含有的甾体化合物、萜类、激素等。

一、脂环烃的分类、命名和结构

1. 脂环烃的分类

根据环上是否含有不饱和键，脂环烃分为饱和脂环烃和不饱和脂环烃。饱和脂环烃称为环烷烃，不饱和脂环烃分为环烯烃和环炔烃。例如：

环己烷　　环戊二烯　　环辛炔

根据分子中所含碳环的数目分为单环脂环烃和多环脂环烃。单环脂环烃，按环的大小分为：小环（$C_3 \sim C_4$）；普通环（$C_5 \sim C_7$）；中环（$C_8 \sim C_{11}$）；大环（$\geqslant C_{12}$）。多环脂环烃按其环的结构方式不同又分为螺环和桥环两种类型。

2. 脂环烃的命名

（1）单环脂环烃的命名　单环脂环烃由于碳原子的首尾连接成环，分子中的氢原子比相应的链烃少两个，故环烷烃的通式为 C_nH_{2n}，与单烯烃互为同分异构体。

环烷烃的命名与烷烃相似，只是在烷烃名称前加上"环"字。环上有取代基时，应使取代基所在碳原子的编号尽可能小。若有不同取代基时，以较小数字表示较小取代基的位次。例如：

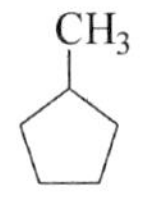

甲基环戊烷 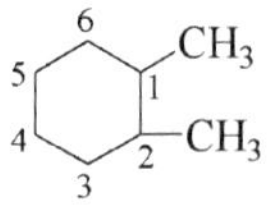　　1,2-二甲基环己烷 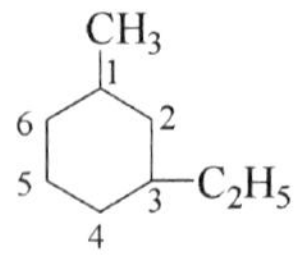　　1-甲基-3-乙基环己烷 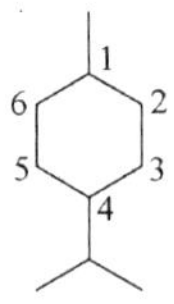　　1-甲基-4-异丙基环己烷

环烯烃或环炔烃的命名与烯烃或炔烃相似，也是在相应的名称前冠上"环"字。例如：

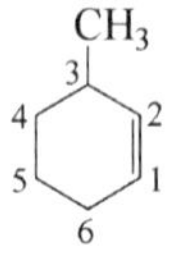

3-甲基环己烯 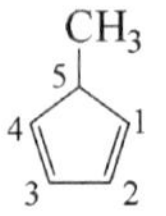　　5-甲基-1,3-环戊二烯 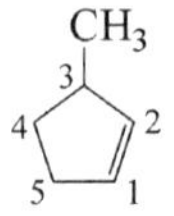　　3-甲基环戊烯 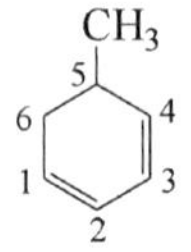　　5-甲基-1,3-环己二烯

(2) 螺环烃的命名　两个碳环共用一个碳原子的环烃叫螺环烃，共用的碳原子叫螺原子。命名螺环烃时，按母体烃中碳原子总数称为"螺［　］某烃"，方括号中分别用阿拉伯数字标出两个碳环除螺原子外的碳原子数目，数字之间的右下角用圆点隔开，顺序是从小环到大环。有取代基时，要将螺环编号，编号从小环邻接螺原子的碳原子开始，通过螺原子绕到大环。例如：

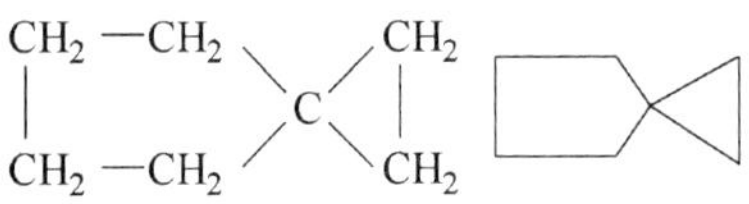

螺[2.4]庚烷 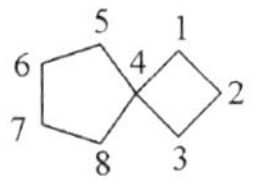　　螺[3.4]辛烷 　　螺[4.5]-1,6-癸二烯

(3) 桥环烃的命名　共用两个或两个以上碳原子的多环脂烃叫桥环烃。若为双环则共用两个碳原子，其特点是有两个"桥头"碳原子，连接两个"桥头"，构成三条"桥"。命名时根据成环总碳原子数，称为双环［　］某烃，再把各"桥"所含碳原子数目，按由大到小的顺序写在方括号中，数字之间用圆点隔开。例如：

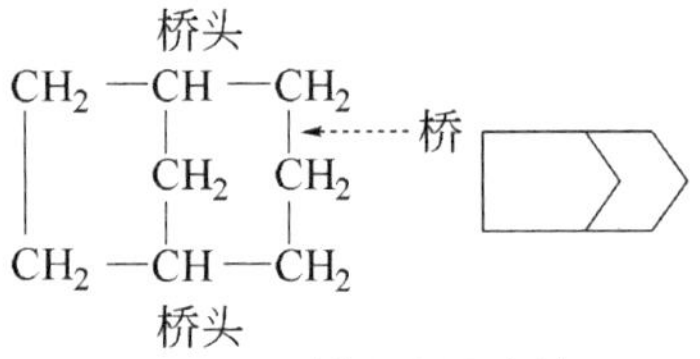

双环[3.2.1]辛烷 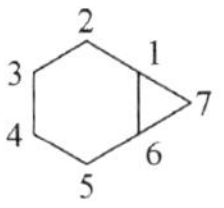　　二环[4.1.0]庚烷

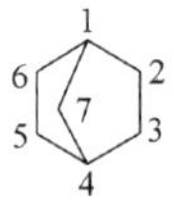

二环[2.2.1]庚烷 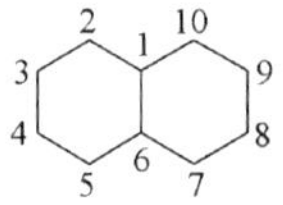　　二环[4.4.0]癸烷

3. 脂环烃的结构

环烷烃的碳原子也是 sp^3 杂化，其杂化轨道之间的夹角应为 109.5°。但是环丙烷成环的三个碳原子组成平面三角形，夹角为 60°。因此每个 C—C 键就得向内扭转一定的角度，这

就产生了张力,又称拜尔(Baeyer)张力。经物理方法测定,环丙烷中两个碳原子的 sp³ 杂化轨道形成 σ 键时,C—C—C 单键之间的夹角为 105.5°,不能沿键轴方向最大重叠,只能弯曲着部分重叠形成"弯曲键"(见图 4-1)。分子内张力大,体系内能高,结构就不稳定,容易开环。

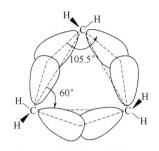

图 4-1 环丙烷的碳碳 σ 键

环丁烷的四个碳原子不在同一平面,构成正方形,键角为 90°,所以也有较大的"角张力"而趋于不稳定。环戊烷和环己烷的成环碳原子不在同一平面上,碳碳键之间的夹角接近 109.5°,也就是说碳原子的 sp³ 杂化轨道形成 C—C σ 键时,不必扭偏而能沿键轴方向最大程度重叠,不存在角张力,环系稳定不易开环。

二、脂环烃的性质

(一)物理性质

常温常压下,环丙烷和环丁烷是气体,环戊烷和环己烷是液体。它们都不溶于水,能溶于乙醚等有机溶剂。由于环中单键旋转受限制,分子具有一定的刚性,脂环烃的沸点、熔点和密度比同碳原子数的烷烃高。

(二)化学性质

常见脂环烃的化学性质与链烃相似,即环烷烃的化学性质与烷烃相似,环烯烃的化学性质与烯烃相似。但小环脂环烃还有一些特殊的性质,可以发生开环加成的反应。

1. 加氢

在催化剂镍的作用下,小环脂环烃可以加氢生成烷烃。

$$\triangle + H_2 \xrightarrow[80℃]{Ni} CH_3CH_2CH_3$$

$$\square + H_2 \xrightarrow[200℃]{Ni} CH_3CH_2CH_2CH_3$$

$$\pentagon + H_2 \xrightarrow[300℃]{Ni} CH_3CH_2CH_2CH_2CH_3$$

2. 加卤素

室温下环丙烷可与溴加成,而环丁烷需要加热才能与溴发生加成反应。

$$\triangle + Br_2 \longrightarrow BrCH_2CH_2CH_2Br$$

$$\square + Br_2 \xrightarrow{加热} BrCH_2CH_2CH_2CH_2Br$$

3. 加卤化氢

有取代基的脂环烃与卤化氢作用时,开环发生在含氢最多和含氢最少的两个碳原子之间。加成符合马氏规则,氢原子加在含氢较多的碳原子上。例如:

$$\overset{CH_3}{\triangle} + HBr \longrightarrow CH_3\overset{Br}{\underset{|}{C}}HCH_2CH_3$$

上述反应说明，环烷烃的反应活性：三元环＞四元环＞五、六元环。

第二节 芳香烃

芳香烃简称芳烃，是芳香族化合物的母体。"芳香"两字的来源是由于最初从天然香树脂、香精油中提取的一些物质具有芳香气味，于是把这类化合物定名为"芳香"族化合物。后来发现芳香族化合物多数具有苯环结构，因而把含苯环的化合物称为芳香族化合物。实际上许多芳香族化合物并没有香气，有的还具有令人不愉快的臭气，所以"芳香"两字早已失去原来的含义。

一、芳香烃的分类、命名和结构

（一）芳香烃的分类

芳香烃按它们分子结构中所含苯环数目和连接方式不同，可分为单环芳香烃、多环芳香烃和稠环芳香烃。

（1）单环芳香烃 分子中只有一个苯环结构，包括苯和苯的同系物。例如：

苯 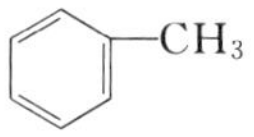　　甲苯 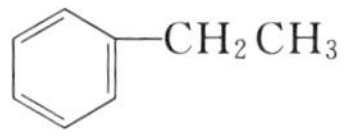　　乙苯

（2）多环芳香烃 分子中含两个或两个以上的独立苯环结构。例如：

联苯 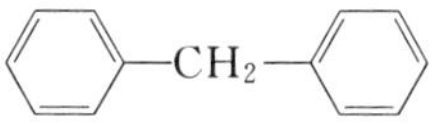　　二苯甲烷

（3）稠环芳香烃 分子中两个或两个以上的苯环彼此间通过共用两个相邻碳原子结合而成的芳香烃。例如：

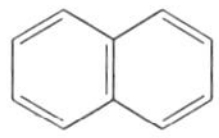

萘 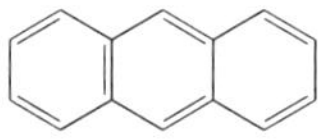　　蒽 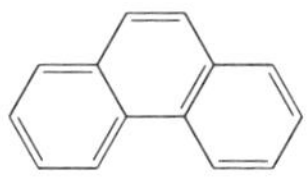　　菲

（二）单环芳香烃的命名

苯是单环芳香烃的母体，苯分子中氢原子被烃基取代的衍生物就是苯的同系物。其通式为：C_nH_{2n-6}（$n \geqslant 6$）。

苯的同系物命名是以苯为母体，烷基作取代基，称为"某苯"。如：

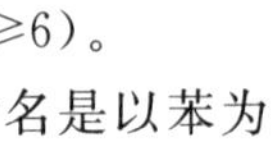

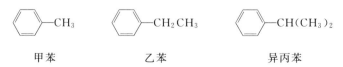

甲苯 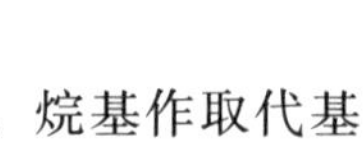　　乙苯 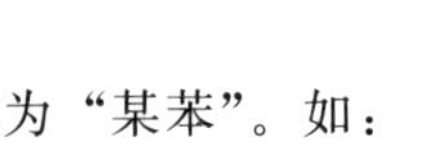　　异丙苯

如果苯环上有两个取代基，应使环上取代基的位次较小，用阿拉伯数字表示取代基的相对位置。取代基相同时，也可用"邻""间""对"等表示。如：

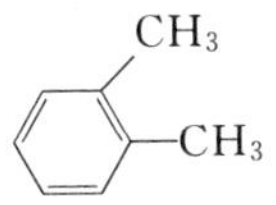

邻二甲苯　　　　间二甲苯　　　　对二甲苯
1,2-二甲苯　　　1,3-二甲苯　　　1,4-二甲苯

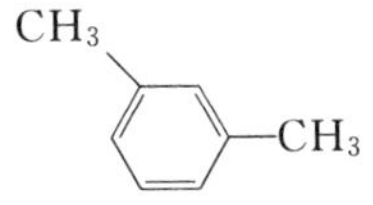

如果苯环上有三个相同的取代基，其相对位置同样可用阿拉伯数字表示，也可用"连""偏""均"等表示。

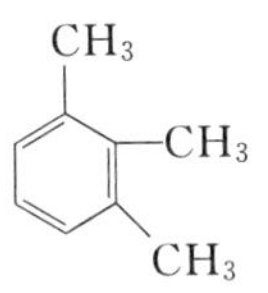

连三甲苯　　　　偏三甲苯　　　　均三甲苯
1,2,3-三甲苯　　1,2,4-三甲苯　　1,3,5-三甲苯

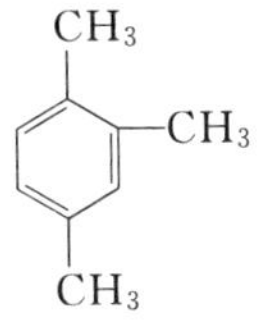

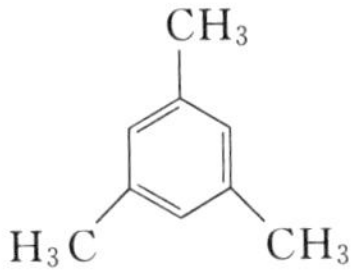

结构复杂或支链带有不饱和基团的芳香烃，可以把链烃作为母体，苯环视为取代基来命名。例如：

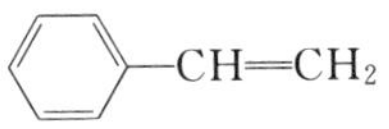

苯乙烯 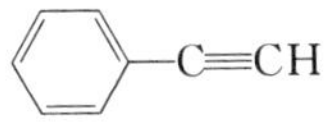　　　　苯乙炔

芳香烃分子中去掉一个 H 剩余的基团称为芳香烃基或芳基，常用"Ar-"表示。常见的芳基有：苯基（phenyl）C_6H_5—，可用"Ph-"表示；苯甲基或苄基 C_6H_5—CH_2—。

（三）苯的分子结构

苯是最简单的芳香烃，其分子式为 C_6H_6。从苯分子中碳与氢的比例 1∶1 来看，苯是一个高度不饱和的化合物。但实际上苯极为稳定，难进行加成反应，不易被氧化，不使高锰酸钾溶液褪色，而容易发生取代反应。可见苯的性质与不饱和烃有很大的差别。1865 年德国化学家凯库勒（A. Kekule）提出苯具有环状结构，苯分子中 6 个 C 组成六元环，碳原子间以间隔的单双键相连，每个碳原子连接一个氢原子。苯环的书写方式如下：

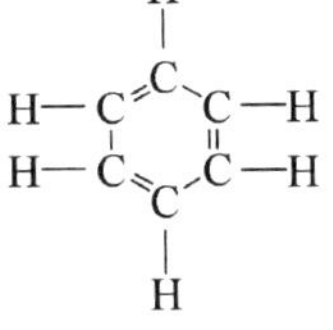

苯的凯库勒结构式可以解释苯的一元取代物只有一种，苯经催化加氢可以得到环己烷等一些客观事实，但却不能解释为什么苯有三个双键却不易发生加成反应，苯的邻位二元取代物只有一种。

现代物理学方法研究表明，苯是一个平面分子，有 6 个等长的 σ 键，组成正六边形，键角为 120°，键长为 139pm，键长介于碳碳单键及碳碳双键之间。

苯的现代结构式可以用杂化轨道理论解释。杂化轨道理论认为，苯分子中的碳原子都是 sp^2 杂化，每个碳原子的三个 sp^2 杂化轨道中的两个，与相邻两个碳原子的 sp^2 杂化轨道重叠形成两个碳碳 σ 键；另一个 sp^2 杂化轨道与一个氢原子的 s 轨道重叠形成碳氢 σ 键，这三个 σ 键处于同一平面，键角 120°。苯的六个碳原子因而也处于同一平面，形成苯环的正六边形结构，六个氢原子与它共平面[图 4-2(a)]。每个碳原子还各有一个未杂化的 p 轨道，垂直于此平面。苯的六个碳原子的六个 p 轨道互相平行，侧面"肩并肩"地重叠，形成由六个 p 电子构成的闭合大 π 键[图 4-2(b)]。π 电子云对称而均匀地分布在整个六边形环的上下，组成苯环的闭合共轭体系[图 4-2(c)]。由于 π 电子离域，体系能量显著降低，使苯有较好的稳定性；又因 π 电子云密度平均化，因此苯环上没有单、双键之分。

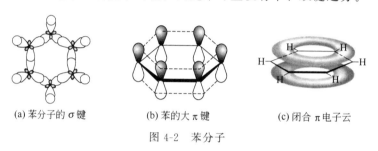

(a) 苯分子的 σ 键　　　(b) 苯的大 π 键　　　(c) 闭合 π 电子云

图 4-2　苯分子

苯的结构，习惯上仍采用凯库勒结构式表示，也常用圆圈代表大 π 键，用 ⬡ 表示苯分子。

二、单环芳香烃的性质

（一）物理性质

苯及其同系物一般是无色而有特殊气味的液体，不溶于水，可溶于石油醚、乙醇和乙醚等有机溶剂，相对密度都小于 1，但比链烃、脂环烃高。燃烧时火焰带黑烟。苯及其同系物的蒸气有毒，对中枢神经和造血器官有损害，长期接触会导致白细胞减少和头晕乏力。

（二）化学性质

苯环的特殊结构使苯的化学性质比较稳定，较难发生加成反应和氧化反应，而一定条件下容易发生取代反应。

1. 亲电取代反应

（1）卤代反应　在铁粉或三卤化铁的催化下，苯与卤素作用生成卤代苯。由于氟代反应太剧烈不易控制，而碘不活泼难以反应，所以苯的卤代反应通常是氯代和溴代。

$$\text{C}_6\text{H}_6 + \text{Cl}_2 \xrightarrow[55\sim60\text{℃}]{\text{FeCl}_3} \text{C}_6\text{H}_5\text{Cl} + \text{HCl}$$

甲苯发生卤代反应较苯容易，生成邻位和对位卤代产物。

$$\text{C}_6\text{H}_5\text{CH}_3 + \text{Cl}_2 \xrightarrow{\text{FeCl}_3} \text{o-ClC}_6\text{H}_4\text{CH}_3 + \text{p-ClC}_6\text{H}_4\text{CH}_3 + \text{HCl}$$

烷基苯的卤代反应条件不同，获得的产物则不同。在光照或加热的条件下，卤代反应发生在侧链上。例如：

$$\text{C}_6\text{H}_5\text{CH}_3 + \text{Cl}_2 \xrightarrow{\text{光照}} \text{C}_6\text{H}_5\text{CH}_2\text{Cl} + \text{HCl}$$

$$\text{C}_6\text{H}_5\text{CH}_2\text{CH}_3 + \text{Cl}_2 \xrightarrow{\text{光照}} \text{C}_6\text{H}_5\text{CHClCH}_3 + \text{HCl}$$

（2）硝化反应　苯与浓硝酸和浓硫酸的混合物作用，生成硝基苯的反应叫硝化反应。

$$\text{C}_6\text{H}_6 + \text{HNO}_3 \xrightarrow[55\sim60\text{℃}]{\text{浓 H}_2\text{SO}_4} \text{C}_6\text{H}_5\text{NO}_2 + \text{H}_2\text{O}$$

硝基苯不容易进一步硝化，需要更高的温度和更浓的混酸，第二个硝基主要进入第一个硝基的间位。

$$\text{C}_6\text{H}_5\text{NO}_2 + \text{HNO}_3 \xrightarrow[100\text{℃}]{\text{浓 H}_2\text{SO}_4} \text{m-C}_6\text{H}_4(\text{NO}_2)_2 + \text{H}_2\text{O}$$

烷基苯硝化比苯容易，主要得到邻位和对位的硝化产物。

$$\text{C}_6\text{H}_5\text{CH}_3 + \text{HNO}_3 \xrightarrow[30\text{℃}]{\text{浓 H}_2\text{SO}_4} \text{o-O}_2\text{NC}_6\text{H}_4\text{CH}_3 + \text{p-O}_2\text{NC}_6\text{H}_4\text{CH}_3 + \text{H}_2\text{O}$$

（3）磺化反应　苯与浓硫酸共热，苯环上的氢原子被磺酸基（—SO$_3$H）取代，生成苯磺酸。苯磺酸在同样条件下可以水解，所以磺化反应是一个可逆反应。

$$\text{C}_6\text{H}_6 + \text{H}_2\text{SO}_4 \xrightleftharpoons{75\sim80\text{℃}} \text{C}_6\text{H}_5\text{SO}_3\text{H} + \text{H}_2\text{O}$$

甲苯磺化反应生成邻对位产物，且以对位产物为主，而苯磺酸继续磺化较困难，生成间位产物。

$$\text{C}_6\text{H}_5\text{CH}_3 + \text{H}_2\text{SO}_4 \rightleftharpoons \text{o-HO}_3\text{SC}_6\text{H}_4\text{CH}_3 + \text{p-HO}_3\text{SC}_6\text{H}_4\text{CH}_3 + \text{H}_2\text{O}$$

$$\text{C}_6\text{H}_5\text{SO}_3\text{H} + \text{H}_2\text{SO}_4\text{ 发烟} \xrightarrow{200\sim220\text{℃}} \text{m-C}_6\text{H}_4(\text{SO}_3\text{H})_2$$

(4) 傅-克 (Friedel-Crafs) 反应　苯环引入烷基或酰基的反应，称为烷基化反应。反应是由化学家法国的傅瑞德尔和美国的克拉弗茨发现的。

在无水三氯化铝催化下，苯与卤代烷作用生成烷基苯的反应是烷基化反应。

$$\text{C}_6\text{H}_6 + \text{CH}_3\text{CH}_2\text{Cl} \xrightarrow{\text{无水 AlCl}_3} \text{C}_6\text{H}_5\text{CH}_2\text{CH}_3 + \text{HCl}$$

烷基化试剂含 3 个以上碳原子时，反应中烷基容易异构化。原因是碳正离子稳定性不同（$3°C^+ > 2°C^+ > 1°C^+$），碳正离子会自动重排形成更稳定的碳正离子。例如：

$$\text{C}_6\text{H}_6 + \text{CH}_3\text{CH}_2\text{CH}_2\text{Cl} \xrightarrow{\text{无水 AlCl}_3} \text{C}_6\text{H}_5\text{CH}(\text{CH}_3)_2 + \text{C}_6\text{H}_5\text{CH}_2\text{CH}_2\text{CH}_3$$

在无水三氯化铝催化下，苯与酰卤或酸酐等作用生成酮的反应是酰基化反应。

$$\text{C}_6\text{H}_6 + \text{CH}_3\text{COCl} \xrightarrow{\text{无水 AlCl}_3} \text{C}_6\text{H}_5\text{COCH}_3 + \text{HCl}$$

$$\text{C}_6\text{H}_6 + (\text{CH}_3\text{CO})_2\text{O} \xrightarrow{\text{无水 AlCl}_3} \text{C}_6\text{H}_5\text{COCH}_3$$

苯的取代反应都是亲电取代历程，亲电试剂 E^+ 进攻富有 π 电子的苯环，产生碳正离子中间体。碳正离子中间体不稳定很容易失去一个质子，生成取代产物。苯的亲电取代反应历程表示如下：

$$\text{C}_6\text{H}_6 + E^+ \xrightarrow{\text{慢}} [\text{C}_6\text{H}_6 E]^+ \xrightarrow{\text{快}} \text{C}_6\text{H}_5 E + H^+$$

例如，在苯的氯代反应中，第一步氯与三氯化铁作用形成亲电试剂氯正离子。

$$\text{Cl}_2 + \text{FeCl}_3 \rightleftharpoons \text{Cl}^+ + [\text{FeCl}_4]^-$$

第二步氯正离子进攻苯环生成碳正离子中间体。

$$\text{C}_6\text{H}_6 + \text{Cl}^+ \xrightarrow{\text{慢}} [\text{C}_6\text{H}_6\text{Cl}]^+$$

第三步碳正离子中间体失去一个 H^+，生成氯苯。

$$[\text{C}_6\text{H}_6\text{Cl}]^+ \xrightarrow{\text{快}} \text{C}_6\text{H}_5\text{Cl} + H^+$$

硝化反应中，浓硫酸的作用使硝酸变为亲电试剂硝酰正离子；磺化反应中，亲电试剂是缺电子的中性分子 SO_3，S 带部分正电荷；傅-克反应中，亲电试剂是烃基正离子。

2. 加成反应

苯及其同系物的性质稳定，不易发生加成反应。但在催化剂、高温、高压和光照等作用下，也可以与 H_2、Cl_2 发生加成反应。例如：

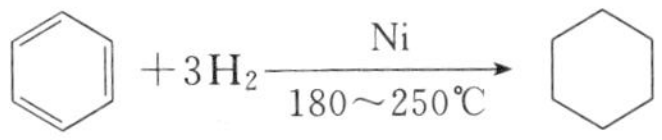

$$\text{C}_6\text{H}_6 + 3H_2 \xrightarrow[180\sim250℃]{Ni} \text{C}_6\text{H}_{12}$$

3. 氧化反应

苯环较稳定，一般不会被氧化。但苯的同系物侧链有 α-H 时，侧链就容易被氧化，而且不论侧链多长，氧化的产物都是苯甲酸。例如：

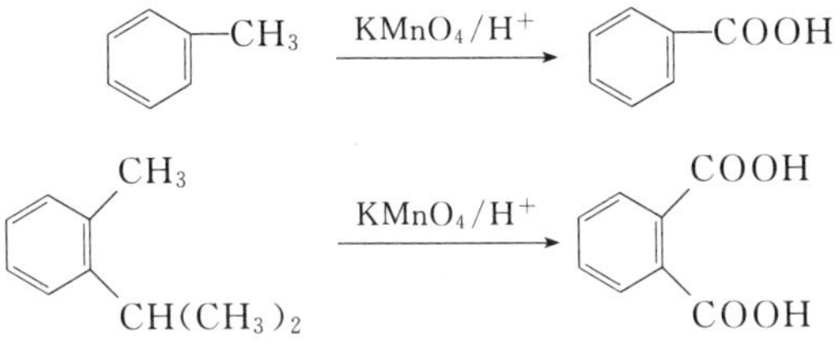

$$\text{C}_6\text{H}_5\text{—CH}_3 \xrightarrow{KMnO_4/H^+} \text{C}_6\text{H}_5\text{—COOH}$$

$$\text{邻-CH}_3\text{C}_6\text{H}_4\text{CH(CH}_3)_2 \xrightarrow{KMnO_4/H^+} \text{邻-HOOC-C}_6\text{H}_4\text{-COOH}$$

三、亲电取代反应的定位规律

（一）定位效应

根据苯的结构，当苯发生亲电取代反应时，其一元取代物只有一种。但一元取代苯再继续进行取代时，取代基的位置就有三种可能，即第一个取代基的邻位、间位和对位。**第二个取代基进入苯环的位置由第一个取代基支配，这种作用称为定位效应。**苯环上原有的取代基称为定位基。

苯环上的定位基分为两类：邻对位定位基和间位定位基。

1. 邻对位定位基

又称第一类定位基，一般使新引入的取代基进入其邻位和对位，主要生成邻二取代苯和对二取代苯。属于这类定位基的有：

$$-\ddot{N}R_2、-\ddot{N}H_2、-\ddot{O}H、-\ddot{O}R、-\ddot{N}HCOR、-\ddot{O}COR、-R、-Ar、-\ddot{X}$$

邻对位定位基具有如下的特点：①与苯环相连的原子均以单键与其他原子相连；②与苯环相连的原子大多带有孤电子对；③除卤素以外，均可使苯环活化，即使苯环发生亲电取代反应变得比苯容易。

2. 间位定位基

又称第二类定位基，一般使新引入的取代基进入其间位，主要生成间二取代苯。属于这类定位基的有：

$$-N^+R_3、-NO_2、-CN、-SO_3H、-CHO、-COOH$$

间位定位基具有如下的特点：①与苯环相连的原子带正电荷或是极性不饱和基团；②使苯环钝化，即使苯环发生亲电取代反应变得比苯困难。

（二）定位效应的理论解释

定位效应是电子效应影响的结果。苯环是一个电子云分布均匀的闭合共轭体系，当苯环上有一个取代基时，苯环上的电子云密度分布发生改变。取代基通过诱导效应和共轭效应可使苯环的电子云密度增大或降低，而且还会使环上出现电子云密度大小交替的现象，导致环上各个位置的取代难易程度不同。

1. 邻对位定位基的影响

这类定位基一般有供电子效应，能使苯环电子云密度增大（除卤素外），尤其是邻位和对位的电子云密度增加更显著，更有利于亲电反应发生。

在甲苯中，甲基是供电子基有供电子诱导效应，而且甲基的 C—Hσ 轨道与苯环的大 π 键存在部分重叠，形成了 σ-π 超共轭效应。甲基的诱导效应和超共轭效应方向一致，都使苯环上的电子云密度增大，使甲苯比苯更容易发生亲电取代反应。而且电子效应沿共轭体系传递，使甲基邻位和对位的电子云密度增大更多，所以主要生成邻对位的产物。

当苯环上连有—OH、—OR、—NH$_2$ 等取代基时，由于氧、氮等原子电负性较大，有吸电子诱导效应，使苯环上电子云密度减小；但同时氧、氮等原子的 p 轨道上有未共用电子对与苯环形成供电子的 p-π 共轭效应。由于共轭效应大于诱导效应，结果是苯环上的电子云密度增大，而且邻位和对位上电子云密度增加更多，所以苯环上发生亲电取代反应的活性增大，取代作用主要发生在邻位和对位。

卤素原子电负性较大，具有较强的吸电子诱导效应，因此卤代苯会使苯环上的电子云密度减小，苯环上发生亲电取代反应的活性减小。而卤素原子 p 轨道上的未共用电子对也会与苯环形成供电子的 p-π 共轭效应，共轭效应使其邻位和对位的电子云密度减小不多，所以卤素产生邻对位的定位效应。

2. 间位定位基的影响

间位定位基一般是吸电子基，同时与苯环发生 π-π 共轭，使电子向取代基上电负性较高的原子转移。吸电子诱导效应和吸电子共轭效应均使苯环上的电子云密度减小，使苯环发生亲电取代反应的活性降低。电子效应沿共轭体系传递的结果，苯环的邻对位电子云密度降低较多，所以亲电取代反应主要发生在电子云密度相对较大的间位上。例如：

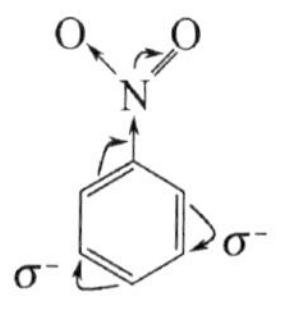

（三） 定位效应的应用

应用定位效应，不仅可以解释某些现象，还可用以指导合成，选择正确的合成路线，以及预测亲电取代反应的主要产物。例如：由苯制备邻硝基氯苯，因为—Cl 是邻对位定位基，要先氯化后硝化；而制备间硝基氯苯，因为—NO$_2$ 是间位定位基，则需要先硝化后氯化。

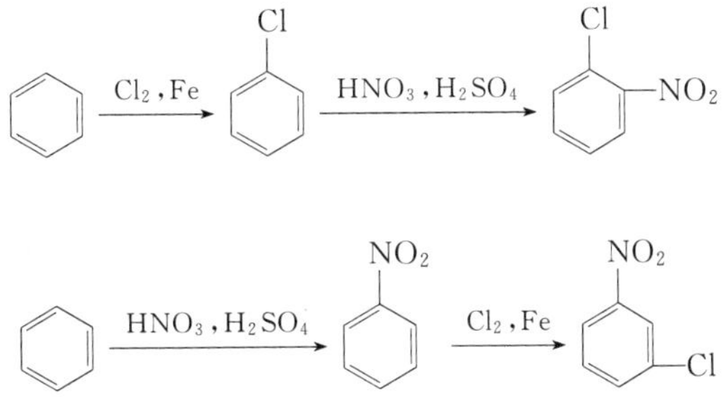

[反应式: 苯 →(Cl₂,Fe) 氯苯 →(HNO₃,H₂SO₄) 邻硝基氯苯]

[反应式: 苯 →(HNO₃,H₂SO₄) 硝基苯 →(Cl₂,Fe) 间硝基氯苯]

二取代苯进行取代时,可应用定位效应推导进入取代基的位置。两个基团定位效应一致时,取代基的作用具有加和性;两个基团定位效应不一致时,定位效应强的起主导作用;活化基的作用超过钝化基;应用定位效应时还应考虑空间效应。例如:

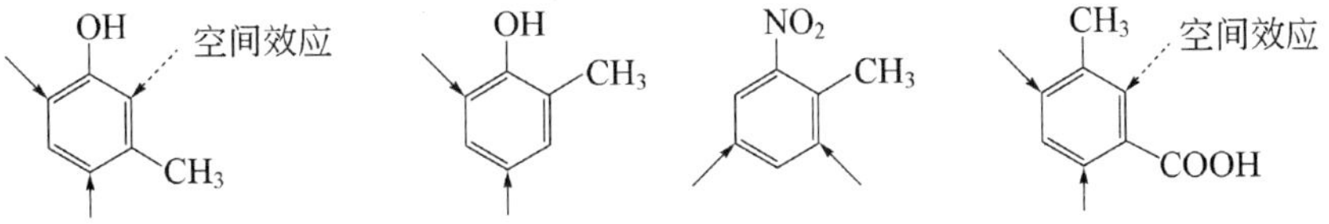

四、稠环芳香烃

稠环芳香烃中比较重要的是萘、蒽和菲,它们是合成染料、药物等的重要原料。

(一) 萘

萘的分子式为 $C_{10}H_8$,是两个苯环稠合而成。与苯相似,萘是一个平面型分子。萘的每个碳原子都以 sp^2 杂化轨道形成 C—Cσ 键和 C—Hσ 键,每个碳上未杂化的 p 轨道相互平行侧面重叠形成大 π 键。在萘分子中,1、4、5、8 位置等同,称为 α 位,2、3、6、7 位置等同,称为 β 位。命名时取代基的位次可以用阿拉伯数字标明,也可以用 α、β 标明。

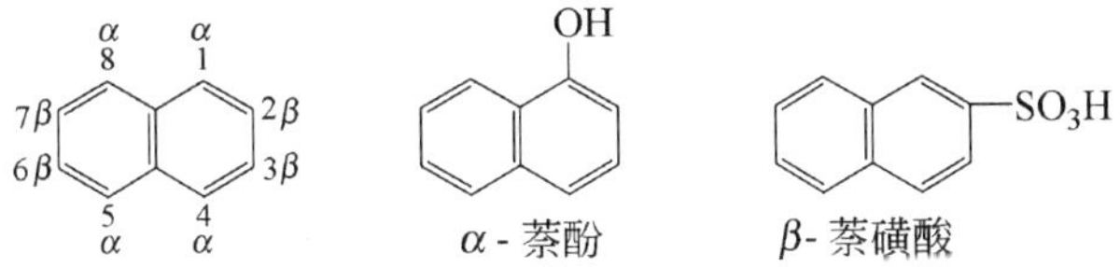

[结构式: 萘的编号 8α 1α 7β 2β 6β 3β 5α 4α; α-萘酚; β-萘磺酸]

萘为白色片状晶体,有特殊的气味,熔点 80.3℃,沸点 218℃,易升华,不溶于水,易溶于乙醚、苯等多种有机溶剂。

萘具有芳香烃的一般性质,但比苯活泼。亲电取代反应、加成反应及氧化反应都比苯容易进行。

1. 亲电取代反应

萘可以发生卤代、硝化、磺化和傅-克酰基化反应。萘分子的电子云分布不是完全均化,α-位电子云密度较大,α-位比 β-位更易发生反应,所以取代反应主要发生在 α-位。例如:

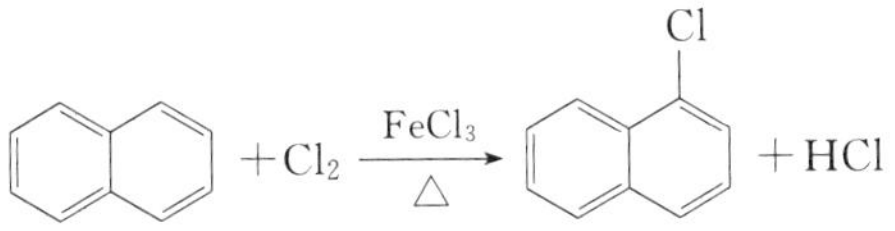

[反应式: 萘 + Cl_2 →(FeCl₃, △) 1-氯萘 + HCl]

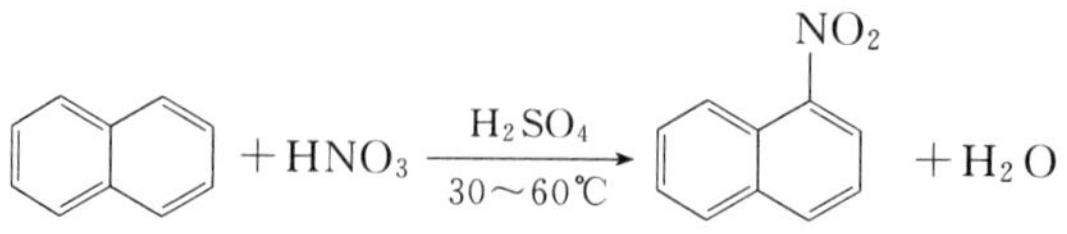

$$\text{萘} + HNO_3 \xrightarrow[30\sim 60^\circ C]{H_2SO_4} \text{1-硝基萘} + H_2O$$

萘与浓硫酸反应，是一个可逆反应。低温时，主要生成 α-萘磺酸；高温时主要生成 β-萘磺酸。

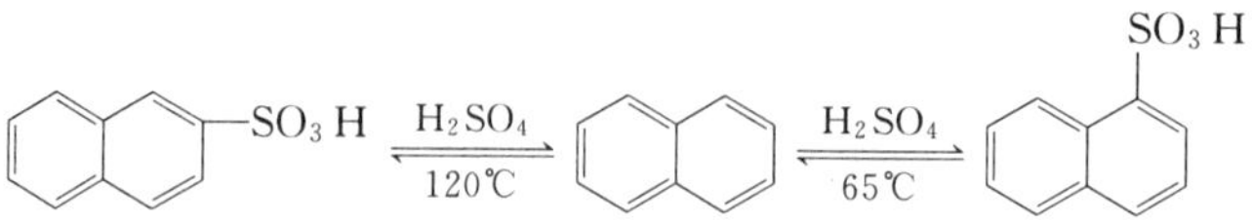

$$\text{β-萘磺酸}\ \underset{120^\circ C}{\overset{H_2SO_4}{\rightleftharpoons}}\ \text{萘}\ \underset{65^\circ C}{\overset{H_2SO_4}{\rightleftharpoons}}\ \text{α-萘磺酸}$$

萘的傅-克酰基化反应既可以发生在 α-位，也可以发生在 β-位，反应产物与温度和溶剂有关，如果用二硫化碳为溶剂，得到 α-酰化产物和 β-酰化产物的混合物，如果用硝基苯为溶剂，主要生成 β-酰化产物。

2. 加成反应

萘易发生加成反应，在不同的条件下，生成不同的加成产物。例如：

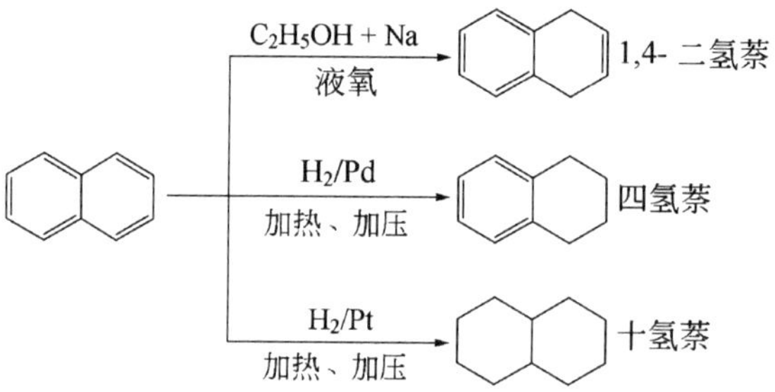

萘 $\xrightarrow{\underset{\text{液氨}}{C_2H_5OH + Na}}$ 1,4-二氢萘

萘 $\xrightarrow[\text{加热、加压}]{H_2/Pd}$ 四氢萘

萘 $\xrightarrow[\text{加热、加压}]{H_2/Pt}$ 十氢萘

3. 氧化反应

萘比苯容易氧化，采用不同的氧化条件得到不同的产物。例如：

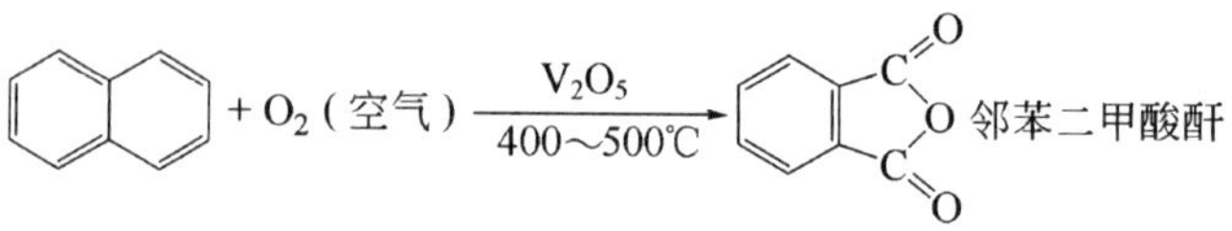

$$\text{萘} + O_2(\text{空气}) \xrightarrow[400\sim 500^\circ C]{V_2O_5} \text{邻苯二甲酸酐}$$

（二）蒽、菲

蒽和菲的分子式都是 $C_{14}H_{10}$，它们互为同分异构体，两者都由三个苯环稠合而成，蒽为直线稠合，菲为角式稠合。

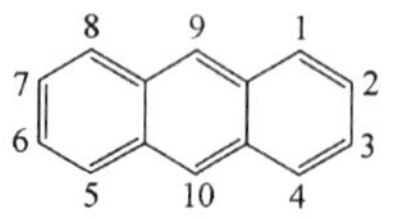

蒽 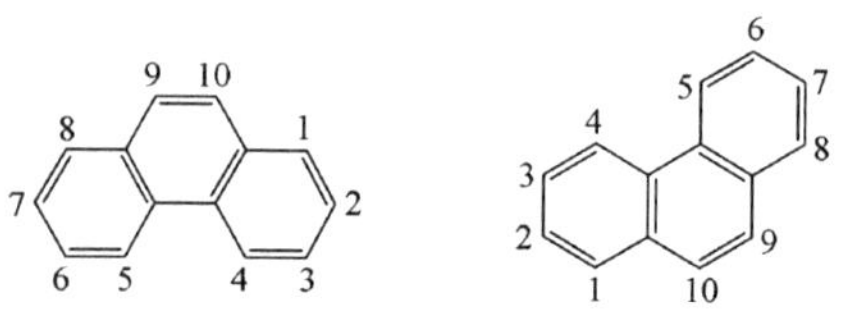　　　　　菲

蒽和菲存在于煤焦油中，为无色的晶体，不溶于水，微溶于醇及醚中，易溶于苯中。两

者的芳香性比苯和萘都差，容易发生氧化、加成及取代反应。蒽和菲的9，10位最活泼，易氧化成醌。蒽醌的衍生物是重要的染料原料，也是某些天然药物的重要成分。

（三）对人有危害的稠环芳香烃

具有四个以上苯环稠合而成的稠环芳香烃具有强烈的致癌作用，常见致癌烃的分子结构表示如下：

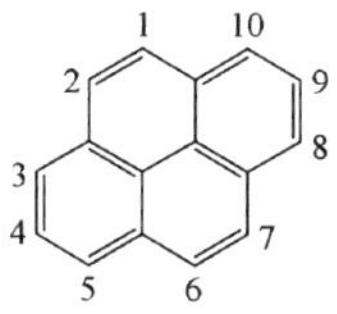

芘 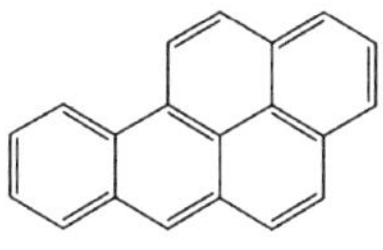　　　　3,4-苯并芘 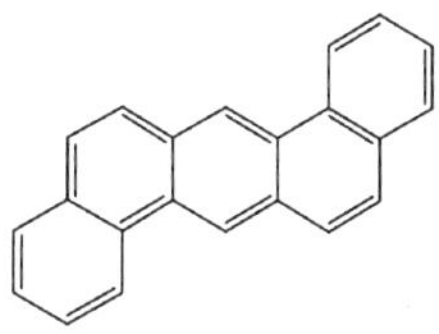　　　　1,2,5,6-二苯并蒽

其中以苯并芘的致癌性最高，主要导致上皮组织产生肿瘤，如皮肤癌、肺癌、胃癌和消化道癌等。还可引起食管癌、上呼吸道癌和白血病，并可通过母体使胎儿致畸。人体吸收的苯并芘一部分与蛋白质分解，使控制细胞生长的酶发生变异，导致细胞失去控制生长的能力而发生癌变。另一部分则参与代谢分解，并最终有可能变为致癌物——苯并芘二醇环氧化物。该物质不可被转化且具有极强的致突变性，可以直接和细胞中不同成分（包括 DNA）反应，致使基因突变，从而导致癌症的发生。煤和木材燃烧的烟，内燃机排出的废气，熏制的食品和烧焦的食物都含有微量的苯并芘。

致用小贴

二甲苯

二甲苯是苯环上两个氢被甲基取代的产物，存在邻、间、对三种异构体，工业上的二甲苯即指三种异构体的混合物。

二甲苯是无色透明液体，有芳香烃的特殊气味。

二甲苯用途很广。可广泛用于涂料、树脂、染料、油墨等行业做溶剂；可用于医药、炸药、农药等行业中的合成单体或溶剂；还可以用于去除车身的沥青；在医院病理科也可用于组织、切片脱蜡等。

二甲苯对眼及上呼吸道有刺激作用。高浓度时，对中枢系统有麻醉作用，短期内吸入较高浓度本品可出现急性中毒；长期接触会导致神经衰弱综合征，女性有可能导致月经异常；皮肤接触常发生皮肤干燥、皲裂、皮炎。若误食二甲苯溶剂时，即强烈刺激食道和胃，并引起呕吐，还可能引起血性肺炎，应立即饮入液体石蜡，并送医诊治。

目标测试

1. 用系统命名法命名下列化合物。

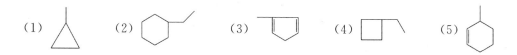

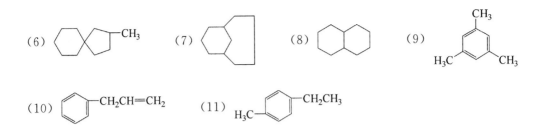

2. 写出下列化合物的结构简式。
(1) 螺[3.4]辛烷　　(2) 双环[4.2.1]壬烷　　(3) 邻二甲苯
(4) 连三甲苯　　　(5) α-甲基萘

3. 完成下列反应。

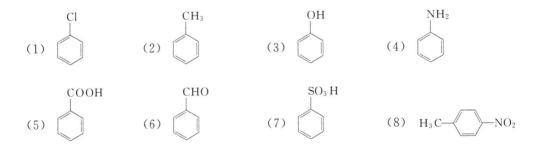

4. 用化学方法区分下列各组化合物。
(1) 丙烷、环丙烷和环丙烯　　(2) 苯、甲苯和环己烯　　(3) 1-戊炔和环戊烯

5. 指出下列化合物硝化时硝基导入的位置。

(1) C₆H₅Cl　　(2) C₆H₅CH₃　　(3) C₆H₅OH　　(4) C₆H₅NH₂

(5) C₆H₅COOH　(6) C₆H₅CHO　(7) C₆H₅SO₃H　(8) H₃C-C₆H₄-NO₂

6. 写出下列化合物苯环硝化活性顺序。
(1) 苯，硝基苯，甲苯　　(2) 苯，对二甲苯，间二甲苯

7. 某烃的分子式为 C_8H_8，它能使酸性高锰酸钾溶液褪色，能与 H_2 发生加成反应，生成乙基环己烷，试推测该烃的结构式。

8. 某芳香烃的分子式为 C_9H_{12}，用 $K_2Cr_2O_7$ 的硫酸溶液氧化后，得到三元酸，将原来的芳香烃硝化，得到的一元硝基化合物只有一种。试推测该芳香烃的结构式。

9. 以苯或甲苯为原料（无机试剂任选）合成以下物质：（药学专业学生完成）

(1) 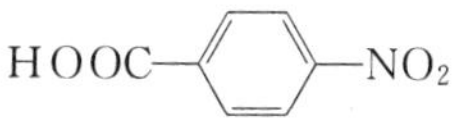 HOOC—⟨ ⟩—NO₂ (2) 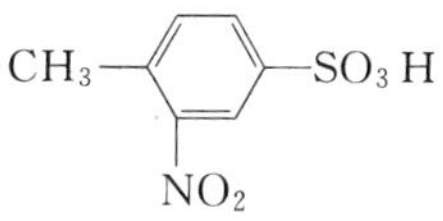 CH₃—⟨ ⟩—SO₃H
                                                NO₂

第五章　卤代烃

知识导图

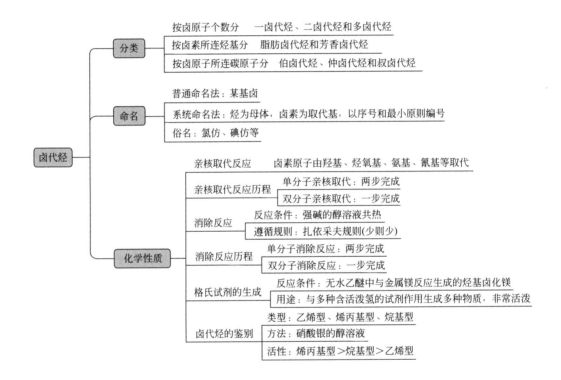

学习目标

1. 掌握卤代烃的结构特点和命名方法。
2. 掌握卤代烃的化学性质，了解其物理性质。
3. 熟悉卤代烃的分类。
4. 熟悉不饱和卤代烃的取代反应活性。
5. 了解卤代烃的亲核取代反应机理和消除反应机理。

烃分子中的氢原子被卤素原子取代后的化合物称为卤代烃（halohyrocarbon），简称卤烃。卤代烃的通式为：（Ar）R-X，X 可看作是卤代烃的官能团，包括 F、Cl、Br、I。

第一节　卤代烃的分类和命名

一、 卤代烃的分类

1. 一卤代烃、二卤代烃和多卤代烃

根据卤代烃分子中卤素的数目不同，分为一卤代烃、二卤代烃和多卤代烃。例如：

CH_3Cl	$CH_2Cl—CH_2Cl$	$CHCl_3$
一卤代烃	二卤代烃	多卤代烃

2. 脂肪卤代烃和芳香卤代烃

根据卤代烃分子中卤素原子所连的烃基不同，分为脂肪卤代烃和芳香卤代烃，脂肪卤代烃又分为饱和卤代烃和不饱和卤代烃。例如：

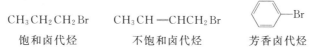

$CH_3CH_2CH_2Br$

饱和卤代烃

$CH_3CH{=}CHCH_2Br$

不饱和卤代烃

芳香卤代烃

3. 伯卤代烃、仲卤代烃和叔卤代烃

根据卤素原子所连接的碳原子种类不同，分为伯卤代烃、仲卤代烃和叔卤代烃。例如：

$CH_3CH_2CH_2Br$

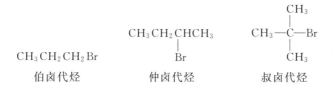

伯卤代烃

仲卤代烃

叔卤代烃

二、 卤代烃的命名

1. 普通命名法

简单卤代烃的命名，可直接根据相应的烃基称为“某基卤”。例如：

$CH_3CH_2CH_2CH_2Cl$

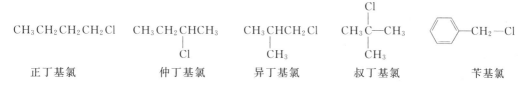

正丁基氯

仲丁基氯

异丁基氯

叔丁基氯

苄基氯

2. 系统命名法

复杂卤代烃的命名，采用系统命名法。命名卤代烷时选择含有卤素原子所连碳原子在内的最长碳链为主链，按取代基及卤素原子“序号和最小”原则给主链碳原子编号；当出现卤素原子与烷基的位次相同时，应给予烷基以较小的位次编号；不同卤素原子的位次相同时，给予原子序数较小的卤素原子以较小的编号。例如：

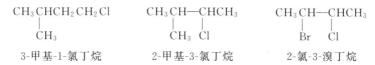

3-甲基-1-氯丁烷

2-甲基-3-氯丁烷

2-氯-3-溴丁烷

不饱和卤代烃应选择含有不饱和键和卤素原子所连碳原子在内的最长碳链作为主链，编号时使不饱和键的位次最小。例如：

$CH_2=CH-CH_2CH_2Cl$　　　$ClCH_2CH=CHCH_3$　　　$CH_3CHCH=CHCH_3$
　　　　　　　　　　　　　　　　　　　　　　　　　　　　　　$|$
　　　　　　　　　　　　　　　　　　　　　　　　　　　　　　CH_2Cl

　　4-氯-1-丁烯　　　　　　　　1-氯-2-丁烯　　　　　　　4-甲基-5-氯-2-戊烯

芳香卤代烃一般以芳香烃为母体，卤素原子作为取代基。例如：

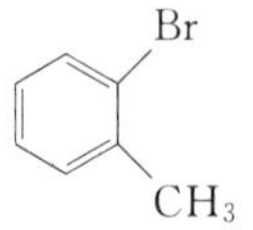

2-溴甲苯

部分卤代烃也常使用俗名，例如：CHI_3 称为碘仿，$CHCl_3$ 称为氯仿。

第二节　卤代烃的性质

一、物理性质

室温下，氯甲烷、溴甲烷和氯乙烷为气体，低级的卤代烷为液体，15 个碳以上的高级卤代烷为固体。许多卤代烃具有强烈的气味。卤代烃均不溶于水，但能溶于大多数有机溶剂。多数一氯代烃的密度比水小，而溴代烃、碘代烃的密度则比水大，分子中卤素原子的数目增多，卤代烃的密度增大。

二、化学性质

卤代烃的化学性质主要是由官能团卤素原子决定的。由于卤素原子的电负性比碳原子强，C—X 键为极性共价键，容易断裂，所以卤代烃的化学性质比较活泼。在外界电场的影响下，C—X 键可以被极化，极化性强弱的顺序为：C—I＞C—Br＞C—Cl。极化性强的分子在外界条件影响下，更容易发生化学反应，所以卤代烃发生化学反应的活性顺序为：R—I＞R—Br＞R—Cl。现以卤代烷为例，讨论卤代烃的主要化学性质。

（一）亲核取代反应

1. 被羟基取代

卤代烷与强碱水溶液共热，卤素原子被羟基（—OH）取代生成醇。此反应又称为卤代烃的水解反应。

$$CH_3CH_2Cl + NaOH \xrightarrow{H_2O} CH_3CH_2OH + NaCl$$

2. 被烷氧基取代

卤代烷与醇钠作用，卤素原子被烷氧基（—OCH_3）取代生成醚。

$$CH_3Cl + CH_3CH_2ONa \longrightarrow CH_3-O-CH_2CH_3 + NaCl$$

3. 被氨基取代

卤代烷与氨作用，卤素原子被氨基（—NH_2）取代生成胺。

$$CH_3Cl + NH_3 \longrightarrow CH_3NH_2 + HCl$$

4. 被氰基取代

卤代烷与氰化物的醇溶液共热，卤素原子被氰基（—CN）取代生成腈。

$$CH_3CH_2Br + NaCN \xrightarrow[\triangle]{乙醇} CH_3CH_2CN + NaBr$$

腈经过水解反应可以得到羧酸，这是增长碳链的方法之一。例如：

$$CH_3CH_2CN + H_2O \xrightarrow[\triangle]{H^+} CH_3CH_2COOH$$

5. 与硝酸银反应

卤代烷与硝酸银的乙醇溶液反应，产生卤化银沉淀，同时生成硝酸酯。

$$CH_3CH_2Br + AgNO_3 \xrightarrow{乙醇} CH_3CH_2-ONO_2 + AgBr$$

不同类型卤代烃与硝酸银反应的速率有很大差别，利用产生沉淀的快慢可以鉴别不同类型卤代烃。

上述反应有一个共同特点，都是由试剂的负离子（OH^-、CN^-、RO^-、ONO_2^-）或具有孤对电子的分子（NH_3）进攻卤代烃分子中带部分正电荷的碳原子而引起的反应。由于这些反应是**亲核试剂进攻带部分正电荷的中心而引起的取代反应，称为亲核取代反应**（nucleophilic substitution reaction）。用 S_N 表示。

6. 亲核取代反应历程

1937 年英国伦敦大学休斯（Hughes）和英果尔德（Ingold）教授通过对卤代烷水解反应进行系统的研究发现，卤代烷的水解反应是按两种不同的反应历程进行的，即单分子亲核取代反应（S_N1）和双分子亲核取代反应（S_N2）历程。

（1）单分子亲核取代反应（S_N1）　实验证明，叔卤代烷在碱性溶液中水解反应的历程为 S_N1，反应分两步进行。例如叔丁基溴的水解反应历程如下。

第一步：叔丁基溴的碳溴键发生异裂，生成叔丁基碳正离子和溴负离子，此反应的反应速率很慢。

$$(CH_3)_3C-Br \xrightarrow{慢} (CH_3)_3C^+ + Br^-$$
叔丁基碳正离子

第二步：生成的叔丁基碳正离子很快地与进攻试剂结合生成叔丁醇。

$$(CH_3)_3C^+ + OH^- \xrightarrow{快} (CH_3)_3C-OH$$
叔丁醇

该反应在动力学上属于一级反应，决定整个反应速率的是第一步，反应速率只与叔丁基溴的浓度有关，反应速率表达为：$v = K[(CH_3)_3CBr]$，所以称为单分子亲核取代反应。

S_N1 反应历程的特点是：①反应速率只与卤代烷的浓度有关，不受亲核试剂浓度的影响；②反应分步进行；③决定反应速率的一步中有活性中间体碳正离子生成。

（2）双分子亲核取代反应（S_N2）　实验证明，溴甲烷水解反应的历程为 S_N2，反应是一步完成的：

$$CH_3Br + OH^- \longrightarrow CH_3OH + Br^-$$

该反应动力学上属于二级反应，反应速率与溴甲烷和碱的浓度有关，反应速率表达式为 $v = K[CH_3Br][OH^-]$，所以称为双分子亲核取代反应。在该反应过程中，OH^- 从 Br 的背面进攻带部分正电荷的 α-碳原子，形成一个过渡态。C—O 键逐渐形成，C—Br 键逐渐变弱：

$$OH^- + H_3C-Br \xrightarrow{\text{慢}} [HO\cdots C\cdots Br]^{\text{过渡态}} \xrightarrow{\text{快}} HO-CH_3 + Br^-$$

S_N2 反应历程的特点是：①反应速率与卤代烷及亲核试剂的浓度均有关；②旧键的断裂与新键的形成同时进行，反应一步完成。

（3）不同烃基卤代烃的亲核取代反应活性　实验测得不同烃基卤代烷按 S_N1 反应的相对速率为：

叔卤代烷＞仲卤代烷＞伯卤代烷＞卤代甲烷

这是因为决定 S_N1 反应速率的是中间体碳正离子的稳定性。叔卤代烷生成的碳正离子最稳定，卤代甲烷生成的碳正离子最不稳定，所以前者反应速率最快，后者反应速率最慢。

若按 S_N2 历程反应，则相对速率正好相反：

卤代甲烷＞伯卤代烷＞仲卤代烷＞叔卤代烷

这是因为决定 S_N2 反应速率的是空间位阻。叔卤代烷 α-碳连接的是三个体积大的烃基，过渡态势必拥挤，所以反应速率最慢；而卤代甲烷 α-碳连接的是三个体积最小的氢，它的过渡态最容易形成，反应速率最快。因此，我们可以得出以下活性顺序：

按 S_N1 活性　小　　　　　　　　　　　　　　大
　　　　　　　　CH_3X，伯卤代烷，仲卤代烷，叔卤代烷
按 S_N2 活性　大　　　　　　　　　　　　　　小

（二）消除反应

1. 消除反应

卤代烃与强碱的醇溶液共热，分子中脱去一分子卤化氢，生成烯烃。**这种由分子内脱去一个小分子**（如 HX、H_2O 等），**形成不饱和键的反应称为消除反应**（elimination），常用符号 E 表示。由于此种反应消除的是卤素原子和 β-碳上的氢，也称为 β-消除反应。例如：

$$CH_3-CH-CH_2 \xrightarrow[\triangle]{KOH/\text{醇}} CH_3CH=CH_2 + KCl + H_2O$$
$$\quad\quad\quad | \quad\; |$$
$$\quad\quad Cl \;\; H$$

仲卤代烷和叔卤代烷消除卤化氢时，结构中存在着不同的 β-氢原子，反应可以有不同的取向，得到不同的烯烃。例如：

$$CH_3CH_2CHCH_3 \xrightarrow[\triangle]{KOH/\text{醇}} CH_3-CH=CHCH_3 + CH_3CH_2CH=CH_2$$
$$\quad\quad | \quad\quad\quad\quad\quad\quad\quad\quad\quad 2\text{-丁烯}81\% \quad\quad 1\text{-丁烯}19\%$$
$$\quad\; Br$$

大量实验表明：卤代烷脱卤化氢时，主要脱去含氢较少的 β-碳上的氢原子，生成双键

上连有烃基较多的烯烃。这一规则称为扎依采夫（Saytzeff）规则。

2. 消除反应的历程

消除反应历程也有两种，即单分子消除反应（E1）和双分子消除反应（E2）历程。

（1）单分子消除反应 E1　E1 与 S_N1 历程相似，反应也是分两步完成的。第一步卤代烃分子中的 C—X 键发生异裂，生成碳正离子中间体；第二步碳正离子在碱的作用下，β-C 原子上的氢原子以质子形式解离下来，形成 α，β-双键，得到烯烃。例如：

$$(CH_3)_3C-X \xrightarrow[-X^-]{\text{慢}} CH_3-\overset{CH_3}{\underset{CH_2-H}{C^+}} \xrightarrow{OH^- \text{快}} CH_3\overset{CH_3}{\underset{}{C}}=CH_2 + H_2O$$

在以上历程中，由于决定整个反应的第一步很慢，消除反应的速率只与卤代烃有关，与 OH^- 浓度无关。

（2）双分子消除反应 E2　E2 与 S_N2 历程也很相似，反应也是一步完成的。碱试剂 B^- 进攻卤代烃分子中的 β-氢原子，形成一个能量较高的过渡态，之后 C—X 和 C—H 键的断裂与碳碳双键的形成同时进行，生成烯烃。其反应速率与卤代烃和碱的浓度均有关。例如：

$$CH_3-\overset{H}{\underset{H}{C}}-CH_2-X \xrightarrow{OH^-} \left[CH_3-\overset{H}{\underset{\delta^- \cdots}{C}}\cdots CH_2 \cdots X^{\delta^-} \right] \longrightarrow CH_3CH=CH_2 + H_2O + X^-$$
过渡态

消除反应不论是 E1 历程还是 E2 历程，卤代烷反应活性的排列顺序是一致的：
叔卤代烷＞仲卤代烷＞伯卤代烷

（3）亲核取代反应与消除反应的关系　消除反应和亲核取代反应历程很相似，它们的区别在于：亲核取代反应中，试剂进攻的是 α-C 原子；而在消除反应中，试剂进攻的是 β-C 原子上的 H 原子。因此，当卤代烃水解时，不可避免地会有消除卤化氢的副反应发生；当消除卤化氢时，也会有水解产物生成，两种反应往往同时发生，并相互竞争，哪一种反应占优势，则与卤烷的分子结构、试剂的碱性、溶剂的极性及反应温度等多种因素有关。

① 卤烷结构的影响　消除反应和取代反应都是由同一亲核试剂进攻而引起的，进攻 α-碳原子，则发生取代反应，进攻 β-氢原子，则发生消除反应。当卤烷 α-碳上支链增多，由于空间位阻增强，不利于进攻 α-碳，所以不利于 S_N2 反应而有利于消除反应。在其他条件相同时，不同卤代烃的反应方向为：

消除反应活性增强 →

CH_3X　RCH_2X　R_2CHX　R_3CX

S_N2 反应活性减弱

② 试剂的影响　试剂的碱性强，浓度高，有利于消除反应；而试剂的亲核性强，碱性弱，有利于取代反应。

③ 溶剂和温度的影响　弱极性溶剂有利于消除反应，而强极性溶剂有利于取代反应。升高温度对消除反应和取代反应都有利。但由于消除反应中涉及 C—H 键断裂，所需的活化能要比取代反应大，所以提高温度对消除反应更有利。

（三）格氏试剂的生成

卤代烃能与 Li、Na、K、Mg 等金属反应生成有机金属化合物。其中，卤代烃在无水乙醚中与金属镁反应生成的烃基卤化镁，称为格利雅（Grignard）试剂，简称格氏试剂。

$$R-X + Mg \xrightarrow{\text{无水乙醚}} RMgX（烃基卤化镁）$$

格氏试剂中含有强极性的 C—Mg 共价键，碳原子带有部分负电荷。它们的性质非常活泼，能与许多含活泼氢的化合物（如水、醇、酸、氨等）作用，生成相应的烃。例如：

$$RMgX \begin{cases} \xrightarrow{HOH} RH + Mg(OH)X \\ \xrightarrow{ROH} RH + Mg(OR)X \\ \xrightarrow{HX} RH + MgX_2 \\ \xrightarrow{CH \equiv CR'} RH + R'C \equiv CMgX \\ \xrightarrow{HNH_2} RH + Mg(NH_2)X \end{cases}$$

因此，在制备和应用格氏试剂时，必须使用绝对无水的乙醚作为溶剂，同时由于格氏试剂易被氧化、可与空气中的二氧化碳反应，所以要求在隔绝空气的条件下保存，或用前临时制备。格氏试剂是有机合成中应用广泛的试剂。

（四）不同类型卤代烃的鉴别

卤代烃与硝酸银的醇溶液作用生成卤化银沉淀，可作为卤代烃的鉴别反应。

$$R-X + AgNO_3 \xrightarrow{CH_3CH_2OH} RONO_2 + AgX \downarrow$$

不同结构的卤代烃中卤素原子的活性不同，所以根据产生卤化银沉淀的速度可以区分不同类型的卤代烃，见表 5-1。不同类型卤代烃与 $AgNO_3$ 醇溶液作用的反应条件不同。

表 5-1　不同类型的卤代烃

烯丙型卤代烃	卤代烷型卤代烃	卤代乙烯型卤代烃
$CH_2=CHCH_2-X$	$CH_2=CH-(CH_2)_n-X$	$CH_2=CH-X$
⌬—CH_2-X	⌬—$(CH_2)_n-X$	⌬—X
（室温下产生 AgX 沉淀）	（加热后缓慢产生 AgX 沉淀）	（加热后难产生 AgX 沉淀）

可见三种类型卤代烃的活性是：

烯丙型卤代烃＞卤代烷型卤代烃＞卤代乙烯型卤代烃

卤代烯烃中卤素原子的反应活性分析如下。

1. 烯丙型卤代烃

这类卤代烃的卤素原子与双键相隔一个饱和碳原子，卤素原子很活泼，易发生取代反应。例如：

$$CH_2=CH-CH_2-Cl \qquad \text{⌬}-CH_2-Cl$$

这类化合物由于氯原子与双键之间，被一个饱和碳原子隔开，氯原子与双键不能互相共轭。但氯原子的电负性较大，通过吸电子诱导作用，使双键碳原子上的 π 电子云发生偏移，促使氯原子获得电子而离解，生成烯丙基正离子或苄基正离子。原来与氯原子连接的饱和碳原子，则从原来的 sp^3 杂化，转变为 sp^2 杂化，留下一个空的 p 轨道，与烯丙基正离子的 π 轨道或苄基正离子的苯环大π轨道重叠，形成了p-π共轭体系，碳正离子趋向稳定而容易生成，有利于取代反应的进行。所以该类卤代烃中的卤素原子比较活泼，其反应活性强于叔卤代烷。

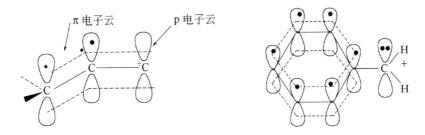

2. 卤代烷型卤代烃

这类卤代烃包括卤代烷及卤素原子与双键相隔两个以上饱和碳原子的卤代烯烃。例如：

$$R-X \quad CH_2=CH-(CH_2)_2-X \quad \text{〈苯基〉}-CH_2CH_2-X$$

卤代烷型卤代烃中的卤素原子基本保持正常卤代烷中卤素原子的活泼性，反应活性顺序为：叔卤代烷＞仲卤代烷＞伯卤代烷。

3. 卤代乙烯型卤代烃

这类卤代烃的卤素原子与双键碳原子直接相连。例如：

$$CH_2=CH-X \quad \text{〈苯基〉}-X$$

该类卤代烃中的卤素原子，其孤对电子占据的p轨道与双键形成p-π共轭，导致C—X键的稳定性增强，卤素原子的活泼性很低，不易发生取代反应。

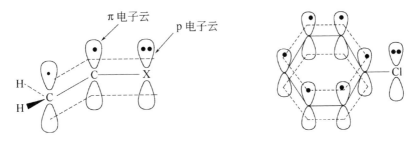

第三节　重要的卤代烃

1. 三氯甲烷（$CHCl_3$）

俗称氯仿，是无色带有甜味的液体，沸点61.2℃，是实验室和工业上常用的一种可燃性有机溶剂。氯仿有很强的麻醉作用，但对心脏和肝脏有毒害性，目前临床已不使用。

氯仿遇光易被空气中的氧所氧化，生成有剧毒的光气。因此，氯仿要保存在棕色瓶中，并装满到瓶口加以密封，以免见光和空气接触。药用氯仿要加1%乙醇，以破坏可能生成的光气。

2. 二氟二氯甲烷（CF_2Cl_2）

俗称氟里昂，是无色无臭、无腐蚀性、不能燃烧的气体。沸点－29.9℃，易压缩成液态，解除压力后立即汽化，且吸收大量的热，因此，常用作冷冻剂。现已发现氟里昂能造成环境污染，破坏大气层的臭氧层而危害人类的健康。

3. 氟烷（CF₃CHClBr）

学名1,1,1-三氟-2-氯-2-溴乙烷，是无色透明液体，不燃不爆，性质稳定，氟烷是吸入性全身麻醉剂之一，麻醉诱导时间短，苏醒快，麻醉效果比乙醚高四倍，氟烷对皮肤和黏膜无刺激作用，还具有扩张支气管、解除支气管痉挛的作用。但用量大时，可积蓄于体内造成危害。

致用小贴

绿色环保——氟里昂的替代品

氟利昂，又名氟里昂。氟利昂在常温下都是无色气体或易挥发液体，无味或略有气味，无毒或低毒，化学性质稳定。其中二氯二氟甲烷（CCl_2F_2，即R12，CFC类的一种）是常用的制冷剂。但由于二氯二氟甲烷等CFC类制冷剂破坏大气臭氧层，已限制使用。氟利昂的另一个危害是造成温室效应。

目前绿色环保电冰箱采用了R600a、R134a等制冷剂，作为氟利昂的替代品。因为它们可以像氟利昂一样既容易汽化也容易液化。

R-134a（1,1,1,2-四氟乙烷）是一种不含氯原子，对臭氧层不起破坏作用，具有良好的安全性能（不易燃、不爆炸、无毒、无刺激性、无腐蚀性）的制冷剂，其制冷量与效率与R-12（二氯二氟甲烷，氟利昂）非常接近，所以被视为优秀的长期替代制冷剂。R-134a是目前国际公认的R-12最佳的环保替代品。

R600a（异丁烷）是一种性能优异的新型碳氢制冷剂，取自天然成分，不损坏臭氧层，无温室效应，绿色环保。其特点是蒸发潜热大，冷却能力强；流动性能好，输送压力低，耗电量低，负载温度回升速度慢。在常温下为无色气体，在自身压力下为无色透明液体，是R12的替代品。

目标测试

1. 用系统命名法命名下列化合物。

(1) $CH_3CHCH_2CH-CHCH_3$
     　　$|$　　$|$　$|$
     　　CH_3　Cl　CH_3

(2) $(CH_3)_2CHCH_2CH_2Cl$

(3) $CH_2=C-CH=CH_2$
     　　　　$|$
     　　　　Cl

(4) CH_2CH_2Br

(5) 邻甲基氯苯（苯环上邻位有CH_3和Cl）

(6) 苯基CH_2Cl

(7) $CH_3CH=C-CH_2Br$
     　　　　　$|$
     　　　　　CH_3

2. 写出下列化合物的结构简式。
   (1) 溴苄　(2) γ-氯丙苯　(3) 对碘甲苯　(4) 3-氯环己烯

3. 完成下列反应。
   (1) $CH_3I + CH_3ONa \longrightarrow$

   (2) $CH_3CH_2CH-CHBrCH_3 \xrightarrow{NaOH/H_2O}$
     　　　　$|$
     　　　CH_3

(3) 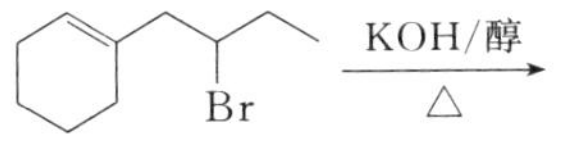 [环己烯基-CH₂-CHBr-] →(KOH/醇, Δ) 　　(4) 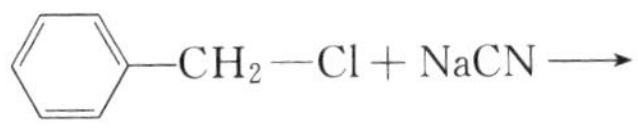 [苯-CH₂-Cl] + NaCN ⟶

(5) CH₃CH₂CH₂CHBrCH₃ →(NaOH/醇, Δ) ? →(Br₂) ?

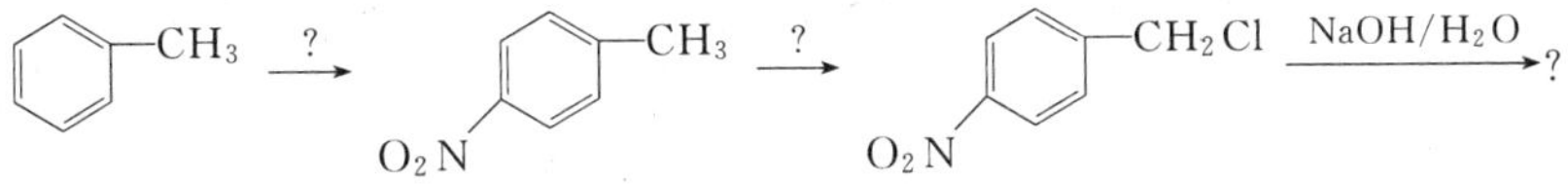

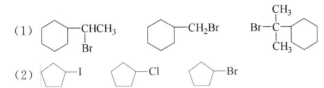

4. 用化学方法区分下列各组化合物。

(1) 丁烷和 1-溴丁烷　　　　　　　　(2) 氯乙烷和氯乙烯

(3) 1-氯戊烷，1-溴丁烷和 1-碘丙烷　　(4) 苄基氯和对氯甲苯　　(5) 氯苯和氯苄

5. 试比较下列化合物进行 S_N2 反应时的反应速率。

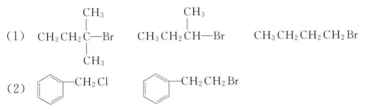

6. 试比较下列化合物进行 S_N1 反应时的反应速率。

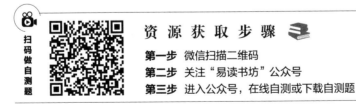

7. 某卤代烃 C_3H_7Cl （A）与 KOH 的醇溶液作用，生成 C_3H_6（B）。B 氧化后得到乙酸、二氧化碳和水，B 与 HCl 作用得到 A 的异构体 C。试写出 A、B 和 C 的结构简式。

8. 某卤代烃 A 分子式为 $C_6H_{13}Cl$。A 与 KOH 的醇溶液作用得产物 B，B 经氧化得两分子丙酮，写出 A、B 的结构式。

9. 完成下列化合物的转化：（药学专业学生完成）

(1) 由乙烯转化为氯乙烯；

(2) 由苯转化为苄醇；

(3) 由 3-苯基丙烯转化为 1-苯基丙烯。

第六章 醇、酚和醚

知识导图

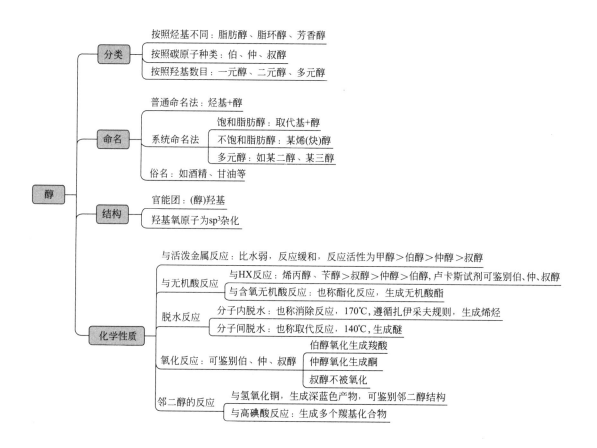

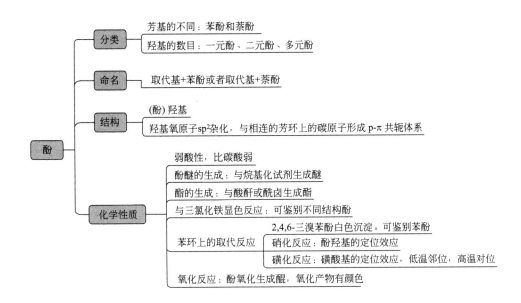

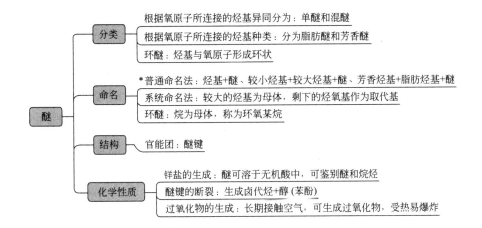

学习目标

1. 掌握醇、酚和醚的结构特点及命名方法。
2. 掌握醇、酚和醚的物理性质及化学性质。
3. 熟悉醇、酚和醚的分类。
4. 了解重要的醇、酚和醚。
5. 了解硫醇、硫醚、冠醚和环氧化合物的结构特征。

醇、酚、醚都是烃的含氧衍生物。从结构上看，醇、酚、醚都是水的烃基衍生物，水分子中的1个氢原子被脂肪烃基取代后的产物为醇；水分子中的1个氢原子被芳香基取代后的产物为酚；水分子中的2个氢原子被烃基取代后的产物为醚。

醇、酚、醚的结构通式：

$$R-OH \qquad Ar-OH \qquad (Ar)R-O-R'(Ar)'$$
$$\text{醇} \qquad\qquad \text{酚} \qquad\qquad \text{醚}$$

第一节 醇

醇（alcohol）可以看做是脂肪烃基、脂环烃基以及芳环侧链与羟基（—OH）相连的化合物，—OH是醇的官能团，称为醇羟基。

一、醇的分类、命名和结构

（一）醇的分类

（1）按羟基所连接的烃基不同，醇可以分为脂肪醇、脂环醇和芳香醇。脂肪醇进一步可分为饱和醇与不饱和醇。例如：

$$CH_3CH_2CH_2CH_2OH \qquad CH_2=CH-CH_2OH$$

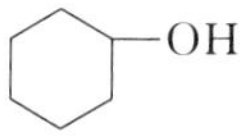

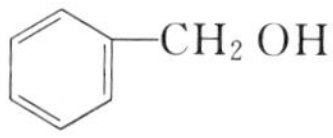

正丁醇　　　　　　烯丙醇　　　　　环己醇　　　苯甲醇
饱和醇　　　　　　不饱和醇　　　　脂环醇　　　芳香醇

（2）按羟基所连接的碳原子种类不同，醇可分为伯醇（1°醇）、仲醇（2°醇）和叔醇（3°醇）。例如：

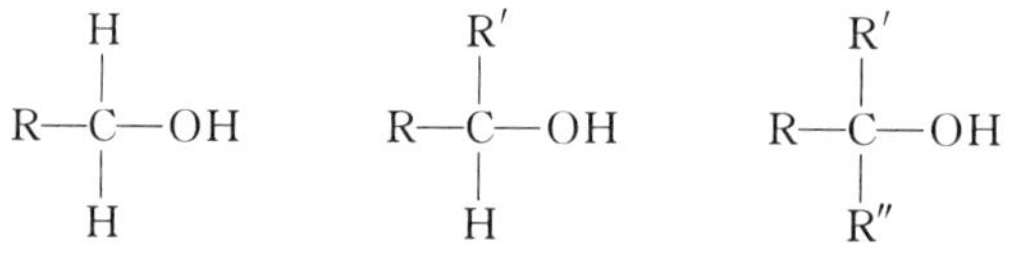

伯醇（1°醇）　　仲醇（2°醇）　　叔醇（3°醇）

（3）按羟基数目的多少，醇可分为一元醇、二元醇和三元醇等。例如：

$$CH_3CH_2OH$$

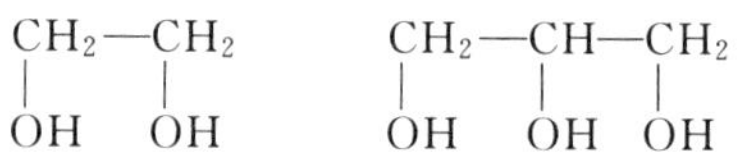

乙醇　　　　　乙二醇　　　　　丙三醇
一元醇　　　　二元醇　　　　　三元醇

一般分子中含两个以上羟基的醇称为多元醇。

（二）醇的命名

1. 普通命名法

对于结构简单的醇可采用普通命名法。命名时在烃基的名称后面加上"醇"字，"基"字一般省去。例如：

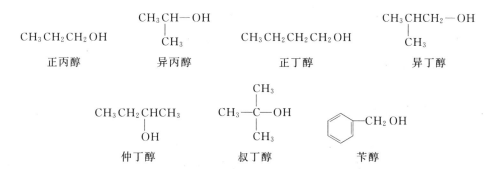

正丙醇　　异丙醇　　正丁醇　　异丁醇

仲丁醇　　叔丁醇　　苄醇

2. 系统命名法

这种命名法适合于结构复杂的醇。其命名原则是：

（1）选择含有羟基所连碳原子在内的最长碳链为主链，按照主链的碳原子数称为某醇。

（2）主链从靠近羟基的一端开始编号，使羟基和取代基的位次尽可能小。

（3）羟基的位置用它所连的碳原子的序号表示，写在醇名之前。

（4）取代基的位次、数目、名称写在醇名称的前面。例如：

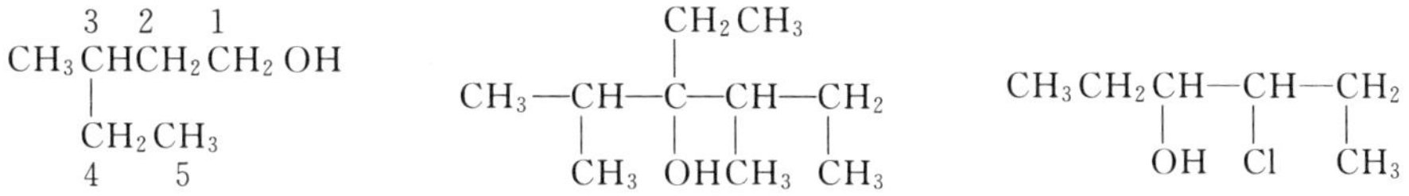

3-甲基-1-戊醇　　2,4-二甲基-3-乙基-3-己醇　　4-氯-3-己醇

（5）不饱和醇的命名，应选择含有羟基所连的碳原子和碳碳不饱和键在内的最长碳链作为主链，根据主链所含碳原子数称为"某烯（炔）醇"。编号时应使羟基位次最小。例如：

3-丁烯-2-醇　　2-丙炔-1-醇

（6）多元醇的命名，应选择含有羟基所连碳原子最多的最长碳链为主链。羟基的位次与数目写在"醇"的前面。例如：

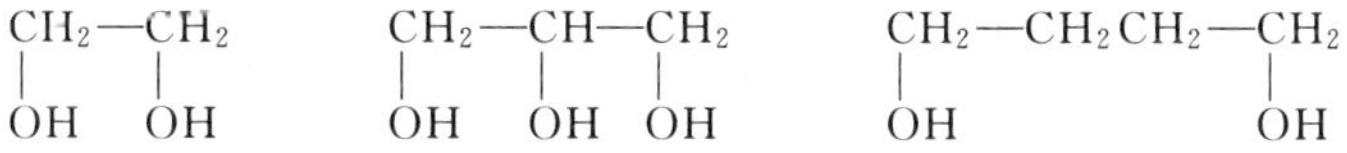

乙二醇　　丙三醇　　1,4-丁二醇

一般来说，同一碳上连有两个羟基的结构不稳定。所以乙二醇、丙三醇不用标明羟基的位次。

3. 俗名

有些醇根据其来源或突出的性状而采用俗名，如乙醇称为酒精，丙三醇称为甘油。

（三）醇的结构

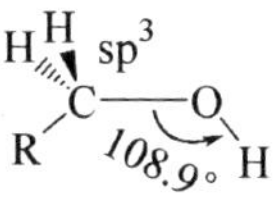

醇分子中的羟基氧原子进行了 sp^3 杂化，其中 2 个杂化轨道被未共用电子对占据，另 2 个杂化轨道各有一个电子，并分别与碳原子、氢原子形成 σ 键。

二、醇的性质

（一）物理性质

脂肪饱和一元醇中，$C_1 \sim C_3$ 的醇是有酒味的挥发性无色液体，$C_4 \sim C_{11}$ 的醇是具有不愉快气味的油状液体，C_{12} 以上的醇为无臭无味的蜡状固体，密度均小于 $1g \cdot cm^{-3}$。沸点随分子量增加而上升，低级醇的沸点比与它分子量相近的烷烃要高得多。例如：甲醇（分子量 32）沸点 65℃，而乙烷（分子量 30）沸点 -88.6℃；乙醇（分子量 46）沸点 78.3℃，而丙烷（分子量 44）沸点 -42.2℃。这是因为醇含有羟基，分子间能通过氢键而缔合，醇在液态时是以缔合状态存在的。醇在沸腾时，从液态的缔合状态变为气态单分子，除克服分子间引力外，还要破坏氢键，需要更多的能量，故醇的沸点较高。

醇分子间的氢键

低级醇能与水任意混溶。这是因为水分子与醇分子之间也能形成氢键，促使醇分子容易分散在水中。随着碳原子数的增加，醇分子中烃基逐渐增大，烃基对羟基形成氢键产生的阻碍作用也随之增大，所以高级醇难溶于水，但能溶于有机溶剂。

（二）化学性质

羟基是醇的官能团，醇的化学性质主要由羟基决定。羟基上的反应有两种类型：一种是 O—H 键断裂，羟基中的氢原子被取代；另一种是 C—O 键断裂，羟基被其他基团取代或脱去。此外，由于羟基的影响使 α-H 和 β-H 也具有一定的活性。

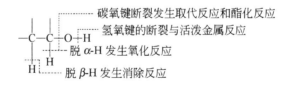

1. 与活泼金属反应

醇与活泼金属反应，生成醇钠和氢气。但由于醇分子中烷基的供电子诱导效应降低了氧氢键的极性，使得醇羟基中氢原子的活性比水分子的氢原子要弱得多，因此，醇与金属钠的反应要比水与金属钠的反应缓和得多。例如：

$$CH_3CH_2OH + Na \longrightarrow CH_3CH_2ONa + H_2$$

醇的酸性比水弱，其共轭碱 RO^- 的碱性比 OH^- 强，所以醇钠的碱性比氢氧化钠强，它遇水立即水解为醇和氢氧化钠。

$$CH_3CH_2ONa + H_2O \longrightarrow CH_3CH_2OH + NaOH$$

由于烷基诱导效应的影响,不同类型的醇与金属反应时,它们的反应活性次序为:甲醇>伯醇>仲醇>叔醇。

其他活泼金属,例如镁、铝等也可与醇作用生成醇镁和醇铝。

2. 与无机酸反应

(1) 与氢卤酸反应 醇与氢卤酸反应时,C—O 键断裂,醇的羟基被卤素取代,生成卤烃和水,这是制备卤烃的重要方法。

$$R-OH + HX \rightleftharpoons R-X + H_2O$$

该反应的反应速率取决于醇的结构和酸的性质。醇的活性顺序为:烯丙醇、苄醇>叔醇>仲醇>伯醇;HX 的反应活性顺序为:HI>HBr>HCl。

盐酸与醇反应较困难,需加无水氯化锌作催化剂。**由无水氯化锌与浓盐酸配成的溶液称为卢卡斯试剂**(Lucas agent)。六个碳以下的低级醇可溶于卢卡斯试剂,反应后生成氯代烃不溶于该试剂而出现浑浊或分层现象。在室温下,叔醇反应很快,立即浑浊;仲醇则需放置片刻才会出现浑浊;伯醇数小时无浑浊或分层现象发生。例如:

$$CH_3-\underset{\underset{CH_3}{|}}{\overset{\overset{CH_3}{|}}{C}}-OH + HCl \xrightarrow[20℃]{无水\ ZnCl_2} CH_3-\underset{\underset{CH_3}{|}}{\overset{\overset{CH_3}{|}}{C}}-Cl + H_2O$$

叔醇   立即浑浊分层

$$CH_3\underset{\underset{OH}{|}}{CH}CH_2CH_2CH_3 + HCl \xrightarrow[20℃]{无水\ ZnCl_2} CH_3\underset{\underset{Cl}{|}}{CH}CH_2CH_2CH_3 + H_2O$$

仲醇   放置片刻后浑浊分层

$$CH_3CH_2CH_2CH_2OH + HCl \xrightarrow[20℃]{无水\ ZnCl_2} CH_3CH_2CH_2CH_2Cl + H_2O$$

伯醇   数小时不出现浑浊分层

因此利用上述不同的反应速率,可区别伯、仲、叔醇。另外,烯丙醇和苄醇可以直接和浓盐酸在室温下反应。

(2) 与含氧无机酸的反应 **醇与酸作用,脱去一分子水所得的产物为酯,这种反应称为酯化反应**。醇与含氧无机酸(如硝酸、亚硝酸、硫酸和磷酸等)反应,则生成无机酸酯。例如:

$$CH_3\underset{\underset{CH_3}{|}}{CH}CH_2CH_2OH + HONO \longrightarrow CH_3\underset{\underset{CH_3}{|}}{CH}CH_2CH_2ONO + H_2O$$

亚硝酸异戊酯

$$\begin{matrix} CH_2-OH \\ | \\ CH-OH \\ | \\ CH_2-OH \end{matrix} + 3HONO_2 \longrightarrow \begin{matrix} CH_2-ONO_2 \\ | \\ CH-ONO_2 \\ | \\ CH_2-ONO_2 \end{matrix} + 3H_2O$$

三硝酸甘油酯

亚硝酸异戊酯和三硝酸甘油酯(又称硝酸甘油)在临床上用做血管舒张药,可缓解心绞痛。

硫酸是二元酸,可生成两种硫酸酯,即酸性酯和中性酯,例如:硫酸氢甲酯(酸性酯)

和硫酸二甲酯（中性酯）。硫酸二甲酯是有机合成中常用的甲基化试剂，但它有剧毒，对呼吸器官和皮肤有强烈刺激性，应在通风橱中使用，还应注意不要与皮肤接触。

3. 脱水反应

醇和浓硫酸一起加热则发生脱水反应。根据醇的结构和反应条件的不同，脱水方式有两种：一种是分子内脱水，另一种是分子间脱水。

（1）分子内脱水　将乙醇和浓硫酸加热到170℃，或将乙醇的蒸气在360℃下通过氧化铝，乙醇可经分子内脱水（消除反应）生成乙烯。

$$CH_2-CH_2 \atop |\quad\quad| \atop [OH\quad H] \xrightarrow{H_2SO_4,170℃} CH_2=CH_2 + H_2O$$

与卤代烃的消除反应一样，仲醇和叔醇分子内脱水时，遵循扎依采夫规则。例如：

$$CH_3CH-CH_2CH_3 \xrightarrow[\triangle]{H_2SO_4,-H_2O} \begin{array}{l} CH_3CH=CHCH_3 \quad 主要产物 \\ CH_3CH_2CH=CH_2 \quad 次要产物 \end{array}$$
$$\quad\quad |\atop OH$$

（2）分子间脱水　乙醇与浓硫酸加热到140℃，或将乙醇的蒸气在260℃下通过氧化铝，可经分子间脱水生成乙醚。

$$2CH_3CH_2OH \xrightarrow[或 Al_2O_3,260℃]{H_2SO_4,140℃} CH_3CH_2OCH_2CH_3 + H_2O$$

从上面的反应可以看出，相同的反应物，相同的催化剂，反应条件对脱水方式的影响很大。在较高温度时，有利于分子内脱水生成烯烃，发生消除反应；而相对较低的温度则有利于分子间脱水生成醚。此外，醇的脱水方式还与醇的结构有关，在一般条件下，叔醇容易发生分子内脱水生成烯烃。

4. 氧化反应

伯醇和仲醇分子中，由于羟基的影响，α-H比较活泼，易被氧化成羰基。常用的氧化剂有高锰酸钾（$KMnO_4$）或重铬酸钾（$K_2Cr_2O_7$）酸性溶液。

伯醇氧化首先生成醛，醛进一步氧化生成羧酸。所以从伯醇制备醛必须及时分离出醛，以免继续被氧化生成羧酸。例如：

$$R-CH_2OH \xrightarrow[H_2SO_4]{K_2Cr_2O_7} \underset{醛}{R-\overset{O}{\overset{\|}{C}}-H} \xrightarrow{[O]} \underset{羧酸}{R-\overset{O}{\overset{\|}{C}}-OH}$$

仲醇氧化生成酮，酮比较稳定，不易被继续氧化。

$$\underset{}{R-\overset{OH}{\overset{|}{C}H}-R'} \xrightarrow{[O]} \underset{酮}{R-\overset{O}{\overset{\|}{C}}-R'}$$

叔醇没有α-H原子，故一般不被上述氧化剂氧化，但在强氧化剂的作用下，发生C—C键断裂，生成较小分子的产物。

氧化伯醇、仲醇时，$Cr_2O_7^{2-}$（橙红色）被还原为 Cr^{3+}（绿色）。叔醇因无 α-H 原子，则不能发生反应，因此，可利用该反应区别伯醇、仲醇与叔醇。交通警察用酒精分析仪快速检查驾驶员是否酒后驾车，就是此反应原理的应用。

此外，伯醇和仲醇的蒸气在高温下，通过催化剂活性铜或银、镍等可直接发生脱氢反应，分别生成醛和酮。而叔醇没有 α-H，同样不发生脱氢反应。

$$R-CH_2-OH \xrightarrow[325℃]{Cu} R-\underset{\substack{\| \\ O}}{C}-H + H_2 \quad (醛)$$

$$R-\underset{\substack{| \\ OH}}{CH}-R' \xrightarrow[H_2O/H^+]{Cu, 325℃} R-\underset{\substack{\| \\ O}}{C}-R' + H_2 \quad (酮)$$

5. 邻二醇的特性

两个羟基连在两个相邻碳原子上的多元醇叫邻二醇（如乙二醇、丙三醇）。

（1）**与氢氧化铜的反应**　邻二醇与新制备的氢氧化铜反应，可生成一种深蓝色的产物。利用这一特性可鉴别邻二醇结构的化合物。例如：

$$\begin{array}{c} CH_2-OH \\ | \\ CH-OH \\ | \\ CH_2-OH \end{array} + Cu(OH)_2 \xrightarrow{OH^-} \begin{array}{c} CH_2-O \\ | \quad\quad\diagdown \\ CH-O-Cu \\ | \\ CH_2-OH \end{array} \quad (深蓝色)$$

（2）**与高碘酸的反应**　邻二醇与高碘酸反应，发生碳碳键断裂，生成两个羰基化合物。

$$\underset{\substack{| \quad | \\ OH \; OH}}{R-CH-CH-R'} + HIO_4 \longrightarrow RCHO + R'CHO + HIO_3 + H_2O$$

在溶液中加入 $AgNO_3$，如有白色沉淀生成，表明已发生反应。

$$HIO_3 + AgNO_3 \longrightarrow AgIO_3（白色）\downarrow + HNO_3$$

由于反应是定量进行的，因此可用于邻二醇的定量测定，并根据生成的氧化产物推测邻二醇的结构。

三、醇的制备

1. 由烯烃制备

（1）**烯烃水化法**　烯烃在酸催化下与水加成得到醇，由乙烯可制取伯醇，其他烯烃可制取仲醇和叔醇。例如：

$$RCH=CH_2 \xrightarrow{H_2O/H^+} \underset{\substack{| \\ OH}}{RCH-CH_3}$$

（2）**硼氢化法**　烯烃加硼氢化合物，再用过氧化氢的碱性溶液处理，可制取伯醇。例如：

$$RCH=CH_2 \xrightarrow{B_2H_6} (RCH_2CH_2)_3B \xrightarrow{H_2O_2/OH^-} RCH_2CH_2OH$$

2. 由卤代烃制备

由于仲卤代烃和叔卤代烃在碱性条件下易发生消除反应，一般应用意义不大，所以通常是用伯卤代烃来制取伯醇。例如：

$$RX + NaOH \xrightarrow{H_2O} ROH + NaX$$

3. 由格氏试剂制备

格氏试剂与不同的羰基化合物作用，可以分别制取伯醇、仲醇和叔醇（参见第七章）。

4. 由羰基化合物的还原制备

不同的羰基化合物还原可分别制取伯醇和仲醇（参见第七章）。

四、重要的醇

1. 甲醇（CH_3OH）

甲醇最早由木材干馏而得，故又称为木醇。甲醇为无色液体，沸点 64.7℃，易燃，有毒性，尤其对视神经，饮用少量（约 10mL）也会致盲，量多（约 30mL）可致死。甲醇是重要的化工原料和溶剂，甲醇与汽油（2∶8）的混合物是一种优良的发动机燃料。

2. 乙醇（CH_3CH_2OH）

俗称酒精，是无色挥发性透明液体。沸点 78.3℃，密度 $0.7893 g \cdot cm^{-3}$，能与水和多数有机溶剂混溶。乙醇的用途很广，在临床上用作消毒剂，浓度为 70%～75%的乙醇杀菌能力最强，称为消毒酒精，多用于皮肤和器械的消毒。在制药工业中，乙醇是一个最常用的溶剂，用乙醇溶解药品所得制剂称为酊剂，例如碘酊（俗称碘酒）；在中药制剂中，乙醇可用于制取中草药浸膏以获得其中的有效成分。

3. 丙三醇［$CH_2(OH)-CH(OH)-CH_2(OH)$］

丙三醇俗称甘油，是一种黏稠而带有甜味的液体，沸点 290℃，能以任意比例与水混溶。甘油吸湿性很强，对皮肤有刺激性，故稀释后的甘油才可用以润滑皮肤。甘油在药剂上用作溶剂，如酚甘油、碘甘油等。对便秘患者，常用甘油栓或 50%甘油溶液灌肠。

4. 苯甲醇（$C_6H_5CH_2OH$）

苯甲醇又名苄醇，是具有芳香气味的无色液体，存在于植物的香精油中，沸点 205℃，难溶于水，而溶于乙醇、乙醚等有机溶剂中，苯甲醇有微弱的防腐能力，可用作液体中药制剂的防腐剂。苯甲醇还具有微弱的麻醉作用，含有苯甲醇的注射用水称为无痛水，用它作为青霉素钾盐的溶剂，可减轻注射时的疼痛。10%的苯甲醇软膏或洗剂为局部止痒剂。

5. 环己六醇［$(CHOH)_6$］

又名肌醇，白色结晶粉末，无臭、味甜，易溶于水，不溶于无水乙醇、乙醚、氯仿，水溶液呈中性，熔点为 224～227℃。存在于动物的心脏、肌肉和未成熟的豌豆中，由于它能促进肝和其他组织中的脂肪代谢，可用于治疗肝硬化、脂肪肝、血管硬化、胆固醇过高和四氯化碳中毒等多种疾病，肌醇也可作为制药中间体，用来合成烟酸肌醇酯、脉通等。肌醇还具有防止皮肤衰老和脱发以及促进各种菌种和酵母生长的作用。

肌醇是一种生物活素，是生物体中不可缺少的成分。高等动物若缺少肌醇，会出现生长停滞、毛发脱落，体内生理活动失去平衡。人体每天肌醇的摄入量为 1～2g。

6. 硫醇

醇分子中的氧原子被硫原子代替的化合物称为硫醇。通式：R—SH。巯基（—SH）是硫醇的官能团。硫醇的命名与醇相似，只需在相应醇字前加一个"硫"字即可。例如：

$$CH_3SH \qquad CH_3CH_2SH \qquad CH_3CH_2CH_2CH_2SH$$
甲硫醇　　　　乙硫醇　　　　　1-丁硫醇

低级硫醇易挥发并具有非常难闻的气味，即使量很少，气味也很明显，因此在燃气中常加入少量低级硫醇以起报警作用。硫醇的沸点和水溶性都比相应的醇低。

硫醇可与一些重金属离子（汞、铜、银、铅等）形成不溶于水的硫醇盐。人体内的许多酶含有巯基，若误食重金属离子，就会导致蛋白质沉淀，从而失去酶的活性，出现中毒症状。临床上常用含巯基的药物（如二巯基丁二酸钠、二巯基丙磺酸钠等），作为重金属中毒的解毒剂，就是因为它们能与体内的重金属离子形成无毒的、稳定的不溶性盐，而且还能夺取已经与酶结合的重金属盐以排出体外，达到解毒的目的。

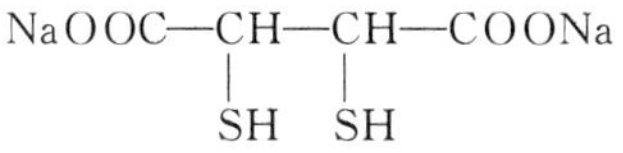

二巯基丁二酸钠 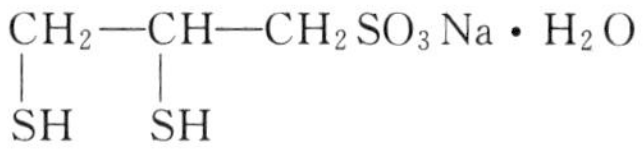　　　　　　二巯基丙磺酸钠

第二节　酚

羟基直接与芳环相连的化合物叫做酚（phenol）。结构通式为ArOH。酚的官能团也是羟基，称为酚羟基。

一、酚的分类、命名和结构

1. 酚的分类

根据芳基的不同，可分为苯酚和萘酚等，其中萘酚因羟基位置不同，有 α-和 β-之分。根据芳环上含羟基的数目不同，可分为一元酚、二元酚和三元酚，含有两个以上酚羟基的酚称为多元酚。

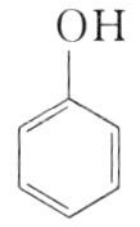

苯酚　　　　α-萘酚　　　　间苯二酚　　　　均苯三酚
一元酚　　　　　　　　　二元酚　　　　　三元酚

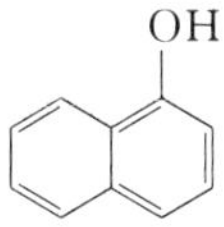

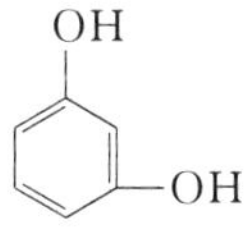

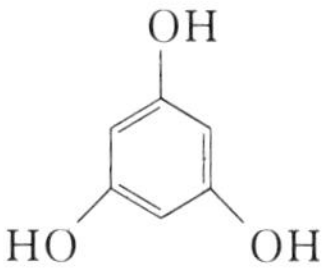

2. 酚的命名

酚的命名通常是在酚字前面加上芳环的名称作为母体名称，母体前再冠以取代基的位次、数目和名称。例如：

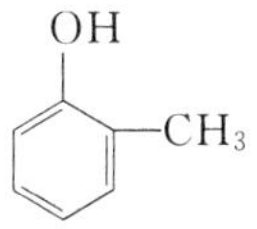

邻甲基苯酚 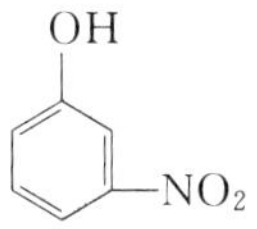　　间硝基苯酚 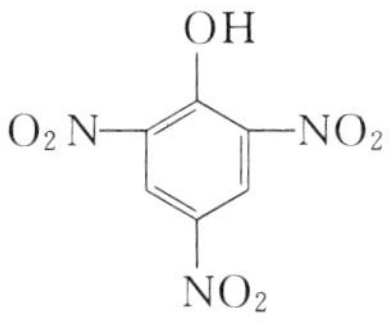　　2,4,6-三硝基苯酚　　β-萘酚 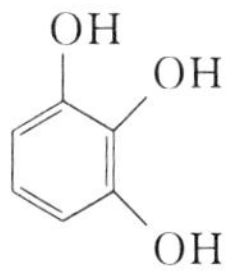　　1,2,3-苯三酚

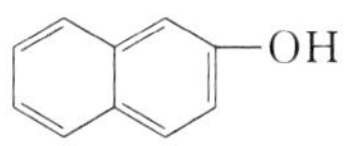

3. 酚的结构

从结构上看，酚羟基直接与芳环上 sp² 杂化的碳原子相连，氧原子采取 sp² 杂化，氧原子上未共用的 p 电子对与苯环上 π 电子云形成 p-π 共轭体系，使 p 电子向苯环方向转移，这样 O—H 键电子云密度有所降低，极性增大；而 C—O 键的强度增强，比较牢固。

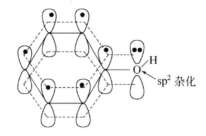

二、酚的性质

（一）物理性质

除少数烷基酚是液体外，多数酚为晶体，有特殊气味，但由于酚易被空气氧化，所以酚一般有不同程度的黄色或红色。酚分子之间、酚与水分子之间可以形成氢键，因此酚的沸点和熔点都比分子量相近的烃高；一元酚微溶于水，多元酚随着分子中羟基数目的增多，水溶性相应增大，酚通常可溶于乙醇、乙醚、苯等有机溶剂。

（二）化学性质

酚中既有羟基又有芳基，化学性质应与醇和芳烃有相似之处，但酚羟基直接连在苯环上，因此化学性质也有较大的差异。

1. 弱酸性

酚类具有弱酸性，能与氢氧化钠等强碱的水溶液作用形成盐。

$$\text{C}_6\text{H}_5\text{—OH} + \text{NaOH} \longrightarrow \text{C}_6\text{H}_5\text{—ONa} + \text{H}_2\text{O}$$

酚显弱酸性，一方面是由于酚羟基氧原子与苯环的 p-π 共轭体系，使氧原子的电子云密度降低，O—H 键极性增强，使酚羟基中氢原子解离倾向增大，所以酚的酸性比醇强；另一方面，酚离解出质子后生成的苯氧负离子，也由于 p-π 共轭的存在，使氧上的负电荷得到分散而稳定。

酚的酸性很弱，通过 pK_a 可以比较不同物质的酸性强弱。

	H_2CO_3	C₆H₅—OH	H_2O	ROH
pK_a	6.35	10.00	15.7	16～19

酚类化合物的酸性强弱还与苯环上所连的取代基种类有关。当苯环上连有吸电子基团时，可使苯氧负离子更稳定，即酚的酸性增强，当这些取代基位于羟基的邻、对位，则使酚的酸性增强更为突出。例如：2,4,6-三硝基苯酚的酸性相当于无机强酸的强度。当苯环上连有斥电子基团时，可使苯氧负离子不稳定，即酚的酸性减弱。例如：对甲酚比苯酚的酸性

还弱。

由于苯酚的酸性比碳酸弱,因此向酚钠的水溶液中通入二氧化碳,则有游离的苯酚重新析出来。

$$\text{C}_6\text{H}_5-\text{ONa} + \text{CO}_2 + \text{H}_2\text{O} \longrightarrow \text{C}_6\text{H}_5-\text{OH} + \text{NaHCO}_3$$

利用这一性质可以分离和提纯酚类化合物。

2. 酚醚的形成

由于酚羟基氧与苯环形成 p-π 共轭,C—O 键增强,酚羟基之间就很难发生脱水反应,因此酚醚不能由酚羟基间直接脱水得到。通常采用酚钠与卤代烷或硫酸烷基酯等烷基化试剂制备醚。例如:

$$\text{C}_6\text{H}_5-\text{ONa} + \text{CH}_3\text{I} \longrightarrow \text{C}_6\text{H}_5-\text{OCH}_3 + \text{NaI}$$

3. 酯的生成

酚也可以生成酯,但它不能与酸直接脱水成酯,而是采用酸酐或酰氯与酚或酚钠作用而制得。例如:

$$\text{C}_6\text{H}_5-\text{OH} + (\text{CH}_3\text{CO})_2\text{O} \longrightarrow \text{C}_6\text{H}_5-\text{O-COCH}_3 + \text{CH}_3\text{COOH}$$

$$\text{C}_6\text{H}_5-\text{OH} + \text{CH}_3\text{COCl} \longrightarrow \text{C}_6\text{H}_5-\text{O-COCH}_3 + \text{HCl}$$

4. 与三氯化铁反应

大多数酚都能与三氯化铁显色,不同的酚与三氯化铁产生不同的颜色。例如:苯酚、间苯二酚遇三氯化铁溶液呈紫色,邻苯二酚、对苯二酚则显绿色,甲苯酚呈蓝色,1,2,3-苯三酚显棕红色等。这种显色反应,常用以鉴别酚类。含有烯醇结构($-\overset{|}{\text{C}}=\overset{|}{\text{C}}-\text{OH}$)的化合物也能与三氯化铁发生颜色反应。

5. 苯环上的取代反应

酚羟基是强的邻对位定位基,能使苯环活化,容易发生卤代、硝化和磺化等亲电取代反应。

(1) **卤代反应** 苯酚与溴水在常温下即可作用,立即生成 2,4,6-三溴苯酚的白色沉淀。这个反应灵敏、迅速、简便,可用于苯酚的定性和定量分析。

$$\text{C}_6\text{H}_5\text{OH} + 3\text{Br}_2 \longrightarrow \text{2,4,6-Br}_3\text{C}_6\text{H}_2\text{OH} \downarrow + 3\text{HBr}$$

在非极性溶剂(如四氯化碳或二硫化碳)中,控制溴的用量和较低温度下进行反应,可以得到一溴代酚。

(2) **硝化反应** 苯酚在室温下就能发生硝化反应,生成邻硝基苯酚和对硝基苯酚的混合物。

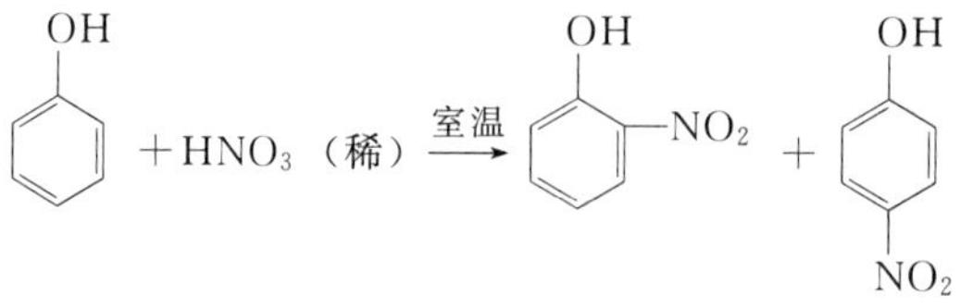

$$\text{C}_6\text{H}_5\text{OH} + \text{HNO}_3\text{（稀）} \xrightarrow{\text{室温}} \text{邻硝基苯酚} + \text{对硝基苯酚}$$

这两种异构体可用水蒸气法分离开。因为在邻硝基苯酚中，酚羟基与硝基处在相邻的位置，可通过分子内氢键形成螯合物，不再与水缔合，故水溶性小、挥发性大，可随水蒸气蒸馏出去。而对硝基苯酚是以分子间氢键缔合的，挥发性小，不能随水蒸气蒸出。

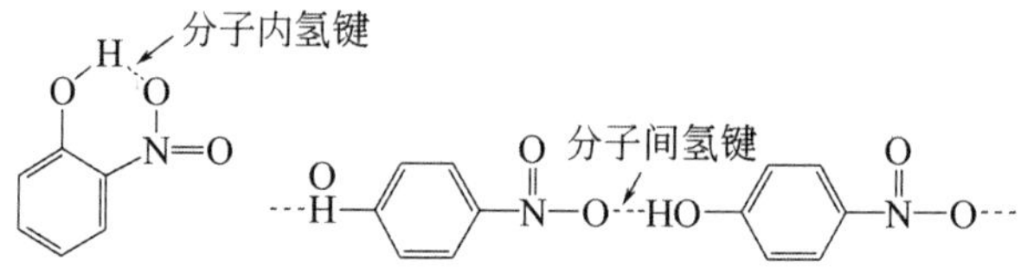

（分子内氢键 / 分子间氢键示意图）

（3）磺化反应　苯酚也容易被硫酸磺化。反应在室温下进行时，主要生成邻羟基苯磺酸；由于磺酸基的位阻大，在较高温度（100℃）时，产物主要是对羟基苯磺酸。邻位或对位异构体进一步磺化，均得 4-羟基-1,3-苯二磺酸。

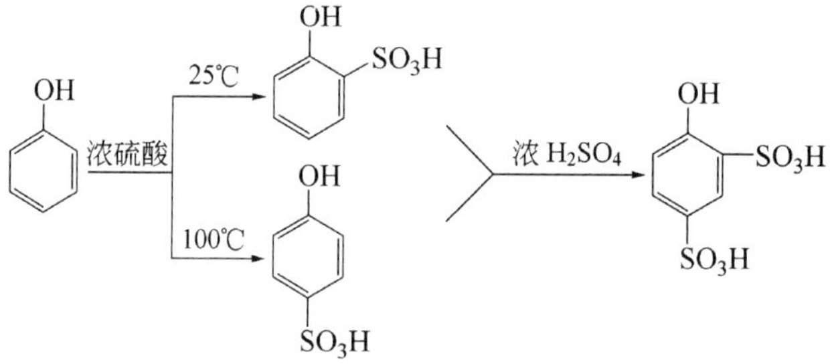

$$\text{苯酚} \xrightarrow[\text{浓硫酸}]{25℃} \text{邻羟基苯磺酸}$$
$$\text{苯酚} \xrightarrow[\text{浓硫酸}]{100℃} \text{对羟基苯磺酸} \xrightarrow{\text{浓 H}_2\text{SO}_4} \text{4-羟基-1,3-苯二磺酸}$$

磺酸基的引入降低了苯环上的电子云密度，使酚不易被氧化。生成的羟基苯磺酸与稀酸共热时，磺酸基可除去。因此，在有机合成上磺酸基可作为苯的位置保护基，将取代基引入到指定位置。

6. 氧化反应

酚比醇容易被氧化，空气中的氧就能将酚慢慢氧化。苯酚氧化后变为粉红色、红色、暗红色，颜色逐渐变深。苯酚若用重铬酸钾的硫酸溶液氧化，则生成对苯醌。

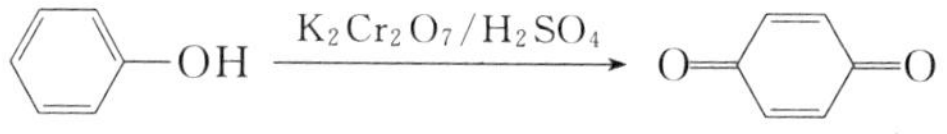

$$\text{C}_6\text{H}_5\text{OH} \xrightarrow{\text{K}_2\text{Cr}_2\text{O}_7/\text{H}_2\text{SO}_4} \text{对苯醌}$$

多元酚更容易被氧化，如邻苯二酚、对苯二酚室温下即可被弱氧化剂（如氧化银）氧化成相应的醌。

三、重要的酚

1. 苯酚（C_6H_5OH）

苯酚俗称石炭酸，为无色结晶，有特殊气味，熔点 43℃，沸点 181℃。常温下微溶于水，易溶于乙醇、乙醚等有机溶剂。苯酚能凝固蛋白质，有杀菌能力。在医药上用 3%～5%苯酚水溶液作外科器械消毒剂，1%苯酚溶液外用于皮肤止痒。苯酚对皮肤有强烈的腐蚀性，使用时应特别注意。

2. 甲苯酚（$CH_3—C_6H_4—OH$）

甲苯酚有邻、间、对三种异构体，来源于煤焦油，杀菌能力比苯酚强 3～10 倍，能杀灭包括分枝杆菌在内的细菌繁殖体。2% 溶液经 10～15min 能杀死大部分致病性细菌，2.5% 溶液 30min 能杀灭结核杆菌。1%～2% 水溶液用于手和皮肤消毒；3%～5% 溶液用于器械、用具消毒；5%～10% 溶液用于排泄物消毒。由于在水中溶解度低，常配成甲酚皂溶液，甲酚皂溶液易与水混合，使用方便。甲酚皂液就是 47%～53% 的三种甲苯酚混合物的肥皂水溶液，又称"来苏尔，Lysol"。

误服甲苯酚后会造成严重灼伤，引起休克而致死；慢性中毒能引起消化系统及神经系统功能紊乱、昏厥、皮疹或尿毒症。

3. 苯二酚（$HO—C_6H_4—OH$）

苯二酚有邻、间、对三种异构体。邻苯二酚又名儿茶酚，其衍生物存在于生物体内，其中一个重要的衍生物就是肾上腺素，肾上腺素有促进交感神经兴奋、加速心跳、升高血压等功能，也有分解肝糖增加血糖以及使支气管平滑肌松弛的作用，故一般用于支气管哮喘、过敏性休克及其他过敏性反应的急救。

间苯二酚具有杀灭细菌和真菌的能力，在医药上曾用于治疗皮肤湿疹和癣疹。

对苯二酚有毒，成人误服 1g，即可出现头痛、头晕、耳鸣、面色苍白等症状。遇明火、高热可燃，受高热分解放出有毒的气体。主要用于制取黑白显影剂、蒽醌染料、偶氮染料、橡胶防老剂、稳定剂和抗氧剂。

第三节 醚

醚可看作是醇或酚羟基中的氢被烃基取代的产物，$—\overset{|}{\underset{|}{C}}—O—\overset{|}{\underset{|}{C}}—$ 是醚的官能团，称为醚键。

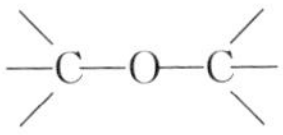

一、醚的分类、命名和结构

1. 醚的分类

在醚分子中，氧原子所连的两个烃基相同时称为单醚（如 $CH_3—O—CH_3$）；两个烃基不同时称混醚（如 $CH_3—O—CH_2CH_3$）。两个烃基都是脂肪烃基为脂肪醚；一个或两个烃基是芳香烃基，称芳香醚。烃基与氧形成环状结构的醚称为环醚。

2. 醚的命名

醚的普通命名法是在"醚"字前加上烃基名称，叫做"二某醚"，若烃基相同可把"二"字省略；命名混醚时，较小的烃基名称在前，较大的烃基名称在后，再加上"醚"字；混合芳香醚的名称是把芳香烃基放在脂肪烃基前面。例如：

$CH_3CH_2—O—CH_2CH_3$　　　　　　　　　　　　　　$CH_3—O—CH_2CH_3$
乙醚　　　　　　　二苯醚　　　　　　　甲乙醚　　　　　　苯甲醚

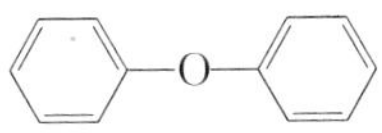

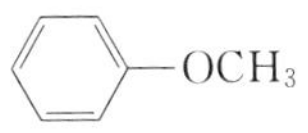

结构复杂的醚采用系统命名法，把较大的烃基作为母体，剩下的 —OR 部分（烃氧基）看作取代基。如：

$$\underset{\text{2-甲氧基戊烷}}{\underset{|}{\underset{OCH_3}{CH_3CH_2CH_2CHCH_3}}} \qquad \underset{\text{2-甲基-6-乙氧基-4-庚醇}}{\underset{|\qquad\ |\qquad\ |}{\underset{CH_3\ \ OH\ \ OC_2H_5}{CH_3CHCH_2CH_2CHCH_2CHCH_3}}}$$

环醚以烷为母体，称为"环氧某烷"。例如：

$$\underset{\text{环氧乙烷}}{\underset{O}{CH_2—CH_2}} \qquad \underset{\text{2,3-环氧丁烷}}{\underset{O}{CH_3—CH—CH—CH_3}} \qquad \underset{\text{1,4-环氧丁烷}}{\underset{O}{\underset{|\quad\ \ |}{\underset{CH_2\ \ CH_2}{CH_2—CH_2}}}}$$

二、醚的性质

（一）物理性质

大多数醚在室温下为液体，有特殊气味，比水轻，它们的沸点比分子量相近的醇低得多，例如：乙醇的沸点为78.5℃，而与它分子量相近的甲醚沸点为－25℃。这是因为醚分子之间不能通过氢键缔合的缘故。醚在水中的溶解度比烷烃大，这是因为醚分子中的氧原子能与水分子中的氢形成氢键。低级醚沸点低，具有高度的挥发性，极易着火，使用时要小心，注意通风。

（二）化学性质

醚是一类相当不活泼的化合物（环醚除外），其稳定性稍次于烷烃。在室温下与氧化剂、还原剂、强碱、稀酸都不反应。但醚可以发生一些特殊的反应。

1. 镁盐的生成

醚键上的氧原子具有未共用电子对，能与强酸中的氢离子结合形成类似盐类结构的化合物——锌盐。例如：

$$C_2H_5—O—C_2H_5 + HCl \longrightarrow [C_2H_5—\overset{\uparrow H}{O}—C_2H_5]^+ Cl^-$$

因此，醚能溶于硫酸、盐酸等强无机酸中。利用这一性质，可以区分醚和烷烃。

2. 醚键的断裂

醚与浓氢卤酸（氢碘酸或氢溴酸）共热，醚键可断裂。例如：

$$C_2H_5—O—C_2H_5 + HI（浓）\longrightarrow [C_2H_5—\overset{\uparrow H}{O}—C_2H_5]^+ I^- \longrightarrow C_2H_5OH + C_2H_5I$$

脂肪混合醚断裂时，一般是小的烃基形成卤代烃；混合芳香醚断裂时，生成卤代烷和酚。例如：

$$CH_3—O—C_2H_5 + HI（浓）\longrightarrow CH_3I + C_2H_5OH$$

$$\text{C}_6\text{H}_5-\text{OCH}_3 + \text{HI}(\text{浓}) \longrightarrow \text{C}_6\text{H}_5-\text{OH} + \text{CH}_3\text{I}$$

3. 过氧化物的生成

醚对氧化剂一般较稳定，但如果长期接触空气，可被氧化，逐渐生成过氧化物（氢过氧化物 $\text{CH}_3\text{CH}_2-\text{O}-\underset{\underset{\text{O}-\text{OH}}{|}}{\text{CHCH}_3}$ ）。氢过氧化物会进一步转化成结构复杂的过氧化物，它极不稳定，受热易发生爆炸。因此，蒸馏乙醚时，切忌蒸干。存放时，应避光，密封保存在阴凉处。久置的醚在使用前，应先检查是否含有过氧化物。其方法是：若乙醚能使润湿的KI-淀粉试纸变成蓝色或使硫酸亚铁和硫氰化钾（KSCN）的混合液显红色，即说明醚中存在过氧化物。可加入硫酸亚铁的稀溶液除去过氧化物。

三、醚的制备

1. 醇的脱水

醇分子间脱水生成醚。此法主要用于制取低级烷基的单醚。例如：

$$2\text{C}_2\text{H}_5\text{OH} \xrightarrow[140℃]{\text{H}_2\text{SO}_4} \text{C}_2\text{H}_5-\text{O}-\text{C}_2\text{H}_5 + \text{H}_2\text{O}$$

2. 威廉姆逊合成法

用醇（或酚）钠与不同类型的卤代烃反应可制取相应的醚，这是制备醚的简便方法。例如：

$$\text{CH}_3\text{CH}_2\text{Br} + \text{CH}_3\text{ONa} \longrightarrow \text{CH}_3\text{CH}_2\text{OCH}_3 + \text{NaBr}$$

四、重要的醚

1. 乙醚（$\text{C}_2\text{H}_5-\text{O}-\text{C}_2\text{H}_5$）

乙醚是常见和重要的醚，常温下为易挥发的无色液体，沸点34.5℃。乙醚易燃易爆，其蒸气与空气混合到一定比例，遇火会引起猛烈爆炸，因此使用时要特别注意远离火源。

乙醚微溶于水，能溶解多种有机物，其本身性质比较稳定，常用作有机溶剂和萃取剂。无水乙醚可用于药物合成和制备格氏试剂。

2. 环氧乙烷（$\underset{\text{O}}{\overset{\text{CH}_2-\text{CH}_2}{\diagdown \diagup}}$）

环氧乙烷是一种最简单和最重要的环醚，为无色气体，沸点11℃，能溶于水、醇、乙醚中，环氧乙烷与空气的混合物容易爆炸，一般是把它压缩保存在钢瓶中。

环氧乙烷是至今仍为最好的冷消毒剂之一，也是目前四大低温灭菌技术（低温等离子体、低温甲醛蒸气、环氧乙烷、戊二醛）最重要的一员。环氧乙烷可杀灭细菌（及其内孢子）、霉菌及真菌，因此可用于消毒一些不能耐受高温消毒的物品。环氧乙烷也被广泛用于消毒医疗用品诸如绷带、缝线及手术器具。

环氧乙烷是一种有毒的致癌物质，其毒性为乙二醇的27倍，与氨的毒性相仿。在体内形成甲醛、乙二醇和乙二酸，对中枢神经系统起麻醉作用，对黏膜有刺激作用，对细胞原浆有毒害作用。

3. 冠醚

冠醚是分子中含有多个—OCH₂CH₂—单位的大环多醚。由于它们的形状像皇冠，故称为冠醚。冠醚的命名比较特殊："X-冠-Y"，X代表环上的原子总数，Y代表氧原子数。例如：

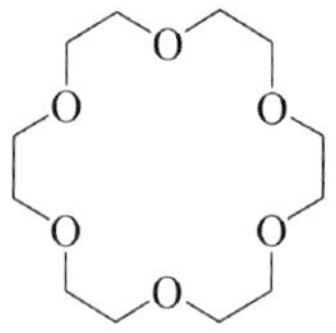

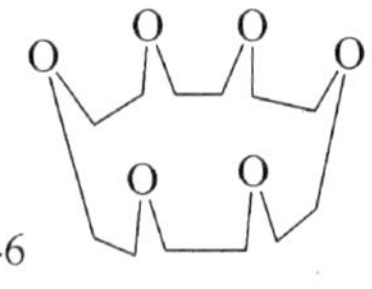

$$\text{18-冠-6}$$

冠醚的大环结构中间留有"空穴"，由于氧原子上具有未共用电子对，故可通过配位键与金属离子形成配合物。各种冠醚的空穴大小不同，可以选择性结合不同的金属离子。利用冠醚的这一重要特点，可以分离金属离子。

冠醚的另一个重要用途是作为相转移催化剂（PTC），冠醚可以使仅溶于水相的无机物因其中的金属离子被冠醚配合而转溶于非极性的有机溶剂中，从而使有机与无机两种反应物借助冠醚而共处于有机相中，加速了无机试剂与有机物之间的反应。

4. 硫醚

硫醚可看作是醚分子中氧原子被硫置换的产物。通式为：(Ar)R—S—R′(Ar)。硫醚的命名与相应的醚相似，只是在"醚"字前加一个"硫"字即可。例如：

CH₃—S—CH₃   CH₃CH₂—S—CH₂CH₂CH₃   C₆H₅—S—CH₃
甲硫醚   乙丙硫醚   苯甲硫醚

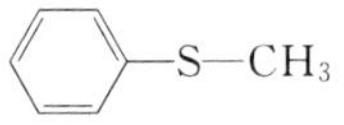

硫醚是有臭味的无色液体，不溶于水，可溶于醇和醚中，其沸点比相应的醚高。硫醚容易被氧化，首先生成亚砜，进一步被氧化生成砜。例如：

$$\text{CH}_3\text{—S—CH}_3 \xrightarrow{[O]} \text{CH}_3\text{—S(=O)—CH}_3 \xrightarrow{[O]} \text{CH}_3\text{—S(=O)}_2\text{—CH}_3$$

二甲基亚砜   二甲基砜

二甲基砜（DMSO）不仅是一种良好的溶剂和试剂，而且具有镇痛消炎作用。由于它渗透皮肤能力强，可作为某些药物的渗透载体，以加强组织的吸收。例如：用于配制皮肤病药剂。

 致用小贴

乙醇汽油

2017年9月，国家发展和改革委员会、国家能源局等十五部门联合印发《关于扩大生物燃料乙醇生产和推广使用车用乙醇汽油的实施方案》（以下简称《方案》），《方案》要求，到2020年，在全国范围内推广使用车用乙醇汽油，基本实现全覆盖，到2025年，力争纤维素乙醇实现规模化生产，形成完善的市场机制。

乙醇汽油是什么呢？乙醇汽油是用90%的普通汽油和10%的燃料乙醇调和而成。和普通汽油一样，分为四种标号，分别为 E89 号、E92 号、E95 号和 E98 号。作为一种汽车燃料，乙醇汽油可节省石油资源，减少汽车尾气对空气的污染，促进农业的生产，同时，乙醇汽油的使用可以大大改善汽油的使用性能，使其燃烧更彻底。而且，通过替代普通汽油中对地下水资源破坏严重的甲基叔丁基醚含氧添加剂，可有效防止对地下水的破坏。因此，车用乙醇汽油是一种节能环保型的燃料。

目标测试

1. 用系统命名法命名下列化合物。

(1) $CH_3-\underset{\underset{CH_3}{|}}{CH}-CH-CH_2CH_2OH$ 中间CH上接CH_3

(2) 2-氯-1-萘酚结构

(3) $CH_3-CH-CH_2-CH-CH_3$ 两个OH

(4) 4-甲基-1,3-苯二酚结构 (H_3C 苯环 两个OH)

(5) $CH_3CH=CHC(CH_3)_2CH_2OH$

(6) $CH_3-O-CH(CH_3)_2$

(7) CH_3CH_2O-苯环

2. 写出下列化合物的结构简式。

(1) 2-苯基-2-丙醇　　(2) 2,2-二甲基-3-戊醇　　(3) 2,2-二甲基-3-戊烯-1-醇
(4) 2,4-二硝基苯酚　　(5) 2-甲基-1-萘酚　　(6) 对甲苯乙醚

3. 完成下列反应。

(1) $C_2H_5OH + Mg \longrightarrow$

(2) $CH_3CH-CH-CH_2CH_2OH \xrightarrow{\text{分子内脱2mol水}}$
     $\quad\quad |\quad\ |$
     $\quad CH_3\ OH$

(3) 2-甲基环戊醇 $\xrightarrow{\text{分子内脱水}}$

(4) $C_6H_5-CH_2-CH-CH_3 \xrightarrow{K_2Cr_2O_7/H^+}$
                $\quad\quad\quad\ |$
                $\quad\quad\quad OH$

(5) 苯酚 $+ Br_2 \xrightarrow{H_2O}$

(6) 甲苯酚(对位) $+ Br_2 \longrightarrow$

(7) CH_3O-苯环$-CH_3 + HI \longrightarrow$

(8) $CH_3-O-C_2H_5 + HCl \longrightarrow$

4. 用化学方法区分下列各组化合物。

(1) 正丁醇、仲丁醇和叔丁醇　　(2) 1,3-丁二醇和 2,3-丁二醇
(3) 苯甲醇、苯酚和苯乙烯　　(4) 乙醇、甘油和乙醚
(5) 苄氯、苄醇、甲苯和苯酚

5. 甲、乙两种化合物的分子式均为 $C_5H_{12}O$，甲氧化能生成酮，乙则不能。甲与乙经脱水成烯后再用酸性高锰酸钾溶液氧化，均得羧酸和酮的混合物。试推测甲和乙的结构简式。

6. 化合物 $C_9H_{12}O$ （A）与 NaOH、$KMnO_4$ 均不反应，遇 HI 生成 B 和 C，B 遇溴水立

即变为白色浑浊,C 经 NaOH 水解,与 $Na_2Cr_2O_7$ 的稀硫酸溶液反应生成酮 D,试推测 A、B、C、D 的结构简式。

7. 实现下列化合物的转化。(药学专业学生完成)

(1) 由 1-丁醇转化为丁酮　　(2) 由苯酚合成邻溴苯酚

第七章 醛、酮和醌

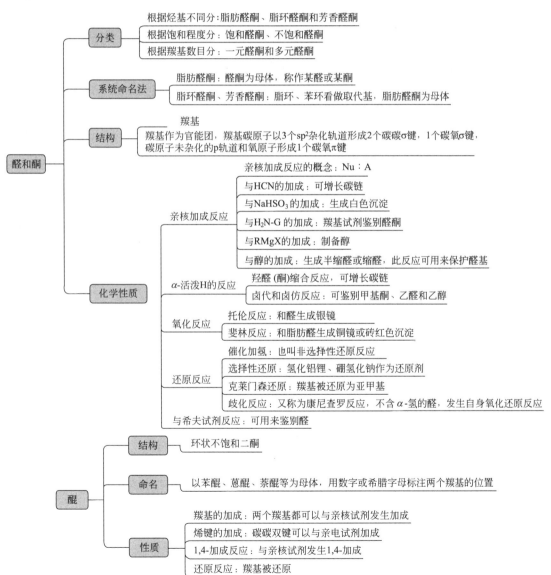

学习目标

1. 掌握醛、酮和醌的命名方法。
2. 掌握醛、酮和醌的化学性质,了解其物理性质。
3. 熟悉醛、酮和醌的结构特点及结构对性质的影响。
4. 了解重要的醛和酮。

醛、酮和醌分子中均含有羰基($\diagdown$C=O),因此统称为羰基化合物。醛分子中羰基连有一个烃基和一个氢(甲醛的羰基两端都连有氢),所以 $-\overset{\underset{\Vert}{O}}{C}-H$ 称为醛基,是醛的官能团。酮分子中羰基两端各连有烃基,酮中的羰基又称为酮基,是酮的官能团。一元醛、酮的结构通式为:

醛 (Ar)R$-\overset{\underset{\Vert}{O}}{C}-$H   酮 (Ar)R$-\overset{\underset{\Vert}{O}}{C}-$R′(Ar)′

醌的分子中含有两个羰基,是具有共轭体系的环己二烯二酮类化合物。如:

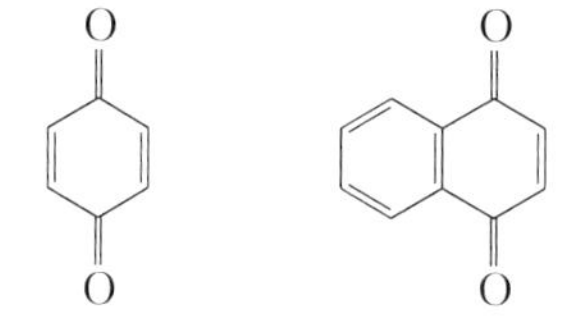

对苯醌   α-萘醌

第一节 醛和酮

一、醛和酮的分类、命名和结构

1. 醛和酮的分类

(1) 根据羰基连接的烃基不同可以分为脂肪醛、酮、脂环醛、酮和芳香醛、酮。例如:

脂肪醛、酮 CH_3CH_2CHO $CH_3CH_2-\overset{\underset{\Vert}{O}}{C}-CH_3$

脂环醛、酮

芳香醛、酮

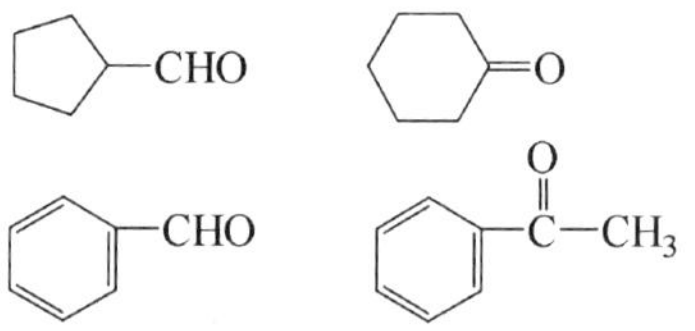

(2) 根据脂肪烃基中是否含有不饱和键,脂肪醛、酮又可分为饱和醛、酮与不饱和醛、酮。例如:

饱和醛、酮 CH_3CH_2CHO $CH_3CH_2COCH_3$

不饱和醛、酮 $CH_3CH=CHCHO$ $CH_3COCH=CH_2$

(3) 根据分子中所含羰基数目不同可分为一元醛、酮与多元醛、酮。例如:

二元醛、酮　　H—C—C—H　　　CH₃—C—CH₂—C—CH₃
（结构式含 $\stackrel{O}{\|}$ 基团）

2. 醛和酮的命名

醛、酮系统命名法规则如下。

（1）选择含有羰基（如有不饱和键也应含有不饱和键）在内的最长碳链做主链，按其含有的碳数称为"某醛"或"某酮"。

（2）从靠近羰基一端开始为主链编号，使羰基位次最小，若羰基在主链两端的位次相同时，则要使取代基的位次最小。也可用希腊字母 α、β、γ、δ 等，从与羰基相邻的碳开始为主链编号。

（3）将取代基、不饱和键的位次、数目、名称以及酮基的位次（醛基在链端，不用标位次）依次写在母体名称前面。例如：

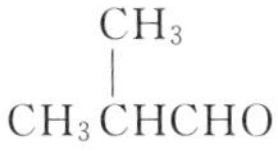

CH₃CHCHO　　　CH₃CH₂—C—CH₂CHCH₃　　CH₃—CH=CH—CHO　　CH₂=CH—C—CH₂—CH₃
（侧链 CH₃）　　　（侧链 CH₃，含 C=O）

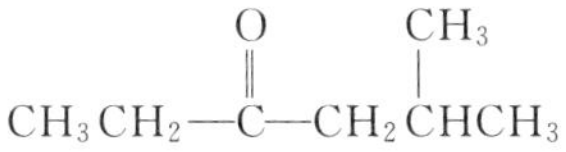

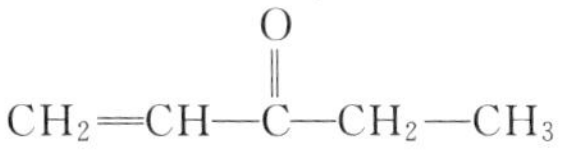

2-甲基丙醛　　　5-甲基-3-己酮　　　　2-丁烯醛　　　　1-戊烯-3-酮

α-甲基丙醛　　　　　　　　　　　　　α,β-丁烯醛

（4）脂环醛、酮和芳香醛、酮命名时，把苯环、脂环看作取代基，以脂肪醛、酮为母体命名；如脂环酮中羰基参与成环，那么分子中碳环的编号要从羰基碳开始，按环上的碳数称"环某酮"。例如：

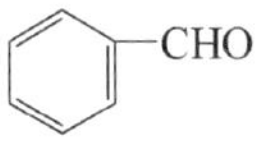

苯甲醛 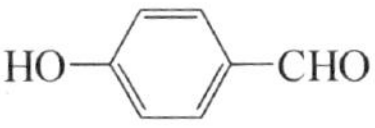　　　对羟基苯甲醛 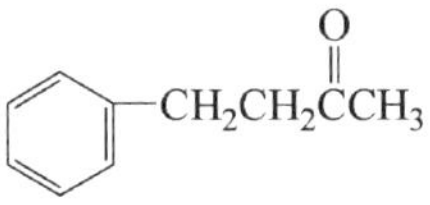　　　4-苯基-2-丁酮 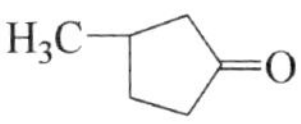　　　3-甲基环戊酮 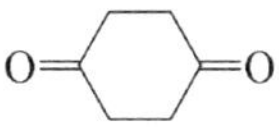　　　1,4-环己二酮

3. 醛和酮的结构

醛和酮分子中羰基的碳原子以 3 个 sp^2 杂化轨道形成 2 个碳碳 σ 键，1 个碳氧 σ 键，这 3 个 σ 键处于同一平面，相互间夹角约为 120°；碳原子未参加杂化的 p 轨道与氧原子的 1 个 p 轨道均垂直于 σ 键所在的平面，相互重叠形成 π 键。因此羰基的碳氧双键是由 1 个 σ 键和 1 个 π 键构成，与乙烯的碳碳双键相似。但由于氧原子的电负性比碳原子大，氧原子周围电子云密度比碳原子周围电子云密度高，氧带部分负电荷，碳带部分正电荷，所以羰基具有极性。羰基的结构可表示为：

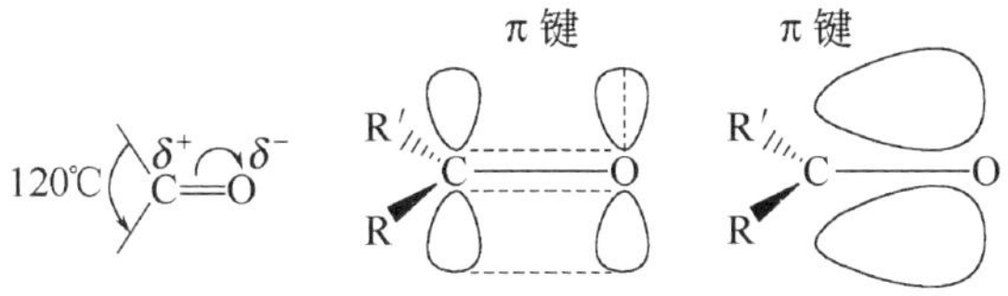

（图示：120°，δ^+C=Oδ^-，π 键示意图）

二、醛和酮的性质

（一）物理性质

在室温甲醛为气体，其他醛、酮是液体。醛、酮的沸点高于分子量相近的烷烃和醚，而比相应

的一元醇低。因为羰基具有极性，使醛、酮成为极性分子，分子间的作用力较大，沸点高于相应的烷烃或醚；但醛、酮分子间不能形成氢键，因此沸点比相应的一元醇低（表 7-1）。

表 7-1　醛、酮与分子量相近的烷烃、醚和醇沸点的比较

项　目	正戊烷	乙醚	正丁醛	丁酮	正丁醇
分子量	72	74	72	72	74
沸点/℃	36	35	76	80	118

低级的醛、酮能与水分子形成分子间氢键，故易溶于水，甲醛、乙醛和丙酮能与水混溶。其他醛、酮的水中溶解度随分子量的增大而减小，C_6 以上的醛和酮几乎不溶于水，而溶于苯、醚、四氯化碳等有机溶剂。

（二）化学性质

醛、酮分子中都含有羰基，所以具有许多相似的化学性质，主要表现在亲核加成反应、α-活泼氢的反应以及氧化还原反应。但它们在结构上又有差异，所以化学性质也有所不同。一般是醛较活泼，某些反应只有醛能发生，而酮则不能。醛和酮的化学性质如下所示。

$$\begin{array}{c} \alpha\text{-H 的反应} \longrightarrow \text{H} \\ \mid \\ -\text{C}-\text{C}=\text{O} \longleftarrow \text{还原反应} \\ \mid \mid \\ \text{R(H)} \longleftarrow \text{氧化反应} \\ \text{亲核加成反应} \longleftarrow \text{醛的特征反应} \end{array}$$

1. 亲核加成反应

羰基的加成反应和烯烃碳碳双键的加成反应不同，烯烃的加成属于亲电加成，而羰基的加成属于亲核加成。羰基进行加成反应时，亲核试剂（Nu：A）中的亲核部分（Nu^-）首先向羰基碳原子进攻，形成负氧离子，然后带正电荷的亲电部分（A^+）迅速加到羰基氧原子上。

$$\underset{R'(H)}{\overset{R}{>}}\!C\!\overset{\delta^+}{=}\!\overset{\delta^-}{O} + Nu:A \xrightarrow{\text{慢}} \underset{R'(H)}{\overset{R}{>}}\!C\!\underset{Nu}{\overset{O^-}{<}} \xrightarrow[A^+]{\text{快}} \underset{R'(H)}{\overset{R}{>}}\!C\!\underset{Nu}{\overset{OA}{<}}$$

这种由亲核试剂首先进攻而发生的加成反应称为亲核加成反应。能发生亲核加成的试剂称为亲核试剂。如 HCN、$NaHSO_3$、ROH、R—Mg—X 等。

醛、酮的亲核加成反应活性大小，除与亲核试剂的性质有关外，主要取决于醛、酮结构两方面的影响。一是电子效应：羰基上连接的烷烃越大、越多，由于其斥电子诱导效应的影响，将降低羰基碳原子的正电性，不利于反应进行；二是空间效应：羰基所连接的烃基越多或体积越大，空间位阻增大，使得亲核试剂不易进攻羰基碳原子，亲核加成反应也就难以进行。综合上述两方面因素，不同结构的醛、酮进行亲核加成时，其反应活性顺序为：

$$\underset{H}{\overset{H}{>}}\!C\!=\!O > \underset{H}{\overset{R}{>}}\!C\!=\!O > \underset{CH_3}{\overset{R}{>}}\!C\!=\!O > \underset{R}{\overset{R}{>}}\!C\!=\!O > \underset{C_6H_5}{\overset{R}{>}}\!C\!=\!O$$

（1）与氢氰酸的加成　氢氰酸能与醛、脂肪甲基酮和 8 个碳以下的脂环酮加成生成 α-氰醇（又称 α-羟腈）。

$$\text{R—C(H(CH}_3\text{))=O} + \text{HCN} \longrightarrow \text{R—C(H(CH}_3\text{))(OH)(CN)}$$

反应后生成的 α-羟基腈，比原来的醛、酮在碳链上增加了一个碳原子，这是有机合成上增长碳链的方法之一。α-羟基腈是活性较强的有机合成中间体，例如，可进一步水解生成 α-羟基酸，或转化为 α,β-不饱和酸。

$$\text{R—CH}_2\text{CH(OH)(CN)} \xrightarrow[\text{H}_2\text{SO}_4(\text{浓})]{\text{H}_2\text{O/H}^+} \begin{array}{l} \text{RCH}_2\text{CH(OH)COOH} \\ \text{RCH=CHCOOH} \end{array}$$

由于氢氰酸极易挥发，且有剧毒，不宜直接使用。在实验室中，常用氰化钾或氰化钠滴加无机强酸来代替氢氰酸，并且操作应在通风橱中进行。

（2）与亚硫酸氢钠加成　醛、脂肪甲基酮以及碳原子数在 8 个以下的脂环酮与饱和亚硫酸氢钠溶液一起振摇，即有白色结晶析出。

$$\text{C=O} + \text{NaHSO}_3 \rightleftharpoons \text{C(OH)(SO}_3\text{Na)} \downarrow \text{（白色）}$$

此反应是可逆反应，将加成产物分离出来，加入酸或碱，加成产物可分解为原来的醛或酮。例如：

$$\text{C(OH)(SO}_3\text{Na)} \rightleftharpoons \text{C=O} + \text{NaHSO}_3 \xrightarrow[\text{OH}^-]{\text{H}^+} \begin{array}{l} \text{SO}_2\uparrow + \text{H}_2\text{O} \\ \text{SO}_3^{2-} + \text{H}_2\text{O} \end{array}$$

由于亚硫酸氢钠的加成产物不溶于饱和亚硫酸氢钠溶液，容易分离，也容易被酸碱分解为原来的醛、酮，故可利用此性质来区别、分离和提纯醛、酮。

（3）与氨的衍生物加成　氨分子中的一个氢原子被其他基团取代后形成的一系列化合物称为氨的衍生物。用 $H_2N—G$ 表示。氨的衍生物分子中的氮原子上都带有未共用电子对，是很好的亲核试剂，它们与醛、酮先发生加成反应，后失去一分子水，而生成具有 C=N— 结构的化合物。该反应可用通式表示如下：

$$\text{C=O} + \text{H—N(H)—G} \longrightarrow \text{C(OH)(N(H)—G)} \longrightarrow \text{C=N—G} + \text{H}_2\text{O}$$

常见的氨的衍生物及其与醛、酮反应的产物见表 7-2。

氨的衍生物与醛、酮反应的产物多数是结晶固体，具有固定的熔点和结晶形状，可以利用此特点来鉴别醛、酮，尤其是 2,4-二硝基苯肼，几乎可以与所有的醛、酮迅速发生反应生成橙黄色或橙红色的 2,4-二硝基苯腙结晶从溶液中析出，用于鉴别醛、酮，灵敏性较高。**氨的衍生物常被称为羰基试剂。**

表 7-2　氨的衍生物及其与醛、酮反应的产物

氨的衍生物结构及名称	与醛、酮反应的产物结构及名称
H_2N-G	$\begin{array}{c}R\\(R')H\end{array}C=N-G$
H_2N-OH　羟胺	$\begin{array}{c}R\\(R')H\end{array}C=N-OH$　肟
H_2N-NH_2　肼	$\begin{array}{c}R\\(R')H\end{array}C=N-NH_2$　腙
$H_2N-NH-C_6H_5$　苯肼	$\begin{array}{c}R\\(R')H\end{array}C=N-NH-C_6H_5$　苯腙
$H_2N-NH-C_6H_3(NO_2)_2$　2,4-二硝基苯肼	$\begin{array}{c}R\\(R')H\end{array}C=N-NH-C_6H_3(NO_2)_2$　2,4-二硝基苯腙
$H_2N-NH-\overset{O}{\underset{\|}{C}}-NH_2$　氨基脲	$\begin{array}{c}R\\(R')H\end{array}C=N-NH-\overset{O}{\underset{\|}{C}}-NH_2$　缩氨脲

（4）与格氏试剂加成　格氏试剂中存在强极性键，其中与镁相连的碳原子带部分负电荷，亲核能力很强，所以格氏试剂作为亲核试剂很容易和醛、酮发生亲核加成反应，其产物水解可得到各种类型的醇，这是有机合成中制备醇的重要途径。反应通式如下：

$$\diagdown\!\!\!\!\diagup C=O + R-Mg-X \longrightarrow \diagdown\!\!\!\!\diagup \underset{R}{\overset{OMgX}{C}}\diagdown \xrightarrow{H_2O} \diagdown\!\!\!\!\diagup \underset{R}{\overset{OH}{C}}\diagdown + Mg\underset{X}{\overset{OH}{\diagdown}}$$

其反应规律是，甲醛生成伯醇，其他醛生成仲醇，酮生成叔醇。

（5）与醇加成　在干燥的氯化氢作用下，1 分子的醛与 1 分子的醇发生加成反应，生成半缩醛。

$$R-\overset{O}{\underset{\|}{C}}-H + H-OR' \xrightarrow{\text{干燥 HCl}} R-\underset{\text{半缩醛}}{\overset{OH}{\underset{\|}{CH}}-OR'} \longleftarrow \text{半缩醛羟基}$$

生成的半缩醛由于含有活泼的半缩醛羟基，因而很不稳定，可继续与另一分子的醇作

用，进行分子间脱水生成稳定的缩醛。

$$R\text{—}\underset{\underset{OH}{|}}{CH}\text{—}OR' + H\text{—}OR' \xrightarrow{\text{干燥 HCl}} R\text{—}\underset{\underset{OR'}{|}}{CH}\text{—}OR' + H_2O$$
缩醛

缩醛是具有花果香味的液体，性质与醚相似。缩醛在碱性溶液中相当稳定，在酸性溶液中则可以水解而生成原来的醛和醇。在有机合成中常借此反应来保护醛基：先将含有醛基的化合物变成缩醛，然后进行分子中其他基团的反应，反应完毕后再用酸分解缩醛，使醛基复原。

酮在同样条件下不易生成缩酮。

2. α-活泼氢的反应

醛、酮分子中，由于羰基的强吸电子诱导效应，使α-C上的C—H键极性增强，C—H—易于离解而具有一定的活泼性，故称为α-活泼氢，含有α-活泼氢的醛、酮主要能发生以下反应。

(1) 羟醛(酮)缩合反应 在稀碱作用下，含有 **α-H** 的两分子醛相互作用，其中一个醛分子中的 **α-H** 加到另一个醛分子中的羰基氧原子上，其余部分加到羰基碳原子上，生成 **β-羟基醛**，这个反应称为羟醛缩合反应（也称醇醛缩合）。

$$CH_3\text{—}\underset{\underset{O}{\|}}{C}\text{—}H + CH_2\text{—}CHO \xrightarrow{\text{稀 OH}^-} CH_3\underset{\underset{OH}{|}}{CH}CH_2CHO$$
β-羟基丁醛

生成的β-羟基醛中，由于醛基的影响使α-H变得很活泼，因此受热时易与相邻的羟基脱水生成α,β-不饱和醛。

$$CH_3CH\text{—}\underset{\underset{[OH\ H]}{}}{CHCHO} \xrightarrow[\triangle]{-H_2O} CH_3CH\text{=}CHCHO + H_2O$$

羟醛缩合在有机合成上有重要意义，因为它能增长碳链，也能产生支链。具有α-H的酮也能发生羟酮缩合，但由于空间位阻较大，以及酮分子中羰基碳原子的正电性比较弱，反应比较困难。

含有α-H的两种不同的醛或酮虽然能够发生缩合，但由于交叉缩合，生成的四种产物难于分离，实用意义不大。若用一种不含α-H的醛（主要是甲醛和苯甲醛）与另一种含α-H的醛或酮之间进行缩合反应，得到单一的缩合产物α,β-不饱和醛或α,β-不饱和酮。例如：

$$C_6H_5\text{—}\underset{\underset{O}{\|}}{C}\text{—}H + CH_2\text{—}CHO \xrightarrow{\text{稀 OH}^-} C_6H_5\underset{\underset{OH}{|}}{CH}CH_2CHO \xrightarrow[\triangle]{-H_2O} C_6H_5CH\text{=}CHCHO$$

(2) 卤代和卤仿反应 含α-H的醛、酮与卤素作用时，其α-H原子可以缓慢地逐步被卤素取代，如果控制卤素用量，可能使反应停止在一卤、二卤或三卤取代物。例如：

$$CH_3CHO \xrightarrow{Cl_2/OH^-\text{ 或 }H^+} \underset{\underset{Cl}{|}}{CH_2}CHO \xrightarrow{Cl_2/OH^-\text{ 或 }H^+} \underset{\underset{Cl}{|}}{\overset{\overset{Cl}{|}}{CH}}CHO \xrightarrow{Cl_2/OH^-\text{ 或 }H^+} Cl\text{—}\underset{\underset{Cl}{|}}{\overset{\overset{Cl}{|}}{C}}CHO$$

乙醛、甲基酮在碱性条件下的卤代反应，由于产物三卤代物分子中的 3 个卤素原子的强吸电子诱导效应，使羰基碳的正电性增强，在碱性溶液中易被 OH^- 进攻，而导致 C—C 键断裂，生成三卤甲烷（又称卤仿）和羧酸盐，此反应称为卤仿反应。反应过程如下：

$$CH_3-\overset{O}{\underset{\|}{C}}-H(R) \xrightarrow{I_2+NaOH} CI_3-\overset{O}{\underset{\|}{C}}-H(R) \xrightarrow{I_2+NaOH} CHI_3\downarrow + (R)H-COONa$$

常用的卤素是碘，生成的碘仿是难溶于水，具有特殊气味的黄色固体，该反应称为碘仿反应，因而常用碘和氢氧化钠溶液鉴别乙醛和甲基酮。

由于碘与 NaOH 反应生成的次碘酸钠具有氧化作用，可使 $CH_3\overset{OH}{\underset{|}{CH}}-$ 结构的醇氧化为相应的乙醛或甲基酮，因此，碘仿反应也可用于对此类醇进行定性鉴别。例如：

$$CH_3\overset{OH}{\underset{|}{CH}}CH_2CH_3 \xrightarrow{I_2+NaOH} CHI_3\downarrow + CH_3CH_2COONa$$

3. 氧化和还原反应

（1）氧化反应 醛很容易氧化成羧酸，即使弱氧化剂也可以使它氧化。而酮通常需要用较强的氧化剂和强烈条件下才能被氧化，并发生碳链断裂。

① 托伦（Tollens）反应——银镜反应 在硝酸银溶液中，滴加少量氨水即产生褐色的氧化银沉淀，再滴加氨水至沉淀刚好溶解即制得托伦试剂。

托伦试剂与醛反应若在洁净的试管中进行，水浴加热，则生成的银附着在试管壁上，形成光亮的银镜，故称为银镜反应。反应式如下：

$$R-\overset{O}{\underset{\|}{C}}-H + 2Ag(NH_3)_2OH \xrightarrow{\triangle} R-\overset{O}{\underset{\|}{C}}-ONH_4 + 2Ag\downarrow + 3NH_3 + H_2O$$

酮不与托伦试剂作用，故此反应用来区别醛和酮。

② 斐林（Fehling）反应 斐林试剂由两部分组成，A 为硫酸铜溶液，B 为酒石酸钾钠的氢氧化钠溶液，使用时将 A、B 两种溶液等体积混合即可。混合后溶液呈深蓝色，它含有二价的铜离子。脂肪醛与斐林试剂共热即生成羧酸盐和砖红色的氧化亚铜沉淀。甲醛则生成铜而称为铜镜反应。反应式如下：

$$R-CHO + 2Cu^{2+}(配离子) + 5OH^- \longrightarrow Cu_2O\downarrow + R-COO^- + 3H_2O$$

$$H-CHO + Cu^{2+}(配离子) + 3OH^- \longrightarrow Cu\downarrow + HCOO^- + 2H_2O$$

酮和芳香醛不与斐林试剂作用，此反应可用来区别脂肪醛与芳香醛。

（2）还原反应 醛和酮都可以发生还原反应，在不同的条件下，用不同的还原剂可以得到不同的产物。

① 催化加氢 可使羰基还原为相应的羟基，通常醛还原为伯醇，酮还原为仲醇。例如：

$$CH_3CH_2\overset{O}{\underset{\|}{C}}CH_3 + H_2 \xrightarrow{Pt} CH_3CH_2\overset{OH}{\underset{|}{CH}}CH_3$$
仲醇

$$CH_3CH=CH-CHO + H_2 \xrightarrow{Pt} CH_3CH_2CH_2CH_2OH$$

② 选择性还原 采用选择性还原剂，如硼氢化钠、氢化铝锂等，可以还原羰基，但不还原分子中的碳碳不饱和键。例如：

$$CH_2=CH-CH_2-CHO \xrightarrow[\text{或 NaBH}_4]{\text{LiAlH}_4} CH_2=CHCH_2CH_2OH$$

③ 克莱门森反应 将醛、酮与锌汞齐和浓盐酸一起回流，羰基还原为亚甲基，此反应称为克莱门森（Clemmensen）反应。例如：

$$C_6H_5-CO-CH_3 \xrightarrow[\triangle]{\text{Zn-Hg，浓 HCl}} C_6H_5-CH_2CH_3$$

（3）歧化反应 不含 α-H 的醛，在浓碱作用下，发生自身氧化-还原反应，生成醇和羧酸的混合物。此反应叫歧化反应，又叫康尼查罗（S. Cannizzaro）反应。例如：

$$2HCHO+NaOH(浓)\longrightarrow HCOOH+CH_3OH$$

$$2C_6H_5CHO+NaOH(浓)\longrightarrow C_6H_5COOH+C_6H_5CH_2OH$$

4. 与希夫（Schiff）试剂反应

将二氧化硫通入品红溶液中，至品红溶液的红色褪去，得到品红亚硫酸无色溶液，也称为希夫试剂。醛和希夫试剂作用得到紫红色化合物，反应非常灵敏。这是醛类特有的反应，因此可用希夫试剂鉴别醛类。

三、重要的醛和酮

1. 甲醛（HCHO）

俗称蚁醛，常温下为无色、具有强烈刺激气味的气体，沸点-20℃，易溶于水，40%的甲醛溶液称福尔马林。福尔马林能使蛋白质凝固，细菌蛋白质接触到甲醛被凝固，使细菌死亡，因而具有杀菌和防腐能力。福尔马林溶液长时间放置后，产生浑浊或白色沉淀，这是因为甲醛容易发生聚合作用，生成多聚甲醛。多聚甲醛在加热至160~200℃解聚而产生甲醛。

甲醛溶液与氨水共同蒸发，生成环六亚甲基四胺[$(CH_2)_6N_4$]，药名为乌洛托品（Urotropine），医药上用做利尿剂和尿道消毒剂，用于泌尿道感染，药品经口服后，由肾脏排出，在尿道中遇酸性尿分解成甲醛，起杀菌作用。

2. 乙醛（CH₃CHO）

乙醛在常温下为无色有刺激气味的液体，沸点21℃，易挥发，易溶于水、乙醇及乙醚。乙醛是重要的化工原料。

三氯乙醛是乙醛的一个重要衍生物，它易与水结合生成水合三氯乙醛。水合三氯乙醛是无色透明棱柱形晶体，熔点57℃，具有刺激性，特臭，味微苦，易溶于水、乙醇及乙醚。其10%水溶液在临床上用作催眠药，治疗失眠、烦躁不安及惊厥。大剂量可引起昏迷和麻醉。抑制延髓呼吸及血管运动中枢，导致死亡。

3. 苯甲醛（C₆H₅CHO）

苯甲醛是最简单的芳香醛。它是无色液体，有浓厚的苦杏仁味，俗称苦杏仁油。在自然界常与葡萄糖、氢氰酸等缩合成苷类物质，存在于杏、李、桃等核仁中，尤以苦杏仁中含量较高。苯甲醛是有机化工原料，可用来制造染料及香料。

4. 丙酮（CH₃COCH₃）

丙酮是最简单的酮，为无色液体，具有特殊的香味。沸点56.1℃，易溶于水，还能溶解多种有机物，故是一种优良的溶剂。

在生物化学变化中，丙酮是糖类物质的分解产物，正常人血液中丙酮的含量很低，但当人体糖代谢出现紊乱，如患糖尿病时，脂肪加速分解可产生过量的丙酮，成为酮体的组成成分之一，从尿中排出或随呼吸呼出。临床上检查患者尿中是否含有丙酮，常用亚硝酰铁氰化钠溶液和氨水（或氢氧化钠），如有丙酮存在，即呈现红色，也可以用碘仿反应来检查。

第二节　醌

一、醌的结构和命名

醌是环状不饱和二酮中的一类，分子中都含有 ⌬ 或 ⌬ 结构。例如：

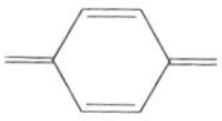

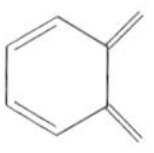

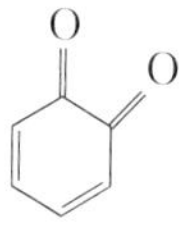

1,2-苯醌　　1,4-萘醌 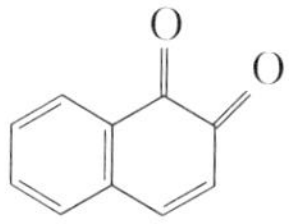　　1,2-萘醌　　9,10-蒽醌
（邻苯醌）　（α-萘醌）　（β-萘醌）

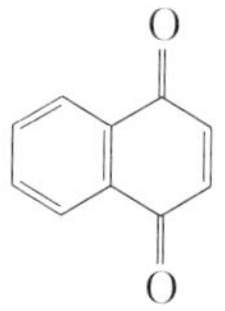

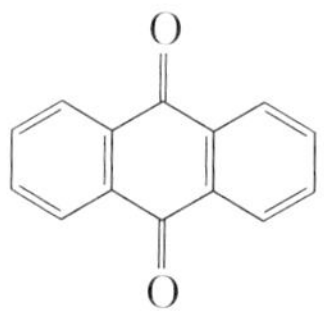

醌的命名是以苯醌、萘醌等作母体，用较小的数字标出两个羰基的位置，写在醌的前面，有时也采用邻、对或 α、β 等希腊字母，标明两个羰基的相对位置。母体上如有取代基，则把取代基的位次、个数和名称写在醌的名称前面。例如：

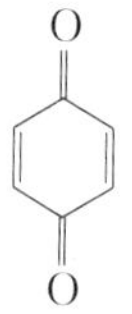

1,4-苯醌（对苯醌） 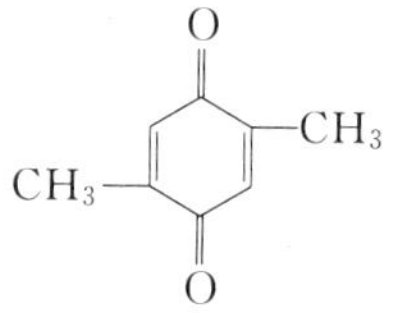　　2,5-二甲基-1,4-苯醌

二、醌的性质

醌是具有一定颜色的结晶物质，邻位一般为红色或橙色，对位为黄色。醌具有共轭体系的特点，醌的共轭体系不同于芳环的闭合共轭体系，它们具有烯烃和羰基化合物典型性质，可以进行多种形式的加成反应。

1. 羰基的加成

醌中的羰基能与亲核试剂（如羟胺）加成，生成肟。

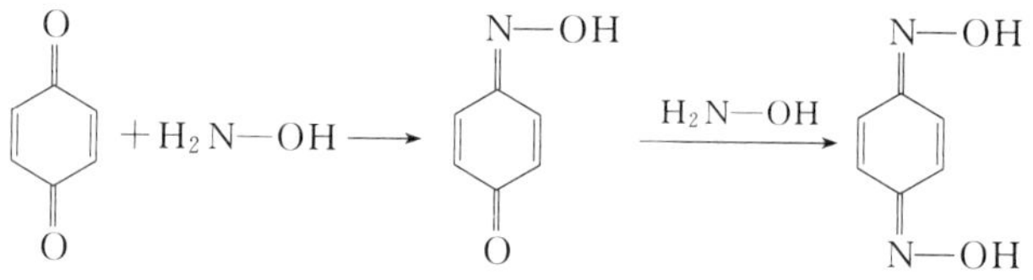

对苯醌单肟　　　　对苯醌双肟

2. 烯键的加成

醌中的碳碳双键可以和卤素、卤化氢等亲电试剂加成。例如：

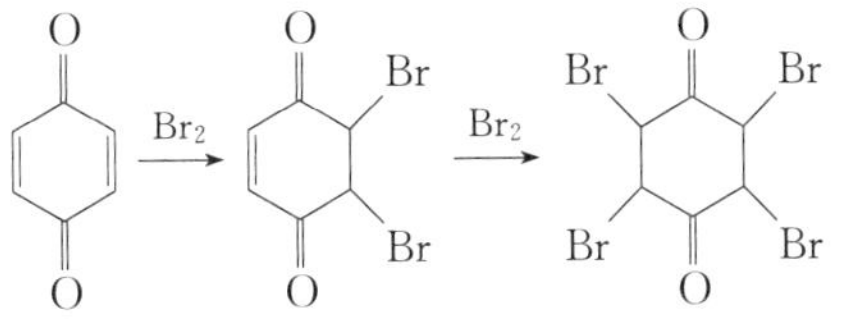

$$\text{对苯醌} \xrightarrow{Br_2} \text{2,3-二溴} \xrightarrow{Br_2} \text{2,3,5,6-四溴环己二酮}$$

3. 1,4-加成反应

对苯醌可以和氢卤酸、氢氰酸、亚硫酸氢钠等亲核试剂发生 1,4-加成。例如对苯醌和氢氰酸起加成反应生成 2-氰基-1,4-苯二酚。

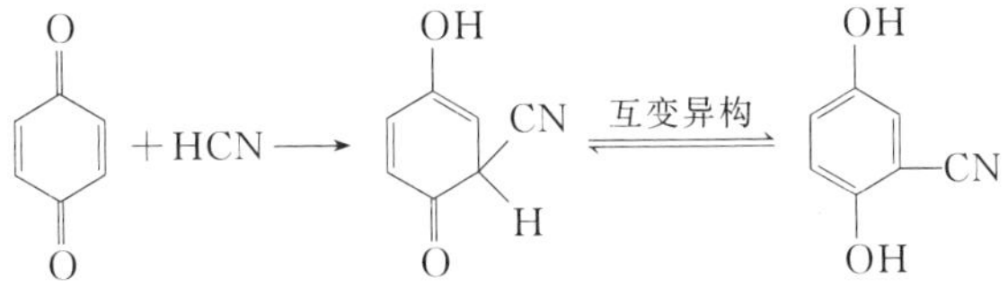

$$\text{对苯醌} + HCN \longrightarrow \text{中间体} \xrightleftharpoons{\text{互变异构}} \text{2-氰基-1,4-苯二酚}$$

4. 还原反应

对苯醌很容易被弱还原剂还原为对苯二酚（称氢醌），对苯二酚也极易被氧化成醌。这是可逆反应。

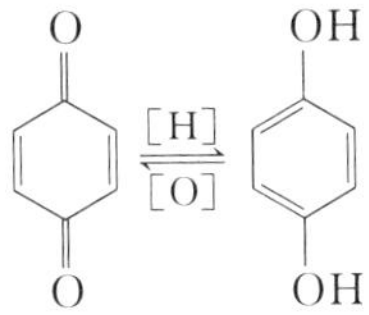

$$\text{对苯醌} \xrightleftharpoons[\text{[O]}]{\text{[H]}} \text{对苯二酚}$$

三、重要的醌

醌类化合物在自然界分布很广，许多花色素、天然染料和中草药成分中都具有醌型结构，如中药大黄中的有效成分大黄素和大黄酸，以及最早使用的红色染料——茜素，都是蒽醌的多羟基衍生物。维生素 K_1 和维生素 K_2 广泛存在于自然界，以猪肝中含量最多，此外一些绿色植物、蛋黄中含量也很丰富。维生素 K_1 和维生素 K_2 都能促进血液凝固，因此可用作止血剂。许多有色指示剂的母体也是醌类化合物。

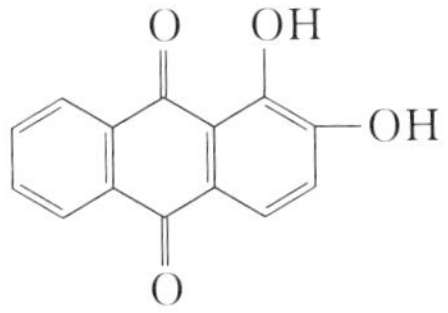

茜素 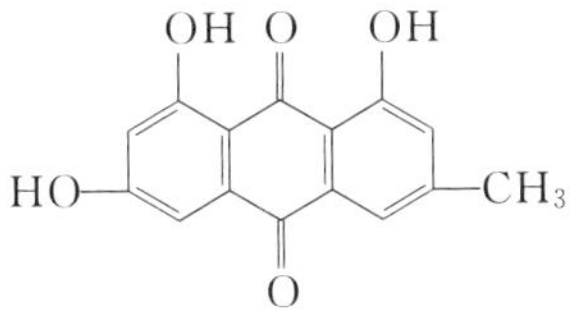　　　大黄素 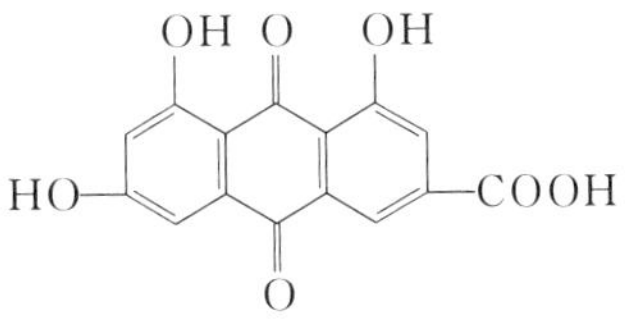　　　大黄酸

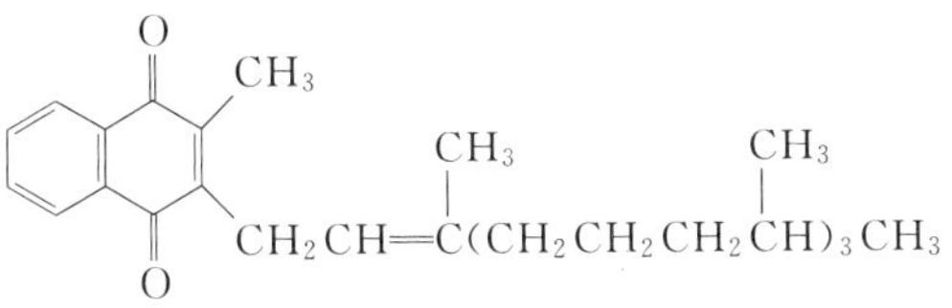

维生素 K_1 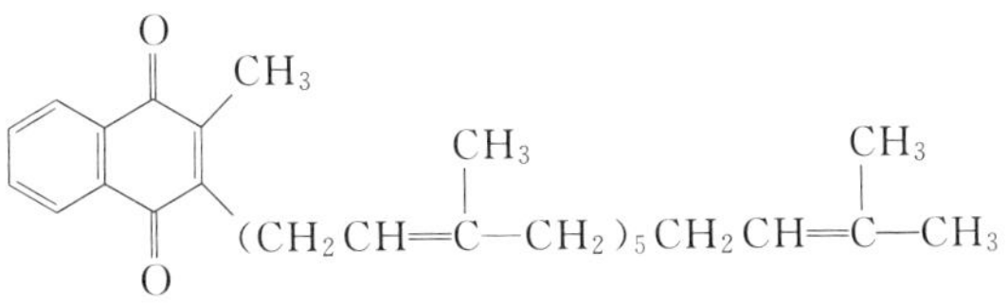　　　维生素 K_2

致用小贴

尿液中的丙酮

丙酮是一种人体被迫使用存储脂肪作为主要能量来源时产生的酮，在人体中，丙酮被称为酮类体。尿液中丙酮的产生主要包括以下几种情况：饥饿或禁食，高蛋白或低碳水化合物饮食计划，Ⅰ型糖尿病和其它与异常高代谢有关的疾病等。

饥饿或禁食可以导致尿液含丙酮。正常情况下，人体利用从食物中获取的葡萄糖来满足能量需求，但是当人体中的葡萄糖消耗殆尽，而外界又没有葡萄糖及时补充，此时，人体就会被迫分解脂肪，提供人体所需能量，从而产生丙酮和乙酰醋酸等酮类物质，医学上称为酮症，这是人体用存储脂肪作为能量来源的显著标志。

高蛋白或低碳水化合物饮食计划也能导致尿液含丙酮。一些减肥的人通常会利用低碳水化合物饮食达到减重消脂的目的，显然低碳水化合物会降低体内葡萄糖的摄入量，也会导致尿液中含有丙酮，引起酮症。

糖尿病人在不能成功治疗的情况下尿液中也会含丙酮，常见于Ⅰ型糖尿病患者。其原因是病人身体不能产生足够的胰岛素将葡萄糖转化为能量，此时身体就会转为燃烧存储脂肪，因而产生丙酮，大量丙酮积聚在血液并通过尿液排出体外。

其它情况如怀孕、哺乳，甚至发烧等也能导致尿液中出现丙酮。当人们出现新陈代谢加快时，要及时地补充食物，以获取足够的葡萄糖给身体提供能量，否则当身体能量不足时，脂肪的分解会导致尿液中含有丙酮，引起酮症。

当身体出现酮症时会导致血液偏酸性，进一步发展引起酮症酸中毒，有损害内脏器官和致命的风险，对于孕妇有可能损害胎儿健康。正常的血糖水平是 $3.9 \sim 6.1 \text{mmol} \cdot \text{L}^{-1}$，医生建议在血糖水平异常、肠胃频繁不适或总是感觉干渴时应检查尿液中的酮和其它酮等指标。

目标测试

1. 用系统命名法命名下列化合物。

(1) $CH_3CH_2\underset{\underset{CH_3}{|}}{CH}CHO$ (2) $(CH_3)_3CCHO$ (3) $(CH_3)_2CHCOCH(CH_3)_2$

(4) $CH_3\overset{O}{\overset{\|}{C}}-\underset{\underset{CH_3}{|}}{CH}-\overset{O}{\overset{\|}{C}}-CH_3$ (5) $H_3C-\!\!\!\!\bigcirc\!\!\!\!-CHO$ (6) $\bigcirc\!\!\!\!-COCH_3$

(7) $\bigcirc\!\!\!\!-CH_2-\overset{O}{\overset{\|}{C}}-CH_3$

2. 写出下列化合物的结构简式。

(1) 2,2-二甲基丙醛   (2) 3-苯丙醛   (3) 邻甲基苯甲醛
(4) 对羟基苯乙酮   (5) 3,3-二甲基-2,4-戊二酮   (6) 2,5-二甲基-1,4-苯醌

3. 完成下列反应。

(1) CH₃CH₂COCH₃ + C₆H₅NHNH₂ ⟶

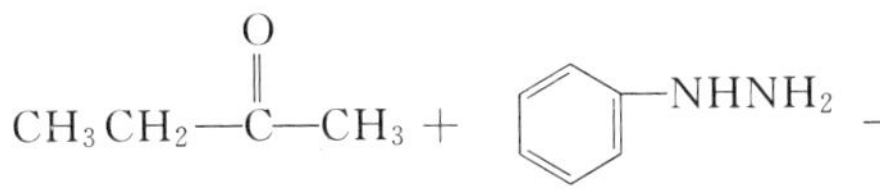

(2) (环己酮)=O + HCN ⟶

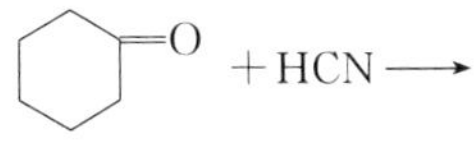

(3) CH₃CH₂CH(CH₃)CHO —稀NaOH/Δ→

(4) CH₃CH₂CHO + CH₃OH —干燥 HCl→

(5) CH₃COCH₂COCH₃ + I₂ + NaOH ⟶

(6) C₆H₅—CHO + CH₃COCH₃ —稀OH⁻→

4. 用化学方法区分下列各组化合物。
（1）乙醛和丙醛　　　　（2）丙醛和丙酮　　　　（3）甲醛和苯甲醛
（4）甲醇和乙醇　　　　（5）1-戊醇和 2-戊醇　　（6）2-戊酮和 3-戊酮
（7）苯乙酮和苯甲醛　　（8）丙醇和异丙醇

5. 完成下列化合物的转化。
（1）由乙醛转化为正丁醇　　（2）由丁醛转化为 2-乙基-2-己烯醛

6. 指出下列化合物中哪些可与羰基试剂反应？哪些可发生碘仿反应？
（1）丙醛　　（2）2-戊醇　　（3）苯乙酮
（4）环己酮　（5）苯乙醛　　（6）1-苯基乙醇

7. 某化合物分子式为 C₅H₁₂O（A），脱氢氧化后得 C₅H₁₀O（B），B 能与苯肼作用，但不能和希夫试剂作用。A 与浓硫酸共热得 C₅H₁₀（C），C 经氧化断键生成乙酸和 C₃H₆O（D），D 也能和苯肼作用。A、B、D 均能发生碘仿反应。试推出 A、B、C、D 的结构简式。

8. 有两种化合物分子式都是 C₈H₈O，都能与苯肼作用生成苯腙，甲能与希夫试剂产生紫红色，还能发生自身醇醛缩合反应，但不能发生碘仿反应；乙不能与希夫试剂产生紫红色，但能发生碘仿反应。试推测出甲、乙的结构简式。

9. 用苯和不超过 3 个碳的有机物合成 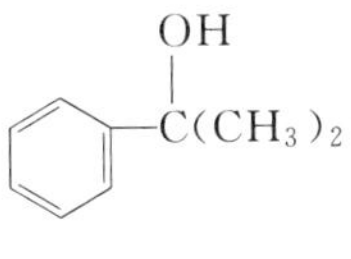  。（药学专业学生完成）

第八章　羧酸、羟基酸和酮酸

知识导图

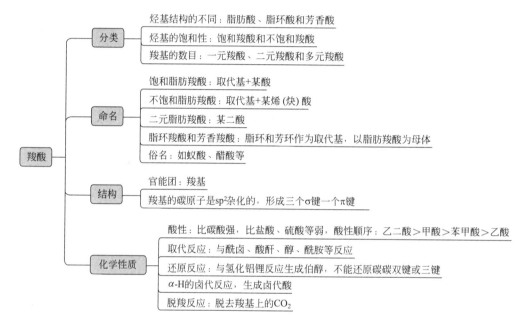

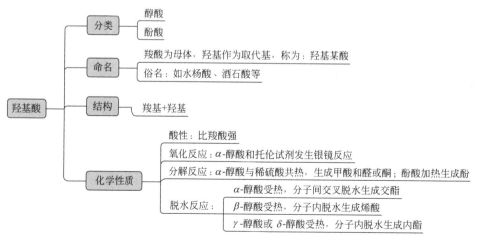

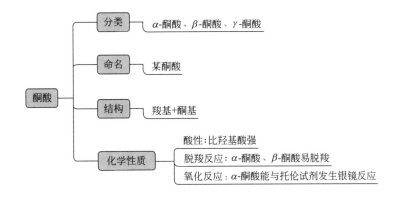

学习目标

1. 掌握羧酸、取代羧酸的结构、分类和命名方法。
2. 掌握羧酸的物理性质和化学性质。
3. 熟悉羟基酸、酮酸的化学性质。
4. 了解重要的羧酸、羟基酸,理解酮体的生理意义。

分子中具有羧基(—COOH)的化合物称为羧酸。羧酸分子中烃基上的氢原子被其他原子或基团取代后而生成的化合物称为取代羧酸。常见的取代羧酸有卤代酸、羟基酸、羰基酸和氨基酸等。本章主要讨论羟基酸和羰基酸。

第一节 羧 酸

羧酸的官能团是羧基(—COOH),除甲酸外,也可以看成是烃分子中的氢原子被羧基取代后的化合物。一元羧酸的结构通式为(Ar)R—COOH。

一、羧酸的分类、命名和结构

1. 羧酸的分类

羧酸的分类方法有多种,根据分子中烃基的结构不同,羧酸可分为脂肪羧酸、脂环羧酸和芳香羧酸;根据羧酸分子中是否有不饱和键,可分为饱和羧酸和不饱和羧酸;根据分子中羧基的数目又可分为一元羧酸、二元羧酸和多元羧酸。

CH_3—COOH　　⬠—COOH　　Ⓑ—CH_2COOH　　CH_2=CH—COOH　　⌬(COOH)(COOH)

脂肪羧酸　　脂环羧酸　　芳香羧酸　　不饱和羧酸　　二元羧酸

2. 羧酸的命名

羧酸的系统命名原则和醛相似,将"醛"字改为"酸"字即可。

(1)脂肪羧酸选择含羧基的最长碳链作为主链,根据主链碳原子数目称为某酸。编号从羧基开始用阿拉伯数字标明主链碳原子的位次。简单的羧酸也常用希腊字母标位,与羧基直接相连的碳为α位,依次为β、γ、δ、…、ω,ω是指碳链末端的位置。

$$\underset{4}{\overset{\omega}{CH_3}}\cdots\underset{3}{\overset{\gamma}{CH_2}}-\underset{2}{\overset{\beta}{CH_2}}-\underset{1}{\overset{\alpha}{CH_2}}-COOH$$

$$\begin{array}{cc} \text{CH}_3\text{CH}-\text{CH}-\text{COOH} & \text{CH}_3\text{CH}-\text{CH}_2-\text{COOH} \\ || & || \\ \text{CH}_3\text{CH}_3 & \text{CH}_3\text{CH}_2\text{CH}_3 \end{array}$$

2,3-二甲基丁酸　　　　　　4-甲基-2-乙基戊酸
α,β-二甲基丁酸　　　　　　γ-甲基-α-乙基戊酸

（2）不饱和脂肪羧酸命名时，选择包含羧基和不饱和键在内的最长碳链为主链，称为"某烯酸"或"某炔酸"。把双键或三键的位次写在该名称的前面。当主链碳原子数多于10个时，需在表示碳原子数的中文小写数字后加一个"碳"字，以避免表示主链碳原子数目和双、三键数目的两个数字混淆。例如：

$$\begin{array}{cc} \text{CH}_3-\text{CH}=\text{C}-\text{COOH} & \text{CH}_2=\text{CH}-\text{CHCH}_2\text{COOH} \\ | & | \\ \text{CH}_3 & \text{CH}_2\text{CH}_3 \end{array}$$

2-甲基-2-丁烯酸　　　　　　3-乙基-4-戊烯酸

$$\text{CH}_3-(\text{CH}_2)_4-\text{CH}=\text{CH}-\text{CH}_2-\text{CH}=\text{CH}-(\text{CH}_2)_7-\text{COOH}$$

9,12-十八碳二烯酸

（3）二元脂肪羧酸命名时，可选取包含两个羧基碳在内的最长碳链为主链，根据主链上碳原子的数目称为"某二酸"。例如：

$$\text{HOOC}-\text{COOH} \qquad \text{HOOCCH}_2\text{CH}_2\text{COOH} \qquad \begin{array}{c}\text{HOOC}-\text{CHCH}_2\text{CH}-\text{COOH} \\ || \\ \text{CH}_3\text{CH}_3\end{array}$$

乙二酸　　　　　　丁二酸　　　　　　2,4-二甲基戊二酸

（4）脂环羧酸和芳香羧酸命名时，将脂环和芳环看做取代基，以脂肪羧酸作为母体加以命名。例如：

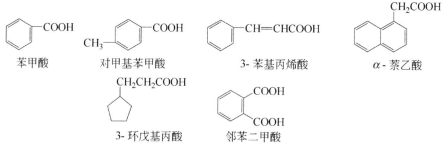

苯甲酸　　　对甲基苯甲酸　　　3-苯基丙烯酸　　　α-萘乙酸
3-环戊基丙酸　　　邻苯二甲酸

许多羧酸最初是从天然产物中得到的，常见的羧酸多采用俗名，一般都是根据其来源而得名。例如：甲酸俗名为蚁酸，最初来自蚂蚁；醋酸是乙酸的俗名，是食醋的主要成分等。

3. 羧酸的结构

羧酸分子中羧基的碳原子是 sp^2 杂化，形成的3个 sp^2 杂化轨道分别与1个碳原子和2个氧原子形成3个 σ 键，成键的4个原子处于同一平面，未参加杂化的 p 轨道与羰基氧原子的 p 轨道形成 π 键，该 π 键又与羟基氧原子上含未共用电子对的 p 轨道平行并相互重叠，形成 p-π 共轭体系，p-π 共轭体系的存在，使碳氧间的键长发生了平均化。p-π 共轭体系示意图如下所示。

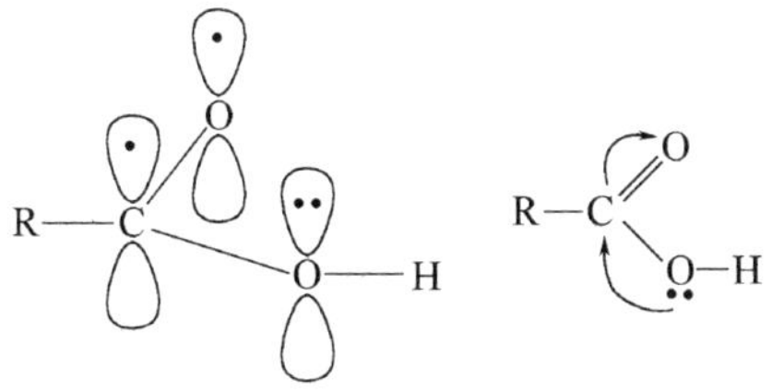

二、羧酸的性质

（一）物理性质

饱和一元羧酸中，甲酸、乙酸、丙酸是具有刺激性气味的液体；$C_4 \sim C_9$ 的羧酸是有恶臭气味的液体；C_{10} 以上的羧酸是无味的蜡状固体。脂肪族二元羧酸都是结晶固体。

羧酸能与水分子形成氢键，低级脂肪酸易溶于水，但随分子量增大，在水中溶解度降低，高级脂肪酸不溶于水，但能溶于乙醇、苯等有机溶剂。饱和一元羧酸的沸点比分子量相近的醇高，如甲酸和乙醇的分子量相同，甲酸的沸点 100.5℃，乙醇的沸点 78.3℃。这是因为羧酸分子之间可以形成两个氢键而缔合。

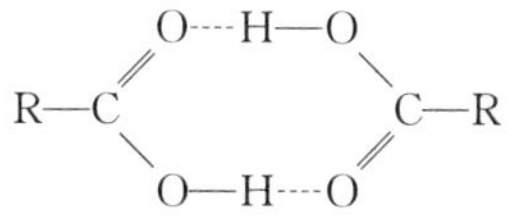

饱和一元羧酸和二元羧酸的熔点，随分子中碳原子数目的增加呈锯齿状的变化，即含偶数碳原子的羧酸，比相邻的两个含奇数碳原子的羧酸熔点高，这种现象被认为与分子的对称性有关。如乙酸的熔点为 16.6℃，而相邻的甲酸熔点为 8.4℃，丙酸熔点为 -22℃；再如丁二酸的熔点为 185℃，而相邻的丙二酸熔点为 135℃，戊二酸熔点为 97.5℃。

（二）化学性质

羧酸的化学性质主要表现在官能团羧基上，羧基在形式上由羰基和羟基组成，但它们通过 p-π 共轭构成了一个整体，使羧酸在性质上有别于羰基化合物和醇类，而具有特殊性质。具体表现为酸性、羟基被取代、羰基的还原、脱羧以及 α-氢的取代反应等。

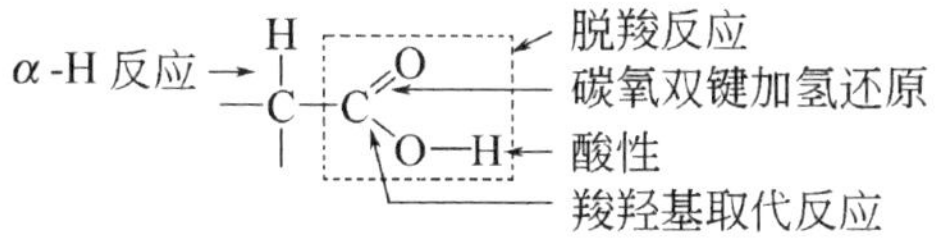

1. 酸性

羧基 p-π 共轭的结果使羰基氧的电子云向羰基方向转移，O—H 键电子云更偏向氧原子，O—H 键极性增大，更容易断裂。从而使羧酸分子中羧基上的氢，在水溶液中发生离解而显示明显的酸性。

$$R-COOH + H_2O \longrightarrow R-COO^- + H_3O^+$$

羧酸一般都属于弱酸，其 pK_a 在 4~5 之间，酸性比盐酸、硫酸等无机酸弱，但比碳酸和苯酚强。羧酸能与强碱发生中和反应生成羧酸盐和水：

$$RCOOH + NaOH \longrightarrow RCOONa + H_2O$$

羧酸能使碳酸钠以及碳酸氢钠分解，放出二氧化碳，而酚不能，利用此性质可以区别羧酸与酚类。

$$2RCOOH + Na_2CO_3 \longrightarrow 2RCOONa + H_2O + CO_2\uparrow$$

$$RCOOH + NaHCO_3 \longrightarrow RCOONa + H_2O + CO_2\uparrow$$

羧酸的酸性强弱受整个分子结构的影响。当羧基与吸电子基相连时，一方面使 O—H 键的 σ-电子向氧偏移，氧氢键极性增大；另一方面使电离后的羧酸根负离子电荷得以分散而稳定，这两方面的结果都使酸性增强。反之，当羧基与斥电子基相连时，酸性减弱。

$$\underset{Z\text{ 为吸电子基，酸性增强}}{Z\leftarrow\overset{O}{\underset{\|}{C}}\leftarrow O\leftarrow H} \qquad \underset{Y\text{ 为斥电子基，酸性减弱}}{Y\rightarrow\overset{O}{\underset{\|}{C}}\rightarrow O\rightarrow H}$$

在饱和一元羧酸中，甲酸、乙酸、丙酸酸性依次减弱，这是因为羧基所连的取代基的斥电子诱导效应依次增大。

$$HCOOH > CH_3COOH > CH_3CH_2COOH > (CH_3)_2CHCOOH > (CH_3)_3CCOOH$$

pK_a　　3.77　　　4.76　　　　4.86　　　　　4.87　　　　　5.05

在苯甲酸中，苯环是吸电子基，按理说其酸性应比甲酸的酸性强，但由于苯环的大 π 键与羧基形成共轭体系，其电子云分散的方向是苯环电子云移向羧基，因此其酸性比甲酸弱，但比其他饱和一元羧酸的酸性强。

$$HCOOH > C_6H_5COOH > CH_3COOH$$

pK_a　　3.77　　　4.17　　　4.76

二元羧酸的酸性比一元羧酸强，是由于羧基具有很强的吸电子能力。随着两个羧基间距离的增长，两个羧基的相互影响减小，酸性随之减弱。乙二酸（pK_{a1} = 1.27）的两个羧基直接相连，相互影响最大，所以酸性特别强，比磷酸（pK_{a1} = 2.12）的酸性还强。丙二酸、丁二酸的酸性则随两个羧基距离的增大而相继减弱。

2. 羧基中羟基的取代反应

羧基中的羟基可被卤素原子（—X）、烃氧基（—OR）、酰氧基（—OCOR）和氨基（—NH$_2$）等取代，生成酰卤、酯、酸酐和酰胺等羧酸衍生物。

（1）酰卤的生成　　羧酸与 PCl$_3$、PCl$_5$、SOCl$_2$ 等反应，羧基中的羟基被卤素取代生成酰卤。例如：

$$R-\overset{O}{\underset{\|}{C}}-OH + \begin{cases} PCl_3 \xrightarrow{50℃} R-\overset{O}{\underset{\|}{C}}-Cl + H_3PO_3 \\ PCl_5 \xrightarrow{100℃} R-\overset{O}{\underset{\|}{C}}-Cl + POCl_3 + HCl \\ SOCl_2 \xrightarrow{\text{回流}} R-\overset{O}{\underset{\|}{C}}-Cl + SO_2 + HCl \end{cases}$$

（2）酸酐的生成　羧酸在脱水剂（P_2O_5）作用下或共热，两个羧酸分子间脱水生成酸酐，即羧基中的羟基被酰氧基取代。

$$\begin{matrix} R-\overset{O}{\underset{\|}{C}}-OH \\ R-\underset{\|}{\overset{O}{C}}-OH \end{matrix} \xrightarrow[\triangle]{P_2O_5} \begin{matrix} R-\overset{O}{\underset{\|}{C}} \\ R-\underset{\|}{\overset{O}{C}} \end{matrix}O + H_2O$$

具有五元或六元环的环状酸酐（环酐），可由二元羧酸受热，分子内失水形成。例如邻苯二甲酸分子内失水生成邻苯二甲酸酐。

$$\begin{matrix} \text{COOH} \\ \text{COOH} \end{matrix} \xrightarrow{\triangle} \begin{matrix} \overset{O}{\underset{\|}{C}} \\ \underset{\|}{\overset{O}{C}} \end{matrix}O + H_2O$$

（3）酯的生成　在少量酸（如硫酸）的催化作用下，羧酸可与醇反应生成酯和水，该反应被称为酯化反应（esterification）。酯化反应的通式为：

$$R-\overset{O}{\underset{\|}{C}}-OH + R'OH \xrightleftharpoons[\triangle]{\text{浓硫酸}} R-\overset{O}{\underset{\|}{C}}-OR' + H_2O$$

酯化反应是可逆反应，生成的酯在同样条件下可水解生成羧酸和醇，称为酯的水解反应。所以要提高酯的产率，可以增加反应物的浓度或及时蒸出酯和水，使平衡向生成酯的方向移动。

（4）酰胺的生成　羧酸与氨反应，先生成羧酸的铵盐，铵盐进一步加热，分子内失水生成酰胺。

$$R-\overset{O}{\underset{\|}{C}}-OH + NH_3 \longrightarrow R-\overset{O}{\underset{\|}{C}}-ONH_4 \xrightarrow{\triangle} R-\overset{O}{\underset{\|}{C}}-NH_2 + H_2O$$

酰胺是一类重要的化合物，很多药物的分子结构中都含有酰胺结构，如果继续加热，酰胺可进一步失水生成腈。

3. 还原反应

羧酸分子中羧基上的羰基由于受羟基的影响，失去了羰基的典型性质，所以羧酸一般情况下，与多数还原剂不反应，但能被强还原剂——氢化铝锂（$LiAlH_4$）还原成伯醇。氢化铝锂是一个具有高度选择性的还原剂，它可以还原许多具有羰基结构的化合物，但对不饱和羧酸分子中的双键、三键不产生影响。例如：

$$CH_2=CHCH_2CH_2COOH \xrightarrow[\text{②}H^+,H_2O]{\text{①}LiAlH_4} CH_2=CHCH_2CH_2CH_2OH$$

4. α-H 原子的卤代反应

受羧基吸电子效应的影响，羧酸分子中 α-H 原子具有一定的活性，但因羧基中的羟基与羰基形成 p-π 共轭体系，使羰基的致活能力比羰基小，所以羧酸的 α-H 的卤代反应需要在红磷或三卤化磷的催化作用下才能进行。例如：

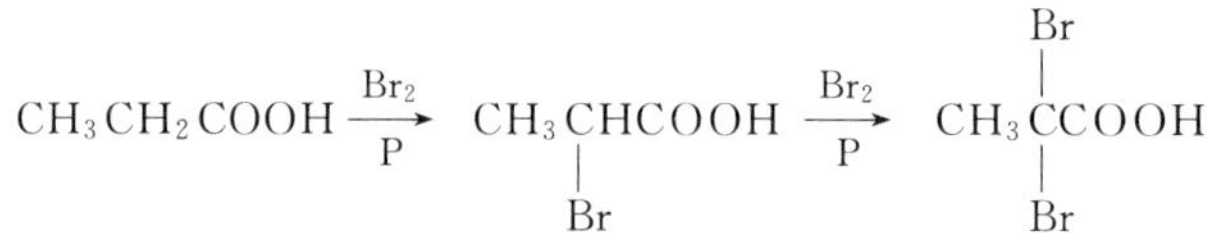

$$CH_3CH_2COOH \xrightarrow{Br_2}{P} CH_3CHCOOH \xrightarrow{Br_2}{P} CH_3CCOOH$$
（中间产物α位含Br，第二步产物α位含两个Br）

羧酸分子中烃基上的氢原子，被卤素原子取代后生成的化合物称为卤代酸。卤代酸的酸性由于卤素原子的吸电子效应而增强，其酸性的强弱与卤素原子的种类、数目及与羧基之间的距离有关。

在卤素原子数目和取代位置相同的情况下，卤素原子的电负性越大，卤代酸的酸性越强。例如：

$FCH_2COOH > ClCH_2COOH > BrCH_2COOH > ICH_2COOH$

pK_a　　2.67　　　　2.87　　　　2.90　　　　3.16

在卤素原子种类和取代位置相同的情况下，卤素原子数目越多卤代酸的酸性越强。例如：

$Cl_3CCOOH > Cl_2CHCOOH > ClCH_2COOH > CH_3COOH$

pK_a　　0.63　　　　1.36　　　　2.87　　　　4.76

在卤素原子种类和数目相同的情况下，卤素原子离羧基越近卤代酸的酸性越强。例如：

$CH_3CH_2CHCOOH > CH_3CHCH_2COOH > CH_2CH_2CH_2COOH$
　　　　|　　　　　　　　　|　　　　　　　　　|
　　　　Cl　　　　　　　　Cl　　　　　　　　Cl

pK_a　　2.86　　　　　　4.06　　　　　　4.52

α-卤代酸是制取α-羟基酸、α-氨基酸和α,β-不饱和酸的重要中间体，通过它可进一步合成多种有机化合物。例如：

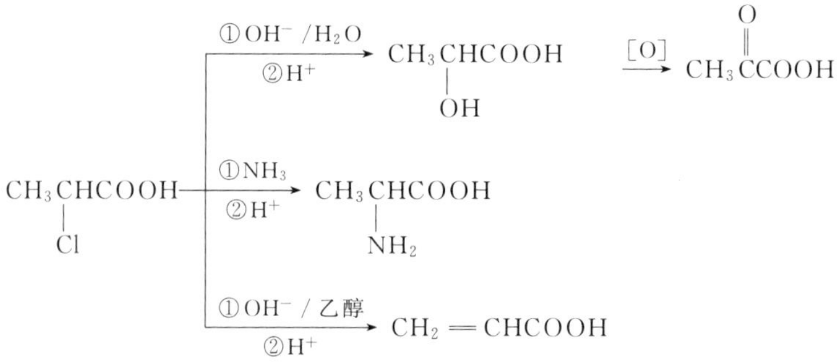

$$CH_3CHCOOH(Cl) \begin{cases} \xrightarrow{①OH^-/H_2O, ②H^+} CH_3CHCOOH(OH) \xrightarrow{[O]} CH_3COCOOH \\ \xrightarrow{①NH_3, ②H^+} CH_3CHCOOH(NH_2) \\ \xrightarrow{①OH^-/乙醇, ②H^+} CH_2=CHCOOH \end{cases}$$

5. 脱羧反应

羧酸失去羧基中 CO_2 的反应称为脱羧反应（decarboxylation）。饱和一元羧酸对热稳定，通常不易发生脱羧反应。当α位或β位连有羰基时脱羧较容易。例如：

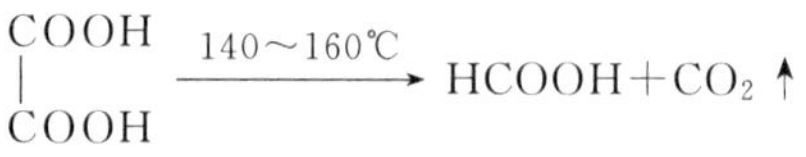

$$\begin{matrix} COOH \\ | \\ COOH \end{matrix} \xrightarrow{140 \sim 160℃} HCOOH + CO_2 \uparrow$$

$$HOOCCH_2COOH \xrightarrow{160 \sim 180℃} CH_3COOH + CO_2 \uparrow$$

人体新陈代谢过程中的脱羧反应是在脱羧酶的催化下进行的，它是一类非常重要的生物化学反应。

三、重要的羧酸

1. 甲酸（HCOOH）

俗名蚁酸，最初是从蚂蚁体内发现的。甲酸存在于许多昆虫的分泌物及某些植物（如荨麻、松叶）中。甲酸是具有刺激性气味的无色液体，沸点100.5℃，易溶于水，有很强的腐蚀性，蜂蜇或荨麻刺伤皮肤引起肿痛，就是甲酸造成的。

甲酸的分子结构特殊，它的羧基与氢原子直接相连，分子中既有羧基的结构，又有醛基的结构：

所以甲酸的酸性比其他饱和一元羧酸强，除了具有羧酸的性质外，还具有醛的还原性。能与托伦试剂发生银镜反应，能与斐林试剂反应产生砖红色沉淀，还能使酸性高锰酸钾溶液褪色。利用这些反应可以区别甲酸与其他羧酸。

甲酸有杀菌力，可用作消毒防腐剂。

2. 乙酸（CH_3COOH）

又称醋酸，是食醋的主要成分，食醋中乙酸的浓度约为60～80g/L。因为许多微生物可将不同的有机物发酵转化为乙酸，所以乙酸在自然界中分布很广，例如酸牛奶、酸葡萄酒中都含有乙酸。

乙酸是无色有刺激性气味的液体，易溶于水，熔点16.6℃，沸点118℃。室温低于16.6℃时，乙酸能凝结成冰状的固体，所以常把无水乙酸叫冰醋酸。乙酸是重要的化工原料。乙酸的稀溶液（5～20g/L）在医药上可作为消毒剂，可用于烫伤或灼伤感染的创面洗涤。乙酸还有消肿治癣、预防感冒等作用。

3. 过氧乙酸（CH_3COOOH）

又称过醋酸，为无色透明液体，带有强烈刺激性的醋酸臭味。对皮肤有腐蚀性，性质不稳定，蒸气易爆炸。过氧乙酸是一种强氧化剂，遇有机物放出新生态氧而起氧化作用。用喷雾或熏蒸的方法可消毒空气；0.04%～0.5%的过氧乙酸可用于传染病房消毒、医疗器械消毒及医院废水消毒等。还可用于食具、毛巾、水果和禽蛋等的预防性消毒，体温表、药瓶、废物和诊查前洗手等消毒。

4. 苯甲酸（C_6H_5COOH）

俗称安息香酸，存在于安息香树胶中而得名。苯甲酸是白色晶体，熔点121.7℃，难溶于冷水，易溶于热水、乙醚、乙醇和氯仿中，受热易升华。苯甲酸及其钠盐具有抑菌、防腐作用，对人体毒性小，常用作食品、饮料和药物的防腐剂。医药上苯甲酸还可用于治疗真菌感染（如疥疮及各种癣）。

5. 2,4-己二烯酸（$CH_3CH=CHCH=CHCOOH$）

俗名山梨酸，是白色针状或粉末状晶体，微溶于水，能溶于多种有机溶剂。山梨酸是国际粮农组织和卫生组织推荐的高效安全的防腐保鲜剂，广泛应用于食品、饮料、烟草、农药、化妆品等行业。山梨酸的毒副作用比苯甲酸、维生素C和食盐还要低，毒性仅有苯甲酸的1/4，食盐的一半。山梨酸对人体不会产生致癌和致畸作用。由于山梨酸在水中的溶解度不是很高，影响了它在食品中的应用。所以，食品添加剂生产企业通常将山梨酸制成溶解性能良好的山梨酸钾。但是如果食品中添加的山梨酸超标严重，消费者长期服用，在一定程度上会抑制骨骼生长，危害肾、肝脏的健康。

6. 乙二酸（HOOC—COOH）

俗名草酸，多以盐的形式存在于许多草本植物中。草酸是无色结晶，常含两分子结晶水，加热到100℃就失去结晶水成为无水草酸。草酸有毒，易溶于水和乙醇，但不溶于乙醚。

草酸是饱和二元羧酸中酸性最强的，它除了具有一般羧酸的性质外，还具有还原性，易被氧化。例如，草酸能与高锰酸钾定量反应，在分析化学中，常用草酸来标定高锰酸钾溶液的浓度。

$$5H_2C_2O_4 + 2KMnO_4 + 3H_2SO_4 \Longrightarrow K_2SO_4 + 2MnSO_4 + 8H_2O + 10CO_2\uparrow$$

草酸能把高价铁盐还原成易溶于水的低价铁盐，因而可用草酸来洗涤铁锈或蓝墨水的污渍。此外，工业上常用草酸作漂白剂，用以漂白麦草、硬脂酸等。

7. 丁二酸（HOOCCH₂CH₂COOH）

俗名琥珀酸。最初是由蒸馏琥珀得到的，并因此而得名，琥珀是松脂的化石，其中含一定量的琥珀酸。丁二酸为无色晶体，熔点185℃，溶于水，微溶于乙醇、乙醚、丙酮等有机溶剂中。丁二酸是人体内糖代谢过程的中间产物。在医药上有抗痉挛、祛痰利尿作用。

第二节　羟　基　酸

羟基酸是分子中含有羟基和羧基两种官能团的化合物。 广泛存在于动植物体内，是生物体生命活动的产物。

一、羟基酸的分类和命名

1. 羟基酸的分类

羟基酸可根据羟基所连烃基的不同分为醇酸和酚酸两大类。**羟基连在脂肪烃基上的叫醇酸**（alcoholic acid），**羟基连在芳环上的叫酚酸**（phenolic acid）。例如：

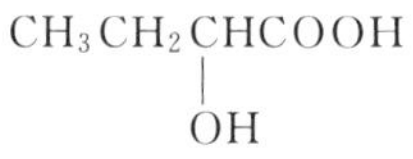

$$CH_3CH_2\underset{\underset{OH}{|}}{C}HCOOH$$

α-羟基丁酸（醇酸） 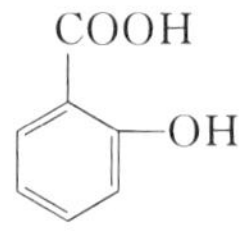　　　邻羟基苯甲酸（酚酸）

醇酸又可根据羟基所在位置的不同分为α-醇酸、β-醇酸、γ-醇酸、ω-醇酸。

2. 羟基酸的命名

羟基酸的命名，以羧酸作为母体，羟基作为取代基，羟基的位置可用阿拉伯数字或希腊字母表示。由于许多羟基酸是天然产物，故常根据来源而用其俗名。例如：

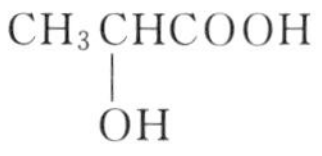

2-羟基丙酸（乳酸） 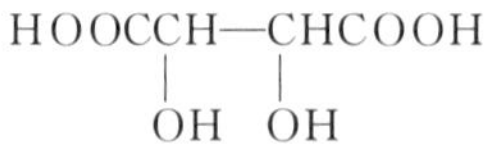　　2,3-二羟基丁二酸（酒石酸） 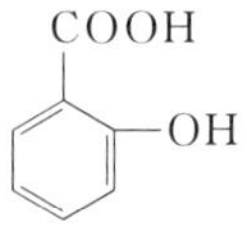　　邻羟基苯甲酸（水杨酸） 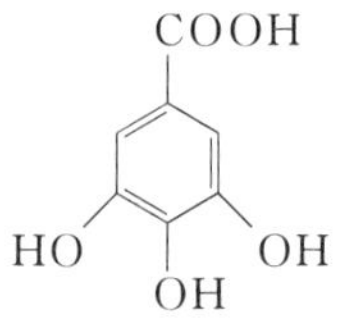　　3,4,5-三羟基苯甲酸（没食子酸）

二、羟基酸的性质

（一）物理性质

醇酸一般是黏稠状液体或结晶物质。易溶于水，不易溶于石油醚，其溶解度一般都大于相应的脂肪酸和醇，这是因为羟基和羧基都能与水形成氢键。

酚酸都是固体，多以盐、酯或糖苷的形式存在于植物中。酚酸在水中的溶解度与含羟基和羧基的数目有关。例如：没食子酸溶于水，水杨酸微溶于水；熔点也比相应的羧酸高。

（二）化学性质

羟基酸含有两种官能团，具有醇、酚和羧酸的通性，如醇羟基可以氧化、酯化、脱水等；酚羟基有酸性并能与三氯化铁溶液显色；羧基具有酸性可成盐、成酯等。由于两个官能团的相互影响，又具有一些特殊的性质，而且这些特殊性质因羟基和羧基的相对位置不同又表现出明显的差异。

1. 酸性

由于羟基有吸电子诱导效应，一般醇酸的酸性比相应的羧酸强。因为诱导效应随传递距离的增长而迅速减弱，所以羟基离羧基越近，酸性越强。

$$HOCH_2COOH > CH_3COOH$$
$$pK_a \quad 3.87 \quad\quad 4.76$$

$$CH_3\underset{OH}{C}HCOOH > \underset{OH}{C}H_2CH_2COOH > CH_3CH_2COOH$$
$$pK_a \quad 3.87 \quad\quad\quad 4.51 \quad\quad\quad\quad 4.86$$

酚酸的酸性受羟基的吸电子诱导效应、羟基与芳环的供电子共轭效应和邻位效应的影响，其酸性随羟基与羧基的相对位置不同而异。

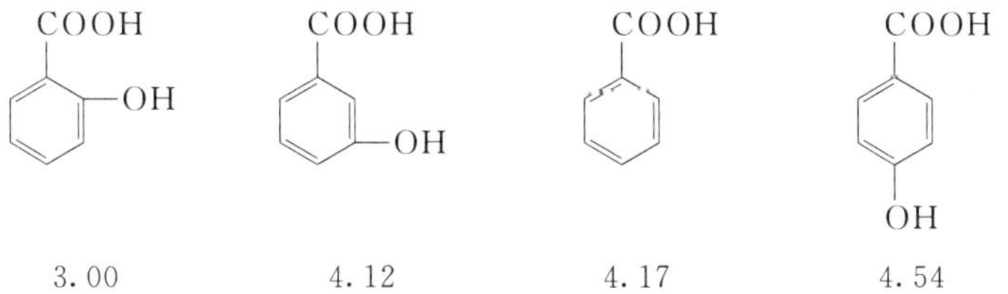

$$pK_a \quad 3.00 \quad\quad 4.12 \quad\quad 4.17 \quad\quad 4.54$$

羟基处于羧基的邻位时，羟基上氢原子可与羧基氧原子形成分子内氢键，羧基中羟基氧原子的电子云密度降低，其氢原子易解离，且形成的羧酸负离子稳定，使邻羟基苯甲酸酸性增强。羟基处于羧基的间位时，羟基主要通过吸电子诱导效应作用，但距离较远作用不大，因此酸性略有增加。羟基处于羧基的对位时，羟基的供电子共轭效应不利于羧基氢原子的解离，因而酸性降低。

2. 氧化反应

醇酸分子中的羟基受羧基的影响，比醇分子中的羟基更容易被氧化。稀硝酸就可以氧化醇酸生成醛酸或酮酸；托伦试剂能将 α-醇酸氧化成 α-酮酸；生物体内醇酸的氧化是在酶催化下进行的。

$$CH_3CHCH_2COOH \xrightarrow{\text{稀 HNO}_3} CH_3CCH_2COOH$$
$$\quad\quad |\quad\quad\quad\quad\quad\quad\quad\quad\quad\quad\;\; \|$$
$$\quad\;\; OH \quad\quad\quad\quad\quad\quad\quad\quad\quad\;\; O$$

$$CH_3CHCOOH \xrightarrow[\triangle]{\text{托伦试剂}} CH_3CCOOH + Ag\downarrow$$
$$\quad\quad |\quad\quad\quad\quad\quad\quad\quad\quad\quad\quad\;\; \|$$
$$\quad\;\; OH \quad\quad\quad\quad\quad\quad\quad\quad\quad\;\; O$$

3. 分解反应

α-醇酸与稀硫酸共热时，分解生成甲酸和少一个碳的醛或酮。因为α-醇酸中羟基和羧基都是吸电子基，使α-碳与羧基之间的电子云密度降低，一定条件下键容易断裂。

$$CH_3CHCOOH \xrightarrow[\triangle]{\text{稀 H}_2\text{SO}_4} CH_3CHO + HCOOH$$
$$\quad\quad |$$
$$\quad\;\; OH$$

$$\quad\quad\;\; CH_3 \quad\quad\quad\quad\quad\quad\quad\quad\quad\quad\quad\;\; O$$
$$\quad\quad\;\; | \quad\quad\quad\quad\quad\quad\quad\quad\quad\quad\quad\quad\;\; \|$$
$$CH_3CCOOH \xrightarrow[\triangle]{\text{稀 H}_2\text{SO}_4} CH_3-C-CH_3 + HCOOH$$
$$\quad\quad |$$
$$\quad\;\; OH$$

酚羟基在邻位或对位的酚酸，加热至熔点以上时，易分解脱羧生成相应的酚。

含有邻羟基苯甲酸 $\xrightarrow{200\sim220℃}$ 苯酚 $+ CO_2\uparrow$

4. 脱水反应

醇酸受热不稳定，容易发生脱水反应，脱水方式及其产物因羟基与羧基的相对位置不同而有所区别。

（1）α-醇酸受热时，两分子间交叉脱水生成六元环的交酯。例如：

[α-醇酸两分子间脱水生成六元环交酯 + 2H₂O]

（2）β-醇酸受热时，分子内脱水生成 α,β-不饱和羧酸。这是因为β-醇酸中的α-H受羟基和羧基的共同影响，比较活泼，受热容易与β-位的羟基发生分子内脱水，生成α,β-不饱和羧酸。例如：

$$CH_3CH-CHCOOH \xrightarrow{\triangle} CH_3CH=CHCOOH + H_2O$$
$$\quad\quad\;\; |\quad\;\; |$$
$$\quad\quad OH\;\; H$$

（3）γ-醇酸和δ-醇酸分子内脱水生成五元环或六元环的内酯。γ-醇酸在室温下就可分子内脱一分子水，生成稳定的γ-内酯。因此，游离的γ-醇酸常温下不存在，只有碱性条件下成盐后才稳定。

$$\underset{CH_2OH}{\overset{CH_2}{|}}\overset{O}{\underset{}{C}}{-}{OH} \quad \xrightarrow{-H_2O} \quad \gamma\text{-丁内酯} \quad \xrightarrow{NaOH} \quad HOCH_2CH_2CH_2COONa$$

γ-丁内酯 　　　　　γ-羟基丁酸钠

$$H_2C\underset{CH_2O}{\overset{CH_2}{|}}\overset{O}{\underset{}{C}}{-}{OH} \quad \xrightarrow{-H_2O} \quad \text{δ-内酯} + H_2O$$

某些药物或中草药的有效成分中常含有内酯的结构。如抗菌消炎药穿心莲的主要成分穿心莲内酯就含有 γ-内酯的结构。

三、重要的羟基酸

1. 乳酸 $\left(\underset{OH}{\overset{}{|}}CH_3CHCOOH\right)$

化学名称为 α-羟基丙酸，因存在于酸牛奶中而得名。乳酸一般为无色黏稠液体，熔点 18℃，吸湿性强，能与水、醇和醚等混溶，但不溶于氯仿。临床上乳酸钙用作补钙剂，预防和治疗缺钙症，乳酸钠用作酸中毒的解毒剂，乳酸具有消毒防腐作用，在食品及饮料等工业中也广泛应用。

乳酸是生物体内糖代谢的产物。人在剧烈活动时，肌肉中的糖原分解产生热量，提供所需能量，同时生成乳酸。运动后有肌肉酸胀感，就是其中乳酸含量过多导致。休息后，一部分乳酸经血液循环至肝脏转化为糖原，另一部分则经肾脏随尿液排出，酸胀感就会消失。

2. 苹果酸 $\left(\underset{OH}{\overset{}{|}}HOOCCH_2CHCOOH\right)$

化学名称为羟基丁二酸，因最初来自苹果而得名。在未成熟的山楂、杨梅、葡萄、番茄等果实中都含有苹果酸。天然的苹果酸为无色针状结晶，熔点 100℃，易溶于水和乙醇，微溶于乙醚。苹果酸多用于制药品、糖果和饮料等。苹果酸钠可作为低食盐病人的食盐代用品。

3. 酒石酸 $\left(\underset{OH\ OH}{\overset{}{|\ \ |}}HOOCCH{-}CHCOOH\right)$

化学名称为 2,3-二羟基丁二酸，存在于葡萄酿酒时析出的结晶——酒石（酒石酸氢钾）中而得名。酒石酸以游离态或盐的形式广泛存在于各种果汁中，葡萄中含量最多。自然界存在的酒石酸为透明晶体，熔点 170℃，易溶于水。酒石酸可作食品的酸味剂，酒石酸锑钾在医药上曾用作催吐剂和治疗血吸虫病，酒石酸钾钠用于配制斐林试剂。

4. 柠檬酸 $\left(\underset{OH}{\overset{COOH}{\underset{|}{|}}}HOOCCH_2CCH_2COOH\right)$

又名枸橼酸，化学名称为 3-羟基-3-羧基戊二酸，因最初来自柠檬而得名。它存在于柑橘等果实中，尤其柠檬中含量最多，未成熟的柠檬中含量达 6%。柠檬酸为晶体，无水柠檬酸熔点为 153℃，易溶于水、乙醇和乙醚等，酸味强。柠檬酸钠有防止血液凝固的作用，医学上用作抗凝血剂，其镁盐是温和的泻剂，柠檬酸铁铵是常用的补血剂。

5. 水杨酸 $\left(\begin{array}{c}\text{COOH}\\\text{OH}\end{array}\right)$

又名柳酸，化学名称为邻羟基苯甲酸，存在于柳树和水杨树皮中。水杨酸为无色针状晶体，熔点 159℃，在 79℃时升华，易溶于热水、乙醇、乙醚和氯仿。水杨酸易被氧化，遇三氯化铁显紫红色，酸性比苯甲酸强，加热易脱羧，具有酚和羧酸的一般性质。

水杨酸具有杀菌作用，其钠盐可作口腔清洁剂和食品防腐剂；水杨酸的酒精溶液用于治疗霉菌感染引起的皮肤病；水杨酸有解热镇痛作用，因对食道和胃黏膜刺激性大，不宜内服。医学上多用其衍生物，主要有乙酰水杨酸、水杨酸甲酯和对氨基水杨酸。

乙酰水杨酸的商品名为阿司匹林（Aspirin），可用水杨酸与乙酐在少量浓硫酸存在下反应制得。

$$\text{C}_6\text{H}_4(\text{OH})\text{COOH} + (\text{CH}_3\text{CO})_2\text{O} \xrightarrow[\triangle]{\text{浓 H}_2\text{SO}_4} \text{C}_6\text{H}_4(\text{OCOCH}_3)\text{COOH} + \text{CH}_3\text{COOH}$$

乙酰水杨酸为白色针状晶体，微溶于水。在潮湿空气中易水解，因此应密闭贮存于干燥处。乙酰水杨酸中无酚羟基不与三氯化铁显色，可用此方法检验阿司匹林是否变质。阿司匹林是常用的解热镇痛药。

水杨酸甲酯俗名冬青油，由冬青树叶中提取。水杨酸甲酯为无色液体，有特殊香味。可用作配制牙膏、糖果等的香精，也可用作扭伤的外用药。

对氨基水杨酸，化学名称为 4-氨基-2-羟基苯甲酸，简称 PAS。为白色粉末，呈酸性（$pK_a = 3.25$），其钠盐水溶性大，刺激性小，可作为针剂，是治疗结核病的药物，与链霉素或异烟肼合用，可增加疗效。

第三节 酮 酸

一、酮酸的分类和命名

1. 酮酸的分类

酮酸（keto acid）是一类分子中既含有酮基又含有羧基的化合物。根据分子中酮基和羧基的相对位置，酮酸可分为 α-酮酸、β-酮酸和 γ-酮酸等。其中以 α-酮酸、β-酮酸较为重要，它们是人体内糖、脂肪和蛋白质代谢过程中产生的中间产物。

2. 酮酸的命名

酮酸的命名是选择含有羧基和酮基的最长碳链做主链，称为某酮酸。编号从羧基开始，用阿拉伯数字或希腊字母表示酮基的位次。例如：

$$\underset{\alpha\text{-丙酮酸}}{\text{CH}_3-\overset{\text{O}}{\underset{\|}{\text{C}}}-\text{COOH}} \qquad \underset{\beta\text{-丁酮酸（3-丁酮酸）}}{\text{CH}_3-\overset{\text{O}}{\underset{\|}{\text{C}}}-\text{CH}_2\text{COOH}} \qquad \underset{\text{丁酮二酸}}{\text{HOOC}-\overset{\text{O}}{\underset{\|}{\text{C}}}-\text{CH}_2\text{COOH}}$$

二、酮酸的性质

酮酸分子中含有酮基，所以也表现出酮的性质，如酮基可以被还原成羟基，可与羰基试剂反应生成相应的产物；羧基可与碱成盐，与醇成酯等。由于两个官能团的相对位置和相互影响不同，不同的酮酸具有一些特殊反应。

1. 酸性

由于羰基氧吸电子能力强于羟基，因此酮酸的酸性强于相应的醇酸，更强于相应的羧酸。例如：

$$CH_3-\overset{O}{\underset{\|}{C}}-COOH > CH_3-\overset{O}{\underset{\|}{C}}-CH_2COOH > HOCH_2CH_2COOH > CH_3CH_2COOH$$

pK_a　　　2.49　　　　　　　　3.86　　　　　　　　　4.51　　　　　　　　4.88

2. 脱羧反应

α-酮酸和β-酮酸比对应的羧酸容易脱羧，特别是β-酮酸，稍加热就会脱羧。

$$CH_3-\overset{O}{\underset{\|}{C}}-COOH \xrightarrow[\triangle]{稀 H_2SO_4} CH_3-\overset{O}{\underset{\|}{C}}-H + CO_2\uparrow$$

$$CH_3-\overset{O}{\underset{\|}{C}}-CH_2COOH \xrightarrow{\triangle} CH_3-\overset{O}{\underset{\|}{C}}-CH_3 + CO_2\uparrow$$

3. 氧化反应

α-酮酸很容易被氧化，能与弱氧化剂（如托伦试剂）反应。例如：

$$CH_3\overset{O}{\underset{\|}{C}}COOH \xrightarrow[\triangle]{托伦试剂} CH_3COO^- + CO_2\uparrow + Ag\downarrow$$

三、重要的酮酸

1. 丙酮酸 $\left(CH_3-\overset{O}{\underset{\|}{C}}-COOH\right)$

丙酮酸是最简单的α-酮酸。是无色液体，沸点165℃，易溶于水、乙醇和乙醚。丙酮酸是体内三大营养物质代谢的中间产物，在体内可转化为氨基酸，具有重要的生理作用。丙酮酸可由乳酸氧化而得，也能还原生成乳酸。

$$CH_3\overset{OH}{\underset{|}{C}}HCOOH \underset{[H]}{\overset{[O]}{\rightleftharpoons}} CH_3-\overset{O}{\underset{\|}{C}}-COOH$$

2. β-丁酮酸 $\left(CH_3-\overset{O}{\underset{\|}{C}}-CH_2COOH\right)$

β-丁酮酸又名乙酰乙酸，是一种无色黏稠液体，是人体内脂肪代谢的中间产物，在酶的作用下，加氢还原生成β-羟基丁酸。

3. 酮体

β-丁酮酸、β-羟基丁酸和丙酮三者在医学上统称为酮体（ketone bodies）。酮体是脂肪酸在人体内不能完全被氧化为二氧化碳和水时的中间产物，正常情况下能进一步分解，因此正常人的血液中酮体含量低于10mg/L。糖尿病患者因糖代谢不正常，靠消耗脂肪提供能量，其血液中酮体的含量为3～4g/L或更高，同时酮体会从尿中排出，称为酮尿。对糖尿病患者，除检查尿糖外，还要检查酮体。如果血液中酮体含量增加，会使血液的酸性增强，而导致酸中毒和昏迷。

致用小贴

人体中的乳酸

乳酸是人体代谢过程中的一种重要的中间产物。其产生主要是由于人体在剧烈运动时，氧气供应不足，葡萄糖在缺氧时氧化生成丙酮酸，丙酮酸在乳酸脱氢酶的作用下产生乳酸。人体在一般的新陈代谢和运动中不断产生乳酸，浓度一般在 $0.5～1.5\text{mmol}\cdot\text{L}^{-1}$，浓度一般不会上升。只有在人体进行剧烈运动，或进入氧气稀薄地区如高原时，由于相对缺氧，糖的有氧氧化受抑制，无氧代谢的产物乳酸产生过程加快，乳酸无法被及时运走而堆积，浓度升高可至 $20\text{mmol}\cdot\text{L}^{-1}$，此时人体常常会有肌肉无力和肌肉酸痛感。另外一些严重贫血、肺心病、大失血的病人也会由于严重缺氧，糖酵解产生大量乳酸导致乳酸中毒。

乳酸在体内的清除主要通过糖异生途径代谢。所谓糖异生是指乳酸等非糖化合物转变为丙酮酸，继而转化成葡萄糖或糖原的过程，主要在肝脏中进行；另一种清除方式是乳酸经乳酸脱氢酶转化为丙酮酸，丙酮酸发生有氧氧化生成 CO_2 和 H_2O；少量的乳酸也可以由肾脏直接排出。血液中乳酸浓度的变化主要反映心肺功能的调节是否正常，当心肺功能调节正常时，适量的运动不会引起乳酸浓度的增高。

目标测试

1. 用系统命名法命名下列化合物。

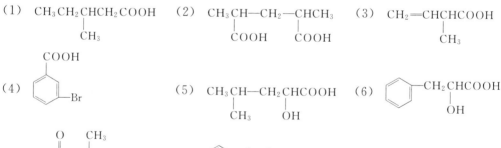

2. 写出下列化合物的结构简式。
(1) 2,4-二甲基戊酸　　(2) 间苯二甲酸　　(3) 3-戊烯酸　　(4) 环己基乙酸
(5) 酒石酸　　(6) 乙酰水杨酸　　(7) 柠檬酸　　(8) 乳酸

3. 完成下列反应。
(1) HO—⟨⟩—COOH + NaHCO₃ ⟶
(2) 2CH₃CHCOOH $\xrightarrow[\triangle]{P_2O_5}$
　　　　|
　　　CH₃
(3) ⟨⟩—COOH + Cl₂ $\xrightarrow{P}$
(4) CH₃CH—CHCOOH $\xrightarrow{\triangle}$
　　　|　　|
　　　OH　CH₃

(5) $CH_3COOH + $ ⌬$-CH_2OH \xrightleftharpoons{H^+}$ (6) $CH_3\underset{OH}{\underset{|}{CH}}COOH \xrightarrow{[O]}$

(7)  $\xrightarrow{H_2/Pt}$? $\xrightarrow{-H_2O}$? $\xrightarrow{H_2/Pt}$?

4. 用化学方法区分下列各组化合物。
(1) 乙醇、乙酸和草酸　　(2) 甲酸和乙酸　　(3) 苯甲醛、苯甲醇和苯甲酸
(4) 苯甲酸、苯酚和苄醇　(5) 水杨酸和乙酰水杨酸　(6) 丙酸、丙烯酸和 β-丁酮酸

5. 分子式为 $C_9H_8O_3$ 的一种化合物，能溶于氢氧化钠和碳酸钠溶液，与三氯化铁溶液有显色反应，能使溴的四氯化碳溶液褪色，用高锰酸钾氧化得对羟基苯甲酸。试推测该化合物的结构简式。

6. 按酸性由强到弱的顺序排列以下各组化合物。
(1) β-丁酮酸、β-羟基丁酸、丁醇、丁酸
(2) 乙酸、乙醇、水、苯酚、碳酸、α-羟基乙酸
(3) 乙酸、甲酸、草酸、苯酚、苯甲酸、碳酸

7. 完成下列化合物的转化。（药学专业学生完成）
(1) 由乙炔转化为乙酸乙酯　　(2) 由丙醇转化为 α-丙酮酸
(3) 甲苯转化为苯甲酰胺　　　(4) 由 β-丁酮酸转化为丁酸

第九章 羧酸衍生物

知识导图

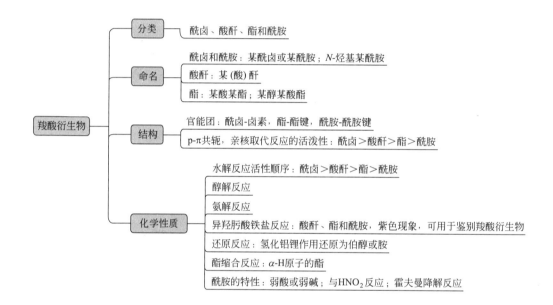

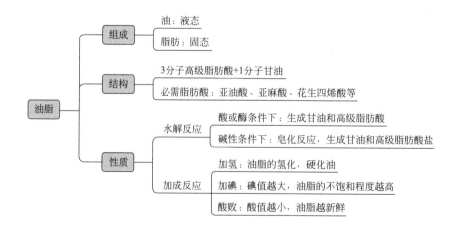

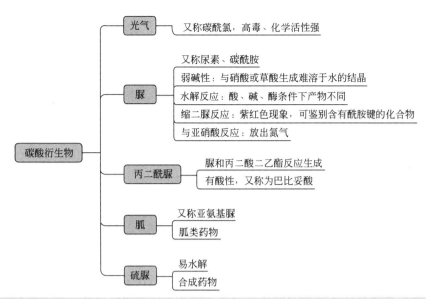

学习目标
1. 掌握羧酸衍生物的分类、结构特点和命名方法。
2. 掌握羧酸衍生物的化学性质，了解其物理性质。
3. 熟悉油脂、酰胺的主要化学性质。
4. 熟悉酮式-烯醇式互变。
5. 了解胍和硫脲的结构特征。

羧酸衍生物（carboxylic acid derivatives）是指羧酸分子中羧基上的—OH 被其他原子或原子团取代后的产物。常见的有：酰卤（acylhalide）、酸酐（anhydride）、酯（ester）和酰胺（amide）等。

第一节　羧酸衍生物

一、羧酸衍生物的命名

1. 酰基的命名

酰基是含氧酸分子去掉酸性基团"—OH"后余下的部分。它可根据相应酸的名称来命名，即将"某酸"改为"某酰基"。例如：

| $\underset{\text{甲酸}}{\text{H}-\overset{\text{O}}{\underset{\|}{\text{C}}}-\text{OH}}$ | $\underset{\text{乙酸}}{\text{CH}_3-\overset{\text{O}}{\underset{\|}{\text{C}}}-\text{OH}}$ | 苯甲酸 | 苯磺酸 |

| 甲酰基 | 乙酰基 | 苯甲酰基 | 苯磺酰基 |

2. 羧酸衍生物的命名

(1) 酰卤和酰胺　酰卤和酰胺的命名相似，都是根据所含的酰基而称为"某酰卤"或"某酰胺"。例如：

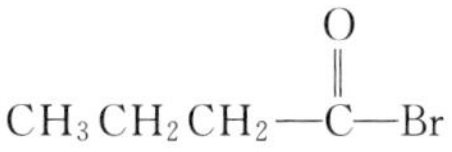

$$CH_3CH_2CH_2-\overset{\overset{\displaystyle O}{\|}}{C}-Br \qquad CH_2=CH-\overset{\overset{\displaystyle O}{\|}}{C}-Cl \qquad C_6H_5-\overset{\overset{\displaystyle O}{\|}}{C}-NH_2$$

　　丁酰溴 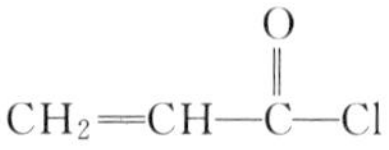　　　　　　丙烯酰氯 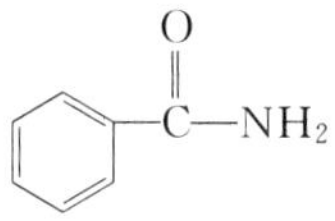　　　　　苯甲酰胺

当酰胺 N 原子上连有烃基时可用"N"表示烃基的位置。例如：

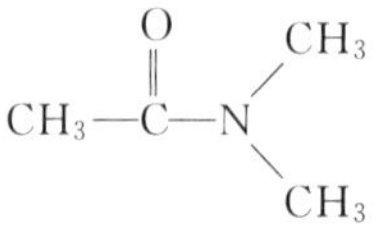

$$CH_3-\overset{\overset{\displaystyle O}{\|}}{C}-N(CH_3)_2 \qquad C_6H_5-\overset{\overset{\displaystyle O}{\|}}{C}-N(CH_3)(CH_2CH_3)$$

　　N,N-二甲基乙酰胺 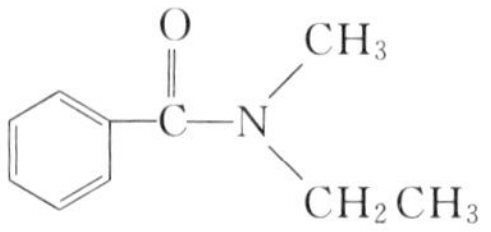　　　　N-甲基-N-乙基苯甲酰胺

(2) 酸酐　酸酐可看成是由氧原子连接两个酰基所形成的化合物，其由酰基对应的酸的名称加上"酐"字而成。例如：

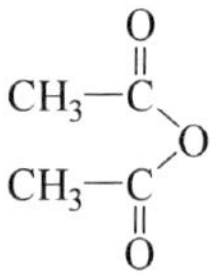

乙(酸)酐 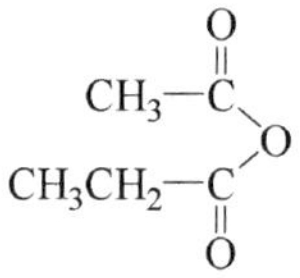　　乙丙(酸)酐 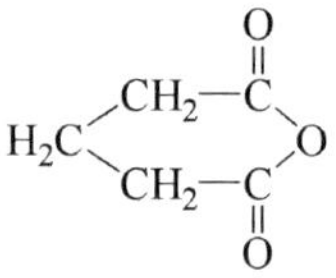　　戊二(酸)酐 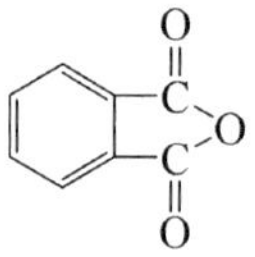　　邻苯二甲(酸)酐

(3) 酯　酯是由酰基与烃氧基结合而成的物质，也可看成是羧酸与醇脱水的产物，命名时将酸的名称在前，醇的名称在后将"醇"改为"酯"，称"某酸某酯"。例如：

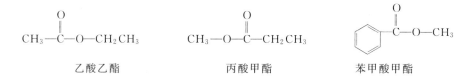

　　乙酸乙酯　　　　　　丙酸甲酯 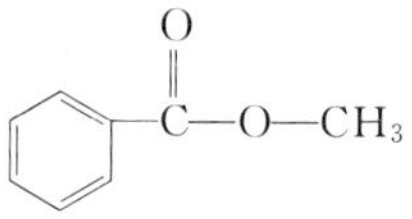　　　　　苯甲酸甲酯

由多元醇和一元酸形成的酯，醇的名称在前，酸的名称在后，称为"某醇某酸酯"。例如：

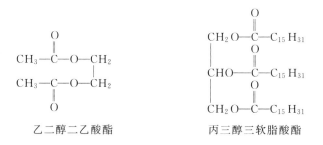

　　乙二醇二乙酸酯　　　　　　丙三醇三软脂酸酯

二、羧酸衍生物的结构

羧酸衍生物因都含有酰基，故可用通式 $R-\overset{\overset{\displaystyle O}{\|}}{C}-L$ 表示，酰基中碳氧双键上的 π 键与 L 基团中和羰基直接相连的原子（X、O、N）的 p 轨道上未共用的电子对之间形成 p-π 共轭，p 电子云

向羰基方向转移，产生供电子共轭效应。同时，L 在分子中还存在吸电子诱导效应。

$$R-\overset{\overset{O}{\|}}{C}-\ddot{L}$$

供电子共轭效应使羰基碳原子的电子云密度增加，吸电子诱导效应使羰基碳原子的电子云密度降低，二者共同影响羰基碳原子的电子云密度。羰基碳原子的电子云密度的大小，取决于与酰基相连的原子或原子团的电负性。根据基团的电负性可推出羰基碳的正电性及其羧酸衍生物的活泼性顺序如下：

基团的电负性：$-X > -O-\overset{\overset{O}{\|}}{C}-R > -OR > -NH_2 > -NHR > -NR_2$

羰基碳正电性（亲核取代反应的活泼性）：酰卤＞酸酐＞酯＞酰胺

三、羧酸衍生物的性质

（一）物理性质

酰卤一般是具有强烈刺激性气味的无色液体或低熔点固体。因分子间不能产生氢键和缔合作用，而使其沸点较相应的羧酸低。难溶于水，但极易水解。酰卤对黏膜有刺激作用。

低级酸酐是具有刺激性气味的无色液体，高级酸酐是无气味的固体。酸酐易溶于有机溶剂难溶于水。

低级酯为具有芳香气味无色液体，各种水果和花草的香味就是由酯引起的，如乙酸乙酯有苹果香味，乙酸异戊酯有香蕉味，苯甲酸甲酯有茉莉香味，所以可作为食品或日用品的香料。高级酯为蜡状固体。酯一般比水轻，难溶于水，易溶于有机溶剂。低级酯能溶解很多有机化合物，又易挥发，故为良好的有机溶剂。

酰胺中除甲酰胺外，大部分酰胺均为白色结晶。因分子间可以通过氨基上的氢原子形成氢键而缔合，故沸点较高，但 N,N-二取代酰胺除外。

（二）化学性质

在羧酸衍生物分子中，结构相似，与酰基相连的是吸电子基团，而使羰基碳原子带正电荷，故其化学性质也相似，主要表现为能与水、醇、氨等试剂发生亲核取代反应。另外受羰基的影响 α-H 能表现出酸性，同时羧酸衍生物还可以发生还原反应等。

1. 水解、醇解和氨解反应

（1）水解反应 酰卤、酸酐、酯和酰胺均可与水发生分解反应，产物为酰基与水中羟基结合生成的羧酸，与酰基相连的原子或基团与水分子中氢结合形成的产物。

$$R-\overset{\overset{O}{\|}}{C}-X \xrightarrow{} R-\overset{\overset{O}{\|}}{C}-OH + HX$$

$$R-\overset{\overset{O}{\|}}{C}-O-\overset{\overset{O}{\|}}{C}-R' \xrightarrow{\triangle} R-\overset{\overset{O}{\|}}{C}-OH + R'COOH$$

$$R-\overset{\overset{O}{\|}}{C}-OR' \xrightarrow[\triangle]{H^+} R-\overset{\overset{O}{\|}}{C}-OH + R'OH$$

$$R-\overset{\overset{O}{\|}}{C}-NH_2 \xrightarrow[\text{回流}]{H^+} R-\overset{\overset{O}{\|}}{C}-OH + NH_3$$

（+H—OH）

不同的羧酸衍生物进行水解反应时所需的条件不同。

酰卤与水在室温下立即反应，低级的酰卤遇空气中的水蒸气能迅速反应。例如：

$$CH_3-\overset{O}{\overset{\|}{C}}-Cl + H-OH \longrightarrow CH_3-\overset{O}{\overset{\|}{C}}-OH + HCl$$

酸酐在室温下与水缓慢反应。例如：

$$CH_3-\overset{O}{\overset{\|}{C}}-O-\overset{O}{\overset{\|}{C}}-CH_3 + H-OH \longrightarrow 2CH_3-\overset{O}{\overset{\|}{C}}-OH$$

酯在酸催化下的反应，是酯化反应的逆反应，但水解不完全；而在碱作用下水解时，产生的酸可与碱生成盐而破坏了平衡体系，所以在足够多的碱存在时，酯的水解可以进行到底。**酯在碱性溶液中的水解反应又叫皂化反应。**

$$R-\overset{O}{\overset{\|}{C}}-OR' + H-OH \xrightarrow{NaOH} R-\overset{O}{\overset{\|}{C}}-ONa + R'OH$$

酰胺的水解反应较困难，需要在酸或碱催化下长时间加热回流才能完成，且在不同条件下产物有所不同。

$$R-\overset{O}{\overset{\|}{C}}-NH_2 + H-OH \begin{cases} \xrightarrow{HCl} R-\overset{O}{\overset{\|}{C}}-OH + NH_4Cl \\ \xrightarrow{NaOH} R-\overset{O}{\overset{\|}{C}}-ONa + NH_3 \end{cases}$$

综上所述，羧酸衍生物水解反应的活泼性顺序为：酰卤＞酸酐＞酯＞酰胺。

因羧酸衍生物易水解，故在使用和保存含有该类结构的药物时应注意防止水解而失效。

（2）醇解反应　羧酸衍生物的醇解反应与其水解相似，即由酰基与醇分子中的烃氧基结合生成酯，而与酰基相连的原子或基团则与醇分子中的氢原子结合生成相应的产物。

$$\left. \begin{array}{l} R-\overset{O}{\overset{\|}{C}}-X \\ R-\overset{O}{\overset{\|}{C}}-O-\overset{O}{\overset{\|}{C}}-R^1 \\ R-\overset{O}{\overset{\|}{C}}-OR^1 \\ R-\overset{O}{\overset{\|}{C}}-NH_2 \end{array} \right\} + H-OR^2 \begin{array}{l} \longrightarrow R-\overset{O}{\overset{\|}{C}}-OR^2 + HX \\ \longrightarrow R-\overset{O}{\overset{\|}{C}}-OR^2 + R^1COOH \\ \longrightarrow R-\overset{O}{\overset{\|}{C}}-OR^2 + R^1OH \\ \longrightarrow R-\overset{O}{\overset{\|}{C}}-OR^2 + NH_3 \end{array}$$

酰卤和酸酐容易与醇发生醇解反应生成酯，此法通常用来制备利用酯化反应难以合成的酯，例如酚酯的合成反应。

$$CH_3-\underset{\underset{O}{\|}}{C}-Cl + H-O-C_6H_5 \longrightarrow CH_3-\underset{\underset{O}{\|}}{C}-O-C_6H_5 + HCl$$

$$CH_3-\underset{\underset{O}{\|}}{C}-O-\underset{\underset{O}{\|}}{C}-CH_3 + \underset{HO}{HOOC}\!\!-\!\!C_6H_4 \xrightarrow[60\sim85℃]{浓硫酸} \underset{CH_3-\underset{\underset{O}{\|}}{C}-O}{HOOC}\!\!-\!\!C_6H_4 + CH_3COOH$$

酯的醇解反应也叫酯的交换反应。即醇分子中的烃氧基取代了酯分子中的烃氧基,该反应是一可逆反应。通过酯的交换反应,可以用结构简单且廉价的酯制备结构复杂的酯。例如:

$$H_2N-C_6H_4-\underset{\underset{O}{\|}}{C}-O-C_2H_5 + HO-CH_2-CH_2-N(C_2H_5)_2 \rightleftharpoons$$

$$H_2N-C_6H_4-\underset{\underset{O}{\|}}{C}-O-CH_2-CH_2-N(C_2H_5)_2 + C_2H_5OH$$

普鲁卡因(局部麻醉剂)

(3) 氨解反应 酰卤、酸酐和酯都可与氨反应。羧酸衍生物中的酰基与氨基结合生成酰胺,羧酸衍生物中与酰基相连的原子或基团则与氨分子中的氢原子结合生成相应的产物。

$$R-\underset{\underset{O}{\|}}{C}-X + H-NH_2 \longrightarrow R-\underset{\underset{O}{\|}}{C}-NH_2 + HX$$

$$R-\underset{\underset{O}{\|}}{C}-O-\underset{\underset{O}{\|}}{C}-R^1 + H-NH_2 \longrightarrow R-\underset{\underset{O}{\|}}{C}-NH_2 + R^1COOH$$

$$R-\underset{\underset{O}{\|}}{C}-OR^1 + H-NH_2 \longrightarrow R-\underset{\underset{O}{\|}}{C}-NH_2 + R^1OH$$

羧酸衍生物的氨解反应常用于药物的合成。例如,对羟基苯胺有解热止痛作用,但毒性较大,若与乙酐反应则可制得无毒的解热镇痛药扑热息痛。

$$R-\underset{\underset{O}{\|}}{C}-O-\underset{\underset{O}{\|}}{C}-CH_3 + H_2N-C_6H_4-OH \longrightarrow R-\underset{\underset{O}{\|}}{C}-NH-C_6H_4-OH + CH_3COOH$$

对羟基苯胺　　　　对羟基乙酰苯胺(扑热息痛)

水解、醇解和氨解反应,对于水、醇和氨来说,是其中的活泼氢被酰基所取代的反应。**这种在化合物分子中引入酰基的反应称为酰化反应**(acylation),**能提供酰基的试剂叫酰化剂**(acylate)。理论上讲羧酸衍生物都是酰化剂,但实际应用的只有酰氯和酸酐。因此,羧酸衍生物的水解、醇解和氨解反应均是酰化反应。

酰化反应可用于药物的合成中。如在药物分子中引入酰基,可降低毒性,提高药效。在有机合成中,为了保护反应物分子中的羟基、氨基等基团在反应中免遭破坏,可先将其酰化,待反应结束后,再水解恢复原来的羟基和氨基。

从反应机理看，酰化反应属于亲核取代反应，水、醇和氨等亲核试剂进攻带正电的羰基碳原子而引起反应，其反应的活泼性与羰基碳所带正电性的大小一致。许多羧酸衍生物的分解反应需要在酸或碱的催化下进行。因为在酸性条件下，H^+可与羰基氧结合，减小了羰基碳原子上的电子云密度，有利于亲核试剂的进攻。而碱性条件下，将增大亲核试剂的有效浓度，加快反应速率。

2. 异羟肟酸铁反应

酸酐、酯和酰胺（氮原子上无取代基）都能与羟胺作用生成异羟肟酸，该反应也属于酰化反应，其产物异羟肟酸与三氯化铁作用，生成红色到紫色的异羟肟酸铁。该反应可用于羧酸衍生物的鉴定。而酰卤需转化为酯才可进行该反应。

$$\left.\begin{array}{l} R-\overset{O}{\underset{\|}{C}}-O-\overset{O}{\underset{\|}{C}}-R^1 \\ R-\overset{O}{\underset{\|}{C}}-OR^1 \\ R-\overset{O}{\underset{\|}{C}}-NH_2 \end{array}\right\} + H-NHOH \longrightarrow R-\overset{O}{\underset{\|}{C}}-NH-OH + \begin{array}{l} R^1COOH \\ R^1OH \\ NH_3 \end{array}$$

异羟肟酸

$$3R-\overset{O}{\underset{\|}{C}}-NH-OH + FeCl_3 \longrightarrow (R-\overset{O}{\underset{\|}{C}}-NH-O)_3Fe + 3HCl$$

异羟肟酸铁

3. 还原反应

羧酸衍生物比羧酸容易还原。氢化铝锂可将酰卤、酸酐和酯还原成伯醇。

$$\left.\begin{array}{l} R-\overset{O}{\underset{\|}{C}}-X \\ R-\overset{O}{\underset{\|}{C}}-O-\overset{O}{\underset{\|}{C}}-R^1 \\ R-\overset{O}{\underset{\|}{C}}-OR^1 \end{array}\right. \xrightarrow{LiAlH_4} R-CH_2-OH + \begin{array}{l} HX \\ R^1CH_2OH \\ R^1OH \end{array}$$

氢化铝锂可还原酰胺，生成相应的胺。

$$\begin{array}{l} R-\overset{O}{\underset{\|}{C}}-NH_2 \\ R-\overset{O}{\underset{\|}{C}}-NHR' \\ R-\overset{O}{\underset{\|}{C}}-NR'_2 \end{array} \xrightarrow{LiAlH_4} \begin{array}{l} R-CH_2-NH_2 \\ R-CH_2-NHR' \\ R-CH_2-NR'_2 \end{array}$$

酯较易还原，金属钠和醇作用产生的新生态氢可以使酯还原为醇，此反应称为鲍维特-勃朗克（Bouveault-Blanc）还原反应。反应中的双键或三键不受影响。例如：

$$CH_3-CH=CH-CH_2-\overset{O}{\underset{\|}{C}}-O-CH_2-CH_3 \xrightarrow[\text{回流}]{Na+C_2H_5OH} CH_3-CH=CH-CH_2-CH_2OH$$

4. 酯的缩合反应

与醛、酮相似，羧酸衍生物分子中的 α-氢原子也具有弱酸性，在醇钠等碱性试剂的作用下，生成 α-碳负离子，碳负离子与另一分子酯进行取代反应，碳负离子取代烷氧负离子，生成 β-酮酸酯，此类反应称为酯缩合反应或克莱森缩合反应（Claisen condensation）。例如乙酰乙酸乙酯合成就是在乙醇钠的作用下，两分子的乙酸乙酯脱去一分子的乙醇后缩合成的化合物。

$$CH_3-\overset{O}{\underset{\|}{C}}-O-C_2H_5 + H-CH_2-\overset{O}{\underset{\|}{C}}-O-C_2H_5 \xrightarrow[H^+]{C_2H_5ONa} CH_3-\overset{O}{\underset{\|}{C}}-CH_2-\overset{O}{\underset{\|}{C}}-O-C_2H_5 + C_2H_5OH$$

乙酰乙酸乙酯（β-丁酮酸乙酯）

凡是具有 α-氢原子的酯，在醇钠等碱性催化剂的作用下，均可发生酯的缩合反应。若用两种不同的含 α-氢原子的酯进行交叉缩合生成四种不同的缩合产物，难以分离，故在合成上应用价值不大，但可用无 α-氢原子的酯与一种含 α-氢原子的酯进行缩合反应制得相应产物。例如：

$$Ph-\overset{O}{\underset{\|}{C}}-O-CH_2CH_3 + H-CH_2-\overset{O}{\underset{\|}{C}}-O-C_2H_5 \xrightarrow[H^+]{C_2H_5ONa}$$

$$Ph-\overset{O}{\underset{\|}{C}}-CH_2-\overset{O}{\underset{\|}{C}}-O-CH_2CH_3 + C_2H_5OH$$

该类反应也可看成是酰化反应，即在含 α-氢原子的碳原子上引入了酰基的反应。

5. 酰胺的特性

（1）弱酸和弱碱性

$$\underset{R-\overset{O}{\underset{\|}{C}}-\overset{\curvearrowleft}{N}H-H}{\overset{\text{未共用电子对参与共轭，难以接受质子}}{\nearrow}\quad\overset{\text{具有质子化倾向}}{\searrow}}$$

由于酰胺分子中 N 原子上的孤对电子与羰基的 π 键形成 p-π 共轭体系，降低了 N 原子接受质子的能力，因而使酰胺的碱性减弱甚至接近中性；随着 N 原子电子云密度的降低，氮氢键的共用电子对进一步偏向氮原子一方，使氮氢键的极性增大，氮原子上的氢具有质子化倾向，酰胺又表现出微弱的酸性。例如，乙酰胺可与金属钠发生置换反应显示弱酸性，和强酸成盐显示其弱碱性。

$$CH_3-\overset{O}{\underset{\|}{C}}-NH_2 + Na \longrightarrow CH_3-\overset{O}{\underset{\|}{C}}-NHNa + H_2$$

$$CH_3-\overset{O}{\underset{\|}{C}}-NH_2 + HCl \longrightarrow CH_3-\overset{O}{\underset{\|}{C}}-NH_2 \cdot HCl$$

氮原子同时连接两个酰基的化合物称为酰亚胺。酰亚胺分子不显碱性，而表现出明显的酸性，能与强碱作用生成盐。例如：

$$\text{邻苯二甲酰亚胺} + NaOH \longrightarrow \text{邻苯二甲酰亚胺钠盐} + H_2O$$

(2) 与 HNO_2 反应　当酰胺与 HNO_2 反应时，酰胺分子中的氨基可被羟基取代，生成羧酸，同时放出氮气。

$$R-\underset{\underset{O}{\|}}{C}-NH_2 + HO-NO \longrightarrow R-\underset{\underset{O}{\|}}{C}-OH + N_2\uparrow + H_2O$$

(3) 霍夫曼（Hoffman）降解反应　酰伯胺与溴在碱性溶液中反应，酰胺脱去羰基，生成少一个碳原子的伯胺的反应。

$$R-\underset{\underset{O}{\|}}{C}-NH_2 + NaBrO \longrightarrow R-NH_2 + CO_2\uparrow + NaBr$$

四、重要的羧酸衍生物

1. 乙酰氯（CH_3COCl）

乙酰氯是无色有刺激性气味的液体，沸点为 52℃，遇水发生剧烈的水解反应，并放出大量的热量，空气中的水分就能使它水解产生氯化氢而冒烟。乙酰氯是常用的乙酰化试剂，酰化能力比乙酐强，在医药上可用于制取布洛芬。布洛芬具有抗炎、镇痛、解热作用。治疗风湿和类风湿关节炎的疗效稍逊于乙酰水杨酸。适用于治疗风湿性关节炎、类风湿性关节炎、骨关节炎、强直性脊椎炎和神经炎等。

2. 乙酸酐 [$(CH_3CO)_2O$]

乙酸酐又称醋（酸）酐，是具有刺激性气味的无色液体，沸点 139.6℃，微溶于水，易溶于乙醚和苯等有机溶剂中。乙酸酐是良好的溶剂，也是重要的乙酰化试剂。在医药工业中用于制造痢特灵、地巴唑、咖啡因、阿司匹林、磺胺药物等；在香料工业中用于生产香豆素、乙酸龙脑酯、葵子麝香、乙酸柏木酯、乙酸松香酯、乙酸苯乙酯、乙酸香叶酯等；在制造海洛因过程中用作乙酰化试剂，也是生成安眠酮、新安眠酮的配剂。

吸入后对呼吸道有刺激作用，引起咳嗽、胸痛、呼吸困难，蒸气对眼有刺激性，眼和皮肤直接接触液体可致灼伤，口服灼伤口腔和消化道，出现腹痛、恶心、呕吐和休克等。受乙酸酐蒸气慢性作用的人，可有结膜炎、畏光、上呼吸道刺激等症状。

3. 乙酰乙酸乙酯（$CH_3COCH_2COOCH_2CH_3$）

乙酰乙酸乙酯又称 β-丁酮酸乙酯，为具有清香气味的无色液体，沸点 181℃，微溶于水，易溶于乙醇、乙醚等有机溶剂。

乙酰乙酸乙酯分子中存在两种不同的结构即酮式结构和烯醇式结构，两者同时并存，它们之间存在着下列动态平衡：

$$\underset{\text{酮式（92.5\%）}}{CH_3-\underset{\underset{O}{\|}}{C}-CH_2-\underset{\underset{O}{\|}}{C}-OC_2H_5} \rightleftharpoons \underset{\text{烯醇式（7.5\%）}}{CH_3-\underset{\underset{OH}{|}}{C}=CH-\underset{\underset{O}{\|}}{C}-OC_2H_5}$$

像这样两种或两种以上异构体相互转变，并以动态平衡同时并存的现象称为互变异构现象，具有这种关系的异构体称为互变异构体。互变异构现象实质上是官能团异构的特殊形式。

这也导致乙酰乙酸乙酯具有一定的特殊性质。即它既能与氢氰酸加成，与羟氨、2,4-二硝基苯肼生成肟或腙，显示甲基酮的性质；又能使溴的四氯化碳溶液褪色，使三氯化铁显色，表现出烯醇的性质。

产生互变异构的原因是由于在吸电子的羰基和酯基的影响下，亚甲基上的氢原子在一定程度上质子化，并在 α-碳原子和羰基氧原子之间反复进行分子重排所造成的。

$$CH_3-\overset{O}{\underset{}{C}}-\overset{H}{\underset{}{CH}}-\overset{O}{\underset{}{C}}-OC_2H_5 \rightleftharpoons CH_3-\overset{O-H}{\underset{}{C}}-\overset{}{\underset{}{CH}}-\overset{O}{\underset{}{C}}-OC_2H_5$$

烯醇式结构一般不稳定，而乙酰乙酸乙酯的烯醇式结构之所以能够稳定存在，一方面是因为碳碳双键与相邻羰基发生了 π-π 共轭，增加了结构的稳定性；另一方面是因为羟基与羰基通过分子内氢键缔合形成了相对稳定的六元环结构。

除乙酰乙酸乙酯外，还有许多物质也能产生互变异构现象。如 β-二酮、某些糖类、某些含氮化合物等。

$$R-\overset{O}{\underset{}{C}}-CH_2-\overset{O}{\underset{}{C}}-R^1 \rightleftharpoons R-\overset{OH}{\underset{}{C}}=CH-\overset{O}{\underset{}{C}}-R^1 \qquad -N-\overset{H}{\underset{}{C}}=\overset{O}{\underset{}{}} \rightleftharpoons -N=\overset{OH}{\underset{}{C}}-$$

$$-CH_2-N=O \rightleftharpoons -CH=N-OH$$

4. 盐酸普鲁卡因

$$H_2N-\!\!\!\!\bigcirc\!\!\!\!-COOCH_2CH_2N(C_2H_5)_2 \cdot HCl$$

化学名是 4-氨基苯甲酸-2-(二乙氨基)乙酯盐酸盐。白色细微针状结晶或结晶性粉末，无臭，味微苦而麻。熔点 153～157℃。易溶于水，溶于乙醇，微溶于氯仿，几乎不溶于乙醚。属短效酯类局麻药，用于浸润麻醉、阻滞麻醉、腰椎麻醉、硬膜外麻醉及封闭疗法等，但穿透力强，维持时间短。

第二节 油脂

油脂（oils and fats）是油和脂肪的总称，广泛存在于动植物体中。通常把来源于植物、常温下呈液态的油脂称为油（oil），如花生油、芝麻油等；来源于动物、常温下呈固态或半固态的油脂称为脂肪（fat），如猪脂、牛脂（习惯上也称猪油、牛油）等。

油脂是动植物体的重要组成成分，是生物维持生命活动不可缺少的物质，约占人体体重的 10%～20%，也是人类的主要营养物质之一，在生理上具有重要的意义。油脂在体内氧化时能产生大量热能。油脂能溶解维生素 A、D、E、K 等许多生物活性物质，因而能促进机体对这些物质的吸收。分布于脏器周围的脂肪具有保护作用等。

一、油脂的组成与结构

从化学结构和组成来看,油脂是由高级脂肪酸和甘油形成的酯。每一个油脂分子都是由1分子的甘油和3分子的高级脂肪酸形成的酯,医学上称为甘油三酯,油脂的结构通式如下:

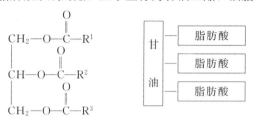

式中,R^1、R^2、R^3 分别代表脂肪酸的烃基,它们可以相同也可以不同。如果 R^1、R^2、R^3 相同,这样的甘油酯称为单甘油酯;如果 R^1、R^2、R^3 不同,则称为混甘油酯。天然油脂大多为混甘油酯的混合物。

组成油脂的脂肪酸种类较多,大多数是含有偶数碳原子的直链高级脂肪酸,其中以含16和18个碳原子的高级脂肪酸最为常见,有饱和的也有不饱和的。常见油脂中所含重要高级脂肪酸见表9-1。

表9-1 油脂中常见脂肪酸

类别	名称	结构
饱和脂肪酸	月桂酸(十二碳酸)	$CH_3(CH_2)_{10}COOH$
	肉豆蔻酸(十四碳酸)	$CH_3(CH_2)_{12}COOH$
	软脂酸(十六碳酸)	$CH_3(CH_2)_{14}COOH$
	硬脂酸(十八碳酸)	$CH_3(CH_2)_{16}COOH$
	花生酸(二十碳酸)	$CH_3(CH_2)_{18}COOH$
	巴西棕榈酸(二十四碳酸)	$CH_3(CH_2)_{22}COOH$
不饱和脂肪酸	鳖酸(9-十六碳烯酸)	$CH_3(CH_2)_5CH=CH(CH_2)_7COOH$
	油酸(9-十八碳烯酸)	$CH_3(CH_2)_7CH=CH(CH_2)_7COOH$
	亚油酸(9,12-十八碳二烯酸)	$CH_3(CH_2)_3(CH_2CH=CH)_2(CH_2)_7COOH$
	亚麻酸(9,12,15-十八碳三烯酸)	$CH_3(CH_2CH=CH)_3(CH_2)_7COOH$
	桐油酸(9,11,13-十八碳三烯酸)	$CH_3(CH_2)_3(CH=CH)_3(CH_2)_7COOH$
	花生四烯酸(5,8,11,14-二十碳四烯酸)	$CH_3(CH_2)_4(CH=CHCH_2)_4(CH_2)_2COOH$
	EPA(5,8,11,14,17-二十碳五烯酸)	$CH_3(CH_2CH=CH)_5(CH_2)_3COOH$
	DHA(4,7,10,13,16,19-二十六碳六烯酸)	$CH_3(CH_2)_4(CH_2CH=CH)_6(CH_2)_2COOH$

组成油脂的脂肪酸的饱和程度,对油脂的熔点影响很大。一般含较多不饱和脂肪酸成分的甘油酯常温下呈液态,而含较多饱和脂肪酸成分的甘油酯常温下呈固态。

多数脂肪酸在人体内都能够合成,只有亚油酸、亚麻酸、花生四烯酸等在体内不能合成,但又是营养上不可缺少的,必须由食物供给,因此将这些脂肪酸称为必需脂肪酸(essential fatty acid)。例如:花生四烯酸是合成体内重要活性物质前列腺素的原料,而花生四烯酸则必须从食物中摄取。

从海洋鱼类及甲壳类动物体内所含的油脂中分离出的二十碳五烯酸(EPA)和二十六

碳六烯酸（DHA），据实验证实具有降低血脂、抗血栓等作用，它们既可防治心脑血管疾病，也是大脑所需要的营养物质，因此被誉为"脑黄金"。

二、油脂的性质

纯净的油脂是无色、无臭、无味的，但天然的油脂因溶有维生素和胡萝卜素、叶绿素等色素或由于贮存期间的变化而带有一定的颜色和气味。油脂比水轻，难溶于水，易溶于汽油、乙醚、氯仿等有机溶剂。油脂是混合物，没有固定的熔点和沸点。

油脂是高级脂肪酸的甘油酯，它具有酯的典型反应。此外，由于构成各种油脂的脂肪酸不同程度地含有碳碳双键，所以油脂也可以发生加成和氧化反应等。

1. 水解反应

在酸、碱或酶等催化剂的作用下，油脂能与水发生水解反应。1分子油脂完全水解的产物是1分子甘油和3分子高级脂肪酸。其反应式为：

$$\begin{array}{l} CH_2-O-\overset{O}{\overset{\|}{C}}-R^1 \\ CH-O-\overset{O}{\overset{\|}{C}}-R^2 \\ CH_2-O-\overset{O}{\overset{\|}{C}}-R^3 \end{array} + 3H_2O \xrightarrow{\text{酸或酶}} \begin{array}{l} CH_2-OH \\ CH-OH \\ CH_2-OH \end{array} + \begin{array}{l} R^1COOH \\ R^2COOH \\ R^3COOH \end{array}$$

油脂在不完全水解时，可生成脂肪酸、单酰甘油或二酰甘油。油脂水解生成的甘油、脂肪酸、单酰甘油、二酰甘油在体内均可被吸收。

油脂在碱性溶液中水解，生成甘油和高级脂肪酸盐。高级脂肪酸盐通常称为肥皂，所以**油脂在碱性溶液中的水解反应又称皂化反应**（saponification）。

$$\begin{array}{l} CH_2-O-\overset{O}{\overset{\|}{C}}-R^1 \\ CH-O-\overset{O}{\overset{\|}{C}}-R^2 \\ CH_2-O-\overset{O}{\overset{\|}{C}}-R^3 \end{array} + 3KOH \xrightarrow{\triangle} \begin{array}{l} CH_2-OH \\ CH-OH \\ CH_2-OH \end{array} + \begin{array}{l} R^1COOK \\ R^2COOK \\ R^3COOK \end{array}$$

由高级脂肪酸钠盐组成的肥皂，称为钠肥皂，就是常用的普通肥皂。由高级脂肪酸钾盐组成的肥皂，称为钾肥皂，又称软皂。软皂对人体皮肤、黏膜刺激性小，所以多用于高档洗涤用品和医药中。

使1g油脂完全皂化时所需要的氢氧化钾的质量（单位是mg）叫做皂化值（saponification value）。根据皂化值的大小，可以推知油脂分子量的高低。皂化值越大，油脂的平均分子量越小，表示该油脂中含低分子量的脂肪酸较多。同时皂化值也可用来检验油脂的质量（是否掺有其他物质），并能指示出将一定量油脂转化为肥皂所需碱的量。一些常见油脂的皂化值见表9-2。

2. 加成反应

（1）加氢　含有不饱和脂肪酸成分的油脂，因其分子中含有碳碳双键，所以能在一定条件下与氢发生加成反应。例如：

$$\underset{\text{甘油三油酸酯}}{\begin{array}{l}CH_2-O-\overset{O}{\underset{\|}{C}}-(CH_2)_7CH=CH(CH_2)_7CH_3\\ CH-O-\overset{O}{\underset{\|}{C}}-(CH_2)_7CH=CH(CH_2)_7CH_3\\ CH_2-O-\overset{O}{\underset{\|}{C}}-(CH_2)_7CH=CH(CH_2)_7CH_3\end{array}} +3H_2 \xrightarrow[\Delta]{Ni} \underset{\text{甘油三硬脂酸酯}}{\begin{array}{l}CH_2-O-\overset{O}{\underset{\|}{C}}-(CH_2)_{16}CH_3\\ CH-O-\overset{O}{\underset{\|}{C}}-(CH_2)_{16}CH_3\\ CH_2-O-\overset{O}{\underset{\|}{C}}-(CH_2)_{16}CH_3\end{array}}$$

不饱和的液态油通过催化加氢提高了饱和程度，可从液态油变成固态或半固态的脂肪。这一过程称为油脂的氢化，也称油脂的硬化。形成的固态油脂，称为硬化油（hydrogenated oil）。食用的人造黄油的主要成分就是硬化油。硬化油不易被空气氧化变质，便于贮存和运输，亦可作为制肥皂的原料。

（2）加碘　含有不饱和脂肪酸成分的油脂，也能与卤素（碘等）发生加成反应，根据卤素的用量，可以判断油脂的不饱和程度。**一般将每100g 油脂所能吸收碘的最大质量（单位是 g），称为碘值（iodine value）**。碘值越大，表示油脂的不饱和程度越高。一些常见的油脂的碘值见表 9-2。

（3）酸败　若油脂在空气中放置过久，就会出现颜色加深，产生难闻的气味等现象，这种油脂的变质过程称为油脂的酸败（rancidity），酸败的原因是因为受到空气、光、热、水及微生物的作用，发生水解、氧化等反应，生成有挥发性、有臭味的低级醛、酮和脂肪酸的混合物。酸败了的油脂不能食用。为防止油脂的酸败，须将油脂保存在低温、避光的密闭容器中。

伴随油脂的酸败，水解程度会加大，游离脂肪酸的含量会增加，油脂中游离的脂肪酸含量的高低可以作为判断油脂酸败程度的重要标志。油脂中游离脂肪酸的含量通常用酸值（acid value）表示。即**中和 1g 油脂中游离脂肪酸所需氢氧化钾的质量（单位是 mg）称为酸值**。酸值越小，油脂越新鲜。油脂酸败的分解产物能使人体的酶系统和脂溶性维生素受到破坏。通常，酸值大于 6.0 的油脂不宜食用。一些常见的油脂的酸值见表 9-2。

植物油中虽然含有较多的不饱和脂肪酸成分，但它比动物性脂肪不易变质，其原因是在植物油中存在着较多的天然抗氧剂——维生素 E。

表 9-2　一些常见油脂的皂化值、碘值和酸值

油脂名称	皂化值/mgKOH·g^{-1}	碘值/gI$_2$·(100g)$^{-1}$	酸值/mgKOH·g^{-1}
猪油	193～200	46～66	1.56
花生油	185～195	83～93	
茶油	170～180	92～109	2.4
棉籽油	191～196	103～115	0.6～0.9
豆油	189～194	124～136	
亚麻油	189～196	170～204	1～3.65

国家对不同油脂的皂化值、碘值、酸值有一定的要求，符合国家规定标准的油脂才可供药用和食用。

第三节　碳酸衍生物

碳酸衍生物是指碳酸分子中的羟基被其他基团（如—X、—OR、—NH$_2$ 等）取代后的产物。碳酸的一个羟基被取代的衍生物极不稳定，而两个羟基均被取代的衍生物一般都较稳定。

碳酸衍生物是有机合成、药物合成的原料。常见碳酸衍生物有：

$$\underset{\substack{\text{光气}\\\text{碳酰氯}}}{Cl-\overset{O}{\underset{\|}{C}}-Cl} \quad \underset{\substack{\text{脲}\\\text{碳酰胺}}}{H_2N-\overset{O}{\underset{\|}{C}}-NH_2} \quad \underset{\substack{\text{胍}\\\text{亚氨基脲}}}{H_2N-\overset{NH}{\underset{\|}{C}}-NH_2} \quad \underset{\substack{\text{硫脲}\\\text{硫代碳酰胺}}}{H_2N-\overset{S}{\underset{\|}{C}}-NH_2}$$

一、脲

脲俗称为尿素（urea），从结构上可以看成是碳酸分子中的两个羟基分别被氨基取代后的产物，属于碳酸的酰胺，所以又称碳酰胺。

$$\underset{\text{碳酸}}{HO-\overset{O}{\underset{\|}{C}}-OH} \quad \underset{\text{尿素（脲）}}{H_2N-\overset{O}{\underset{\|}{C}}-NH_2}$$

尿素最初从尿中取得，是哺乳动物体内蛋白质代谢的最终产物。成人每天约排泄 30g 尿素。尿素为白色结晶，无臭、味咸，熔点 133℃，易溶于水和乙醇。脲的用途广泛，它是很重要的有机物。在农业上脲用作高效氮肥，在工业上是合成塑料、药物的重要化工原料。在医药上脲可以软化角质，还可用作利尿脱水药。

脲具有一般酰胺的化学性质，但因脲分子中的 2 个氨基连在同一个羰基上，所以它又有一些特殊的性质。

1. 弱碱性

脲具有酰胺结构，但脲分子中有两个氨基，所以显碱性。脲的碱性很弱，不能使红色石蕊试纸变色。它能与强酸作用生成盐。例如：

$$H_2N-\overset{O}{\underset{\|}{C}}-NH_2 + HNO_3 \longrightarrow H_2N-\overset{O}{\underset{\|}{C}}-NH_2 \cdot HNO_3 \downarrow$$

脲的硝酸盐和草酸盐难溶于水而易结晶，借此可从尿中提取或鉴别脲。

2. 水解反应

脲属于酰胺类化合物，具有酰胺的一般性质。在酸、碱或尿素酶的催化下容易水解。

$$H_2N-\overset{O}{\underset{\|}{C}}-NH_2 + H_2O \begin{array}{l} \xrightarrow{HCl/\triangle} CO_2\uparrow + 2NH_4Cl \\ \xrightarrow{NaOH/\triangle} Na_2CO_3 + 2NH_3\uparrow \\ \xrightarrow{\text{酶}} CO_2\uparrow + 2NH_3\uparrow \end{array}$$

3. 缩二脲的生成及缩二脲反应

将固体脲缓慢加热至 150~160℃ 左右（温度过高则分解），则两分子脲间失去一分子氨，生成缩二脲（biuret）。

$$H_2N-\overset{O}{\underset{\|}{C}}-NH_2 + H_2N-\overset{O}{\underset{\|}{C}}-NH_2 \longrightarrow H_2N-\overset{O}{\underset{\|}{C}}-NH-\overset{O}{\underset{\|}{C}}-NH_2 + NH_3\uparrow$$

缩二脲难溶于水，易溶于碱溶液。**在缩二脲的碱溶液中加入少量硫酸铜溶液，即呈现紫红色，这个颜色反应称缩二脲反应**（biuret reaction）。

凡分子中含有两个或两个以上酰胺键$\left(\begin{array}{c}O\\\parallel\\-C-NH-\end{array}\right)$结构的化合物，都能发生缩二脲反应。如多肽和蛋白质等。

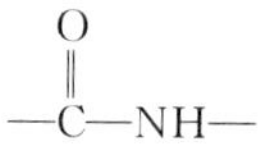

4. 与亚硝酸的反应

脲与亚硝酸作用定量放出氮气，根据氮气的体积可以测定脲的含量。

$$H_2N-\overset{O}{\underset{\parallel}{C}}-NH_2 + 2HNO_2 \longrightarrow CO_2 + 2N_2\uparrow + 3H_2O$$

二、丙二酰脲

脲和丙二酸二乙酯在醇钠催化下相互缩合，生成丙二酰脲（barbituric acid）。

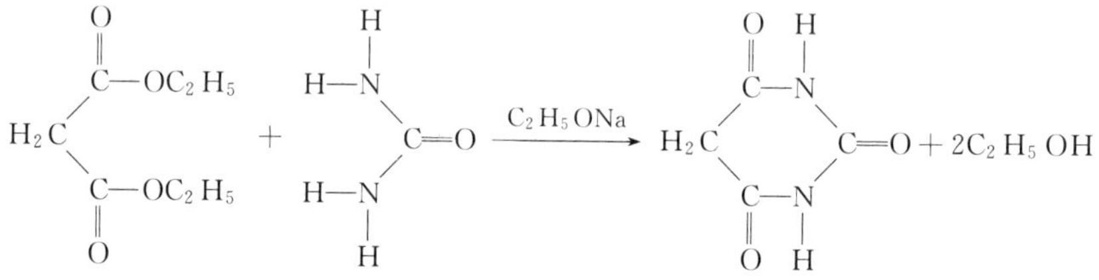

[结构式反应图：丙二酸二乙酯 + 脲 $\xrightarrow{C_2H_5ONa}$ 丙二酰脲 + $2C_2H_5OH$]

丙二酰脲为无色结晶，熔点为 245℃，微溶于水。分子中含有一个活泼的亚甲基和两个二酰亚胺基 $\left(\begin{array}{c}O\ \ H\ \ O\\\parallel\ \ \ |\ \ \parallel\\-C-N-C-\end{array}\right)$，存在酮式-烯醇式互变异构：

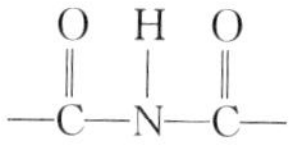

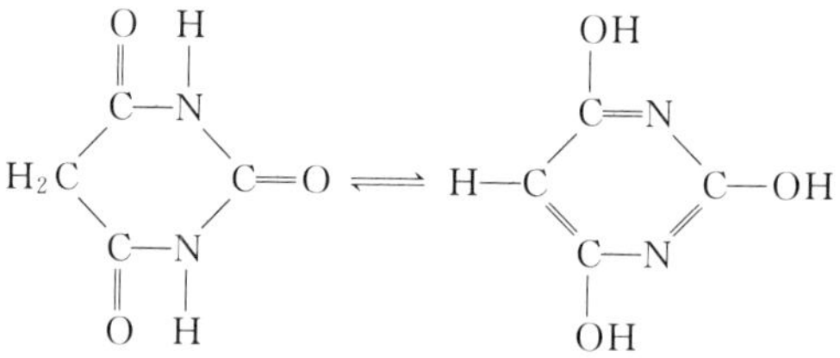

[酮式 ⇌ 烯醇式 结构图]

烯醇式羟基上的氢很活泼，显示较强的酸性(pH=3.98)，故丙二酰脲又称为巴比妥酸。

巴比妥酸本身无药理作用，但亚甲基上的氢被烃基取代得到的取代物，具有不同程度的镇静、催眠作用，总称为巴比妥类药物。其通式为：

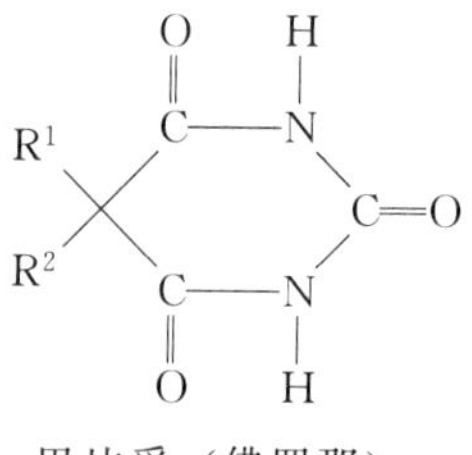

$R^1 = R^2 = C_2H_5$ 巴比妥（佛罗那）
$R^1 = C_2H_5，R^2 = C_6H_5$ 苯巴比妥（鲁米那）
$R^1 = C_2H_5，R^2 = CH_2CH_2CH(CH_3)_2$ 异戊巴比妥（阿米妥）

巴比妥类药物是结晶性粉末，难溶于水，但可利用其弱酸性，制成盐类，增大水溶性，临床上常以其可溶性钠盐供注射用。

三、胍

从结构上看，胍 $\left(\begin{array}{c}\text{NH}\\ \parallel\\ \text{H}_2\text{N}-\text{C}-\text{NH}_2\end{array}\right)$ 是由脲分子中氧原子被亚氨基取代所生成的化合物，又称为亚氨基脲。胍是无色结晶，熔点 50℃，易溶于水和乙醇。

胍极易接受质子，是一个有机强碱，其碱性（$pK_b=0.52$）与氢氧化钠相当，能与盐酸等强酸作用生成相应的盐。

胍在碱性条件下易水解。如在氢氧化钡水溶液中加热，即水解生成脲和氨。

$$\underset{\text{H}_2\text{N}-\text{C}-\text{NH}_2}{\overset{\text{NH}}{\parallel}} + \text{H}_2\text{O} \xrightarrow[\triangle]{\text{Ba(OH)}_2} \underset{\text{H}_2\text{N}-\text{C}-\text{NH}_2}{\overset{\text{O}}{\parallel}} + \text{NH}_3$$

胍分子中去掉氨基上的 1 个氢原子后剩下的基团称为胍基；去掉 1 个氨基后剩下的基团为脒基。

$$\underset{\text{胍基}}{\underset{\text{H}_2\text{N}-\text{C}-\text{NH}-}{\overset{\text{NH}}{\parallel}}} \qquad \underset{\text{脒基}}{\underset{\text{H}_2\text{N}-\text{C}-}{\overset{\text{NH}}{\parallel}}}$$

医学上所用的胍类药物实际上就是指含有胍基或脒基的药物。由于胍在碱性条件下不稳定，而在酸性条件下可以形成稳定的盐，所以通常将此类药物制成盐类而便于贮存和使用。例如具有降血压作用的胍乙啶，具有抗病毒作用的吗啉胍（病毒灵）等都是胍类药物。

胍乙啶结构・$\frac{1}{2}\text{H}_2\text{SO}_4$ 胍乙啶

吗啉胍结构・HCl 吗啉胍

四、硫脲

硫脲 $\left(\begin{array}{c}\text{S}\\ \parallel\\ \text{H}_2\text{N}-\text{C}-\text{NH}_2\end{array}\right)$ 可以看作是脲分子中的氧原子被硫原子取代后所生成的化合物。硫脲为白色结晶，熔点 180℃，易溶于水。硫脲与脲相似，在酸、碱存在下容易发生水解反应。

$$\underset{\text{H}_2\text{N}-\text{C}-\text{NH}_2}{\overset{\text{S}}{\parallel}} + 2\text{H}_2\text{O} \xrightarrow[\triangle]{\text{H}^+ \text{或} \text{OH}^-} \text{CO}_2 + 2\text{NH}_3 + \text{H}_2\text{S}$$

硫脲也可以发生互变异构，其烯醇式结构称为异硫脲。

$$\underset{\text{H}_2\text{N}-\text{C}-\text{NH}_2}{\overset{\text{S}}{\parallel}} \rightleftharpoons \underset{\text{H}_2\text{N}-\text{C}-\text{NH}}{\overset{\text{SH}}{|}}$$

硫脲是一个重要的化工原料，用来合成许多含硫的药物。药剂上常用做抗氧剂。

阿司匹林

阿司匹林，IUPAC 学名乙酰水杨酸，是临床上常用的解热镇痛类药物。早在 100 多年前就有阿司匹林合成的历史。1853 年，弗雷德里克·热拉尔（Gerhardt）用水杨酸与醋酐合成了乙酰水杨酸，但没能引起人们的重视；1898 年，德国化学家菲霍夫曼（Hoffmann）又进行了合成，并为他父亲治疗风湿性关节炎，疗效极好。于是在 1899 年由德国拜耳（Bayer）公司的 Dreser 介绍到临床，我国于 1958 年开始生产阿司匹林。

20 世纪 60 年代，英国人约翰·范恩通过实验证实，阿司匹林主要抑制环加氧酶，阻滞前列腺素的生物合成，继而前列腺素引起的发热、炎症、疼痛就都缓解了，这一发现也让他获得了 1982 年的诺贝尔生理学或医学奖。随着对阿司匹林研究的深入，近年来人们发现了它的一些新应用，比如预防血栓形成、抑制血小板聚集、缓解白内障、癌症预防、糖尿病防治等，阿司匹林的应用越来越广泛。

1. 名词解释
(1) 油脂　　　　(2) 皂化值　　　　(3) 酸值
(4) 碘值　　　　(5) 缩二脲反应　　(6) 互变异构

2. 给下列化合物命名或写出它们的结构式

(1) H₂N—C(=O)—NH₂
(2) H₅C₂—C(=O)—CH₂—C(=O)—O—C₂H₅
(3) H₃C—CH₂—C(=O)—Cl
(4) C₆H₅—N(H)—C(=O)—CH₃
(5) C₆H₅—C(=O)—O—CH₃
(6) 邻苯二甲酸酐
(7) C₆H₅—O—C(=O)—CH₃
(8) 戊二酸酐结构
(9) H₃C—C₆H₄—CON(CH₃)₂

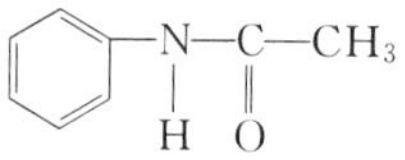

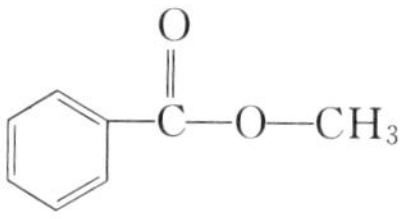

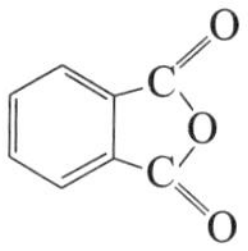

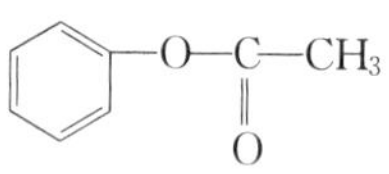

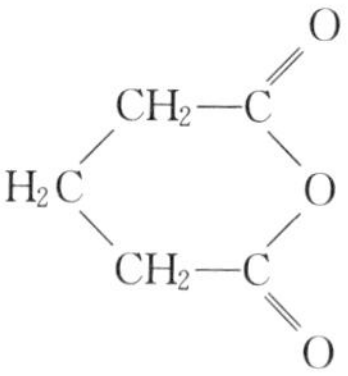

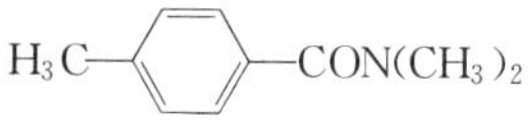

(10) 甲酸丙酯　　(11) N-乙基苯甲酰胺　　(12) 2-甲基丙酰溴
(13) 邻羟基苯甲酸甲酯　(14) 丁烯二酸酐　　(15) 对氯苯甲酰氯

3. 完成下列反应式

(1) H₂N—C(=O)—NH₂ + H₂O $\xrightarrow{HCl}$

(2) C₆H₆ + CH₃COCl $\xrightarrow{\text{无水 AlCl}_3}$

(3) $H_3C-CH_2-\overset{\overset{O}{\|}}{C}-O-CH_3 + NaOH \longrightarrow$

(4) $H_3C-CH_2-\overset{\overset{O}{\|}}{C}-O-CH_3 \xrightarrow[\text{②}H^+]{\text{①}C_2H_5ONa}$

(5) $CH_3-CH_2-\overset{\overset{O}{\|}}{C}-NH_2 + NaBrO \longrightarrow$

(6) $H_5C_6-CH_2-\overset{\overset{O}{\|}}{C}-NH_2 + NaNO_2 + HCl \longrightarrow$

(7) 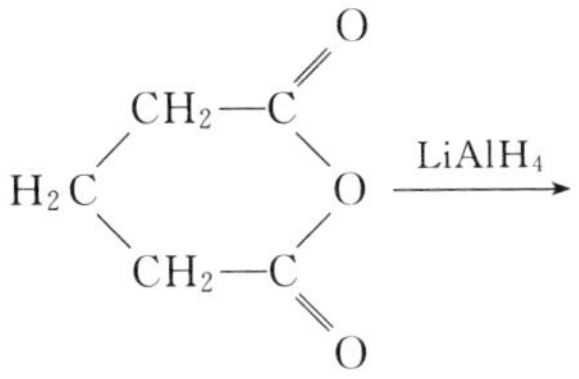
$$\begin{array}{c} \overset{O}{\|} \\ H_2C \overset{CH_2-C}{\underset{CH_2-C}{<}} O \\ \underset{O}{\|} \end{array} \xrightarrow{LiAlH_4}$$

(8) $H_3C-\overset{\overset{O}{\|}}{C}-NH_2 + $  $\longrightarrow$

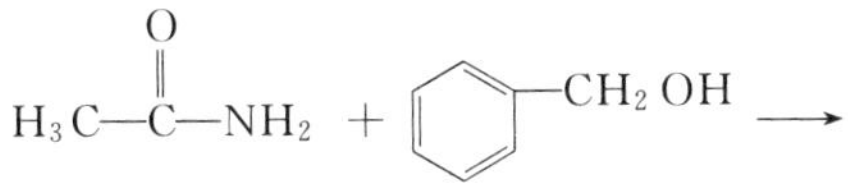

4. 用简单化学方法鉴别各种化合物。

(1) 丙酸乙酯、2-丁酮酸、丙酮

(2) 乙酰乙酸乙酯、苯甲酸、水杨酸

(3) 乙酰胺、尿素、乙酸铵

(4) 环己酮、乙酸酐、丁酮

5. 化合物甲、乙、丙分子式均为 $C_3H_6O_2$，甲与 $NaHCO_3$ 作用放出 CO_2，乙和丙用 $NaHCO_3$ 处理无 CO_2 放出，但在 $NaOH$ 水溶液中加热可发生水解反应。从乙的水解产物中蒸出一个液体，该液体化合物具有碘仿反应。丙的碱性水解产物蒸出的液体无碘仿反应。写出甲、乙、丙的结构式。

6. 如何由乙酸合成丙二酸二乙酯？（药学专业学生完成）

第十章 立体化学基础

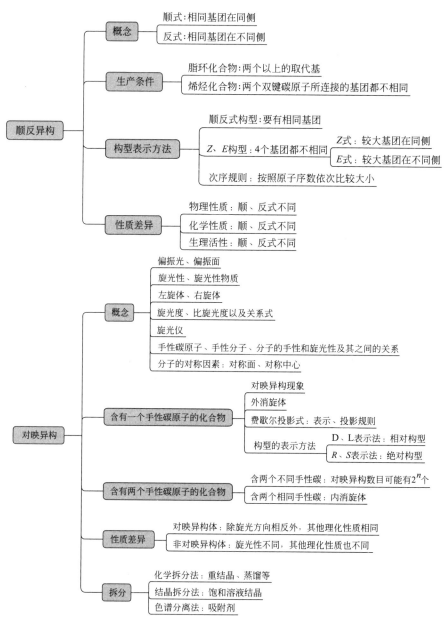

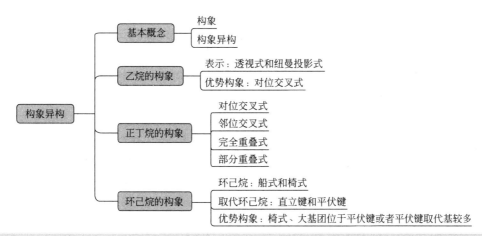

学习目标

1. 掌握顺反异构体的产生条件，熟悉顺/反式和 Z/E 型的构型表示方法。
2. 掌握旋光度与比旋光度的计算方法。
3. 掌握判断对映异构体的方法。
4. 掌握费歇尔投影式的表示方法。
5. 熟悉 D/L 和 R/S 构型标记法。
6. 了解对映异构体的拆分方法。
7. 了解环己烷的构象，能判断优势构象。

　　分子式相同，结构不同，性质各异的现象即同分异构现象在有机化合物中极为普遍，分子的同分异构可以分为构造异构和立体异构两大类。

　　构造异构是指分子式相同而分子中原子或原子团的连接方式和顺序不同所引起的异构现象。 它又可分为碳架异构（如：戊烷、2-甲基丁烷和 2,3-二甲基丙烷）、位置异构（如：1-丁烯和 2-丁烯）、官能团异构（如：丙醛和丙酮等）和互变异构（α-葡萄糖和 β-葡萄糖）。

　　立体异构是指构造相同的分子，由于分子中原子或原子团在空间排列方式不同而引起的异构现象。 它又可分为构型异构和构象异构。构型异构包括顺反异构和对映异构。构象异构是指构型相同的分子由于单键的旋转，可以产生多种不同构象的异构。

　　同分异构的分类可归纳如下：

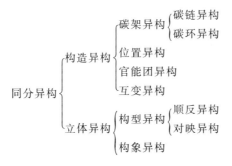

　　物质的性质除了与分子的构造有关外还与其分子的立体结构有密切的联系，**研究分子立体结构与性质之间关系的化学称为立体化学。** 许多有机分子存在着立体异构现象，烯烃及脂环烃等分子中存在着顺反异构；氨基酸、糖类化合物、生物碱及药物分子等存在对映异构。不同的立体异构体，结构上的微小差异，会使其生理活性和药理作用产生显著的不同。

第一节 顺反异构

一、顺反异构的概念

当分子中存在限制原子自由旋转的双键时，与双键碳原子直接相连的原子或原子团在空间的相对位置是被固定的。当双键两端的原子各连有 2 个不同的原子或原子团时，分子就可能存在两种不同的空间排列方式，产生两种异构体。**这种具有相同构造化合物的不同空间排列方式被称为构型**。

例如 2-丁烯的两种构型为：

$$\underset{\text{顺-2-丁烯}}{\begin{array}{c}H_3C\quad CH_3\\ \diagdown\quad\diagup\\ C=C\\ \diagup\quad\diagdown\\ H\quad\quad H\end{array}}\qquad\underset{\text{反-2-丁烯}}{\begin{array}{c}H_3C\quad\quad H\\ \diagdown\quad\diagup\\ C=C\\ \diagup\quad\diagdown\\ H\quad\quad CH_3\end{array}}$$

它们的物理性质（如熔点、沸点和相对密度）也有所不同，见表 10-1 所示。

表 10-1 顺-2-丁烯和反-2-丁烯的物理性质

物理性质	顺-2-丁烯	反-2-丁烯
熔点/℃	−139.3	−105.4
沸点/℃	4	1
相对密度	0.621	0.604

相同的原子或原子团在双键的同一侧，称为顺式构型（可用 *cis-*表示）；相同的原子或原子团分别位于双键的不同侧，则称为反式构型（可用 *trans-*表示）。这种分子构造相同，只是由于双键旋转受阻而产生的原子或原子团的空间排列方式不同，所引起的异构叫顺反异构（*cis-trans* isomerism），又称几何异构。

二、顺反异构产生的条件

不是所有带双键的化合物都有顺反异构现象，如果同一个双键碳原子上所连接的两个基团相同，就没有顺反异构体。例如：1-丁烯和 2-甲基丙烯。

$$\begin{array}{c}H\!-\!C\!-\!H\\ \|\\ H\!-\!C\!-\!CH_2CH_3\end{array}\qquad\begin{array}{c}H\!-\!C\!-\!H\\ \|\\ CH_3\!-\!C\!-\!CH_3\end{array}$$

在脂环化合物中，环的结构也限制了碳碳 σ 键的自由旋转。当环上两个或多个碳原子连接的原子或原子团不相同时，也有顺反异构现象。例如：1,4-环己烷二羧酸。

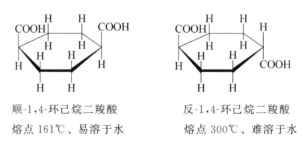

顺-1,4-环己烷二羧酸 　　反-1,4-环己烷二羧酸
熔点 161℃、易溶于水　　熔点 300℃、难溶于水

综上所述，分子产生顺反异构现象，必须在结构上具备两个条件。
（1）分子中存在着限制旋转的因素，如双键或脂环等结构。
（2）每个不能自由旋转的碳原子必须连有两个不同的原子或原子团。

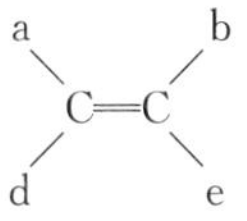

即 a≠d，b≠e 时有顺反异构；但如果 a=d 或 b=e 时就不会产生顺反异构。

三、顺反异构体的构型表示法

（一）顺、反式构型

简单的顺反异构体，当两个相同原子或原子团处于双键（或脂环）平面同侧时，称为顺式（cis-）；处于双键（或脂环）平面异侧时，称为反式（trans-）。例如：

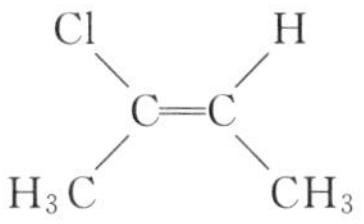

顺-2-氯-2-丁烯 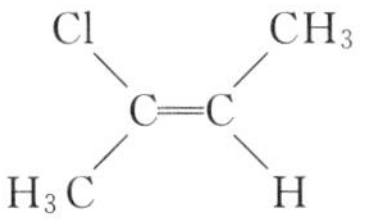　　　反-2-氯-2-丁烯

（二）Z、E 构型和次序规则

顺、反构型表示主要用于命名双键两碳原子上有相同原子或原子团的异构体，该方法简单、明确，但对于双键碳原子上连有 4 个不同原子或原子团时，就很难用顺、反构型来表示。例如：

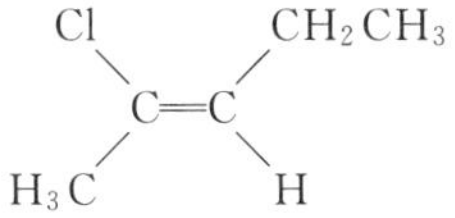

为此，提出了以"基团次序规则"为基础的 Z、E 构型。

1. Z、E 构型

用 Z、E 构型表示顺反异构体时，首先应确定双键每一个碳原子上所连接的 2 个原子或原子团的优先次序。当 2 个"优先"基团位于双键同侧时，用 Z（德文 Zusammen 的缩写，意为"共同"，指同侧）标记其构型；位于双键异侧时，用 E（德文 Entgefen 的缩写，意为"相反"，指不同侧）标记其构型。书写时，将 Z 或 E 写在化合物名称前面，并用短线相隔。例如：当 a 优先于 b，d 优先于 e 时：

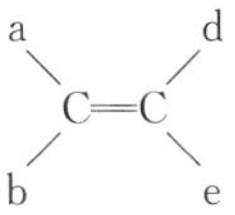

Z-构型 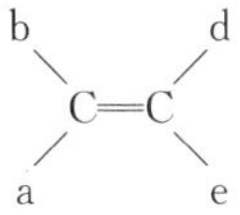　　　E-构型

例如：

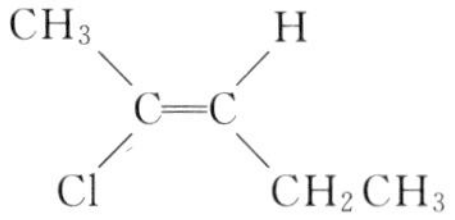

(Z)-2-氯-2-戊烯 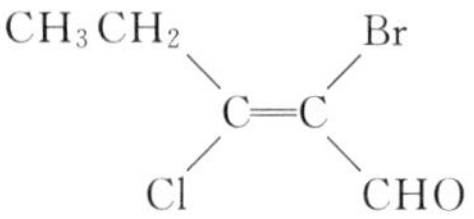　　　　　　(E)-3-氯-2-溴-2-戊烯醛

2. 次序规则

(1) 将与双键碳直接相连的 2 个原子按原子序数由大到小排出次序，原子序数较大者为优先基团。则一些常见的原子或原子团的优先次序为：—I＞—Br＞—Cl＞—SH＞—OH＞—NH$_2$＞—CH$_3$＞—H。

(2) 若原子团中与双键原子直接相连的原子相同而无法确定次序时，则比较与该原子相连的其他原子的原子序数，直到比出大小为止。例如—CH$_3$ 和—CH$_2$CH$_3$，第一个原子都是碳，比较碳原子上所连的原子，在—CH$_3$ 中，与碳原子相连的是 3 个 H；而—CH$_2$CH$_3$ 中，与碳原子相连的是 1 个 C，2 个 H，C 的原子序数大于 H，所以—CH$_2$CH$_3$＞—CH$_3$。

同理推得：—C(CH$_3$)$_3$＞—CH(CH$_3$)$_2$＞—CH$_2$CH$_2$CH$_3$＞—CH$_2$CH$_3$＞—CH$_3$

(3) 若原子团中含有不饱和键时，将双键或三键原子看做是以单键和 2 个或 3 个相同原子相连接。如：

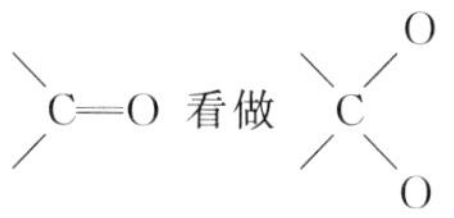

$$\diagdown C=O \text{ 看做 } \diagdown C \diagup\overset{O}{\underset{O}{}}$$

$$—C\equiv N \text{ 看做 } —C\diagup\overset{N}{\underset{N}{-N}}$$

Z、E 构型表示法适用于所有的顺反异构体，目前这两种构型表示方法同时使用，在环系化合物中，应用顺反构型更为直观。必须注意的是：Z、E 构型与顺、反构型是 2 个不同的表示方法，两者之间没有必然的联系。Z 构型并非一定是顺式，E 构型并非一定是反式。例如：

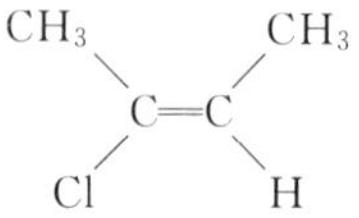

顺-2-氯-2-丁烯　　　　　　反-2-氯-2-丁烯
(E)-2-氯-2-丁烯　　　　　　(Z)-2-氯-2-丁烯

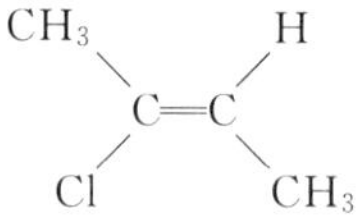

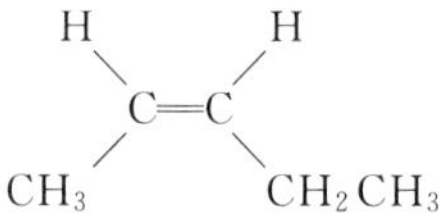

顺-2-戊烯　　　　　　反-2-甲基-3,4-二乙基-3-庚烯
(Z)-2-戊烯　　　　　　(E)-2-甲基-3,4-二乙基-3-庚烯

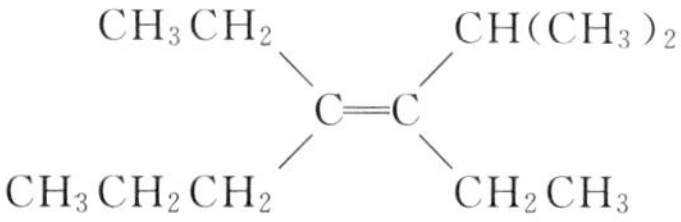

四、顺反异构体在性质上的差异

1. 物理性质

顺反异构体在物理性质上，如偶极矩、熔点、溶解度、沸点、相对密度、折射率等方面都存在差异。例如：顺-1,2-二氯乙烯的偶极矩为 1.89D，熔点 60.3℃；反-1,2-二氯乙烯的

偶极矩为 0D，熔点 48.4℃。顺丁烯二酸的熔点为 130℃，反丁烯二酸的熔点为 300℃。

2. 化学性质

顺反异构体在化学性质上也存在某些差异，如顺丁烯二酸在 140℃可失去水生成酸酐，反丁烯二酸在同样温度下不反应，只有在温度增加至 275℃时，才有部分反丁烯二酸转变为顺丁烯二酸，然后再失水生成顺丁烯二酸酐。

3. 生理活性

顺反异构体不仅理化性质不同，而且生理活性也不相同。例如：女性激素合成代用品己烯雌酚的生理活性，反式异构体活性较大，顺式则很低；维生素 A 的结构中具有 4 个双键，全部是反式构型，如果其中出现顺式构型，则生理活性大大降低；具有降血脂作用的亚油酸和花生四烯酸则全部为顺式构型。

第二节　对 映 异 构

对映异构又称旋光异构，是另一类型的立体异构，它与化合物的一种特殊物理性质——旋光性有关。为了解释这种异构现象产生的原因，首先从偏振光开始讨论。

一、偏振光和旋光性

1. 偏振光和物质的旋光性

光是一种电磁波，光波的振动方向垂直于光波前进的方向，普通光是由各种波长的，由垂直于其前进方向的各个平面内振动的光波所组成。如图 10-1，圆圈表示一束朝着我们直射过来的光的横截面，↕表示光波振动的平面。当普通光通过具有特殊光学性质的尼可尔（Nicol）棱镜，一部分光线将被阻挡不能通过，只有与尼可尔棱镜的晶轴平行振动的光才能通过。通过尼可尔棱镜的光只在一个平面上振动。这种**只在一个平面上振动的光称为平面偏振光，简称偏振光。偏振光振动的平面称为偏振面**（图 10-2）。此时，若使所得偏振光射在偏振光的传播方向上的第二个尼可尔棱镜上，只有第二个棱镜与第一个棱镜的晶轴平行，偏振光才能通过第二个棱镜；若互相垂直，则不能通过（图 10-3）。

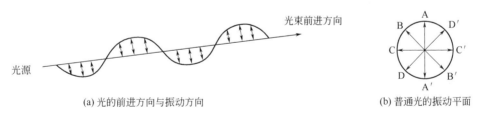

(a) 光的前进方向与振动方向　　(b) 普通光的振动平面

图 10-1　光波振动示意图

如果在两个晶轴平行的棱镜之间放置一个盛满乙醇的测定管，则偏振光能通过第二个棱镜，见到最大强度的光；若将乙醇换成乳酸或葡萄糖溶液，所见到的光，其亮度减弱；如将第二个棱镜向左或向右旋转一定角度，又能见到最大强度的光亮。其现象说明乳酸或葡萄糖能使偏振光的振动方向发生改变，这种**能使偏振光的振动方向发生改变的性质称旋光性或光学活性**。

这样，根据是否具有旋光性，物质可分为两类：一类是像乳酸、葡萄糖等具有旋光性，**能使偏振光的振动方向发生改变的物质，称为旋光性物质或光学活性物质**；另一类是像酒

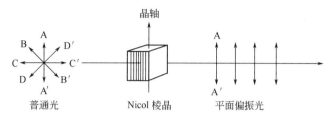

图 10-2 偏振光示意图

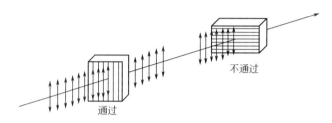

图 10-3 偏振光与不同轴向的尼可尔棱镜

精、丙酮等不具有旋光性，**不能使偏振光的振动方向发生改变的物质，称为非旋光性物质。旋光性物质使偏振光的振动方向旋转的角度称为旋光度，能使偏振光的振动平面按顺时针方向旋转的旋光性物质称为右旋体；相反则称为左旋体**。用来测定物质旋光性及旋光度大小的仪器称为旋光仪。

2. 旋光仪

旋光仪主要是由一定波长的光源、起偏镜、测定管、检偏镜组成（图10-4）。

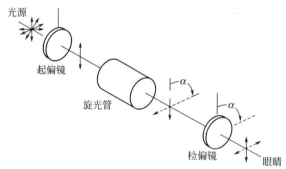

实线：旋转前　虚线：旋转后　α是旋转角

图 10-4 旋光仪示意图

由光源发出来的光通过起偏镜后变成偏振光，然后通过盛有旋光性物质溶液的测定管，偏振光的方向发生偏转，再由连有刻度盘的检偏镜检测偏振光旋转的角度和方向。旋光方向有向左旋和向右旋的区别，通常右旋用"＋"或"d"表示，左旋用"－"或"l"表示。目前大多使用自动旋光仪测定物质的旋光度，其工作原理也是如此。

3. 旋光度、比旋光度

旋光度的大小、旋光方向不仅与旋光性物质的分子结构有关，还与测定时溶液的浓度、测定管长度、溶液的性质、温度、光的波长等有关。在一定条件下，旋光性物质不同，旋光度也不一样。当其他条件不变时，物质的旋光度与溶液的浓度、测定管长度成正比，其比值称为比旋光度，常用 $[\alpha]_\lambda^t$ 表示。比旋光度与旋光度的关系如下：

$$[\alpha]_\lambda^t = \frac{\alpha}{cl}$$

式中，α 是测定的旋光度；λ 是波长；t 是测定时的温度；c 是溶液的浓度，以每毫升溶液中所含溶质的质量（g）表示；l 是测定管的长度，以 dm 表示。

一般测定旋光度时，多用钠光灯作光源，波长是 588nm，通常用 D 表示。例如，由肌肉中取得的乳酸的比旋光度 $[\alpha]_D^{20} = +3.8°$，表示 20℃时，以钠光灯做光源，乳酸的比旋光度是右旋 3.8°。

在一定条件下，旋光性物质的比旋光度是一个物理常数，同物质的熔点、沸点、密度等一样，可在手册和文献中查到。

如果待测的旋光性物质是液体而非溶液，则计算时将公式中的 c 换成该液体的密度 ρ 即可。

二、对映异构

（一）手性分子和旋光性

1. 手性及手性分子

人的左右手之间的关系就好像物体与其在镜子中的镜像之间的关系一样，相似而又不重叠。我们将**实物与其镜像不能重叠的特性叫做手性**。如果能够重合，则称作对称性。

一些有机化合物分子如左右手一样也存在着它们与镜像不能重合的特性，这些分子称作手性分子。它是物质具有旋光性和存在对映异构体的原因。例如：乳酸分子是手性分子，它与镜像不能重合。而乙醇分子两个构型之间是能相互重合的，故乙醇分子是非手性分子。

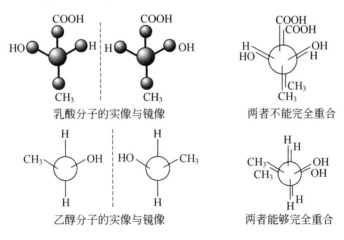

乳酸分子的实像与镜像　　两者不能完全重合

乙醇分子的实像与镜像　　两者能够完全重合

2. 分子的手性和对称因素

判断一个分子有无手性，主要看该分子有无对称性。即对该分子进行某一项操作，看它是否与它原来的立体形象完全一致。如完全重合，则该分子具有对称性，表明该分子没有手性；如果经过操作后分子不能完全重合，则该分子没有对称性，表明该分子具有手性。分子的对称性与分子结构中有无对称因素有关，常见的对称因素有：**对称面和对称中心**。

对称面是指可以将分子分割为物体和镜像的平面；对称中心是指从结构上任意一点通过它延伸同样的距离可以得到与它对称的结构的点。

能引起分子具有手性的一个特定原子或分子骨架的中心称为手性中心，最常见的手性中

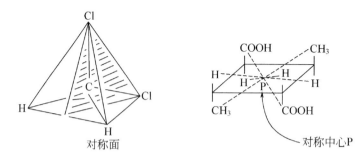

对称面　　　　　　　　　　　对称中心P

心为手性碳原子。所谓手性碳原子是指同时连有 4 个不同原子或原子团的碳原子。在手性分子中至少含有 1 个手性碳原子。常用（ * ）号标记。例如：

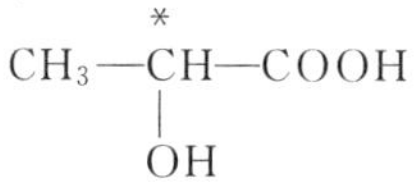

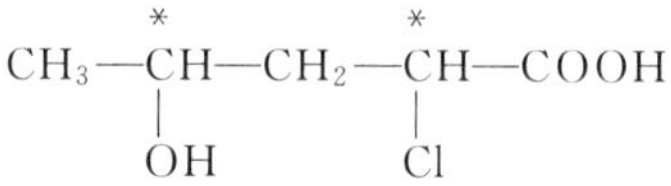

$$CH_3-\overset{*}{C}H-COOH \qquad CH_3-\overset{*}{C}H-CH_2-\overset{*}{C}H-COOH$$
$$\qquad\quad |\qquad\qquad\qquad\qquad\quad |\qquad\qquad |$$
$$\qquad\quad OH\qquad\qquad\qquad\qquad\ OH\qquad\quad Cl$$

3. 手性分子和旋光性

判断一个化合物是否有旋光性，一般以该化合物分子是否有手性为依据。如果是手性分子，则该化合物有旋光性。如乳酸是手性分子，所以乳酸有旋光性。而乙醇是非手性分子，则无旋光性。故化合物的手性是产生旋光性的充分必要条件。

（二）含有一个手性碳原子的化合物

1. 对映异构

乳酸分子是只含有一个手性碳原子的有机化合物分子。有两种不同的空间构型，两种构型有不同的旋光性。如从肌肉中得到的是右旋（+）-乳酸，而由葡萄糖经左旋乳酸菌发酵产生的是左旋（-）-乳酸。这两种乳酸分子的 α-碳原子都分别连接—H、—OH、—COOH、—CH₃ 四个不同的原子或原子团，这些基团在空间的两种不同的排列方式可用模型或立体结构式表示如下：

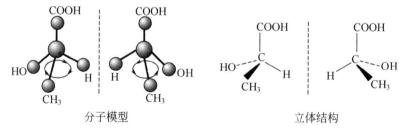

分子模型　　　　　　　　　　立体结构

图中两个乳酸分子的羧基都置于上方，其他三个原子或原子团，若按：H→CH₃→OH 的顺序排列，则一种为顺时针方向，而另一种为逆时针方向，它们所代表的 2 个乳酸分子，**构造相同，但构型不同，彼此互为实物和镜像的关系，相互对映而又不能完全重合，这种现象称为对映异构现象**。（+）-乳酸和（-）-乳酸是互为镜像关系的异构体，称为对映异构体，简称对映体。

在对映体中，围绕着手性碳原子的四个基团间的距离是相同的，即在几何尺寸上是完全相等的，因而它们的物理性质和化学性质一般都相同，仅旋光方向相反。

对映体除了对偏振光表现出不同的旋光性能、旋转角度相等，方向相反外，在手性环境的条件下（如手性试剂、手性溶液、手性催化剂）也会表现出某些不同的性质。

若将等量的一对左旋体和右旋体混合后，得到的是没有旋光性的混合体系，称为外消旋

体。外消旋体一般用（±）表示。这是因为当一对对映体等量混合后，由于旋光度相等，方向相反，互相抵消，使旋光性消失，所以成为无旋光性的外消旋体。

外消旋体和相应的左旋或右旋体除旋光性能不同外，其他物理性质也有差异。

如：（＋）乳酸 m.p. 53℃　　　　（±）乳酸 m.p. 18℃

2. 费歇尔投影式

用"Fischer 投影式"表示，就是把四面体构型按规定的投影方向投影在纸面上。

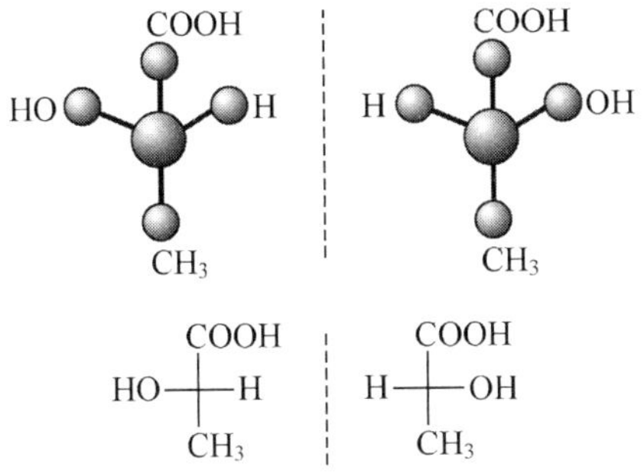

(+)-乳酸　　　(-)-乳酸

（1）投影原则　一般将化合物分子的碳链竖着排列，编号小的在上，编号大的在下，不对称碳原子居中，横键所连基团表示伸向纸平面前，而竖键所连基团表示伸向纸平面后。

（2）使用投影式时的注意事项

① 投影式不能离开纸面翻转，否则会改变手性碳原子周围各原子或原子团的前后关系。如（Ⅰ）和（Ⅱ）构型不同。

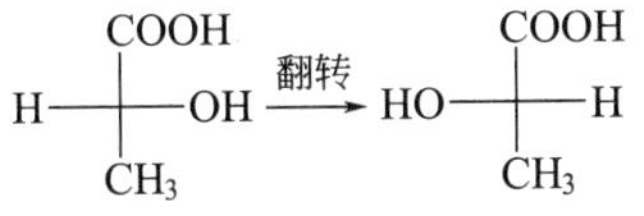

②投影式不能在纸面上转动 90°，如（Ⅰ）和（Ⅲ）构型不同。

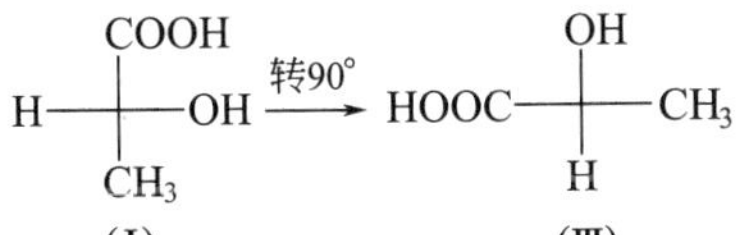

③ 投影式可以在纸面上转动 180°，如（Ⅰ）和（Ⅳ）为同一构型的不同表示方法。

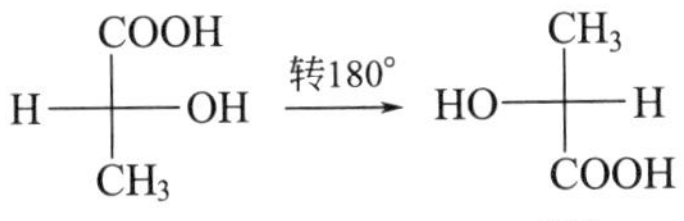

此外，对映体的构型还可用下列方式（楔形式）表示：

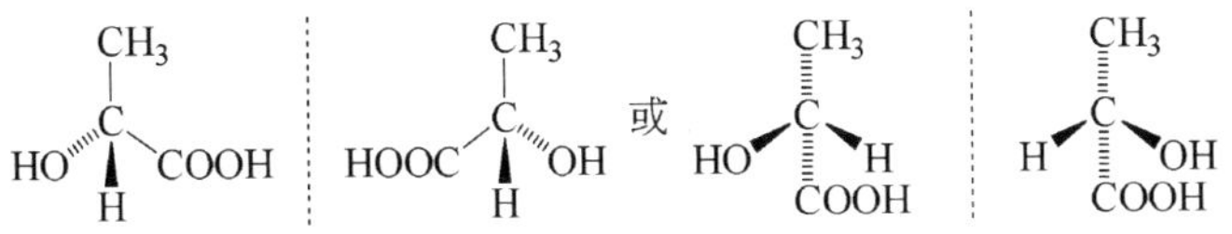

3. 构型的表示方法

（1）D、L 标记法　1950 年以前，人们只知道旋光性不同的一对对映体，分别属于 2 种不同的构型，但无法确定这 2 种构型中哪个是左旋体，哪个是右旋体，于是人为规定：在

Fischer 投影式中,以甘油醛为标准,人为规定:右旋甘油醛的手性碳原子上的羟基写在右侧,为 D 型;左旋甘油醛的手性碳原子上的羟基写在左侧,为 L 型。

$$\begin{array}{c} CHO \\ H\!\!-\!\!\!\!\!-\!\!\!\!\!-\!\!OH \\ CH_2OH \end{array} \qquad \begin{array}{c} CHO \\ HO\!\!-\!\!\!\!\!-\!\!\!\!\!-\!\!H \\ CH_2OH \end{array}$$

D-(+)-甘油醛   L-(−)-甘油醛

D/L 构型因为是人为规定的,其他手性分子的构型是根据甘油醛的构型而定的,所以称为相对构型。1950 年测得了甘油醛的真实构型与人为规定的构型恰巧完全符合,因此原来的相对构型也是真实构型,这种真实构型又称绝对构型。

D、L 只表示构型,(+)、(−) 表示旋光方向,两者之间没有必然的联系。

$$\begin{array}{c} CHO \\ H\!\!-\!\!\!\!\!-\!\!\!\!\!-\!\!OH \\ CH_2OH \end{array} \xrightarrow{HgO} \begin{array}{c} COOH \\ H\!\!-\!\!\!\!\!-\!\!\!\!\!-\!\!OH \\ CH_2OH \end{array}$$

D-(+)-甘油醛   D-(−)-甘油酸

若有几个手性碳原子,在 Fischer 投影式中以标号高的手性碳确定 D、L。例如:

$$\begin{array}{c} CHO \\ HO\!\!-\!\!\!\!\!-\!\!\!\!\!-\!\!H \\ H\!\!-\!\!\!\!\!-\!\!\!\!\!-\!\!OH \\ CH_2OH \end{array} \qquad \begin{array}{c} CHO \\ HO\!\!-\!\!\!\!\!-\!\!\!\!\!-\!\!H \\ HO\!\!-\!\!\!\!\!-\!\!\!\!\!-\!\!H \\ CH_2OH \end{array}$$

D-构型   L-构型

D、L 构型与旋光方向无关,它是人为规定的。

(2) **R、S 标记法**   1970 年国际上根据 IUPAC 的建议采用了 R、S 构型系统命名法,这种命名法根据化合物的实际构型或投影式就能命名。它是基于手性碳原子的实际构型来进行标示的,因此是绝对构型。

R、S 构型命名方法是:将手性碳原子所连的四个原子或原子团(a,b,c,d)根据次序规则先后排列,如 a>b>c>d,然后将上述排列次序最后的原子或原子团(d)放在观察者对面,离眼睛最远的地方。这时其他三个原子或原子团(a,b,c)就指向观察者,然后再观察这三个原子或原子团按次序规则递减排列的顺序(a→b→c),如果是顺时针方向排列的,这个手性碳原子就是 **R** 构型;若为逆时针方向排列的,这个手性碳原子就是 **S** 构型。

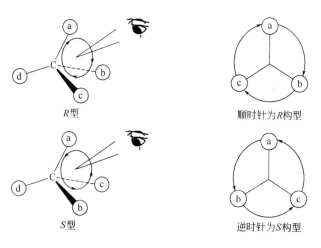

例如：甘油醛的 R、S 构型为

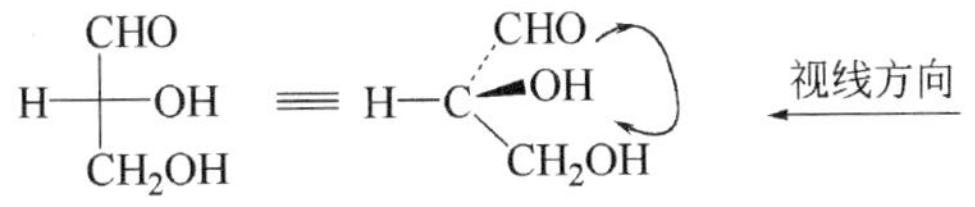

$$\begin{matrix} & CHO \\ H-&\!\!\!|\!\!\!-OH \\ & CH_2OH \end{matrix} \equiv H-C\begin{matrix} CHO \\ \,OH \\ CH_2OH \end{matrix} \quad \xleftarrow{\text{视线方向}}$$

(R)-甘油醛

$$\xrightarrow{\text{视线方向}} \begin{matrix} OHC \\ HO\,\,\,\,C-H \\ HOH_2C \end{matrix} \equiv \begin{matrix} CHO \\ HO-\!\!\!|\!\!\!-H \\ CH_2OH \end{matrix}$$

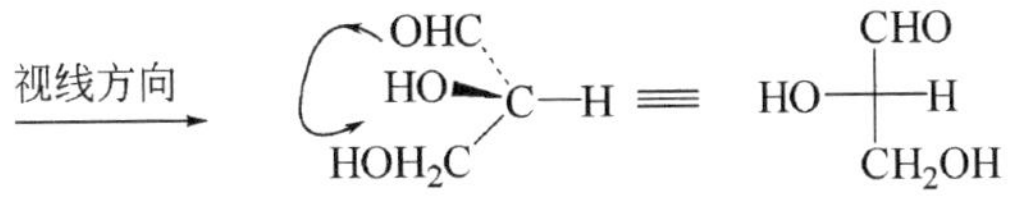

(S)-甘油醛

不同旋光性的对映异构体虽然有 D、L 或 R、S 来标示，但必须注意的是：①D、L 标示法和 R、S 标示法是 2 种不同的构型标示体系，它们之间没有必然的联系，手性碳原子的 D、L 构型和 R、S 构型之间无对应关系。如 D-甘油醛为 R 型，而 D-2-溴甘油醛却为 S 型。②化合物的构型表示的是手性碳原子上基团的空间排列方式，而旋光方向则是旋光性物质的物理性质，它们之间无必然的联系。即一个 D 型或 R 型的化合物其旋光的方向既可是右旋，也可是左旋的。如 D-(＋)-葡萄糖和 D-(－)-果糖。

（三）含两个手性碳原子的化合物

1. 含两个不同手性碳原子的化合物

$$HOOC-\overset{*}{CH}-\overset{*}{CH}-COOH$$
$$\qquad\quad |\quad\,\, |$$
$$\qquad\quad OH\,\, Cl$$

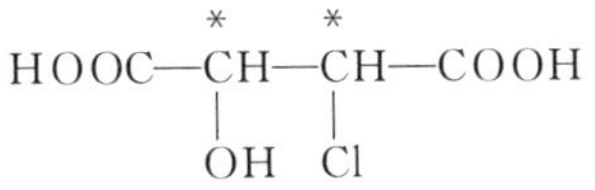

在 2-羟基-3-氯丁二酸结构式中有两个不同的手性碳原子，每个手性碳原子有 2 种构型，因此，该化合物应有四种不同的构型，这四个旋光异构体的费歇尔投影式为：

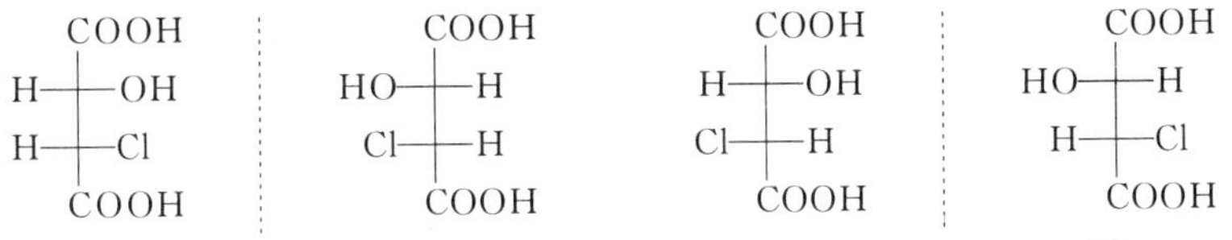

$$\begin{matrix} COOH \\ H-\!\!\!|\!\!\!-OH \\ H-\!\!\!|\!\!\!-Cl \\ COOH \end{matrix} \qquad \begin{matrix} COOH \\ HO-\!\!\!|\!\!\!-H \\ Cl-\!\!\!|\!\!\!-H \\ COOH \end{matrix} \qquad \begin{matrix} COOH \\ H-\!\!\!|\!\!\!-OH \\ Cl-\!\!\!|\!\!\!-H \\ COOH \end{matrix} \qquad \begin{matrix} COOH \\ HO-\!\!\!|\!\!\!-H \\ H-\!\!\!|\!\!\!-Cl \\ COOH \end{matrix}$$

（Ⅰ） （Ⅱ） （Ⅲ） （Ⅳ）
$2S,3S$ $2R,3R$ $2S,3R$ $2R,3S$
赤型 赤型 苏型 苏型

其中（Ⅰ）与（Ⅱ）、（Ⅲ）与（Ⅳ）互为实物和镜像的关系，分别组成一对对映异构体。等量混合构成外消旋体。

（Ⅰ）与（Ⅲ）、（Ⅰ）与（Ⅳ）、（Ⅱ）与（Ⅲ）、（Ⅱ）与（Ⅳ）虽然是不同的构型，也属于旋光异构体，但却不是实物和镜像的关系，则该种类型则被称为非对映异构体。

分子中含有两个不同手性碳原子的化合物，有四个旋光异构体，含 n 个不同手性碳原子的化合物，可能有的旋光异构体的数目为 2^n 个，可组成 2^{n-1} 对对映体。

含两个手性碳原子的化合物的构型，除了可用 D/L 构型、R/S 构型标示以外，还可以用赤型和苏型来标示。如上图的四个构型中其中有 2 个是赤型，2 个是苏型。赤型和苏型的区别在于：**赤型的分子内相邻两个手性碳原子的相同原子或基团在同侧，而相同原子或基团在不同侧的则为苏型。**

2. 含有两个相同手性碳原子的化合物

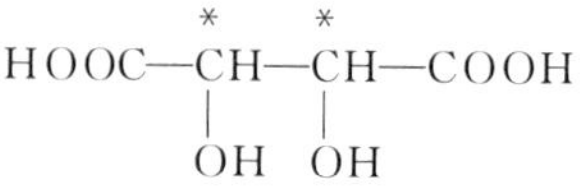

$$HOOC-\overset{*}{C}H-\overset{*}{C}H-COOH$$
$$\qquad\quad |\quad\ |$$
$$\qquad\quad OH\ OH$$

在酒石酸分子中含有两个相同的手性碳原子，即都连有四个不相同的原子或基团，均为 —OH、—COOH、—CH(OH)COOH 和—H。若按含两个手性碳原子化合物的构型表示方法，则可能有 4 种构型。即：

(Ⅰ)	(Ⅱ)	(Ⅲ)	(Ⅳ)
(2R, 3R)-酒石酸	(2S, 3S)-酒石酸	(2R, 3S)-酒石酸	(2S, 3R)-酒石酸

其中（Ⅰ）与（Ⅱ）为一对对映异构体，而（Ⅲ）与（Ⅳ）看起来似乎是对映体，但若将（Ⅲ）在纸面上旋转 180°即可与（Ⅳ）重叠，即（Ⅲ）与（Ⅳ）实际上属于同一构型，从结构上分析可知在（Ⅲ）和（Ⅳ）中均存在着对称面。两个手性碳上连有相同的基团，但构型恰好相反。由 2 个手性碳原子引起的偏振光的振动面的偏转，旋光度相等，方向相反，在分子内相互抵消，所以不能显示出旋光性。因此，含有 2 个相同手性碳原子化合物的构型只有三种。

像（Ⅲ）和（Ⅳ）中虽有手性碳原子，但因为对称因素而使旋光性在分子内部抵消的构型，称为**内消旋体。常用"meso"表示。**

综上所述，我们可以看出：分子的手性是分子产物旋光性的根本原因。一个分子中存在手性碳原子，并不等于这就是一个手性分子，如内消旋酒石酸；而一个分子中不存在手性碳原子，并不等于它就一定不是手性分子，当分子中没有对称中心或对称面时，它的物体和镜像不能重叠，这些分子也是手性分子，因而具有对映体和旋光性。例如：2,3-戊二烯和2,2′-二硝基-6,6′-联苯二甲酸没有手性碳原子，但它们是手性分子。

2,3-戊二烯（丙二烯型化合物）的立体结构：

2,2′-二硝基-6,6′-联苯二甲酸（联苯型化合物）的立体结构：

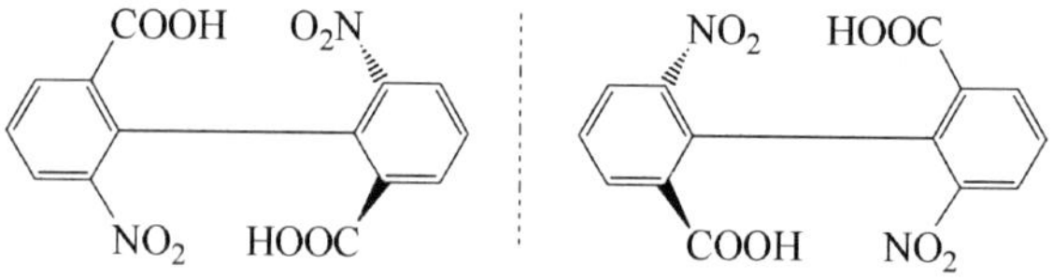

所以，手性碳原子只不过是使一个分子存在手性的最为常见的原因。

（四）旋光异构体的性质差异

对映异构体之间，除了旋光方向相反外，其他物理性质如熔点、沸点、溶解度及旋光度等都相同；而非对映异构体之间，不仅旋光性不同，而且其他物理性质也不相同。

物　　质	熔点/℃	$[\alpha]_D$(水)	溶解度/g·(100mL)$^{-1}$	pK_a
(+)-酒石酸	170	+12.0°	139	2.98
(−)-酒石酸	170	−12.0°	139	2.98
(±)-酒石酸(dl)	206	0	20.6	2.96
$meso$-酒石酸	140	0	125	3.11

对映异构体之间更为重要的区别在于它们对生物体的作用不同，不同构型的一对对映异构体对人体的生理和药理作用的差异往往是很大的。例如左旋麻黄碱在升高血压方面的作用比右旋麻黄碱大 20 倍，左旋肾上腺素的生理活性比右旋肾上腺素强 14 倍；左旋氯霉素可以用于治疗伤寒等疾病，而右旋氯霉素几乎无效；左旋抗坏血酸有抗坏血病的作用，而右旋的则没有；L-型氨基酸、D-型糖是人体所需要的，但它们的对映体对人体却没有营养价值。

三、旋光异构体的拆分

随着科学技术的不断发展，科学家们研究出越来越多的方法来制取各种化合物，其中包括利用特殊的方法和手段合成出单一组分的旋光异构体，但通过一般化学合成得到的化合物往往是多种旋光异构体的混合物，而具有光学活性的药物，常常只有一种旋光异构体有显著疗效，如氯霉素有 4 个旋光异构体，而具有抗菌作用的只是其中的 1 个左旋氯霉素（$1R$，$2R$ 型），其他对映体则无此疗效，因此在制药工业中常需要对外消旋体进行拆分。外消旋体的拆分方法有多种，如化学拆分法、诱导拆分法、生化拆分法等。

1. 化学拆分法

化学拆分法的原理是将对映体转化为非对映体，利用非对映体之间物理性质的差异，采用重结晶、蒸馏等一般方法达到分离的目的。

例如要拆分酸性外消旋体的混合物，可以选用一种具有旋光性的碱性物质与它们作用，生成非对映体盐，然后利用它们的溶解度不同，用重结晶方法将它们分离、提纯。

$$\begin{matrix}(+)\text{-酸}\\(-)\text{-酸}\end{matrix} + (+)\text{-碱} \longrightarrow \begin{matrix}(+)\text{-酸}\cdot(+)\text{-碱}\xrightarrow{H^+}(+)\text{-酸}\\(-)\text{-酸}\cdot(+)\text{-碱}\xrightarrow{H^+}(-)\text{-酸}\end{matrix}$$

非对映异构体的盐

将对映体转化成非对映体时所加的试剂称为拆分剂。拆分外消旋的酸性物质，要用碱性拆分剂，拆分外消旋的碱性物质，则要用酸性拆分剂。

2. 结晶拆分法

结晶拆分法的原理是先将需要拆分的外消旋体溶液制成过饱和溶液，再加入一定量的同样左旋体或右旋体的晶种，与晶种相同构型的异构体立即析出结晶而拆分。其拆分过程如下：

$$\text{外消旋体}\xrightarrow[\triangle]{\text{右旋体}}\text{右旋体饱和溶液}\xrightarrow{\text{冷却}}\begin{matrix}\text{右旋体结晶}\\\text{母液}\end{matrix}\xrightarrow[\triangle]{\text{外消旋体}}$$

$$\text{左旋体饱和溶液}\xrightarrow{\text{冷却}}\begin{matrix}\text{左旋体结晶}\\\text{母液}\end{matrix}\xrightarrow[\triangle]{\text{外消旋体}}\text{反复上述操作}$$

此法成本低，效果好。但要求外消旋体的溶解度大于纯对映体，因而应用受到一定限制。

3. 色谱分离法

色谱分离法是利用某些具有旋光性的物质如淀粉、蔗糖或某些人工合成的大分子作为柱色谱的吸附剂，有选择地吸附外消旋体中的某一对映异构体，从而达到拆分外消旋体的目的。

第三节 构象异构

烷烃分子中碳碳单键均为 σ 键，σ 键的特点之一就是电子云以键轴为轴呈圆柱对称分布，成键的碳原子之间可以沿键轴任意旋转。如果固定乙烷分子中的一个碳原子，使另一个碳原子绕 C—C 键旋转，每旋转任何一个角度，两个甲基上的氢原子的相对位置将发生改变，产生不同的空间排列方式。这种**由碳碳 σ 键沿键轴旋转而引起分子中原子或原子团在空间的不同排列形式称构象**。由单键的旋转而产生的异构体叫构象异构。在构象异构体之间，结构式相同，只是原子或原子团在空间的相对位置或排列方式不同，故属于立体异构。

一、乙烷的构象

乙烷分子中没有碳链异构，但当乙烷分子中的两个碳原子围绕 C—Cσ 键旋转时，两个碳原子上的氢原子可以相互处于不同的位置，产生无数个构象异构体，其中有代表性的是能量最高的重叠式和能量最低的交叉式。

构象通常用透视式和纽曼（Newman）投影式表示。

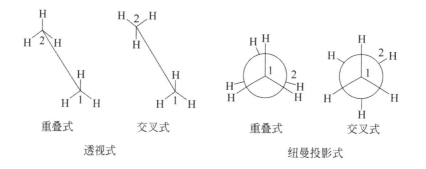

重叠式　　交叉式　　　　　　重叠式　　交叉式
透视式　　　　　　　　　　纽曼投影式

在重叠式构象中，由于 2 个碳原子上的氢原子两两相对，距离最近，相互排斥力最大，因此内能较高，最不稳定。而交叉式构象中，两个碳原子上的氢原子两两交错，距离最远，相互排斥力较小，因此内能最低，最稳定，故称为优势构象。在乙烷分子的各种构象的动态平衡混合体系中，稳定的交叉式构象所占比例较大，即优势构象为主。

二、正丁烷的构象

正丁烷分子中有 3 个 C—Cσ 键，每一个 C—C 键的旋转，都将产生无数个构象，下面主要讨论围绕 C2 与 C3 之间的 σ 键旋转时，形成的 4 种典型构象，即对位交叉式、邻位交叉式、部分重叠式和完全重叠式。

在这 4 种典型构象中，对位交叉式因 2 个较大体积的甲基相距最远，排斥力最小，能量

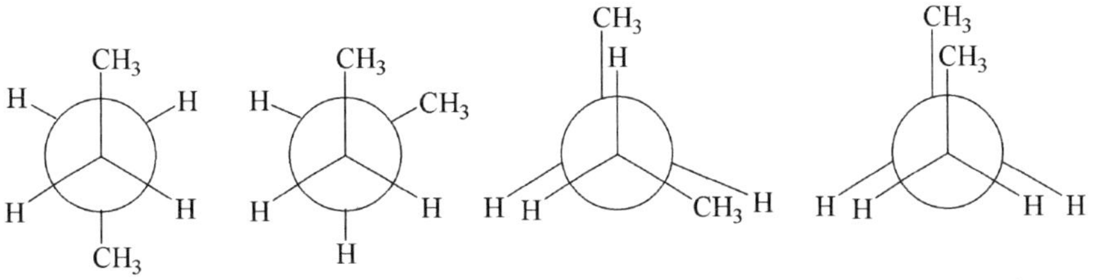

| 对位交叉式 | 邻位交叉式 | 部分重叠式 | 完全重叠式 |

最低，最稳定；其次是邻位交叉式，能量较低，较稳定。而完全重叠式因 2 个体积较大的甲基相距最近，排斥力最大，能量最高，最不稳定。因此，在室温下正丁烷的构象的动态平衡体系中，以对位交叉式构象为主，它是丁烷的优势构象。

三、环己烷的构象

环己烷及其取代环己烷是自然界存在最广泛的脂环烃。它们性质稳定，结构不易被破坏，其结构单元广泛存在于天然化合物中。

1. 环己烷的构象

在环己烷分子中，每个碳原子都是以 sp^3 杂化的，C—C 键之间的夹角基本保持 $109°28'$，6 个碳原子不在同一平面上，因此在空间能产生各种构象。其中有两种构象最为典型：椅式构象和船式构象。

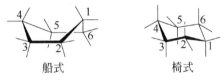

船式　　椅式

常温下两者可以相互转变而无法分离出来，但主要以椅式构象存在。

在椅式构象中，C—H 键可分为两类：第一类 6 个 C—H 键与分子的对称轴平行叫做直立键，用 a 键（axial bond）表示，其中三个方向朝下，三方向朝上，相邻两侧一上一下；另一类 6 个 C—H 键与直立键形成 $109.5°$ 的夹角，叫做平伏键，用 e 键（equatorial bond）表示。

直立键(a键)　　平伏键(e键)

由于 C—C 键的转动，不但船式与椅式构象可相互转变，而且椅式构象也可转变为另一种椅式构象（常温下每秒钟可转换 $10^4 \sim 10^5$ 次）。在相互转变中，原来的 a 键变为 e 键，而原来的 e 键变为 a 键。

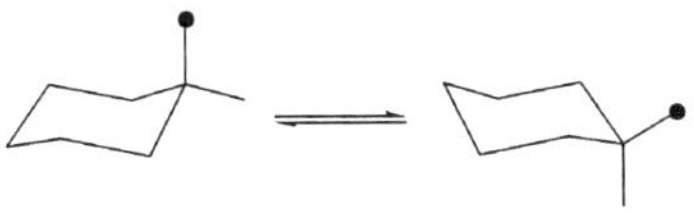

2. 取代环己烷的构象

环己烷上的氢原子，被其他原子或原子团取代后，取代基可处于直立键或平伏键。如甲基环己烷可以有两种不同的典型的椅式构象，一种是甲基处于直立键，一种是甲基处于平伏键。

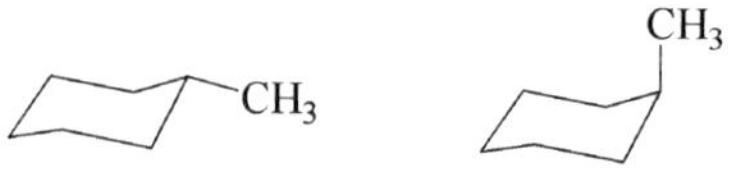

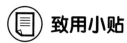

甲基处于平伏键构象　　甲基处于直立键构象

当甲基处于直立键的构象时，甲基上的氢原子与C3、C5上的氢原子距离较近，能量较高，不稳定。而甲基处于平伏键时，它与C3、C5上的氢原子距离较远，斥力较小，较稳定。在室温下，甲基在平伏键上的构象占平衡混合物的95%。

当取代基体积增大时，两种椅式构象的能量差也增大，平伏键上取代的构象所占的比例就更高。如室温下，异丙基环己烷平衡混合物中异丙基处于平伏键的构象约占97%，叔丁基取代环己烷几乎完全以一种构象存在。可见，取代环己烷中大基团处于平伏键的构象较稳定，为优势构象。

当环己烷环上有不止一个取代基时，其优势构象遵从如下规律：取代基相同，e键最多的构象最稳定；取代基不同，大基团在e键的构象最稳定。

致用小贴

"反应停"与手性化合物

"反应停"曾经是为治疗和阻止女性怀孕早期的呕吐服用的一种药物，通用名沙利度胺，又名肽咪哌啶酮，IUPAC学名 N-(2,6-二氧代-3-哌啶基)-邻苯二甲酰亚胺，是研制抗菌药物过程中发现的一种具有中枢抑制作用的药物，具有抗感冒、抗惊厥作用。另外，还发现它具有较好的安眠和镇静作用，并被用于治疗麻风发热与疼痛，而且还广泛用作止吐剂，防止妊娠反应呕吐。20世纪50至60年代初期在全世界广泛使用，由于其副作用导致了"海豹畸形婴儿"的大量出生，自60年代起，反应停就被禁止作为孕妇止吐药物使用，仅在严格控制下被用于治疗某些癌症、麻风病等。

后经医学研究发现，反应停药物实际上是由两种非常相似的物质组成，相似得就像我们的左右手一样，难以区别，即手性化合物，又称为对映（旋光）异构体。对映异构体在物理性质方面，一般条件下，除旋光方向相反外，其旋光度、熔点、沸点、溶解度都相同。在化学性质方面，一般条件下，几乎都相同。但在生理作用方面，对映异构体由于在立体结构上的差异，对生物体的生理和药理效应就表现出显著的差异。

如"反应停"的右旋体（R-构型）具有镇静作用，而左旋体（S-构型）对胚胎具有很强的致畸作用。致畸原因出自其代谢化产物：左旋体易发生酶促水解产生邻苯二甲酰谷氨酸，渗入胎盘，干扰胎儿叶酸生成而致畸，而右旋体则不会。

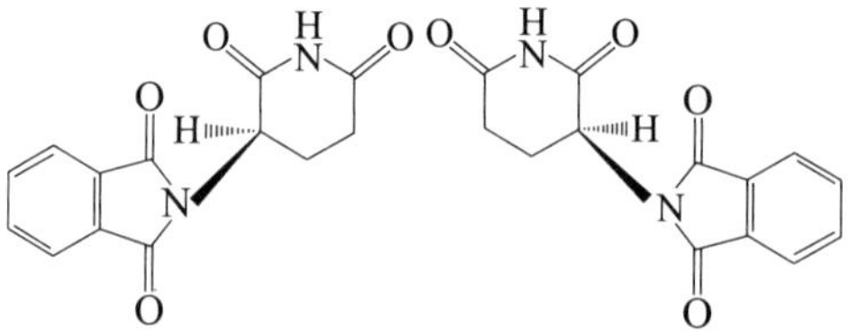

R-构型　　　　　S-构型

"反应停"的两种对映异构体

1. 名词解释。
(1) 顺反异构　　(2) 偏振面　　(3) 偏振光　　(4) 手性分子和分子的手性
(5) 手性碳原子　(6) 内消旋体　(7) 外消旋体　(8) R、S 构型

2. 判断下列化合物中，是否存在顺反异构，如果存在顺反异构，请写出其构型并进行命名。

(1) $H_3C-CH-CH=CH_2$
　　　　　$|$
　　　　　Cl

(2) $H_3C-CH-CH=CCl_2$
　　　　　$|$
　　　　　Cl

(3) 环己基-CH_3

(4) 苯基-$CH=CH-CH-CH_3$
　　　　　　　　　$|$
　　　　　　　　　NH_2

3. 正确判断下列各组物质是否是同一构型？

(1)
```
    CH3              CH2CH3
    |                |
H——C——CH2CH3    CH3——C——H
    |                |
    CH2CH3           CH2CH3
```

(2)
```
    CHO              CHO
    |                |
CH3——C——Br      Cl——C——Br
    |                |
    Cl               CH3
```

(3)
```
    COOH             COOH
    |                |
Br——C——H        H——C——Br
    |                |
Cl——C——H        H——C——Cl
    |                |
    CH3              CH3
```

(4)
```
    COOH             COOH
    |                |
H——C——CH3       CH3——C——H
    |                |
H——C——CH3       CH3——C——H
    |                |
    COOH             COOH
```

4. 某旋光性物质 1g，溶于 1mL 氯仿中后，在 5cm 长的测定管中测定其旋光度为 $-39°$，试计算此物质的比旋光度是多少？

5. 20℃时用 0.2m 长的测定管测得每升含 100g 蔗糖水溶液的旋光度为 $+13.2°$。在相同条件下测得样品溶液的旋光度为 $+12.6°$，试求蔗糖的比旋光度和样品溶液的浓度。

6. 判断下列化合物是否有旋光异构体？若有则标出手性碳原子，并写出可能有的旋光异构体的投影式，注明外消旋体和内消旋体。并用 R、S 构型标示手性碳原子的构型。（药学专业学生完成）
(1) 3-氯-1-丁醇　(2) 2,3-二氯丁二酸　(3) 2-氯-3-溴丁烷　(4) 3-甲基-3-乙基戊烷

7. 请画出 2,3-二氯丁烷的四种典型的构象，并指出其优势构象。（药学专业学生完成）

第十一章 含氮化合物

知识导图

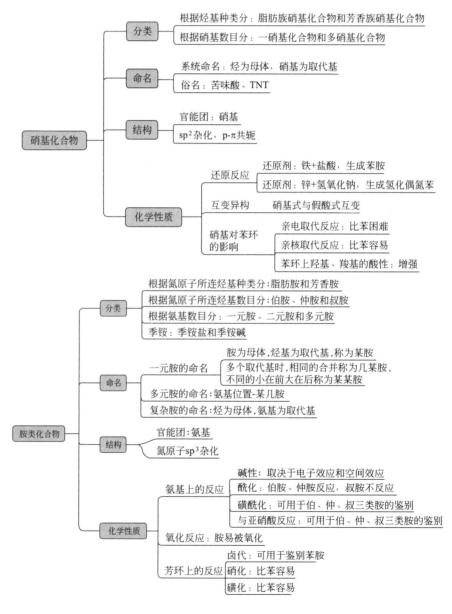

第十一章　含氮化合物

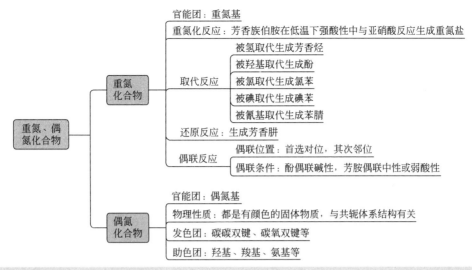

学习目标

1. 掌握胺的分类和命名方法，熟悉胺的结构。
2. 掌握胺的物理性质和化学性质。
3. 掌握重氮化合物的结构和化学性质。
4. 熟悉硝基化合物的命名及常见化学性质。
5. 熟悉偶氮化合物的结构及其用途。
6. 了解季铵盐、季铵碱的结构特点。

含氮有机化合物种类很多，其中主要是指含有碳氮键的有机化合物。例如硝基化合物、胺、酰胺、腈、重氮化合物、偶氮化合物等。

含氮化合物在自然界中分布很广，且在生理过程中具有重要的作用。如在蛋白质中的含氮量达到16%左右；在生物体中携带遗传信息并指导蛋白质合成的重要物质核酸中的碱基就是一种含有氮元素的特殊基团；临床上含氮的药物有许多，在各类药物中几乎都有含氮的药物，在不同的药物中氮原子可以胺、酰胺、含氮的杂环、硝基化合物等形式存在。如巴比妥类、磺胺类药物等。

第一节　硝基化合物

一、硝基化合物的分类和命名

烃分子中的氢原子被硝基取代后所形成的化合物称为硝基化合物。

1. 硝基化合物的分类

（1）根据分子中烃基的种类不同，硝基化合物可分为脂肪族硝基化合物和芳香族硝基化合物。

脂肪族硝基化合物（$R-NO_2$）。例如：

$$CH_3-CH_2-NO_2 \qquad CH_3-CH_2-\underset{\underset{NO_2}{|}}{CH}-CH_3$$

　　硝基乙烷　　　　　　　　2-硝基丁烷

芳香族硝基化合物（Ar—NO₂）。例如：

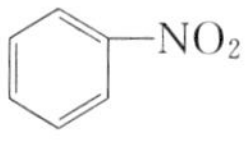

硝基苯 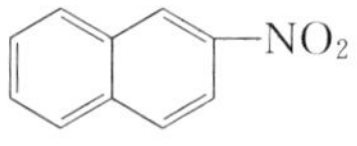　　　　　　β-硝基萘

（2）按分子中硝基的数目可分为一元、二元和多元硝基化合物。例如：

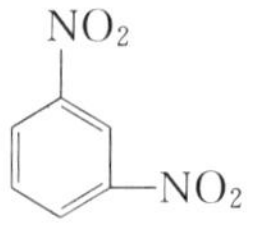

间二硝基苯 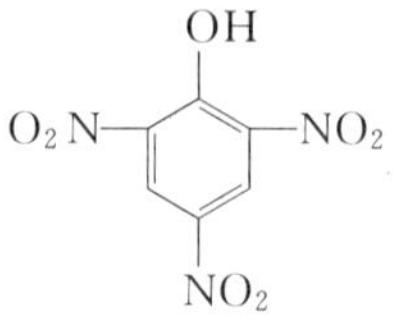　　　　2,4,6-三硝基苯酚

2. 硝基化合物的命名

硝基化合物的命名与卤代烃相似。即以烃为母体，硝基为取代基。例如：

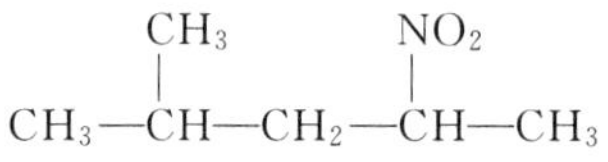

2-甲基-4-硝基戊烷 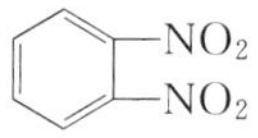　　　　邻二硝基苯

二、硝基化合物的结构

硝基化合物的官能团是硝基，常用 —N(=O)O 表示。但该结构并没有真实地反映硝基的成键方式。现代物理方法测定的结果表明，硝基中 2 个氮氧键是等同的，而不是所表示的那样 1 个单键和 1 个双键。杂化理论认为，硝基中的氮原子为 sp^2 杂化，3 个 sp^2 杂化轨道分别与 2 个氧原子和 1 个碳原子形成 3 个 σ 键。氮原子上没有参与杂化的 p 轨道上的一对电子，与 2 个氧原子的另一轨道形成具有 4 个离域电子的共轭体系。由于形成了 p-π 共轭体系，氮氧键的键长出现了平均化，2 个氮氧键是等同的。其结构为：

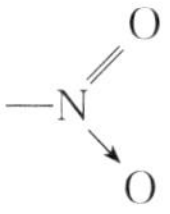

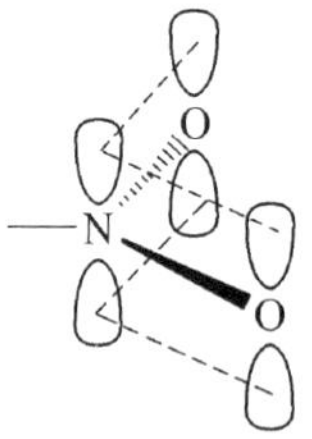

简单表示为： 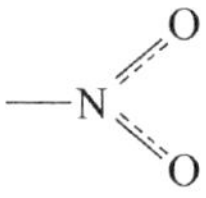　　，通常仍用 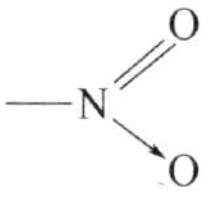　　来表示

三、硝基化合物的性质

（一）物理性质

硝基是具有强极性的基团，所以硝基化合物是极性分子，有较高的沸点和密度。

脂肪族硝基化合物多数是油状液体，芳香族硝基化合物除了硝基苯是高沸点液体外，其余都是淡黄色固体。有苦杏仁味,味苦。不溶于水,溶于有机溶剂和浓硫酸。

一硝基化合物可以直接蒸馏而不分解,随分子中硝基数目的增加,其熔点、沸点和密度增大,颜色加深,苦味增强,对热稳定性减小,受热易分解爆炸(多硝基化合物如 TNT 是强烈的炸药);硝基化合物有毒,在贮存和使用硝基化合物时应注意安全。

(二) 化学性质

1. 还原反应

硝基化合物易被还原,芳香族硝基化合物在不同的还原条件下得到不同的产物。如硝基苯在酸性介质中以铁粉还原,生成芳香族伯胺苯胺;而在碱性条件下以锌粉还原,得到氢化偶氮苯,氢化偶氮苯再进行酸性还原也生成苯胺。前者为单分子还原,后者则为双分子还原。

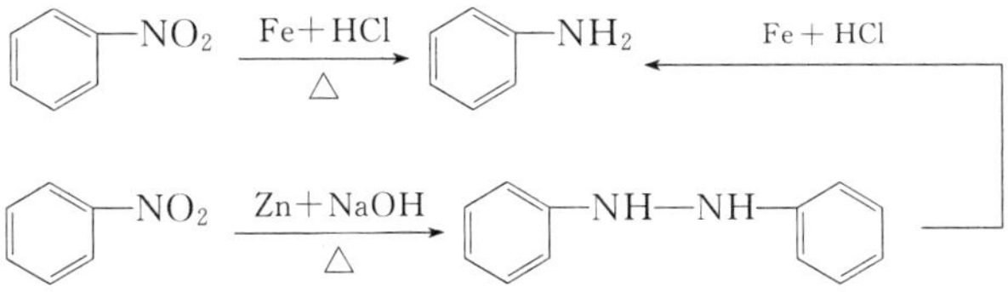

2. 互变异构

当硝基连在伯、仲碳原子上时,由于共轭效应,使 α-氢原子活性增强,产生类似于酮-烯醇式互变异构现象。

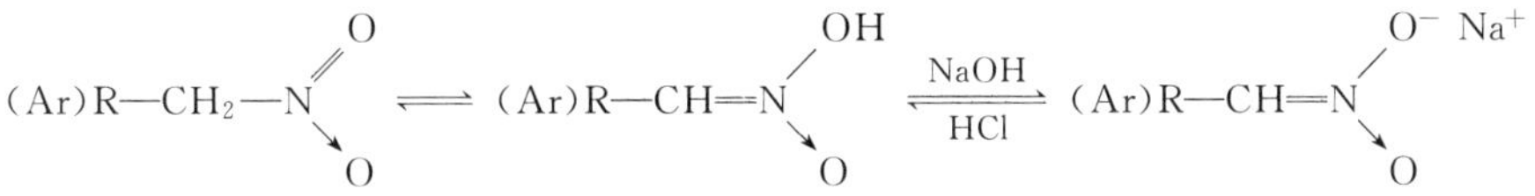

硝基式　　　　烯醇式(假酸式)　　　　酸式钠盐

烯醇式中氧原子上的氢较活泼,有质子化倾向,能与强碱反应,称假酸式。所以含有 α-H 原子的硝基化合物可溶于氢氧化钠溶液中,无 α-H 原子的硝基化合物则不溶于氢氧化钠溶液。这个性质可用于 2 种结构硝基化合物的分离。

与羰基化合物类似,含有 α-H 的硝基化合物,在强碱性条件下,可与醛或酮发生缩合反应。例如:

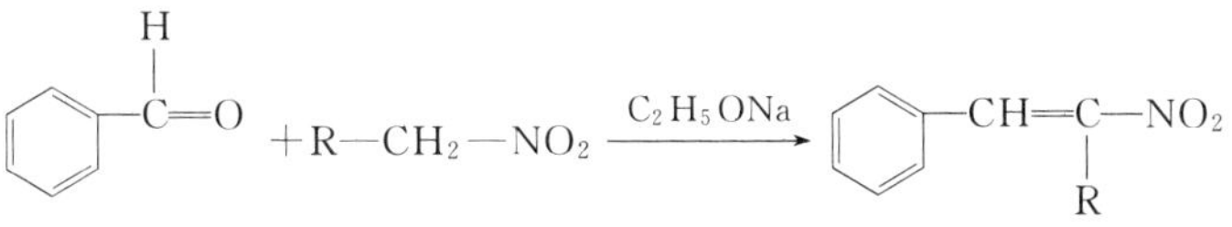

3. 硝基对苯环的影响

硝基是吸电子基团,它使苯环电子云密度降低,因而使苯环的亲电取代反应活性降低,而亲核取代活性增强。另外,硝基对苯环上的其他基团也有影响,如硝基可使邻、对位氯原子的亲核取代反应的活性增大;酚羟基和羧基的酸性增强。

(1) 苯环上的亲电取代反应　当苯环上引入硝基后发生亲电取代反应比苯要难,表现为不仅反应速率慢,而且反应要求的条件高。由于硝基主要使其邻、对位电子云密度降低更多,而间位由于降低较少其电子云密度相对较高。因此苯环上的亲电取代反应主要发生在间位上。例如:

$$\underset{\text{NO}_2}{\text{C}_6\text{H}_5} + \text{Br}_2 \xrightarrow[140℃]{\text{FeBr}_3} \underset{\text{Br}}{\text{NO}_2\text{-C}_6\text{H}_4} + \text{HBr}$$

$$\underset{\text{NO}_2}{\text{C}_6\text{H}_5} + \text{HNO}_3 \xrightarrow[95℃]{\text{浓 H}_2\text{SO}_4} \underset{\text{NO}_2}{\text{NO}_2\text{-C}_6\text{H}_4} + \text{H}_2\text{O}$$

$$\underset{\text{NO}_2}{\text{C}_6\text{H}_5} + \text{H}_2\text{SO}_4\text{(发烟)} \xrightleftharpoons[]{110℃} \underset{\text{SO}_3\text{H}}{\text{NO}_2\text{-C}_6\text{H}_4} + \text{H}_2\text{O}$$

由于硝基对苯环的钝化作用，硝基苯不能发生傅-克烷基化反应和傅-克酰基化反应。

(2) 苯环上的亲核取代反应　由于苯环硝基的引入，使苯环亲核取代反应活性增强。例如：氯苯在碱性条件下的水解就是亲核取代反应，在一般条件下很难进行，但邻、对位硝基氯苯却容易水解，并且硝基越多，取代反应越容易，反应条件越温和。例如：

$$\text{C}_6\text{H}_5\text{Cl} \xrightarrow[370℃, 20.265\text{MPa}]{\text{NaOH, H}_2\text{O}} \text{C}_6\text{H}_5\text{ONa}$$

$$\underset{\text{NO}_2}{\text{Cl-C}_6\text{H}_4} \xrightarrow[130℃]{\text{NaHCO}_3 \text{ 溶液}} \underset{\text{NO}_2}{\text{NaO-C}_6\text{H}_4}$$

$$\underset{\text{NO}_2}{\underset{\text{NO}_2}{\text{Cl-C}_6\text{H}_3}} \xrightarrow[100℃]{\text{NaHCO}_3 \text{ 溶液}} \underset{\text{NO}_2}{\underset{\text{NO}_2}{\text{NaO-C}_6\text{H}_3}}$$

(3) 苯环上酚羟基、羧基的酸性　苯环上酚羟基和羧基受硝基强吸电子效应的影响酸性增强，以邻、对位上的硝基对酚羟基和羧基的影响较大。

	苯酚	邻硝基苯酚	对硝基苯酚	间硝基苯酚
pK_a	10.0	7.21	7.16	8.00

	苯甲酸	邻硝基苯甲酸	对硝基苯甲酸	间硝基苯甲酸
pK_a	4.17	2.21	3.40	3.46

苯环上的硝基数目越多，则对苯环上羟基或羧基的酸性影响越大。如 2,4,6-三硝基苯酚（苦味酸）的酸性已接近无机强酸。

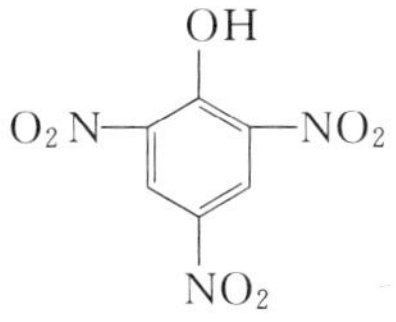

$$\underset{pK_a=0.35}{\text{(2,4,6-三硝基苯酚)}}$$

四、重要的硝基化合物

1. 硝基苯

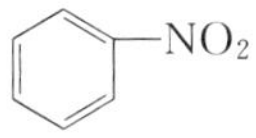

硝基苯是淡黄色有苦杏仁味的油状液体，沸点 210.8℃。是制造苯胺、染料和药物的原料，此外还作为溶剂，一些高熔点化合物可在里面结晶。硝基苯不溶于水，可用水蒸气蒸馏，其蒸气有毒，应注意安全。

2. 2,4,6-三硝基甲苯（TNT）

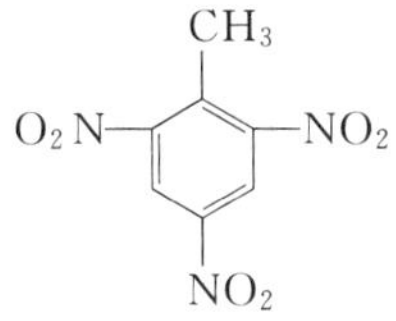

2,4,6-三硝基甲苯是黄色结晶，熔融而不分解（240℃才爆炸），受震亦相当稳定，须经起爆剂（雷汞）引发才猛烈爆炸，不腐蚀金属，是一种优良的炸药。

3. 2,4,6-三硝基苯酚

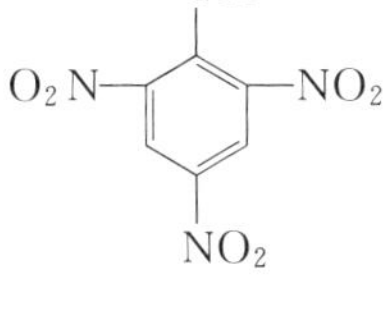

2,4,6-三硝基苯酚（苦味酸）是黄色片状结晶，熔点 122℃，溶于热水、乙醇、乙醚中。它是多硝基化合物，是烈性炸药。苦味酸具有强酸性，能与有机碱如胺、含氮杂环和生物碱等生成难溶性苦味酸盐晶体，或形成稳定的复盐，可作为生物碱沉淀剂。苦味酸可以凝固蛋白质，用作蛋白质沉淀剂、丝和毛的黄色染料。它有杀菌止痛功能，在医药上用以处理烧伤。

第二节 胺

胺（amine）可以看作是氨（NH_3）分子中的氢原子被一个或几个烃基取代而生成的化合物。

前面已接触过"氨（ammonia、音 ān）""铵（ammonium、音 ǎn）"与本节所要学的"胺（amine、音 àn）"三个字虽读音相近，但含义不同。"氨"用来表示气态氨（NH_3）或相应的基团，如氨基（—NH_2）、亚氨基（>NH）、次氨基（—N<）、甲氨基（CH_3NH—）等；"胺"用来表示 NH_3 的烃基衍生物；而"铵"是用来表示氨或胺的盐类化合物及季铵盐和季铵碱。

一、胺的分类和命名

1. 胺的分类

（1）根据胺分子中氮原子所连烃基种类的不同，可分为脂肪胺和芳香胺。

脂肪胺（R—NH_2）　　　CH_3—NH_2　　　$(CH_3)_3N$　　　$CH_3NHCH_2CH_3$

芳香胺（Ar—NH_2）　　　C6H5—NH_2　　　C6H5—$NHCH_3$　　　C6H5—N(CH3)2

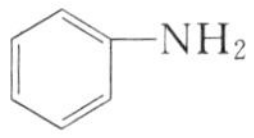

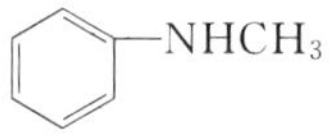

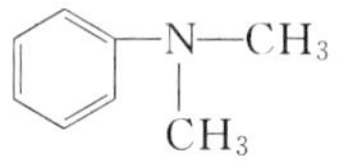

（2）根据分子中所含氨基的数目不同分为一元胺、二元胺和多元胺。

CH_3CH_2—NH_2　　　H_2N—CH_2—CH_2—NH_2　　　H_2N—CH_2—$CH(NH_2)$—CH_2—NH_2

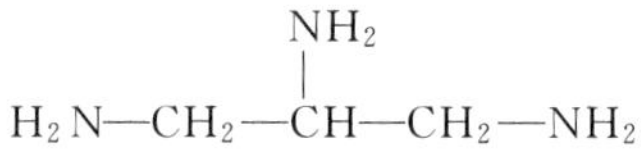

　　一元胺　　　　　　　　二元胺　　　　　　　　　　多元胺

（3）根据胺分子中与氮原子相连的烃基数目不同分为伯胺、仲胺、叔胺。

伯胺（primary amine）：氮原子与一个烃基相连，官能团为氨基（—NH_2）。

仲胺（secondary amine）：氮原子与两个烃基相连，官能团为亚氨基（>NH）。

叔胺（tertiary amine）：氮原子与三个烃基相连，官能团为次氨基或叔氮原子（—N<）。

三类胺的通式为：

(Ar)R—NH_2　　　(Ar)R—NH—R'(Ar')　　　(Ar)R—N(R'')(R'(Ar'))

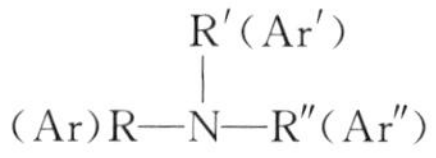

　　伯胺　　　　　　　　仲胺　　　　　　　　　　叔胺

值得注意的是，胺的伯、仲、叔之分与醇的伯、仲、叔之分的含义是不同的。伯、仲、叔醇是指它们的羟基分别与伯、仲、叔碳原子相连接；而伯、仲、叔胺是根据氮原子所连接的烃基数目确定的。例如叔丁醇和叔丁胺，两者均具有叔丁基，但前者是叔醇，后者是伯胺。

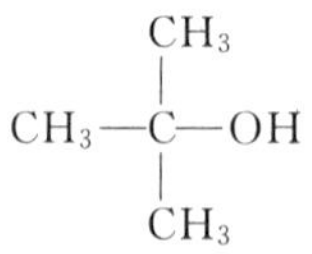

$(CH_3)_3C$—OH　　　　　$(CH_3)_3C$—NH_2

叔丁醇（叔醇） 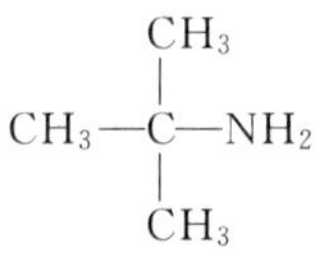　　　　叔丁胺（伯胺）

2. 胺的命名

（1）简单胺的命名，以胺作母体，烃基作取代基称作某胺。例如：

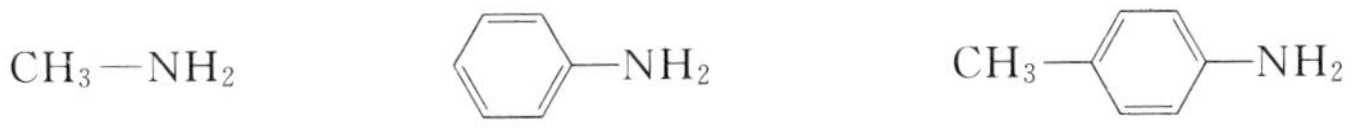

CH_3-NH_2　　　　　　⌬$-NH_2$　　　　　　CH_3-⌬$-NH_2$

　　甲胺　　　　　　　　　苯胺　　　　　　　　　对甲基苯胺

（2）若有几个相同的烃基，可以合并起来写，用二、三等数字表示。若烃基不相同，简单烃基名称放在前面，复杂烃基放在后面。例如：

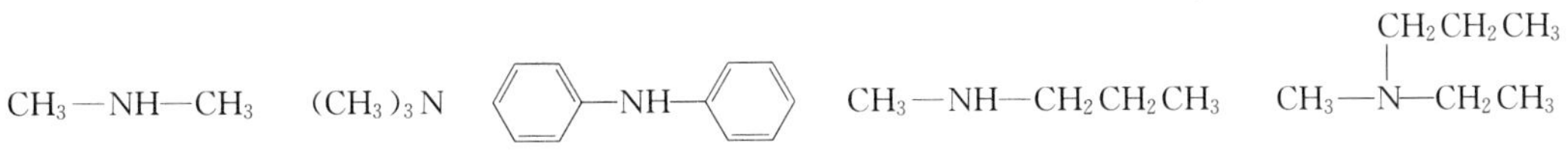

$CH_3-NH-CH_3$　　$(CH_3)_3N$　　⌬$-NH-$⌬　　$CH_3-NH-CH_2CH_2CH_3$　　$CH_3-N(CH_2CH_3)(CH_2CH_2CH_3)$

二甲胺　　　　　三甲胺　　　　二苯胺　　　　　　甲丙胺　　　　　　　　甲乙丙胺

（3）芳香胺的氮原子上连有脂肪烃基时，以芳香胺为母体命名，在脂肪烃基名称前面加字母"N"，表示脂肪烃基连在氮原子上。例如：

⌬$-NH-CH_3$　　　　　⌬$-N(CH_3)(CH_2CH_3)$

N-甲基苯胺　　　　　N-甲基-N-乙基苯胺

（4）比较复杂的胺的命名，是以烃为母体，氨基作为取代基。例如：

$CH_3-CH(CH_3)-CH_2-CH_2-CH(NH_2)-CH_2-CH_3$　　　　$CH_3-CH(NH-CH_2CH_3)-CH_2-CH_2-CH_2-CH_3$

2-甲基-5-氨基庚烷　　　　　　　　　　　　　　　2-乙氨基己烷

（5）多元胺的命名与多元醇的命名相似。例如：

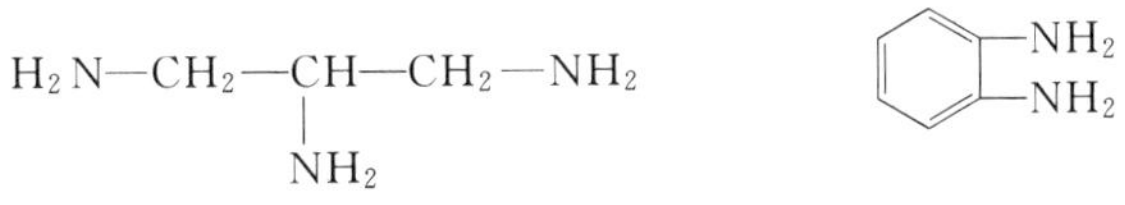

$H_2N-CH_2-CH(NH_2)-CH_2-NH_2$　　　　　　⌬$(NH_2)(NH_2)$

1,2,3-丙三胺　　　　　　　　　　　邻苯二胺

二、胺的结构

实验证明，胺分子中的氮原子在成键时和氨分子中的氮原子相同，均为 sp^3 杂化，其中 3 个 sp^3 杂化轨道（各有 1 个电子）分别与氢原子或碳原子结合形成 3 个 σ 键，剩余一对未共用电子占据另一个 sp^3 杂化轨道，形成三角锥形结构。各 σ 键之间的夹角接近于 109°。

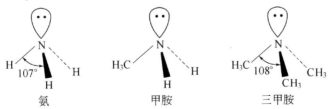

　　　氨　　　　　　　甲胺　　　　　　　三甲胺

三、胺的性质

（一）胺的物理性质

在常温下，低级脂肪胺中甲胺、二甲胺、三甲胺和乙胺是气体，其余胺为液体或固体。

低级脂肪胺的气味类似于氨,二甲胺、三甲胺有鱼腥味。鱼、肉腐烂时可产生极臭而有毒的1,4-丁二胺(腐胺)和1,5-戊二胺(尸胺)。高级胺的气味会逐渐减弱。芳香胺有特殊气味,芳香胺毒性很大,与皮肤接触或吸入其蒸气,都会引起中毒。

伯胺、仲胺因氮原子上连有氢原子可形成分子间氢键,它们的沸点比分子量相近的烷烃高;但其形成的氢键较弱,它们的沸点比相应的醇和羧酸要低。而叔胺之间不能形成分子间氢键,其沸点与相应的烷烃相似。

低级胺可溶于水,这是因为氨基与水可以形成氢键。但随着胺中烃基碳原子数的增多,水溶性逐渐减小,直至不溶。

(二) 胺的化学性质

胺的化学性质主要取决于氨基氮原子上的未共用电子对,它可以接受质子显碱性,能与酰基化试剂、亚硝酸、氧化剂等反应。

1. 胺的碱性

(1) 碱性 与氨相似,胺的水溶液呈碱性。

$$NH_3 + H_2O \rightleftharpoons NH_4^+ + OH^-$$

$$RNH_2 + H_2O \rightleftharpoons RNH_3^+ + OH^-$$

这是由于胺分子中氮原子上也有孤对电子,易与水电离出来的 H^+ 结合形成配位键,从而使溶液中 OH^- 浓度增加的结果。

胺的碱性大小主要受两种因素的影响,即电子效应和空间效应。氮原子上的电子云密度越大,接受质子的能力越强,胺的碱性就越强;氮原子周围空间位阻越大,氮原子结合质子的能力越困难,胺的碱性越小。

综上所述,连接不同种类的烃基时,碱性强弱顺序为:脂肪胺>氨>芳香胺。

这是因为脂肪胺相对氨而言引入了给电子基,由于诱导效应的结果使氮原子上的电子云密度升高,接受质子的能力增强,碱性增大。而苯胺中的苯环本身就是吸电子基,加之苯胺中氮原子上的未共用电子对可与苯环产生共轭使氮原子上的电子云密度有所下降,接受质子的能力减弱,碱性降低。

脂肪胺的碱性强弱顺序为:仲胺>伯胺>叔胺>氨

例如:

$$(CH_3)_2NH > CH_3NH_2 > (CH_3)_3N$$

pK_b 3.27   3.34   4.22

若从诱导效应考虑,甲基是供电子基,二甲胺的碱性应比甲胺强,三甲胺的碱性应是最强的,实际上三甲胺的碱性最弱。这是因为胺的碱性不仅与氮原子上的电子云密度有关,还与空间位阻、溶剂化效应有关。随着氮原子上的烃基数目的增多,其空间位阻越大,接受质子的能力越强,碱性则越小;另一方面,胺的碱性其溶剂化效应取决于生成铵离子的溶剂化程度,胺氮原子上的氢越多,溶剂化程度越大,铵离子越稳定,胺的碱性越强,仲铵盐的溶剂化效应比叔胺盐大,且氮原子周围电子云密度较高,故碱性最强。

芳香胺的碱性强弱顺序则与氮原子上及芳环上连接基团的数目及种类有关。若氮原子上或芳环上连有给电子基,其碱性比苯胺强,反之碱性比苯胺弱。

$C_6H_5\text{-}N(CH_3)_2$ > $C_6H_5\text{-}NHCH_3$ > $C_6H_5\text{-}NH_2$ > $O_2N\text{-}C_6H_4\text{-}NH_2$

pK_b　　8.83　　　　　　9.05　　　　　　　9.4　　　　　　　13

（2）成盐　胺属于弱碱，只能和强酸作用生成稳定的盐。

$$CH_3NH_2 + HCl \longrightarrow CH_3NH_3^+Cl^- \text{（或 } CH_3NH_2 \cdot HCl\text{）}$$

　　　　　　　　氯化甲铵　　　　（盐酸甲胺）

$$C_6H_5\text{-}NH_2 + HCl \longrightarrow C_6H_5\text{-}NH_3^+Cl^- \text{（或写作 } C_6H_5\text{-}NH_2 \cdot HCl\text{）}$$

　　　　　　　　氯化苯铵　　　　　　　（盐酸苯胺）

胺与酸生成铵盐之后，水溶性增大。因此常将含有胺结构的药物制成盐，改善药物的水溶性。例如普鲁卡因是优良的局部麻醉药，制成盐酸普鲁卡因后，不仅改善了水溶性，还增强了麻醉作用。

这些盐遇强碱可被游离出来，利用这些性质可分离胺。

$$C_6H_5\text{-}NH_3^+Cl^- + NaOH \longrightarrow C_6H_5\text{-}NH_2 + NaCl$$

2. 酰化反应

伯胺和仲胺都能与酰卤、酸酐等酰化剂发生反应。反应时胺分子中的氮原子上的氢原子被酰基取代而生成酰胺。例如：

$$CH_3NH_2 + CH_3\overset{O}{\underset{}{C}}\text{-}O\text{-}\overset{O}{\underset{}{C}}CH_3 \longrightarrow CH_3NH\text{-}\overset{O}{\underset{}{C}}\text{-}CH_3 + CH_3COOH$$

$$C_6H_5\text{-}NH_2 + CH_3\overset{O}{\underset{}{C}}\text{-}Cl \longrightarrow C_6H_5\text{-}NH\text{-}\overset{O}{\underset{}{C}}\text{-}CH_3 + HCl$$

此反应使胺分子中引入了一个酰基，属于酰化反应。叔胺分子中氮原子上因无氢原子，所以不能发生酰化反应。

胺的酰化反应在医药学上有重要意义。在药物合成中，常利用酰化反应来保护芳环上活泼的氨基，如解热镇痛药物对乙酰氨基酚（扑热息痛）和非那西丁的制备即利用了胺的这一性质。用酰化反应也可增加药物的脂溶性并降低药物的毒性。在人体中，肝脏也通过乙酰化反应对某些胺类残留药物解毒。

3. 磺酰化反应

苯磺酰氯可使伯胺、仲胺发生磺酰化反应，即苯磺酰基取代氮原子上的氢原子，叔胺因氮原子上无氢原子而不反应。

$$C_6H_5\text{-}SO_2Cl + H\text{-}NH\text{-}R \longrightarrow C_6H_5\text{-}SO_2NHR\downarrow + HCl$$

$$C_6H_5\text{-}SO_2Cl + H\text{-}NR_2 \longrightarrow C_6H_5\text{-}SO_2NR_2\downarrow + HCl$$

该反应在碱性介质中进行，反应生成的苯磺酰伯胺的氮原子上还有一个氢原子，受磺酰基吸电子诱导效应的影响呈酸性，可溶于氢氧化钠溶液中。

$$\underset{\text{不溶于水}}{C_6H_5-SO_2-\underset{H}{N}-R} \underset{HCl}{\overset{NaOH}{\rightleftharpoons}} \underset{\text{溶于水}}{C_6H_5-SO_2-\underset{Na^+}{\bar{N}}-R} + H_2O$$

苯磺酰仲胺的氮原子上没有氢，不能溶于碱性溶液。所以利用此反应来分离、提纯或鉴别伯、仲、叔胺。

4. 与亚硝酸的反应

胺可以与亚硝酸反应，不同类型的胺与亚硝酸反应，反应的产物和现象不同。亚硝酸不稳定，在反应中实际使用亚硝酸盐与盐酸的混合物来代替亚硝酸。

(1) 伯胺与亚硝酸的反应　脂肪族伯胺与亚硝酸反应，定量放出氮气，生成醇、烃、卤代烃等混合产物。该反应用于脂肪族伯胺和其他有机物中氨基的含量测定。

$$R-NH_2 + HNO_2 \longrightarrow R-OH + N_2\uparrow + H_2O$$

芳香族伯胺与亚硝酸在低温下反应生成芳香重氮盐，此反应称重氮化反应。

$$C_6H_5-NH_2 + HNO_2 \xrightarrow{0\sim 5℃} C_6H_5-N_2^+Cl^- + NaCl + H_2O$$

芳香重氮盐不稳定，加热易分解成酚和氮气，干燥的易爆炸。重氮盐可以发生许多取代反应和偶合反应，在合成和分析鉴定上广泛应用。

$$C_6H_5-N_2^+Cl^- + H_2O \xrightarrow[\triangle]{H^+} C_6H_5-OH + N_2\uparrow + HCl$$

(2) 仲胺与亚硝酸的反应　脂肪仲胺或芳香仲胺与亚硝酸反应，都生成 N-亚硝基胺。

$$R_2NH + HNO_2 \longrightarrow R_2N-NO + H_2O$$

$$\underset{CH_2CH_3}{C_6H_5-\underset{}{N}-H} + HO-NO \longrightarrow \underset{CH_2CH_3}{C_6H_5-\underset{}{N}-NO} + H_2O$$

N-乙基-N-亚硝基苯胺

N-亚硝基胺为不溶于水的黄色油状液体或黄色固体，产物比较稳定，有明显的致癌作用。经加工的肉制品多含亚硝酸钠（着色剂、防腐剂），进入胃中与胃酸反应形成亚硝酸，再与体内存在的仲胺反应，生成致癌的亚硝胺。维生素 C 因有还原性，食用它能阻断亚硝基胺在体内的合成，因此，食用加工的肉制品后应多吃一些含有维生素 C 的新鲜水果或蔬菜。

(3) 叔胺与亚硝酸的反应　脂肪族叔胺的氮原子上没有氢原子而不能亚硝基化，只能与亚硝酸生成不稳定的盐。此盐用碱处理后，又重新生成游离的脂肪族叔胺。

$$R_3N + HNO_2 \xrightarrow{\text{低温}} [R_3NH]^+ NO_2^-$$

$$[R_3NH]^+ NO_2^- + NaOH \longrightarrow R_3N + NaNO_2 + H_2O$$

芳香族叔胺与亚硝酸反应，不生成盐，而是在芳环上引入亚硝基，生成对亚硝基芳叔胺。如对位被其他基团占据，则生成邻位亚硝基芳叔胺。

$$\text{C}_6\text{H}_5\text{N(CH}_3)_2 + \text{HNO}_2 \longrightarrow \text{4-ON-C}_6\text{H}_4\text{-N(CH}_3)_2 + \text{H}_2\text{O}$$

$$\text{4-CH}_3\text{-C}_6\text{H}_4\text{-N(CH}_3)_2 + \text{HNO}_2 \longrightarrow \text{4-CH}_3\text{-3-ON-C}_6\text{H}_3\text{-N(CH}_3)_2 + \text{H}_2\text{O}$$

亚硝基芳叔胺在碱性溶液中呈翠绿色，在酸性溶液中由于互变成醌式盐而呈橘黄色。

$$\underset{\text{翠绿色}}{\text{4-ON-C}_6\text{H}_4\text{-N(CH}_3)_2} \underset{\text{OH}^-}{\overset{\text{H}^+}{\rightleftharpoons}} \underset{\text{橘黄色}}{\text{醌式结构 (=N-OH, =N}^+(\text{CH}_3)_2)}$$

综上所述，不同胺类与亚硝酸反应，产生不同产物和不同的现象，因此可用此来鉴别脂肪族或芳香族伯、仲、叔胺。

5. 氧化反应

胺易被氧化，芳香族胺更易被氧化。在空气中长期存放芳胺时，芳胺则被空气氧化，生成黄、红、棕色的复杂氧化物。其中含有醌类、偶氮类化合物等。因此在有机合成中，如果要氧化芳胺环上其他基团时，必须首先要保护氨基，否则氨基更易被氧化。如：

$$\text{C}_6\text{H}_5\text{NH}_2 \xrightarrow[\text{H}_2\text{SO}_4, 10℃]{\text{K}_2\text{Cr}_2\text{O}_7} \text{对苯醌}$$

6. 芳环上的亲电取代反应

由于芳香胺氮原子上的未共用电子对与苯环发生供电子的共轭效应，使苯环上的电子云密度增加，尤其是氨基的邻对位电子云密度增加更明显，因此芳香胺易发生亲电取代反应。

（1）卤代反应　苯胺与卤素（Cl_2、Br_2）的反应迅速。例如苯胺与溴水作用，在室温下立即生成 2,4,6-三溴苯胺白色沉淀。

$$\text{C}_6\text{H}_5\text{NH}_2 + 3\text{Br}_2 \xrightarrow{\text{H}_2\text{O}} \text{2,4,6-Br}_3\text{C}_6\text{H}_2\text{NH}_2 \downarrow + 3\text{HBr}$$

此反应可用于苯胺的定性和定量分析。

由于氨基对苯环的强活化作用，使苯环上的卤代反应极易进行，且直接生成三元取代产物。若要得到一元取代产物，可将氨基进行酰化或与酸反应形成相应的产物，再进行卤代反应，可得到对位或间位的取代产物，再进行水解或碱化恢复氨基。

（2）硝化反应　苯胺的硝化反应很容易进行，但由于苯胺易被氧化，因此苯胺一般不直接硝化，需保护氨基完成硝化后再恢复。

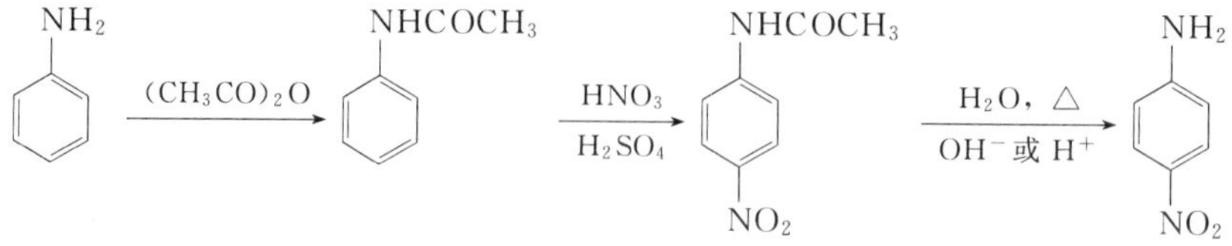

若要得到间位取代产物可采取以下反应。

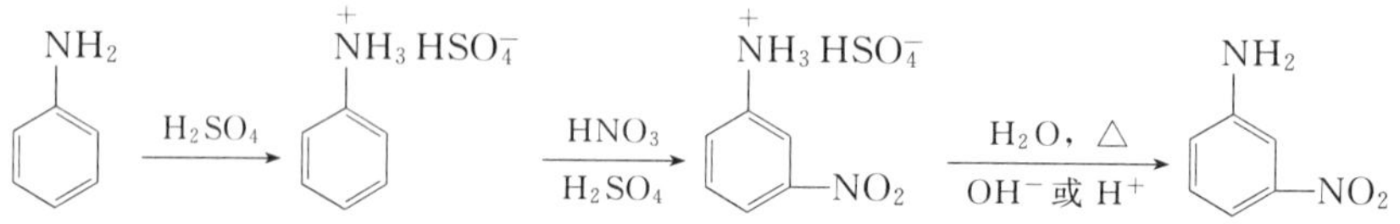

（3）磺化反应　若将苯胺溶于浓硫酸中，则首先生成苯胺硫酸盐，该盐在高温（200℃）下加热脱水发生分子内重排，即生成对氨基苯磺酸。

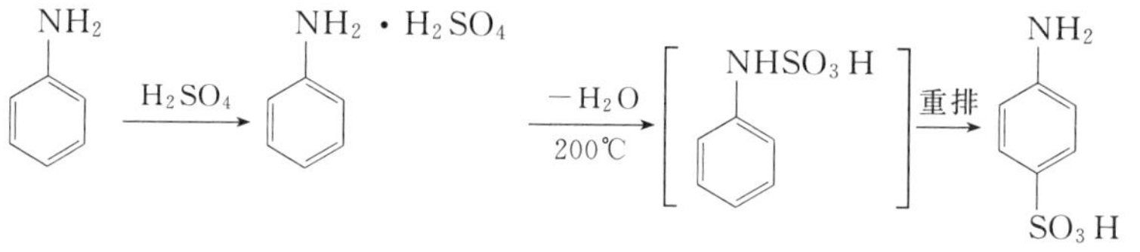

对氨基苯磺酸是白色固体，分子内同时存在酸性基团磺酸基和碱性基团氨基，可发生质子的转移而形成分子内盐。

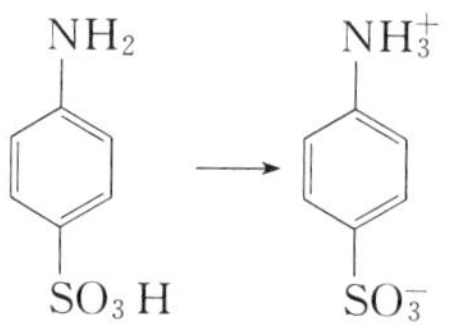

对氨基苯磺酸的酰胺，是重要的化学合成抗菌药——磺胺类药物的母体，也是最简单的磺胺药物。磺胺类药物是一系列对氨基苯磺酰胺的衍生物，对氨基苯磺酰胺是抑菌的必需结构，其合成如下：

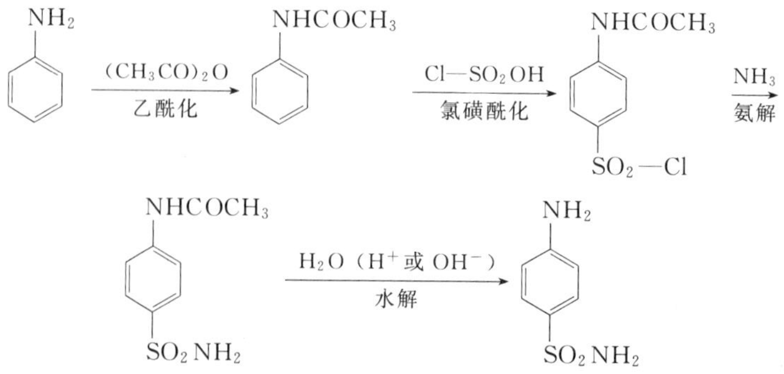

四、季铵盐和季铵碱

1. 季铵盐

当无机铵盐分子中铵离子上的 4 个氢原子被烃基取代的化合物,称为季铵盐。其分子式:

$$[R_4N]^+X^-$$

季铵盐的命名与铵盐的命名相似,如果四个烃基相同,称为四某基卤化铵;若烃基不同时,烃基的名称由简单到复杂依次排列。例如:

$(CH_3)_4\overset{+}{N}Br^-$ $[C_6H_5CH_2N(CH_3)_2C_{12}H_{25}]^+Br^-$

四甲基溴化铵   二甲基十二烷基苄基溴化铵

季铵盐可由叔胺与卤代烃作用生成:

$$R_3N + R-X \longrightarrow R_4N^+X^-$$

季铵盐是白色晶体,有盐的性质,能溶于水,不溶于有机溶剂。它与无机盐氯化铵相似,对热不稳定,加热后分解成叔胺和卤代烃。

季铵盐是一类重要的有机化合物,天然存在的季铵化合物在动植物体内起着各种生理作用。如新洁尔灭(苯扎溴铵)。

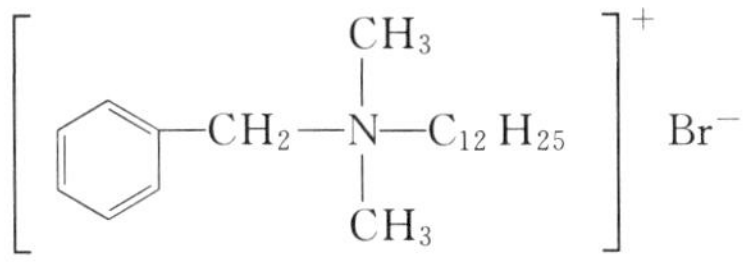

$$\left[C_6H_5-CH_2-\overset{\overset{\displaystyle CH_3}{|}}{\underset{\underset{\displaystyle CH_3}{|}}{N}}-C_{12}H_{25}\right]^+ Br^-$$

化学名称为溴化二甲基十二烷基苄铵。常温下,苯扎溴铵为微黄色黏稠液体,吸湿性强,易溶于水。芳香而味苦,其水溶液呈碱性。苯扎溴铵是一个重要的阳离子表面活性剂,穿透细胞能力较强,而且毒性小,临床上常用于皮肤、黏膜、创面、手术器械和术前的消毒。

具有长链烃基的季铵盐,由于它像肥皂一样有亲水基和亲油基,故可作为洗涤剂和乳化剂,如磷脂是天然乳化剂。

2. 季铵碱

当氢氧化铵分子中铵离子上的 4 个氢原子被烃基取代的化合物,称为季铵碱。其分子式:

$$[R_4N]^+OH^-$$

季铵碱的命名与氢氧化铵的命名相似,称为四某基氢氧化铵。例如:

$[(CH_3CH_2CH_2CH_2)_4N]^+OH^-$ $[(CH_3)_3NCH_2CH_2OH]^+OH^-$

四丁基氢氧化铵   三甲基-2-羟乙基氢氧化铵

季铵碱可由季铵盐与氢氧化钠作用生成,因反应是可逆的而无法获得纯季铵碱。

$$R_4N^+X^- + NaOH \rightleftharpoons R_4N^+OH^- + NaX$$

季铵碱对热不稳定,当加热到 100℃ 时,发生分解,生成叔胺。季铵碱是强的有机碱(碱性相当于氢氧化钠),常常作为碱性催化剂。

例如胆碱：

$$[HO-CH_2-CH_2-N^+(CH_3)_3]OH^-$$

胆碱是广泛分布于生物体内的一种季铵碱。因最初是在胆汁中发现而得名。胆碱是白色晶体，溶于水和醇。胆碱是卵磷脂的组成部分，能调节脂肪代谢，临床上用来治疗肝炎、肝中毒等疾病。胆碱常以结合状态存在于各种细胞中，胆碱的羟基经乙酰化成为乙酰胆碱，是一种具有显著生理作用的神经传导的重要物质。

$$[CH_3COOCH_2CH_2N^+(CH_3)_3]OH^-$$
乙酰胆碱

五、重要的胺

1. 乙二胺（$NH_2CH_2CH_2NH_2$）

乙二胺为无色透明液体，有类似氨的气味，溶于水，微溶于乙醚，不溶于苯。用于治疗牛皮癣，对恶性淋巴瘤、头颈部肿瘤、软组织肉瘤也有一定的缓解作用，还具有扩张血管作用，乙二胺的正酸盐可用于治疗动脉硬化。

乙二胺是重要的化工原料，广泛用以制造高分子化合物、农药、药物等；用作有机溶剂、抗冻剂和乳化剂，还可用作环氧树脂固化剂，在非水滴定中作用为碱性溶剂。乙二胺与氯乙酸为原料合成的乙二胺四乙酸（EDTA）是常用的金属离子螯合剂。

2. 苯胺（$C_6H_5NH_2$）

苯胺是最简单的芳香胺，纯净的苯胺为无色油状液体，长时间放置于空气中会逐渐氧化而颜色变深。苯胺微溶于水，易溶于酒精和醚等有机溶剂。苯胺有毒能透过皮肤或吸入蒸气而使人中毒，主要引起高铁血红蛋白血症、溶血性贫血和肝、肾损害。苯胺是制备药物、染料和炸药的工业原料。

3. 多巴胺

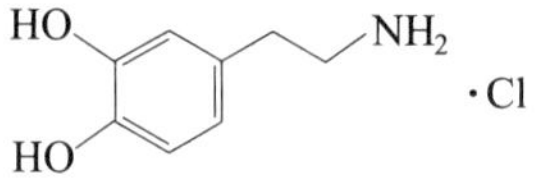

化学名称为4-(2-乙胺基)苯-1,2-二酚，常用其盐酸盐。为白色或类白色有光泽的结晶；无臭；味微苦；露置空气中及遇光色渐变深。在水中易溶，在无水乙醇中微溶，在氯仿或乙醚中极微溶解，熔点128℃（分解）。

多巴胺是一种神经传导物质，用来帮助细胞传送脉冲的化学物质。这种脑内分泌主要负责大脑的情欲、感觉，将兴奋及开心的信息传递。也与上瘾有关，吸烟和吸毒都可以增加多巴胺的分泌，使上瘾者感到开心及兴奋。

多巴胺用于各种类型休克，包括中毒性休克、心源性休克、出血性休克、中枢性休克，特别对伴有肾功能不全、心排出量降低、周围血管阻力较低并且已补足血容量的病人更有意义。

4. 对氨基苯磺酰胺

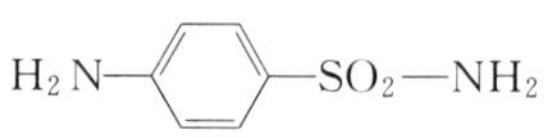

$$H_2N-\!\!\!\!\bigcirc\!\!\!\!-SO_2-NH_2$$

对氨基苯磺酰胺简称为磺胺，是白色颗粒或粉末状晶体，无臭，味微苦，熔点164.5～

166.5℃，微溶于冷水，易溶于沸水，不溶于苯、氯仿、乙醚和石油醚。

磺胺类药物（简称 SN）是比较常用的一类抗菌药物，具有抗菌谱广、可以口服、吸收较迅速，有的能通过血脑屏障渗入脑脊液，较为稳定、不易变质等优点。磺胺结构中有两个重要的基团，磺酰氨基（$—SO_2NH_2$）和对氨基，这两个基团必须互相处在苯环的对位才具有明显抑菌作用。常见的磺胺类药物有磺胺嘧啶（SD）、磺胺甲基异噁唑（SMZ）和磺胺邻二甲氧嘧啶（SDM）等。

5. 肾上腺素

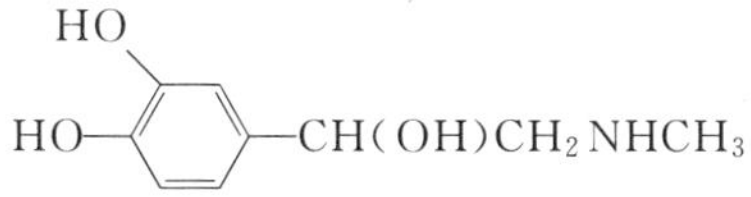

化学名称：1-(3,4-二羟基苯基)-2-甲氨基乙醇或 3,4-二羟基-α-(甲氨基甲基)苄醇。为白色结晶性粉末。由人体分泌出的一种激素，当人经历某些刺激（例如兴奋、恐惧、紧张等）分泌出这种化学物质，能让人呼吸加快（提供大量氧气），心跳与血液流动加速，瞳孔放大，为身体活动提供更多能量，使反应更加快速。

肾上腺素是一种激素和神经传送体，由肾上腺释放。肾上腺素一般使心脏收缩力上升、血管扩张，皮肤、黏膜的血管收缩，是拯救濒死的人或动物的必备品。

第三节　重氮和偶氮化合物

重氮化合物是指重氮基（$—N=N—$或 $N\equiv N=$）一端与芳香烃基相连，另一端与其他非碳原子或原子团相连，或与 1 个二价烃基直接相连的化合物。例如：

$N\equiv N=CH—CH_3$

重氮乙烷

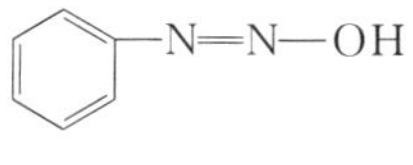

氢氧化重氮苯

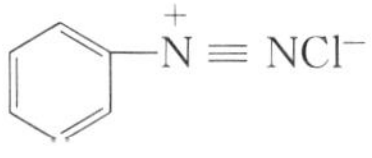

氯化重氮苯（重氮苯盐酸盐）

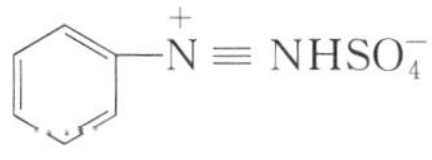

硫酸重氮苯（重氮苯硫酸盐）

偶氮化合物是指$—N=N—$的两端直接与 2 个烃基相连的化合物。例如：

$CH_3—N=N—CH_3$

偶氮甲烷

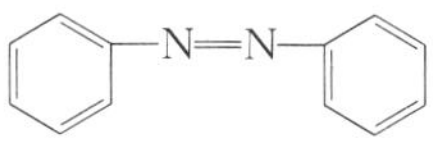

偶氮苯

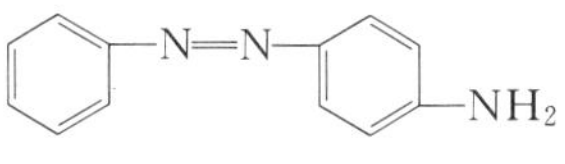

对氨基偶氮苯

一、重氮化合物

（一）重氮盐的制备

重氮化合物中最重要的是芳香重氮盐类。它们是通过重氮化反应而得到的具有很高反应活性的化合物。

低温下芳香伯胺在强酸性溶液中与亚硝酸作用，生成重氮盐的反应称为重氮化反应。例如：

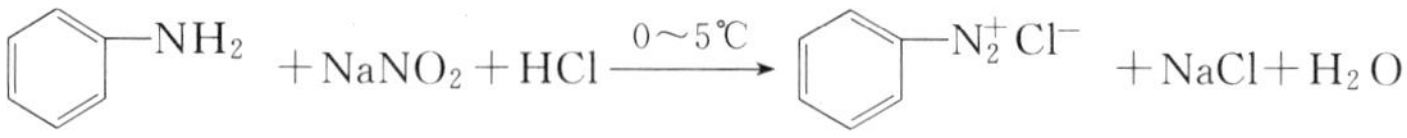

$$\underset{}{C_6H_5-NH_2} + NaNO_2 + HCl \xrightarrow{0\sim 5\ ℃} \underset{}{C_6H_5-N_2^+Cl^-} + NaCl + H_2O$$

（二）重氮盐的性质

重氮盐的结构与铵盐相似，都有一个带正电荷的氮原子，所以重氮盐有些性质类似铵盐。纯净的重氮盐是白色固体，不溶于有机溶剂，易溶于水，在水溶液中能解离出重氮盐正离子和负离子，因此水溶液能导电。干燥的重氮盐受热易发生爆炸，而重氮盐的水溶液则较稳定，所以制成重氮盐后往往不经分离就进行下一步反应。重氮盐化学性质很活泼，可发生许多反应，在有机合成上应用广泛。

1. 取代反应

重氮分子中的重氮基可被—H、—OH、—X、—CN 等取代，同时放出氮气，所以又叫放氮反应。

通过取代反应，可以将一些本来难以引入的原子或基团，方便地连接到芳环上，可以合成许多其他的化合物。其中，重氮盐在亚铜盐的催化下，重氮基被氯、溴、氰基取代，分别生成氯苯、溴苯和苯腈，同时放出氮气的反应叫桑德迈尔（Sandmeyer）反应。

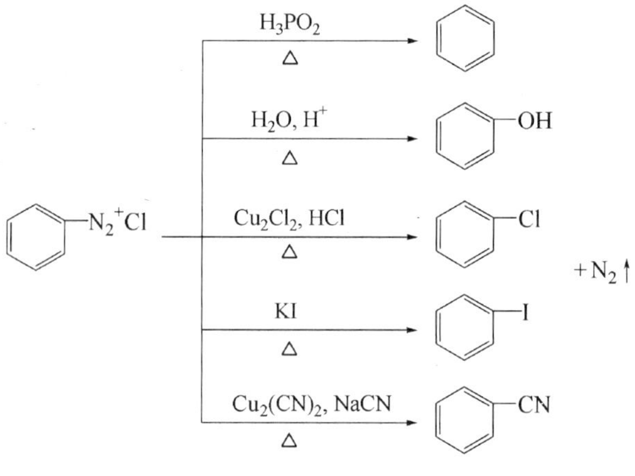

$$C_6H_5-N_2^+Cl^- \begin{cases} \xrightarrow{H_3PO_2,\ \Delta} C_6H_6 \\ \xrightarrow{H_2O,\ H^+,\ \Delta} C_6H_5-OH \\ \xrightarrow{Cu_2Cl_2,\ HCl,\ \Delta} C_6H_5-Cl \\ \xrightarrow{KI,\ \Delta} C_6H_5-I \\ \xrightarrow{Cu_2(CN)_2,\ NaCN,\ \Delta} C_6H_5-CN \end{cases} + N_2\uparrow$$

2. 还原反应

用氯化亚锡和盐酸或亚硫酸钠还原重氮盐，可得芳香肼。例如：

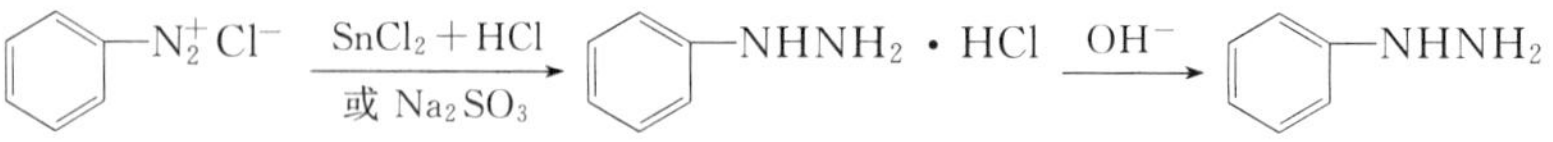

$$C_6H_5-N_2^+Cl^- \xrightarrow[\text{或 }Na_2SO_3]{SnCl_2+HCl} C_6H_5-NHNH_2 \cdot HCl \xrightarrow{OH^-} C_6H_5-NHNH_2$$

3. 偶联反应

在低温的条件下，重氮盐与酚或芳胺作用，生成有色的偶氮化合物，这种反应称为偶联反应。

（1）偶联的位置　重氮盐是亲电试剂，所以与苯酚或苯胺的反应是亲电取代反应，由于对位电子云密度较高而空间位阻小，因此偶联反应一般发生在羟基和氨基的对位上。

$$\underset{}{\text{C}_6\text{H}_5\text{N}_2^+\text{Cl}^-} + \underset{}{\text{C}_6\text{H}_5\text{OH}} \xrightarrow[\text{弱碱，pH}=8]{0\sim5\ ℃} \underset{}{\text{C}_6\text{H}_5-\text{N}=\text{N}-\text{C}_6\text{H}_4-\text{OH}} + \text{HCl}$$

$$\underset{}{\text{C}_6\text{H}_5\text{N}_2^+\text{Cl}^-} + \underset{}{\text{C}_6\text{H}_5-\text{N}(\text{CH}_3)_2} \xrightarrow[0\sim5\ ℃]{\text{弱酸，pH}=4\sim6} \underset{}{\text{C}_6\text{H}_5-\text{N}=\text{N}-\text{C}_6\text{H}_4-\text{N}(\text{CH}_3)_2} + \text{HCl}$$

若对位已有取代基，则偶联反应发生在邻位，若邻、对位均被其他基团占据，则不发生偶联反应。例如：

$$\underset{}{\text{C}_6\text{H}_5\text{N}_2^+\text{Cl}^-} + \underset{\text{对甲酚}}{\text{HO-C}_6\text{H}_4-\text{CH}_3} \xrightarrow[\text{弱碱，pH}=8]{0\sim5\ ℃} \underset{}{\text{C}_6\text{H}_5-\text{N}=\text{N-}(\text{2-OH-5-CH}_3\text{-C}_6\text{H}_3)} + \text{HCl}$$

（2）偶联的条件　重氮盐的偶联反应是亲电取代反应。因此苯环的电子云密度的高低与取代反应的难易密切相关。反应时的酸碱环境直接影响反应的进行。

当重氮盐与酚类偶联时，在弱碱性介质中进行较适宜。因为在此条件下酚形成苯氧负离子，使苯环上电子云密度增加，有利于偶联反应的进行。

当重氮盐与芳胺偶联时，在中性或弱酸性介质中较适宜。因为在此条件下，芳胺以游离胺形式存在，使芳环电子云密度增加，有利于偶联反应。若酸性过强，胺变成铵盐反而会使芳环电子云密度降低，不利于偶联反应的进行；若碱性过强，又会使重氮盐变成其他化合物，使偶联反应不能进行。

由此可见，偶联反应时溶液的酸碱性不仅决定着反应速率，还决定偶联反应发生的部位，这在有机合成上具有重要意义。

二、偶氮化合物

1. 偶氮化合物的性质

偶氮化合物大多数是有色的固体物质，虽然分子中有氨基等亲水基团，但分子量较大，一般不溶或难溶于水，而易溶于有机溶剂。

偶氮化合物的颜色与物质的分子结构有关。分子内共轭体系越大，吸收光的波长就越长。有机化合物吸收的光若在可见光区，它可显各种不同的颜色。苯是无色的，而偶氮苯为橙红色，原因是偶氮苯中的偶氮基将两个苯分子连接成一个很大的共轭体系，使 π 电子更"自由"，低能量的光就能使它激发，使偶氮苯吸收光的波长增长到可见光区。

一般情况下，随着分子中共轭体系的扩大，物质从无色到有色，从浅色到深色。

2. 发色团、助色团

一些不饱和基团可使有机化合物分子的共轭体系增大而显色，这种基团称为发色团（或生色团）。含有发色团的有机物称为色原体。常见的发色团包括：

$$\ \text{C}=\text{C}\ \quad\ \text{C}=\text{O}\quad\ \text{C}=\text{S}\quad -\text{N}=\text{O}\quad -\text{N}=\text{N}-$$

$$-\overset{\text{O}}{\text{C}}-\overset{\text{O}}{\text{C}}-\quad -\overset{\text{O}}{\text{C}}-\text{H}\quad -\overset{\text{O}}{\text{C}}-\text{OH}\quad \text{（醌式苯环）}\quad \text{（环己二烯）}$$

如果分子中只含一个发色团，它仍然无色。若多个发色团互相共轭时，因为增长了共轭体系，使吸收光的波段移到了可见光区域，化合物就可显色。如在偶氮化合物中，偶氮基将两个无色的苯环联成一个大的共轭体系，所以偶氮化合物都是有颜色的。

另有一些酸性或碱性基团，连接在色原体分子的共轭链或发色团上，使共轭体系进一步增长，颜色变深，这样的基团叫助色团（或深色团）。它们包括：酚羟基、磺酸基、氨基、烃代氨基等。

3. 偶氮化合物的用途

偶氮化合物基本都有颜色，有些能牢固地附着在纤维织品上，耐洗耐晒，经久而不褪色，可以作为染料，称为偶氮染料。

有些偶氮化合物能随着溶液的 pH 改变而灵敏地变色，可作为酸碱指示剂。

有的可凝固蛋白质，能杀菌消毒而用于医药。有的能使细菌着色，用做染料切片的染色剂。还有的可作为食用色素。

致用小贴

乙酰胆碱的构效关系

乙酰胆碱分子可分解为乙酰氧基、亚乙基桥、季铵基三个部分，通过对各个部分的结构改造，可以得出构效关系：

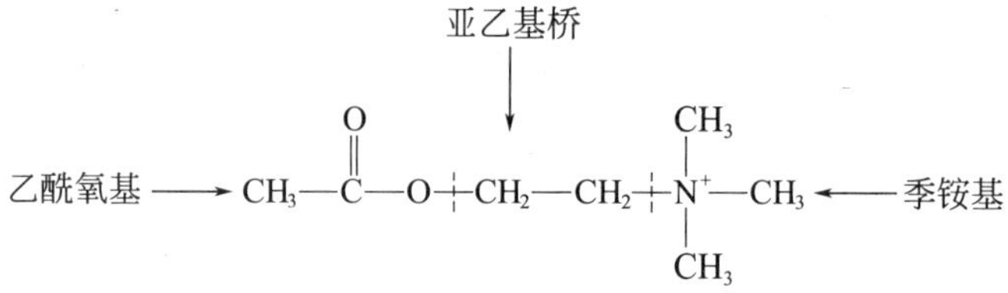

1. 乙酰氧基部分

如果乙酰氧基部分的乙酰基被丙酰基、丁酰基等碳原子数较多的同系物取代时，则活性下降。当乙酰基上的氢原子被芳香烃基或分子量较大的基团取代后，生物活性将由拟胆碱作用转变为抗胆碱作用。以氨甲酰基代替乙酰基得到的卡巴胆碱，稳定性增强，不易水解，可以口服，可延长作用时间。

2. 亚乙基桥部分

亚乙基桥部分的主链长度改变时，活性随链长度增加而迅速下降，即季铵氮原子与乙酰氧原子之间的距离以相隔两个碳原子最合适。亚乙基桥上的氢原子若被乙基或含碳原子更多的烷基取代，则导致活性下降。

3. 季铵基部分

三甲铵基阳离子对拟胆碱活性是必需的，若改换成乙基等较大的基团，则拟胆碱作用明显减弱。

目标测试

1. 命名下列化合物。

(1) 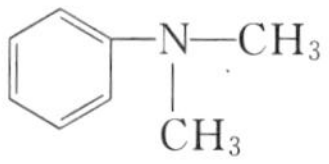   (2) $(CH_3CH_2)_3N$ (3) $CH_3N(C_2H_5)_2$

(4) 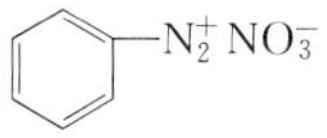 C₆H₅N₂⁺NO₃⁻ (5) CH₃CH₂NHCH₃ (6) (CH₃CH₂)₂NH

(7) [(CH₃)₃N⁺CH₂CH(CH₃)₂]Br⁻ (8) 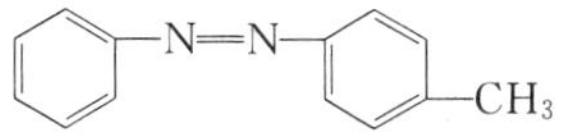 C₆H₅—N=N—C₆H₄—CH₃

(9) 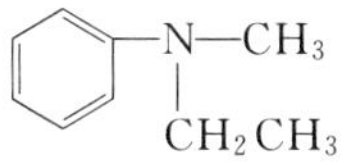 C₆H₅—N(CH₃)(CH₂CH₃) (10) 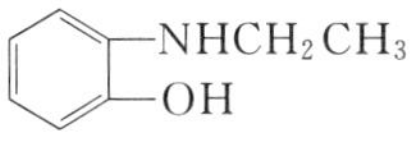 邻-HOC₆H₄—NHCH₂CH₃

2. 由名称写出下列化合物的结构式。
(1) 邻乙基苯胺 (2) 四乙基氢氧化铵 (3) 二甲基十二烷基苄基溴化铵
(4) 3-丙基硝基苯 (5) 氯化重氮苯 (6) 偶氮乙烷

3. 写出下列反应的主要产物。

(1) 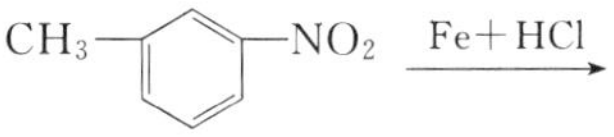 间-CH₃—C₆H₄—NO₂ $\xrightarrow{Fe+HCl}$

(2) 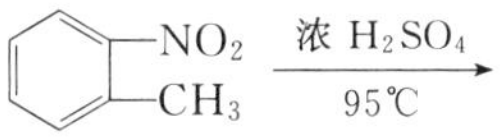 邻-O₂N—C₆H₄—CH₃ $\xrightarrow{\text{浓}H_2SO_4}{95℃}$

(3) 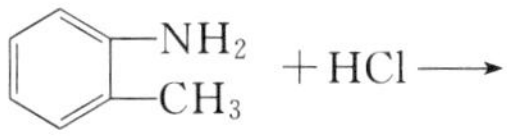 邻-H₂N—C₆H₄—CH₃ + HCl ⟶

(4) C₆H₅—NHCH₂CH₃ + (CH₃CO)₂O ⟶

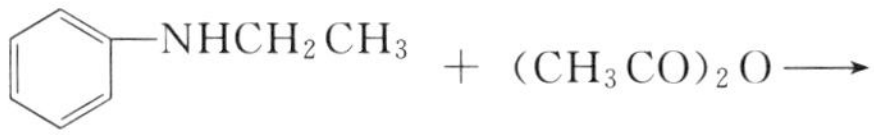

(5) 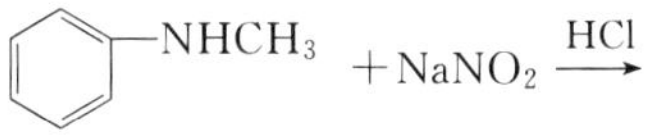 C₆H₅—NHCH₃ + NaNO₂ $\xrightarrow{HCl}$

(6) 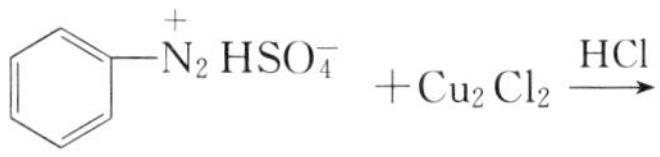 C₆H₅—N₂⁺HSO₄⁻ + Cu₂Cl₂ $\xrightarrow{HCl}$

(7) 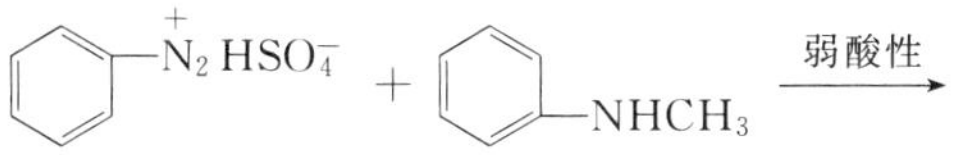 C₆H₅—N₂⁺HSO₄⁻ + C₆H₅—NHCH₃ $\xrightarrow{\text{弱酸性}}$

(8) 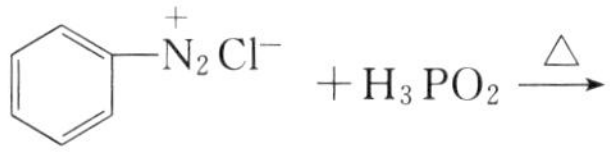 C₆H₅—N₂⁺Cl⁻ + H₃PO₂ $\xrightarrow{\triangle}$

4. 用化学方法鉴别下列各组化合物。
(1) 苯胺、苯酚、苯甲醇、苯甲酸 (2) 甲胺、甲乙胺、甲乙丙胺
(3) N-甲基苯胺、尿素、氯化重氮苯 (4) 硝基苯、乙酰胺、对甲基苯胺

5. 将下列化合物按碱性由大到小的顺序排列。
(1) 甲胺、对硝基苯胺、对甲基苯胺
(2) N-乙基苯胺、甲乙胺、甲乙丙胺、苯胺、氨、甲胺
(3) 氯化四甲铵、苯胺、邻苯二甲酰亚胺、氢氧化四甲铵

6. 有一化合物 A 分子式为 $C_7H_7NO_2$，无碱性，还原后得到 B 分子式为 C_7H_9N，具有碱性。在低温及硫酸作用下，B 和亚硝酸作用生成 C，分子式为 $C_7H_7N_2^+HSO_4^-$，加热放出氮气，并生成对甲苯酚。在碱性溶液中，化合物 C 与苯酚作用生成具有颜色的化合物 $C_{13}H_{12}N_2O$。推测 A、B、C 的结构式，并写出各步反应式。

7. 如何由苯合成间二溴苯？（药学专业学生完成）

第十二章 杂环化合物和生物碱

知识导图

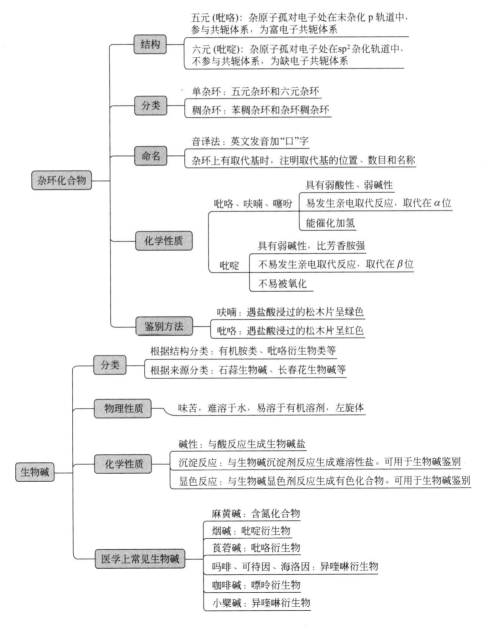

有机化学

> **学习目标**
> 1. 掌握杂环化合物的分类和命名方法。
> 2. 掌握吡啶、吡咯、呋喃和噻吩的结构及性质。
> 3. 熟悉嘧啶及其衍生物、吡咯及其衍生物、嘌呤及其衍生物的基本结构和功能。
> 4. 掌握生物碱的一般性质。
> 5. 了解吗啡、麻黄碱、黄连素等的功能和毒性。

杂环化合物和生物碱广泛存在于自然界中,数量大,种类多,大多具有生理活性。在动植物体内起着重要的生理作用。如动物体中的血红素、植物体中的叶绿素、组成核苷酸的碱基以及临床应用的一些有显著疗效的天然药物和合成药物等,都含有杂环化合物的结构。生物碱通常都具有显著的生理活性,多是中草药的有效成分,绝大多数是含氮的杂环化合物。

第一节 杂环化合物分类、命名和结构

环状有机化合物中,构成环的原子除碳原子外还含有其他原子,且这种环具有芳香结构,则这种环状化合物叫做**杂环化合物**(heterocyclic compounds)。**组成杂环的原子,除碳以外的都叫做杂原子**。常见的杂原子有氧、硫、氮等。前面学习过的环醚、内酯、内酐和内酰胺等都含有杂原子,但它们容易开环,性质上又与开链化合物相似,所以不把它们放在杂环化合物中讨论。

杂环化合物种类繁多,在自然界中分布很广。具有生物活性的天然杂环化合物对生物体的生长、发育、遗传和衰亡过程都起着关键性的作用。

杂环化合物的应用范围极其广泛,涉及医药、农药、染料、生物膜材料、超导材料、分子器件、贮能材料等,尤其在生物界,杂环化合物几乎随处可见。

一、杂环化合物的分类

根据杂环母体中所含环的数目,将杂环化合物分为单杂环和稠杂环两大类。最常见的单杂环按环的大小分五元环和六元环。稠杂环按稠合环的形式分苯稠杂环化合物和杂环稠杂环化合物。另外,可根据单杂环中杂原子的数目不同分为含一个杂原子的单杂环、含两个杂原子的单杂环等。

常见杂环化合物的结构和名称见表12-1。

二、杂环化合物的命名

杂环化合物的命名在我国有两种方法:一种是译音命名法;另一种是系统命名法。

译音法是根据 IUPAC 推荐的通用名,按外文名称的译音来命名,并用带"口"旁的同音汉字来表示环状化合物。例如:

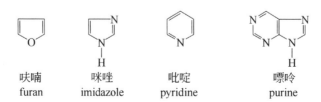

呋喃   咪唑   吡啶   嘌呤
furan   imidazole   pyridine   purine

表 12-1 常见杂环母核及名称

单杂环	五元杂环	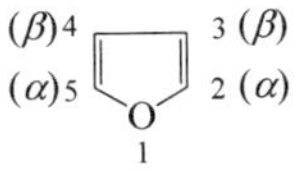 呋喃 (furan) 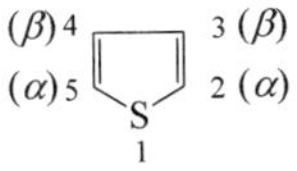　噻吩 (thiophene) 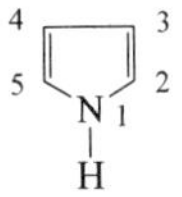　吡咯 (pyrrole) 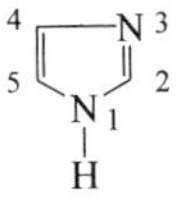 咪唑 (imidazole) 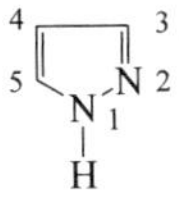　吡唑 (pyrazole) 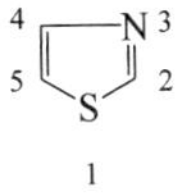　噻唑 (thiazole) 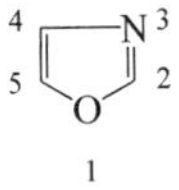　噁唑 (oxazole)
	六元杂环	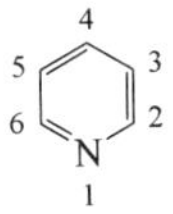 吡啶 (γ-pyridine) 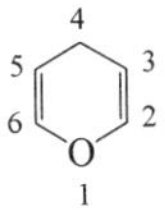　吡喃 (pyrane) 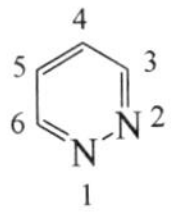　哒嗪 (pyridazine) 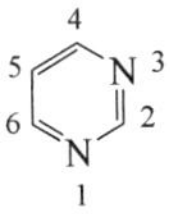　嘧啶 (pyrimidine) 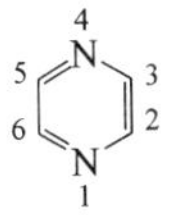　吡嗪 (pyrazine)
稠杂环		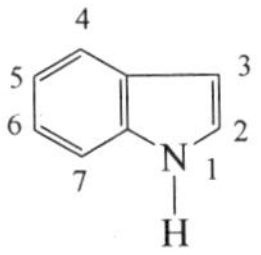 吲哚 (indole) 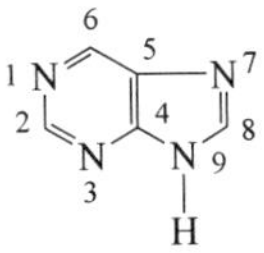　嘌呤 (purine) 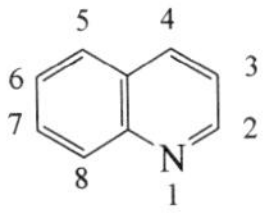　喹啉 (quinoline) 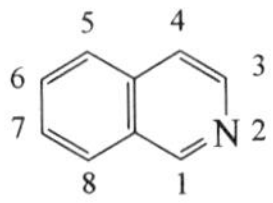 异喹啉 (*iso*-quinoline) 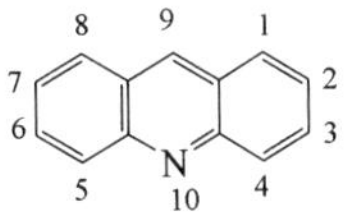　吖啶 (acridine) 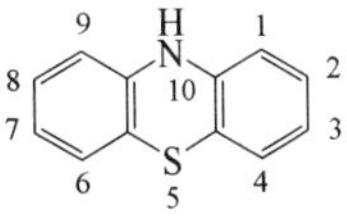　吩噻嗪 (phenothiazine)

杂环上有取代基时,以杂环为母体,将环编号以注明取代基的位次,编号一般从杂原子开始。含有两个或两个以上相同杂原子的单杂环编号时,把连有氢原子的杂原子编为1,并使其余杂原子的位次尽可能小;如果环上有多个不同杂原子时,按氧、硫、氮的顺序编号。例如:

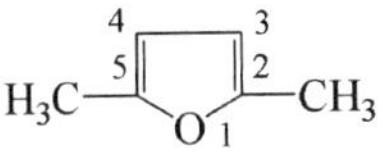

2,5-二甲基呋喃 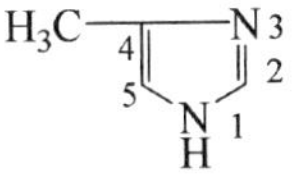　　4-甲基咪唑 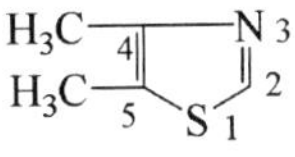　　4,5-二甲基噻唑

当只有1个杂原子时,也可用希腊字母编号,靠近杂原子的第一个位置是α-位,其次为β-位、γ-位等。例如:

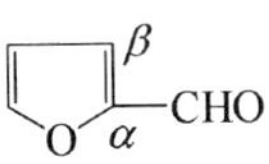

α-呋喃甲醛　　γ-甲基吡啶

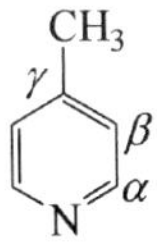

当环上连有不同取代基时,编号根据顺序规则及最低系列原则。结构复杂的杂环化合物是将杂环当做取代基来命名。例如:

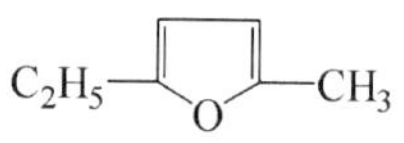

2-甲基-5-乙基呋喃 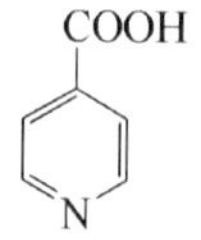　　4-吡啶甲酸 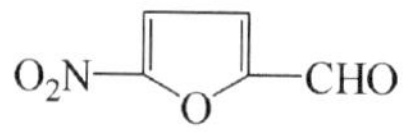　　5-硝基-2-呋喃甲醛 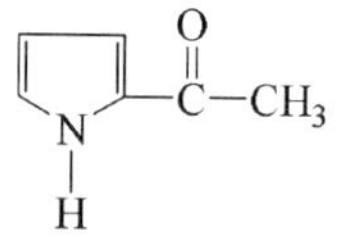　　2-乙酰基吡咯

稠杂环的编号一般和稠环芳烃相同,但有少数稠杂环有特殊的编号顺序。例如:

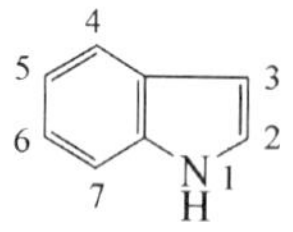

吲哚 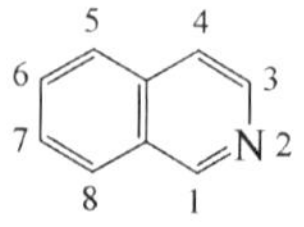　　异喹啉 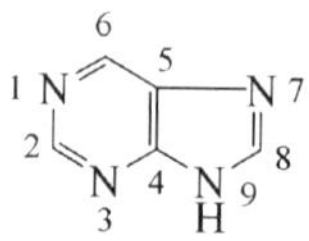　　嘌呤 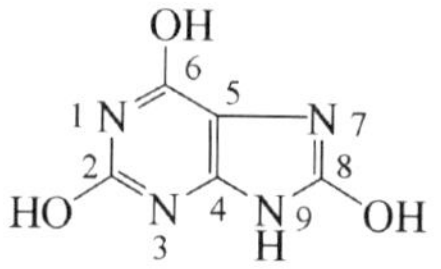　　2,6,8-三羟基嘌呤

三、杂环化合物的结构

1. 呋喃、噻吩、吡咯的结构

五元杂环化合物中最重要的是呋喃、噻吩、吡咯及它们的衍生物。

呋喃　　噻吩　　吡咯

从这三种杂环化合物的结构式上看,它们似乎应具有共轭二烯烃的性质,但实验表明,它们的许多化学性质类似于苯,不具有典型二烯烃的加成反应,而是易发生取代反应。

近代物理方法证明:组成呋喃、噻吩、吡咯环的5个原子共处在一个平面上,成环的4个碳原子和1个杂原子都是sp²杂化。环上每个碳原子的p轨道中有1个电子,杂原子的p轨道中有2个p电子。5个原子彼此间以sp²杂化轨道"头碰头"重叠形成σ键。4个碳原子和1个杂原子未杂化的p轨道都垂直于环的平面,p轨道彼此平行,"肩并肩"重叠形成1个由5个原子所属的6个π电子组成的闭合共轭体系。

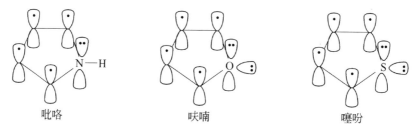

吡咯　　呋喃　　噻吩

在呋喃、噻吩、吡咯分子中,由于杂原子的未共用电子对参与了共轭体系(6个π电子分布在由5个原子组成的分子轨道中),使环上碳原子的电子云密度增加,因此环中碳原子的电子云密度相对大于苯中碳原子的电子云密度,所以此类杂环称为富电子共轭体系或多π电子共轭体系。

杂原子氧、硫、氮的电负性比碳原子大,使环上电子云密度分布不像苯环那样均匀,所以呋喃、噻吩、吡咯分子中各原子间的键长并不完全相等，因此芳香性比苯差。由于杂原子的电负性强弱顺序是：氧＞氮＞硫，所以芳香性强弱顺序如下：苯＞噻吩＞吡咯＞呋喃。

2. 吡啶

六元杂环化合物中最重要的是吡啶。吡啶的分子结构从形式上看与苯十分相似，可以看作是苯分子中的一个 CH 基团被 N 原子取代后的产物。根据杂化轨道理论，吡啶分子中 5 个碳原子和 1 个氮原子都是经过 sp^2 杂化而成键的，像苯分子一样，分子中所有原子都处在同一平面上。与吡咯不同的是，氮原子的三个未成对电子，两个处于 sp^2 轨道中，与相邻碳原子形成 σ 键，另一个处在 p 轨道中，与 5 个碳原子的 p 轨道平行，侧面重叠形成一个闭合的共轭体系。氮原子尚有一对未共用电子对，处在 sp^2 杂化轨道中与环共平面。其结构如下所示。

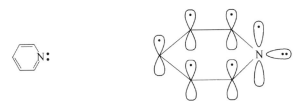

在吡啶分子中，由于氮原子的电负性比碳大，表现出吸电子诱导效应，使吡啶环上碳原子的电子云密度相对降低，因此环中碳原子的电子云密度相对地小于苯中碳原子的电子云密度，所以此类杂环称为缺电子共轭体系。

多电子共轭体系与缺电子共轭体系在化学性质上有较明显的差异。

第二节 杂环化合物的性质

杂环化合物的性质与它们的分子结构密切相关。因杂原子参与形成共轭体系，无论是多电子共轭体系还是缺电子共轭体系，均对其性质有着决定性的影响。

一、溶解性

有机化合物的水溶性与其分子的极性和与水形成氢键的能力有关。分子的极性越大，越易与水形成氢键，在水中的溶解度越大。在五元杂环中由于杂原子上的未共用电子对参与共轭体系，杂原子上的电子云密度降低，较难与水形成氢键。所以，吡咯、呋喃和噻吩在水中溶解度都不大，而易溶于有机溶剂。溶解 1 份吡咯、呋喃及噻吩，分别需要 17、35、700 份的水。吡咯之所以比呋喃易溶于水，是由于吡咯氮原子上的氢原子，可与水形成氢键；呋喃环上的氧也能与水形成氢键，但相对较弱；而噻吩环上的硫不能与水形成氢键，所以水溶性最差。

吡啶能与水混溶，这是因为吡啶分子中氮原子上的未共用电子对，不参与形成闭合的共轭体系，氮原子可与水分子形成分子间氢键的缘故。加之吡啶是极性分子，所以吡啶在水中的溶解度比吡咯和苯大得多。

二、酸碱性

含氮化合物的碱性强弱主要取决于氮原子上未共用电子对与 H^+ 的结合能力。在吡咯分子中，由于氮原子上的未共用电子对参与环的共轭体系，使氮原子上电子云密度降低，吸引 H^+ 的能力减弱。另一方面，由于这种 p-π 共轭效应使与氮原子相连的氢原子有离解成 H^+ 的可能，所以吡咯不但不显碱性，反而呈弱酸性，可与碱金属、氢氧化钾或氢氧化钠作用生成盐。

$$\text{吡咯} + KOH \xrightarrow{\Delta} \text{吡咯钾盐} + H_2O$$

而吡啶氮原子上的未共用电子对不参与环的共轭体系，它能与 H^+ 结合成盐，所以吡啶显弱碱性，比苯胺碱性强，但比脂肪胺及氨的碱性弱得多。

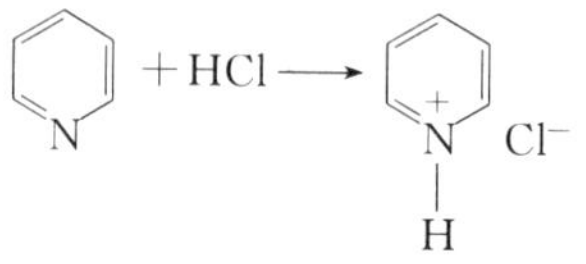

$$\text{吡啶} + HCl \longrightarrow \text{吡啶盐酸盐}$$

呋喃分子中的氧原子也因其未共用的电子对参与了大 π 键的形成，而失去了醚的弱碱性，不易与无机强酸反应。噻吩中的硫原子不能与质子结合，所以也无碱性。

三、氧化反应

呋喃和吡咯对氧化剂很敏感，在空气中就能被氧化，环被破坏。噻吩相对要稳定些。吡啶对氧化剂相当稳定，比苯还难氧化。例如，吡啶的烃基衍生物在强氧化剂作用下只发生侧链氧化，生成吡啶甲酸。

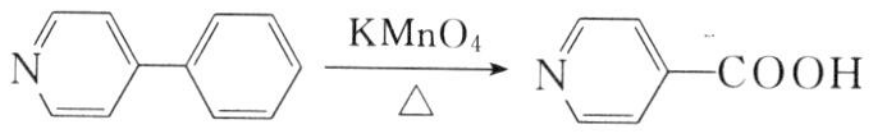

$$\text{3-苯基吡啶} \xrightarrow[\Delta]{KMnO_4} \text{γ-吡啶甲酸}$$

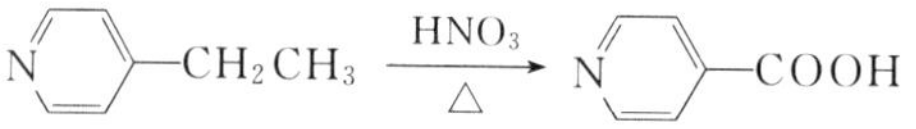

$$\text{4-乙基吡啶} \xrightarrow[\Delta]{HNO_3} \text{γ-吡啶甲酸}$$

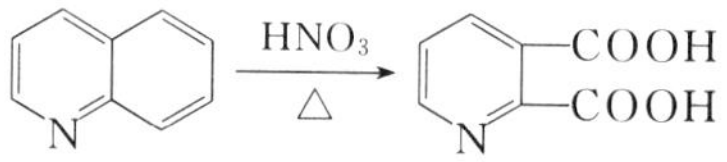

$$\text{喹啉} \xrightarrow[\Delta]{HNO_3} \text{α,β-吡啶二甲酸}$$

四、取代反应

多电子共轭体系和缺电子共轭体系均能发生取代反应。但是，多电子共轭体系（如呋喃、噻吩、吡咯）的亲电取代反应主要发生在电子云密度更为集中的 α-位上，而且比苯容易；缺电子共轭体系（如吡啶）的亲电取代反应主要发生在电子云密度相对较高的 β-位上，而且比苯困难。

1. 卤代反应

呋喃、噻吩、吡咯易发生卤代反应，反应主要发生在 α-位。

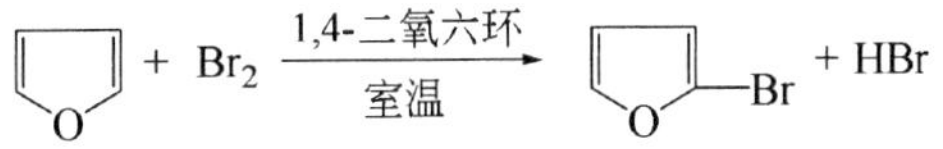

$$\text{furan} + Br_2 \xrightarrow[\text{室温}]{1,4\text{-二氧六环}} \text{2-溴呋喃} + HBr$$

α-溴代呋喃

$$\text{thiophene} + Br_2 \xrightarrow{HAc} \text{2-溴噻吩} + HBr$$

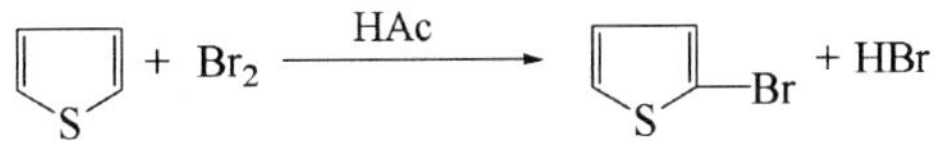

α-溴代噻唑

吡咯极易卤代，例如与碘-碘化钾溶液作用，生成的不是一元取代产物，而是四碘吡咯。

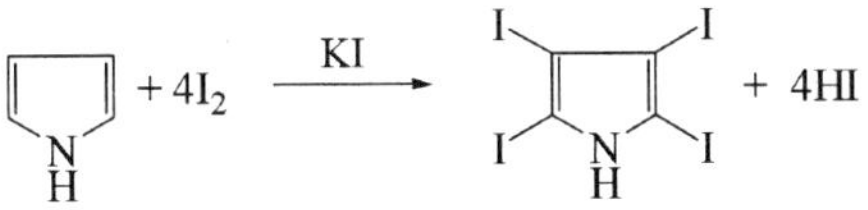

$$\text{pyrrole} + 4I_2 \xrightarrow{KI} \text{2,3,4,5-四碘吡咯} + 4HI$$

2,3,4,5-四碘吡咯

吡啶的卤代反应比苯难，不但需要催化剂，而且要在较高温度下进行，反应主要发生在 β 位。

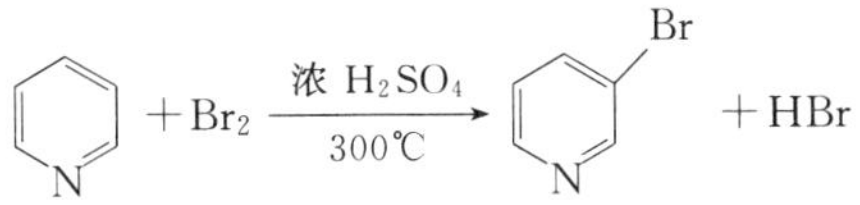

$$\text{pyridine} + Br_2 \xrightarrow[300℃]{\text{浓 } H_2SO_4} \text{3-溴吡啶} + HBr$$

β-溴代吡啶

2. 硝化反应

在强酸作用下，呋喃与吡咯很容易开环形成聚合物，因此不能像苯那样用一般的方法进行硝化。五元杂环的硝化，一般用比较温和的非质子硝化剂——乙酰基硝酸酯（CH_3COONO_2）和在低温度下进行，硝基主要进入 α-位。

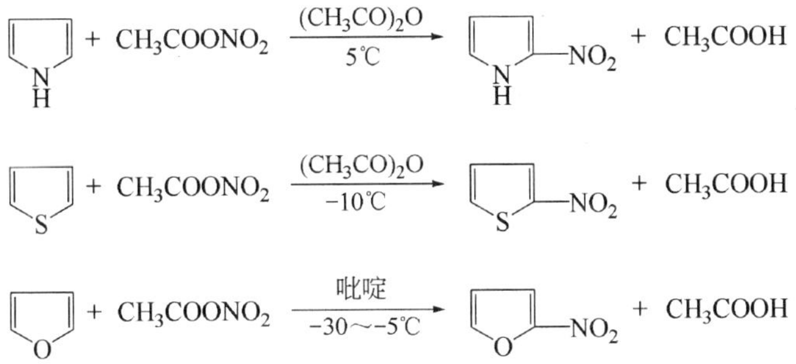

$$\text{pyrrole} + CH_3COONO_2 \xrightarrow[5℃]{(CH_3CO)_2O} \text{2-硝基吡咯} + CH_3COOH$$

$$\text{thiophene} + CH_3COONO_2 \xrightarrow[-10℃]{(CH_3CO)_2O} \text{2-硝基噻吩} + CH_3COOH$$

$$\text{furan} + CH_3COONO_2 \xrightarrow[-30\sim-5℃]{\text{吡啶}} \text{2-硝基呋喃} + CH_3COOH$$

吡啶的硝化反应需在浓酸和高温下才能进行，硝基主要进入 β-位。

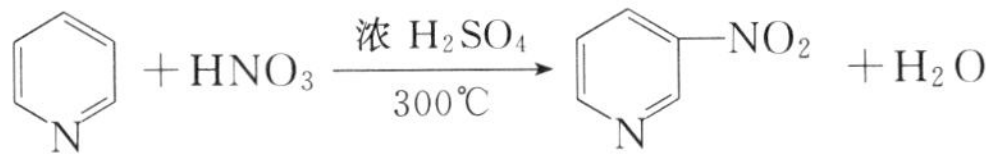

$$\text{pyridine} + HNO_3 \xrightarrow[300℃]{\text{浓 } H_2SO_4} \text{3-硝基吡啶} + H_2O$$

3. 磺化反应

呋喃、吡咯对酸很敏感，强酸能使它们开环聚合，因此常用温和的非质子磺化试剂，如用吡啶与三氧化硫的加合物作为磺化试剂进行反应。

$$\text{furan} + \text{Py}^+\text{—SO}_3^- \xrightarrow[\text{室温3天}]{C_2H_4Cl_2} \text{furan-2-SO}_3H + \text{Py}$$
α-呋喃磺酸

$$\text{pyrrole} + \text{Py}^+\text{—SO}_3^- \xrightarrow[100℃]{C_2H_4Cl_2} \text{pyrrole-2-SO}_3H + \text{Py}$$
α-吡咯磺酸

噻吩对酸比较稳定，室温下可与浓硫酸发生磺化反应。

$$\text{thiophene} + H_2SO_4 \xrightarrow{25℃} \text{thiophene-2-SO}_3H + H_2O$$
α-噻吩磺酸

从煤焦油所得的粗苯中常含有少量的噻吩，由于苯和噻吩的沸点相近，用分馏法很难除去噻吩，因此可利用苯在同样条件下不发生磺化反应，将噻吩从粗苯中除去。

吡啶在硫酸汞催化和加热的条件下才能发生磺化反应。

$$\text{pyridine} + H_2SO_4 \xrightarrow[>200℃]{HgSO_4} \text{pyridine-3-SO}_3H + H_2O$$
β-吡啶磺酸

4. 傅-克反应

傅-克酰基化反应常采用较温和的催化剂如 $SnCl_4$、BF_3 等，对活性较大的吡咯可不用催化剂，直接用酸酐酰化。吡啶一般不进行傅-克酰基化反应。

$$\text{furan} + (CH_3CO)_2O \xrightarrow{BF_3} \text{furan-2-COCH}_3 + CH_3COOH$$
α-乙酰基呋喃

$$\text{pyrrole} + (CH_3CO)_2O \xrightarrow{200℃} \text{pyrrole-2-COCH}_3 + CH_3COOH$$
α-乙酰基吡咯

五、氢化反应

呋喃、噻吩、吡咯均可进行催化加氢反应，产物是失去芳香性的饱和杂环化合物。呋喃、吡咯可用一般催化剂还原。噻吩中的硫能使催化剂中毒，不能用催化氢化的方法还原，需使用特殊催化剂。吡啶比苯易还原，如金属钠和乙醇就可使其氢化。

$$\text{furan} + 2H_2 \xrightarrow{Ni} \text{四氢呋喃} \qquad \text{thiophene} + 2H_2 \xrightarrow{MoS_2} \text{四氢噻吩}$$

$$\text{pyrrole} + 2H_2 \xrightarrow{Pd} \text{四氢吡咯} \qquad \text{pyridine} \xrightarrow{Na+C_2H_5OH} \text{六氢吡啶}$$

喹啉催化加氢，氢加在杂环上，说明杂环比苯环易被还原。

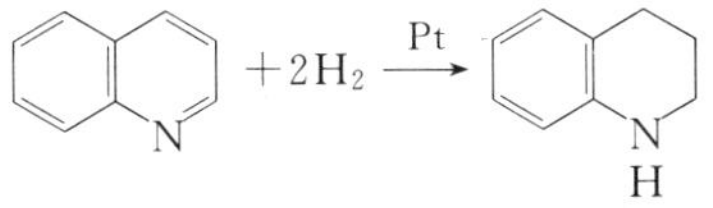

$$\text{喹啉} + 2H_2 \xrightarrow{Pt} \text{四氢喹啉}$$

四氢喹啉

杂环化合物的氢化产物，因为破坏了杂环上的共轭体系而失去了芳香性，成为脂杂环化合物，因此四氢吡咯相当于脂肪族仲胺，四氢呋喃和四氢噻吩相当于脂肪族醚和脂肪族硫醚，从而表现出它们相应的化学性质。如四氢吡咯的碱性比吡咯强 10^{11} 倍，其碱性也和脂肪族仲胺相当。

第三节 重要的杂环化合物

一、五元杂环化合物

1. 呋喃及其衍生物

呋喃是无色易挥发的液体，具有与氯仿相似的气味，不溶于水，易溶于乙醇、乙醚等有机溶剂。它与盐酸浸湿的松木片作用呈绿色，**称松木片反应**，可用于定性检验呋喃。

呋喃的衍生物中较常见的是呋喃甲醛，呋喃甲醛又称糠醛。这是因为呋喃甲醛可从稻糠、玉米芯等农副产品中所含的多糖而制得。纯净的糠醛为无色的液体，能溶于水、乙醇及乙醚中。糠醛是不含 α-氢的醛，其化学性质与苯甲醛相似，能发生一些芳香醛的缩合反应，生成许多有用的化合物。因此，糠醛是有机合成的重要原料，它可以代替甲醛与苯酚缩合成酚醛树脂，也可用来合成药物、农药等。

糠醛脱去醛基可得呋喃：

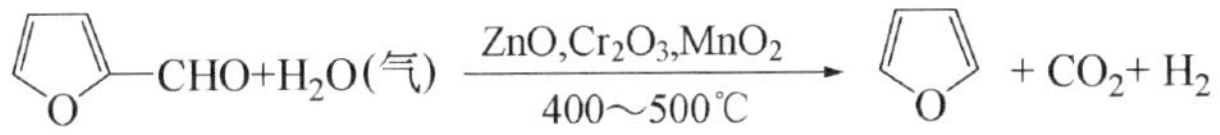

$$\text{呋喃-CHO} + H_2O(\text{气}) \xrightarrow[400\sim500℃]{ZnO,Cr_2O_3,MnO_2} \text{呋喃} + CO_2 + H_2$$

呋喃的一些衍生物有抑菌作用，特别是 5-硝基呋喃具有较强的抗菌作用，且性质稳定，服用方便，但有一定毒性。呋喃丙胺有抗日本血吸虫病的作用，对急性日本血吸虫病的退热作用明显。

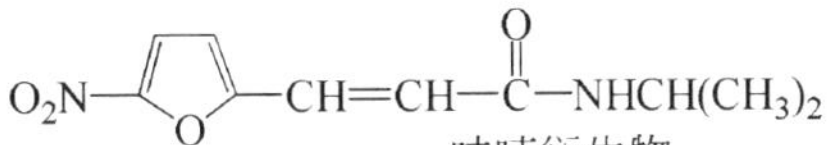

$$O_2N-\text{呋喃}-CH=CH-\overset{O}{\underset{\|}{C}}-NHCH(CH_3)_2$$
呋喃衍生物

2. 吡咯及其衍生物

吡咯存在于煤焦油和骨焦油中，为无色液体，不溶于水而易溶于有机溶剂。吡咯的衍生物广泛存在于自然界中，如血红素、叶绿素、维生素 B_{12} 等都是吡咯的衍生物。吡咯的蒸气能使盐酸浸湿过的松木片变红，以此来鉴别吡咯。

血红素（haem）是重要的吡咯衍生物。其分子结构中有一个基本骨架卟吩。卟吩环是由四个吡咯环的 α 碳原子通过四个次甲基（—CH═）相连而成的共轭体系。二价铁离子在卟吩环的中间空穴处通过共价键及配位键与卟吩环形成配合物，同时四个吡咯环的 β-位还各有不同的取代基。

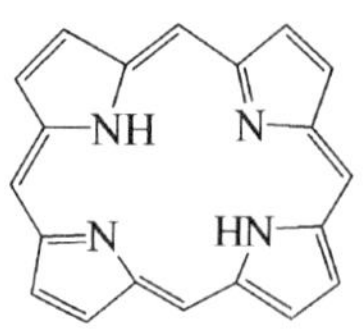

卟吩 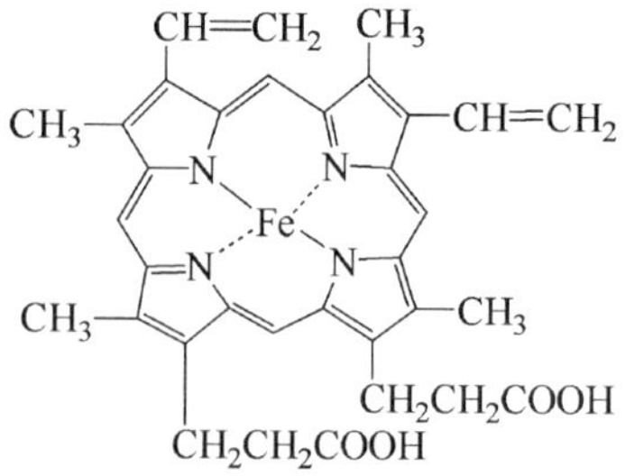　　　　　　　　　血红素

血红素与蛋白质结合成为血红蛋白（hemoglobin），存在于红细胞中，是运输氧气、二氧化碳的物质。

在卟吩环的中间空穴处，可以配合不同的金属离子则成为不同的物质。例如，配合镁离子的是叶绿素，配合钴离子的是维生素 B_{12}。

二、六元杂环化合物

六元杂环化合物中重要的化合物为吡啶。吡啶是具有特殊气味的无色液体，能与水、乙醇、乙醚等混溶，也能溶解多种多样有机物和无机物。吡啶的衍生物在医学上用作药物的较多。

1. 烟酸和烟酰胺

烟酸是 β-吡啶甲酸的俗称，它是维生素 B 族中的一种，能促进细胞的新陈代谢，并有扩张血管的作用，临床上主要用于防治癞皮病及类似的维生素缺乏症。烟酰胺是辅酶的组成成分，作用与烟酸相似。

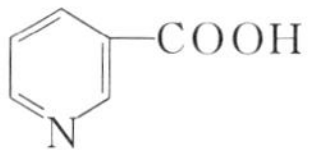

β-吡啶甲酸（烟酸或尼克酸）　　　β-吡啶甲酰胺（烟酰胺或尼克酰胺）

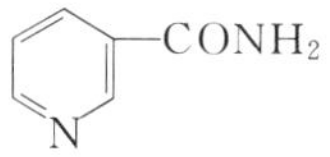

2. 维生素 B_6

维生素 B_6 包括吡哆醇、吡哆醛和吡哆胺三种化合物。由于最初分离出来的是吡哆醇，因此一般以它作为维生素 B_6 的代表。

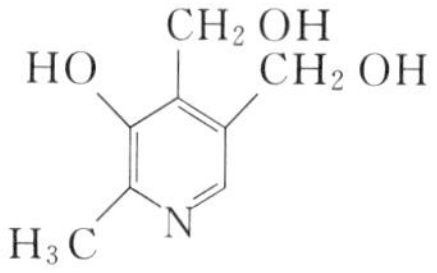

吡哆醇 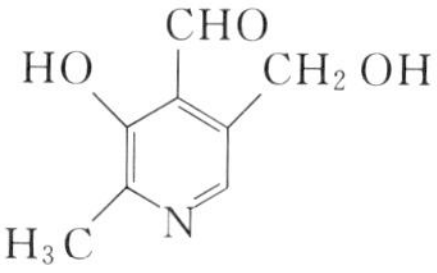　　　　　吡哆醛 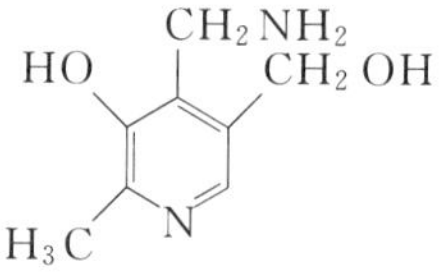　　　　　吡哆胺

维生素 B_6 是具有辅酶作用的维生素，可用于治疗妊娠呕吐、放射性呕吐等。

3. 嘧啶及其衍生物

嘧啶是含两个氮原子的六元杂环。它是无色晶体，熔点 20～22℃，沸点 123～124℃，易溶于水，具有弱碱性，可与强酸成盐，其碱性比吡啶弱。这是由于嘧啶分子中氮原子相当于一个硝基的吸电子效应，能使另一个氮原子上的电子云密度降低，结合质子的能力减弱，所以碱性降低。

嘧啶很少存在于自然界中，其衍生物在自然界中普遍存在。例如核酸和维生素 B_1 中都含有嘧啶环。组成核酸的重要碱基：胞嘧啶（cytsine，简写 C）、尿嘧啶（uracil，简写 U）、胸腺嘧啶（thymine，简写 T）都是嘧啶的衍生物，它们都存在烯醇式和酮式的互变异构体。

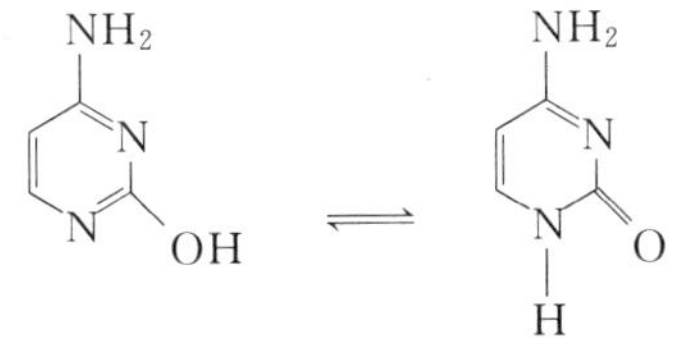

4-氨基-2-羟基嘧啶　　4-氨基-2-氧嘧啶
胞嘧啶（C）

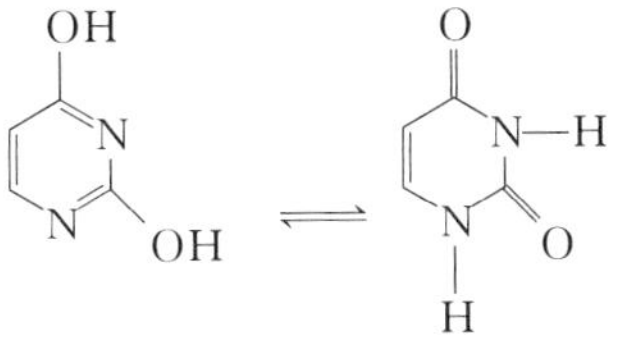

2,4-二羟基嘧啶　　2,4-二氧嘧啶
尿嘧啶（U）

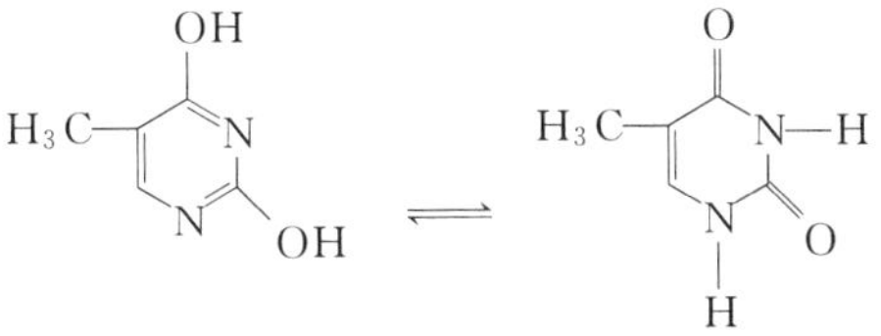

5-甲基-2,4-二羟基嘧啶　　5-甲基-2,4-二氧嘧啶
胸腺嘧啶（T）

在生物体中哪一种异构体占优势，取决于体系的 pH。一般情况下，嘧啶碱主要以酮式异构体存在。

三、稠杂环化合物

1. 吲哚及其衍生物

吲哚存在于煤焦油中，是无色片状结晶，不溶于冷水，可溶于热水、乙醇及乙醚中，具有粪臭味。但吲哚溶液在浓度极稀时，有花的香味，可做香料。

吲哚具有芳香性，性质与吡咯相似。如有弱酸性，遇强碱发生聚合，能发生亲电取代反应，取代基主要进入 β-位，遇浸过盐酸的松木片显红色。

常见的吲哚衍生物有 β-吲哚乙酸。该物质是一种植物生长激素，能促进植物生长发育。吲哚乙酸的衍生物具有镇痛作用。

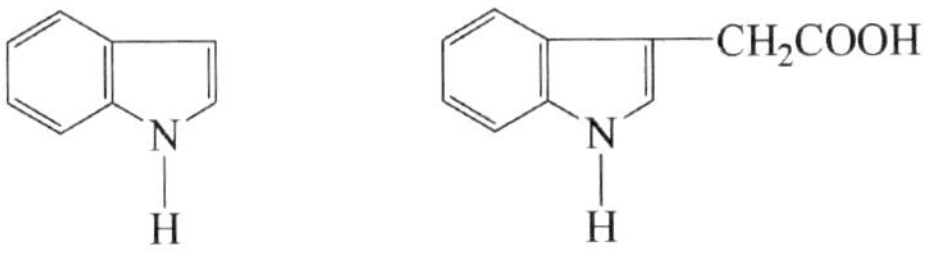

吲哚　　　　β-吲哚乙酸

2. 嘌呤及其衍生物

嘌呤可以看作是一个嘧啶环和一个咪唑环稠合而成的稠杂环化合物。嘌呤也有互变异构体，但在生物体内多以（Ⅱ）式存在。

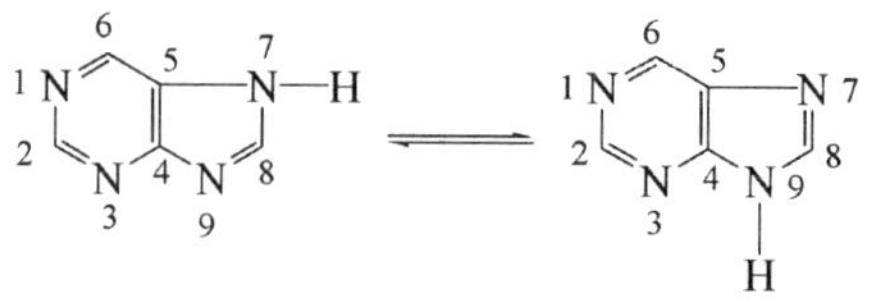

(Ⅰ) 7-氢嘌呤　　　(Ⅱ) 9-氢嘌呤

嘌呤为无色晶体，熔点216℃，易溶于水，能与酸或碱生成盐，但其水溶液呈中性。

嘌呤本身在自然界中尚未发现，但它的氨基及羟基衍生物广泛存在于动植物体中。存在于生物体内组成核酸的嘌呤碱基有：腺嘌呤（adenine，简写 A）和鸟嘌呤（guanine，简写 G），是嘌呤的重要衍生物。它们都存在互变异构体，在生物体内，主要以右边异构体的形式存在。

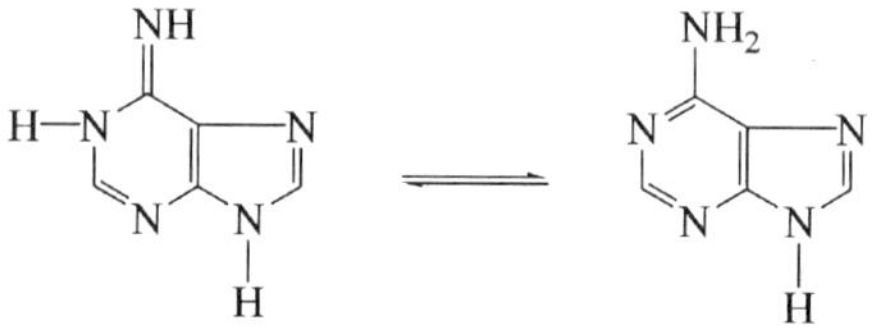

6-氨基嘌呤(腺嘌呤A)

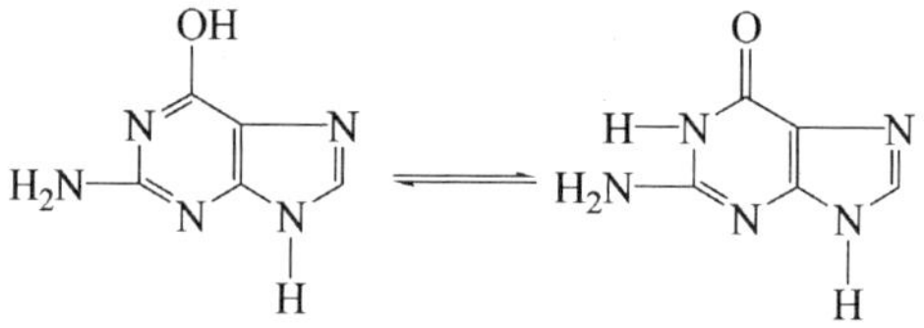

2-氨基-6-羟基嘌呤(鸟嘌呤G)

细胞分裂素是分子内含有嘌呤环的一类植物激素。细胞分裂素能促进植物细胞分裂，能扩大和诱导细胞分化，以及促进种子发芽。它们常分布于植物的幼嫩组织中，例如，玉米素最早是从未成熟的玉米中得到的。人们常用细胞分裂素来促进植物发芽、生长和防衰保绿，以及延长蔬菜的贮藏时间和防止果树生理性落果等。

第四节　生　物　碱

生物碱（alkaliod）**是一类存在于生物体内具有明显生理活性的含氮碱性有机物**。由于生物碱主要是从植物中得到的，所以又称**植物碱**。生物碱分子中通常有含氮的杂环结构，是中草药的重要有效成分。它们多数以与有机酸结合成盐的形式存在，少数以游离碱、酯或苷的形式存在。

多数生物碱具有一定的生理作用和药用价值。例如黄连中的小檗碱（黄连素）具有抗菌、止痢的作用；麻黄中的麻黄碱能发汗解热，平喘止咳；吗啡有镇痛作用；长春花中的长春新碱和长春碱具有抗癌作用；喜树碱有显著的抗癌活性。我国在生物碱方面进行了大量的研究工作，并取得了可喜的成果。

对生物碱结构和性质的研究，是寻找新药的捷径。例如，从金鸡纳树皮中提取奎宁，到抗疟疾药物的合成，从研究鸦片中的吗啡到人工合成镇痛药等，都与生物碱的研究息息相关。生物碱的毒性很大，量小可以治疗疾病，量大会引起中毒。因此，使用时必须注意剂量。

一、生物碱的分类和命名

到目前为止，已知结构的生物碱就已达两千多种，其分类方法有很多，常根据化学结构进行分类：有机胺类、吡咯衍生物类、喹啉衍生物类等。也可根据来源进行分类，如石蒜生物碱、长春花生物碱等。

生物碱多根据其来源命名，如麻黄碱来源于麻黄，烟碱来源于烟草等。此外也可采用国际通用名称的译音，如烟碱又名尼古丁（nicotine）等。

二、生物碱的一般性质

（一）生物碱的物理性质

生物碱大多数是无色或白色的结晶性固体，只有少数在常温下为液体（如烟碱、毒芹碱）或有颜色。多数生物碱味苦。生物碱一般难溶于水，易溶于乙醇、乙醚、丙酮等有机溶剂。其盐类多数溶于水，不溶于有机溶剂。生物碱分子中含有手性碳原子，多数生物碱有旋光性，生物碱的左旋体常有很强的生物活性，自然界存在的生物碱一般是左旋体。

（二）生物碱的化学性质

1. 生物碱的碱性

生物碱分子中因氮原子上有未共用的电子对，有一定接受质子的能力而具有碱性，大多数生物碱能与酸反应生成易溶于水的生物碱盐。生物碱盐在遇强碱时又游离出生物碱，利用这一性质可以提取和精制生物碱。临床上用的生物碱药物均制成其盐类（如硫酸阿托品、盐酸黄连素等）。

$$\text{生物碱} \underset{\text{NaOH}}{\overset{\text{HCl}}{\rightleftharpoons}} \text{生物碱盐}$$

（难溶于水）　　　（可溶于水）

2. 生物碱的沉淀反应

许多生物碱或其盐的水溶液能与某些试剂生成难溶性的盐或配合物而沉淀。**能与生物碱生成沉淀的试剂称为生物碱沉淀剂**。生物碱沉淀剂主要有：

（1）碘化铋钾（$KBiI_4$）试剂，遇生物碱生成红棕色沉淀；
（2）苦味酸（三硝基苯酚）试剂，遇生物碱生成黄色沉淀；
（3）鞣酸试剂，遇生物碱生成棕黄色沉淀；
（4）磷钨酸（$H_3PO_4 \cdot 12WO_3$）试剂，遇生物碱生成黄色沉淀。

根据生成沉淀的颜色可初步判断某些生物碱的存在，也可用于生物碱的分离和精制。

3. 生物碱的显色反应

生物碱能与一些试剂反应呈现不同的颜色，并且因其结构不同而显示不同的颜色。**这些能使生物碱发生颜色反应的试剂被称为生物碱显色剂**。常用的生物碱显色剂有钒酸铵的浓硫酸溶液、钼酸钠和甲醛的浓硫酸溶液等。例如吗啡遇甲醛-浓硫酸溶液显现紫色，可待因遇甲醛-浓硫酸溶液显现蓝色，莨菪碱遇钒酸铵-浓硫酸溶液呈现红色。生物碱的显色反应可用于鉴别生物碱。

三、医学上常见的生物碱

1. 麻黄碱（麻黄素）

麻黄碱是存在于中药麻黄中的一种主要生物碱，为无色晶体，熔点 34℃，味苦，易溶于水、乙醇和氯仿中。麻黄碱有兴奋交感神经、扩张支气管、升高血压的作用。临床上用于止咳、过敏反应、鼻黏膜肿胀、低血压症和防治支气管哮喘等。

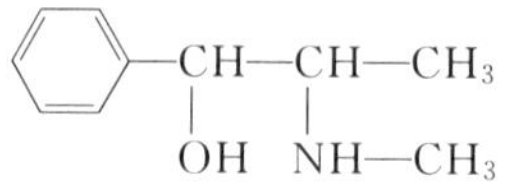

$$\text{C}_6\text{H}_5-\underset{\text{OH}}{\text{CH}}-\underset{\text{NH}-\text{CH}_3}{\text{CH}}-\text{CH}_3$$

麻黄碱属于胺类生物碱，与一般生物碱的性质不完全相同，如有挥发性，在水和有机溶剂中均能溶解、与多种生物碱沉淀剂不易产生沉淀等。

2. 烟碱（尼古丁）

烟碱又名尼古丁，存在于烟叶中，是烟草中十几种生物碱中最主要的一种。为无色油状液体，沸点 246℃，露置空气中渐变棕色，易溶于水、乙醇、氯仿。

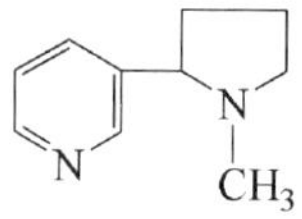

烟碱有剧毒，少量具有兴奋中枢神经、增高血压的作用，大量能抑制中枢神经，使心脏停搏，以致死亡。烟草制成的香烟中除了含烟碱等有毒物质外，在吸烟产生的烟雾中，还产生新的有毒物质，可引起支气管炎、肺炎、肺水肿、肺癌等疾病。烟碱不能作药用，但在农业上用做杀虫剂。

3. 莨菪碱

莨菪碱存在于颠茄、莨菪、曼陀罗等植物的叶中，白色晶体，熔点 114~116℃，味苦，难溶于水，易溶于乙醇。其结构式如下：

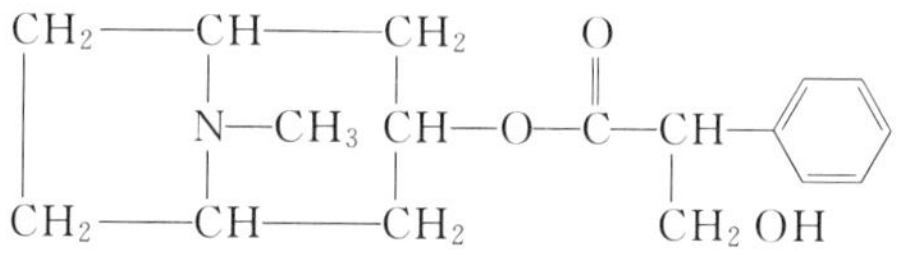

$$\begin{array}{c}\text{CH}_2-\text{CH}-\text{CH}_2\\ |\qquad\qquad|\\ \text{N}-\text{CH}_3\quad\text{CH}-\text{O}-\overset{\text{O}}{\overset{\|}{\text{C}}}-\text{CH}-\text{C}_6\text{H}_5\\ |\qquad\qquad|\qquad\qquad|\\ \text{CH}_2-\text{CH}-\text{CH}_2\qquad\text{CH}_2\text{OH}\end{array}$$

莨菪碱在自然界中为左旋体，在碱性或加热条件下转化为外消旋体即阿托品。阿托品是人工合成的化合物，为长柱状晶体，难溶于水。临床上用可溶性硫酸阿托品治疗胃、肠、胆、肾绞痛，也可用作有机磷农药中毒的解毒剂。

4. 吗啡、可待因和海洛因

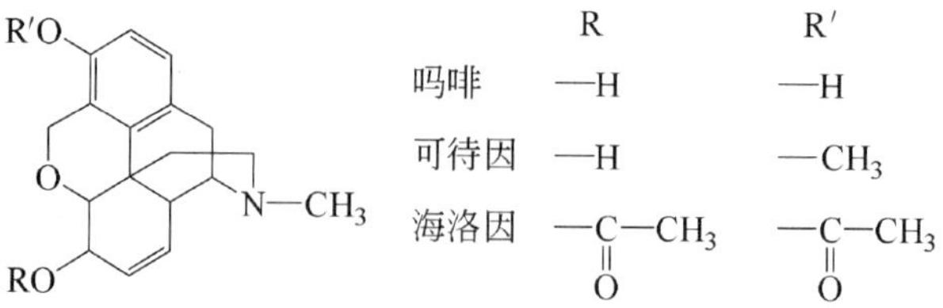

	R	R′
吗啡	—H	—H
可待因	—H	—CH$_3$
海洛因	—COCH$_3$	—COCH$_3$

这三种生物碱存在于鸦片中。鸦片是罂粟果流出的乳汁经日光晒成的黑色膏体。鸦片中含有25种以上生物碱，其中以吗啡最为重要，含量约为10%，其次为可待因，约含0.3%~1.9%。

吗啡为白色结晶，微溶于水，味苦。吗啡对中枢神经有麻醉作用，镇痛作用强，但易成瘾，不宜长期使用。医药上常用的是盐酸吗啡。

可待因是吗啡的甲基衍生物，白色晶体，难溶于水。可待因的生理作用与吗啡相似，虽然镇痛作用比吗啡弱，成瘾性较吗啡小，但仍不宜滥用。临床上用于治疗严重干咳等。医药上常用的是磷酸可待因制成片剂或糖浆。

海洛因是吗啡分子中的两个羟基被乙酰化的产物，所以又称二乙酰吗啡，是麻醉作用和毒性都比吗啡强得多的毒品，极易成瘾。

5. 咖啡碱（咖啡因）

咖啡碱是存在于咖啡、茶叶中的一种生物碱，为白色针状结晶，味苦、能溶于热水。从结构上看咖啡碱属于嘌呤衍生物，其结构式为：

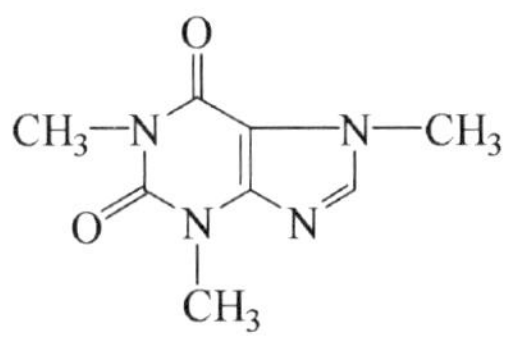

咖啡碱对中枢神经有兴奋作用，临床上用于呼吸衰竭及循环衰竭的解救，并用作利尿剂。例如，对于急性心力衰竭者，肌肉或静脉注射咖啡可迅速扩张体静脉，减少静脉回心血量，降低左房压，还能减轻烦躁不安和呼吸困难，增加心脏排血量。

6. 小檗碱

小檗碱又称黄连素，存在于黄连、黄柏等小檗属植物中，黄色结晶，熔点145℃，味极苦、易溶于水，难溶于苯、氯仿等有机溶剂。

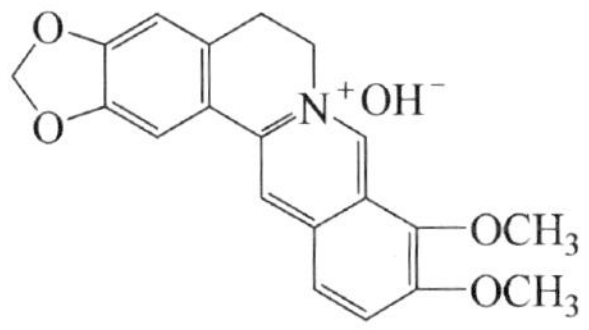

小檗碱抗菌谱广，对多种革兰细菌有抑制作用，临床上用于治疗肠胃炎和细菌性痢疾等。此外，小檗碱还有温和的镇静、降压作用。

 致用小贴

麻黄碱与毒品

麻黄碱易进入中枢神经系统，具有较强的中枢兴奋作用。麻黄碱的衍生物有滥用危险，有些甚至为毒品。如：去氧麻黄碱（俗称冰毒）、二亚甲基双氧安非他明（MDMA）（俗称摇头丸）、去甲伪麻黄碱等。对去氧麻黄碱和二亚甲基双氧安非他明，国家按第一类精神药品管理，去甲伪麻黄碱按第二类精神药品管理。

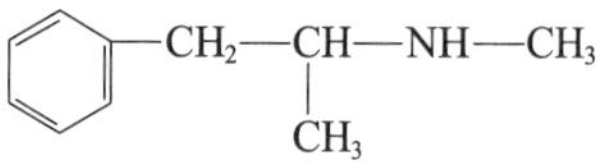

去氧麻黄碱 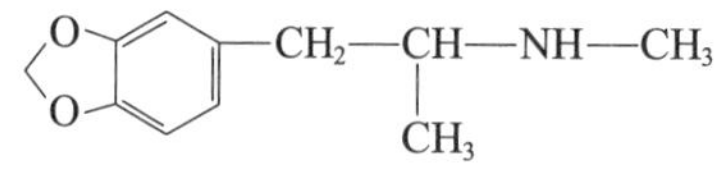　　　　　　二亚甲基双氧安非他明 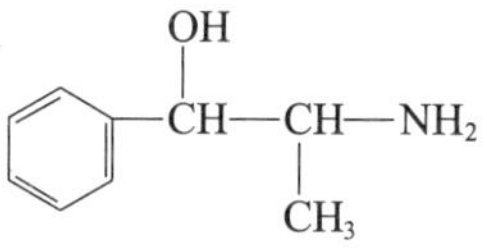　　　　去甲伪麻黄碱

麻黄碱是制备冰毒和摇头丸等许多毒品的中间体，因此麻黄碱类化合物被列为国家第一类易制毒化学品，对其生产和处方剂量均有特殊管理。

 目标测试

1. 命名下列化合物或写结构式。

(1) 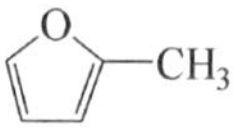 2-甲基呋喃　(2) 5-羟基-2-吡咯甲酸　(3) 2-吡啶乙酸　(4) 5-羟基-2-甲基嘧啶

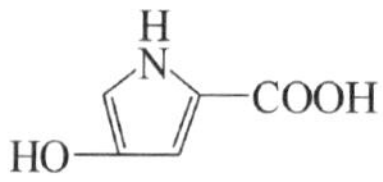

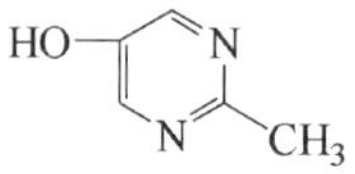

(5) 腺嘌呤　(6) 3-吡啶磺酸　(7) 2,8-二氨基-6-溴嘌呤　(8) 糠醛

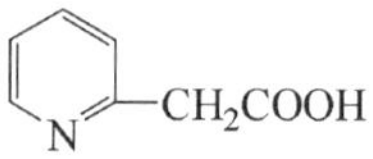

2. 完成下列反应式。

(1) 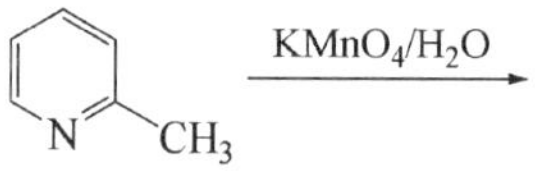 2-甲基吡啶 $\xrightarrow{KMnO_4/H_2O}$ 　　(2) 吲哚-3-甲酸 $\xrightarrow{NaOH}$

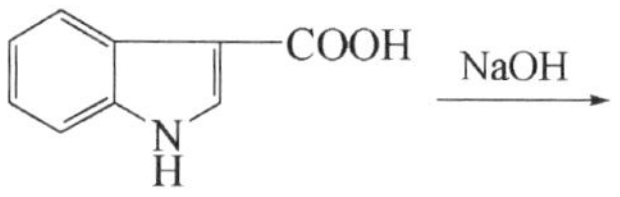

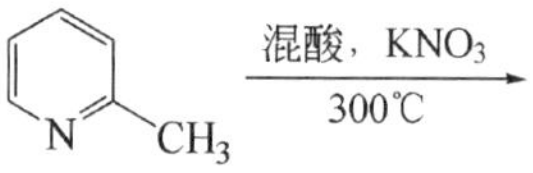

(3) 2-甲基吡啶 $\xrightarrow[300℃]{混酸,KNO_3}$ 　　(4) 噻吩 + CH_3COONO_2 $\xrightarrow[-10℃]{乙酸酐}$

3. 简答题。

(1) 如何用化学方法除去苯中所含少量的噻吩？

(2) 在临床上使用生物碱盐类药物时，为什么不能与碱性药物并用？

(3) 试解释为何五元杂环化合物的亲电取代反应容易而六元杂环化合物的亲电取代反应较难？

(4) 什么是生物碱？其一般性质有哪些？什么是生物碱的沉淀剂？试举出 2 种所熟知的生物碱沉淀剂。

(5) 如何用化学方法区分下列各组化合物：

糠醛与呋喃　　　吡咯与呋喃　　　吡啶和 β-甲基吡啶

(6) 按碱性由强到弱顺序排列组胺分子中的 3 个氮原子的碱性，并解释原因。

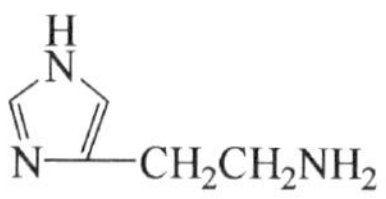

4. 某些取代吡啶的 pK_a 如下：

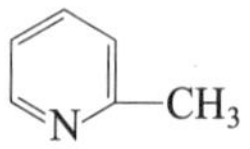

2-甲基吡啶　　3-甲基吡啶　　4-甲基吡啶　　吡啶
　5.97 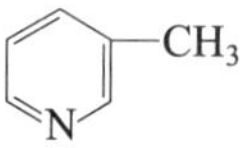　　　　　5.68 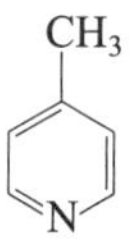　　　　　6.02 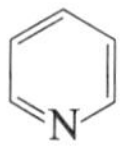　　　　　5.19

试用取代基对苯胺碱性的影响,解释上述结果。(药学专业学生完成)

第十三章 糖类

知识导图

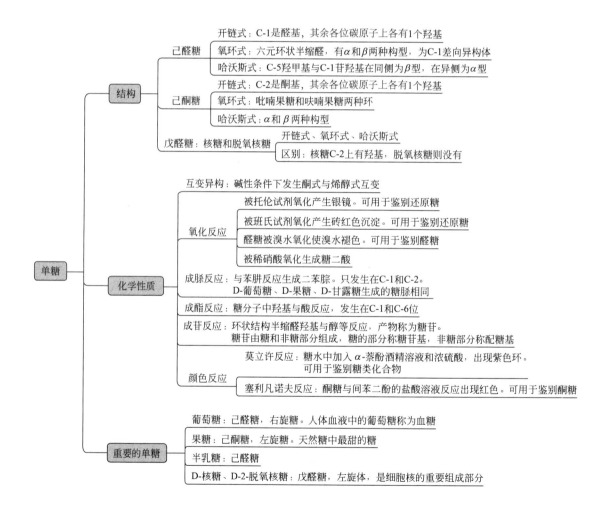

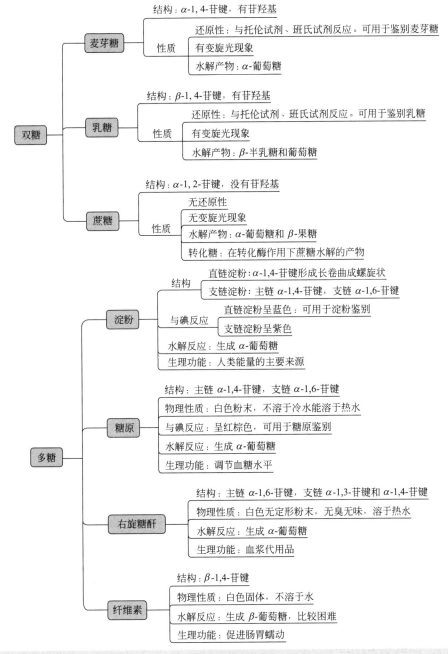

学习目标

1. 掌握糖的概念及分类。
2. 掌握差向异构、变旋光现象、还原性糖、糖苷的概念。
3. 掌握单糖的化学性质,熟悉双糖和多糖的化学性质。
4. 熟悉单糖的开链结构和哈沃斯式结构,了解双糖和多糖的结构单位和形成苷键的方式。
5. 了解葡萄糖、核糖、淀粉、糖原等的生理功能。

糖类（saccharides）是自然界含量最多、分布最广的一类重要的有机化合物，与人们的生活密切相关。无论是绿色植物的根、茎、叶、种子和果实，还是动物的肌肉、肝脏、乳汁、血液、软骨和结缔组织中都含有糖类物质。它是人及一切生物体维持生命活动所需能量的主要来源；是生物体组织细胞的重要成分；是人体内合成脂肪、蛋白质和核酸的重要原料。

糖类与药物也有着密切的关系，如病人输液用的葡萄糖，药片赋形剂用的淀粉，作血浆制剂的右旋糖酐等。一些具有特殊功效的中草药中也存在糖的成分，如毛地黄毒苷、黄夹桃毒苷等水解产物都有糖类化合物。

糖类化合物由碳、氢、氧三种元素组成，大多数糖类化合物中氢和氧的原子个数之比恰好等于水分子中氢氧原子个数之比即 2∶1，可用通式 $C_n(H_2O)_m$ 来表示，因此糖类最早被称为"碳水化合物（carbohydrate）"。但这个名称并不能反映这类物质的结构特点。首先，这类化合物中的 H、O 两种元素并不是结合成水的形式存在；其次，分子中 H 和 O 的原子个数比不全是 2∶1，如脱氧核糖（$C_5H_{10}O_4$）、鼠李糖（$C_6H_{12}O_5$）；而有些符合通式 $C_n(H_2O)_m$ 的化合物如甲醛（CH_2O）、乙酸（$C_2H_4O_2$）、乳酸（$C_3H_6O_3$）等并不属于糖类。因此，糖类称为碳水化合物并不科学，因习惯仍在沿用，但早已失去原来的意义。

从结构上看，**糖类是多羟基醛或多羟基酮及它们的脱水缩合物**。根据能否水解及水解后的产物，糖类可分为单糖、低聚糖和多糖。**不能水解的糖称为单糖**，如葡萄糖、果糖；**能水解生成 2～10 个单糖分子的糖称为低聚糖**，如麦芽糖；**水解后生成 10 个以上单糖分子的糖称为多糖**，如淀粉。多糖属于高分子化合物。

第一节 单 糖

单糖是多羟基醛或多羟基酮。根据结构特征单糖可分为醛糖（aldose）和酮糖（ketose）；一般单糖含有 3～6 个碳原子，故又可分为丙糖、丁糖、戊糖和己糖。在实际应用过程中通常将这两种方法结合使用，例如：葡萄糖是含 6 个碳原子的醛糖，被称为己醛糖；果糖是含 6 个碳原子的酮糖，被称为己酮糖。

自然界中所发现的单糖，主要是戊糖和己糖。其中最重要的戊糖是核糖和脱氧核糖，最重要的己糖是葡萄糖和果糖。

一、单糖的结构

（一）己醛糖的结构

1. 开链式结构

通过实验测定己醛糖是含 6 个碳原子的五羟基醛的结构，分子式为：$C_6H_{12}O_6$。

己醛糖的分子结构为：

$$CH_2-\overset{*}{C}H-\overset{*}{C}H-\overset{*}{C}H-\overset{*}{C}H-CHO$$
$$|||||$$
$$OHOHOHOHOH$$

它具有 4 个手性碳原子，共有 16 个旋光异构体。单糖的构型常用 D/L 标记法表示。以甘油醛的构型作为比较标准来确定。在单糖分子中离羰基最远的手性碳原子的构型，与

D-甘油醛构型相同的，属于 D-型，反之，属于 L-型。天然葡萄糖的 C-5 构型与 D-甘油醛相同，所以它是 D-葡萄糖。在己醛糖的 16 个旋光异构体中，有 8 个是 D-型的，有 8 个是 L-型的，形成 8 对对映体。其中 D-葡萄糖、D-半乳糖、D-甘露糖、D-塔罗糖是自然界存在的，其余的可以通过人工合成的方法得到。

下面列出了 8 种 D-己醛糖的费歇尔投影式。

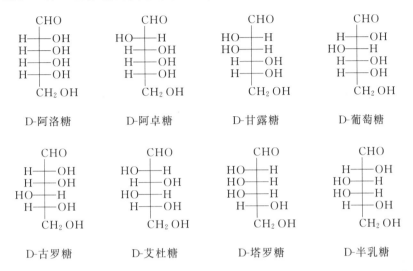

D-阿洛糖　　　D-阿卓糖　　　D-甘露糖　　　D-葡萄糖

D-古罗糖　　　D-艾杜糖　　　D-塔罗糖　　　D-半乳糖

用费歇尔投影式表示糖的开链式结构除上述表示（手性碳原子省略不写）外，还可以有两种更简便的书写方式：一是将碳链垂直放置，醛基或酮基放在上方，其中竖线代表碳链，每一个横线代表一个羟基，标在羟基所在的一侧；二是主链不变，用"△"代表醛基，"○"代表羟甲基（CH_2OH）。

葡萄糖的费歇尔投影式如下：

2. 变旋光现象和葡萄糖的环状结构

葡萄糖在不同条件下结晶，可得到两种晶体：一种是从乙醇溶液中在常温下析出的晶体，熔点为 146℃，是右旋性物质。在 20℃、浓度为 $1g·mL^{-1}$、测定管长度为 1dm、光源波长为 589nm 时测得的旋光度（该条件下的旋光度称为比旋光度）为 +112°；另一种是从吡啶溶液中分离出来的，熔点为 150℃，比旋光度为 +18.7°。将上述两种晶体分别溶于水，放置后比旋光度会发生改变，但都在 +52.5° 时恒定不变。**像葡萄糖这样新配制的溶液，随着时间变化，比旋光度逐渐减小或增大，最后达到恒定值的现象称为变旋光现象。**

显然葡萄糖的开链结构不能解释上述事实，同时糖的部分性质也不能用开链式结构加以解释。例如：①葡萄糖的醛基不能与品红亚硫酸试剂发生显色反应；②1 分子葡萄糖在无水的酸性条件下只能与 1 分子的醇发生缩合反应生成稳定的化合物。由此可见，葡萄糖分子还有另一种结构——环状结构。

现代物理化学方法证实了葡萄糖存在环状结构。葡萄糖分子内的醛基与 C-5 上的羟基，可以发生类似于醛和醇的加成反应，形成了稳定的六元环状半缩醛的结构。

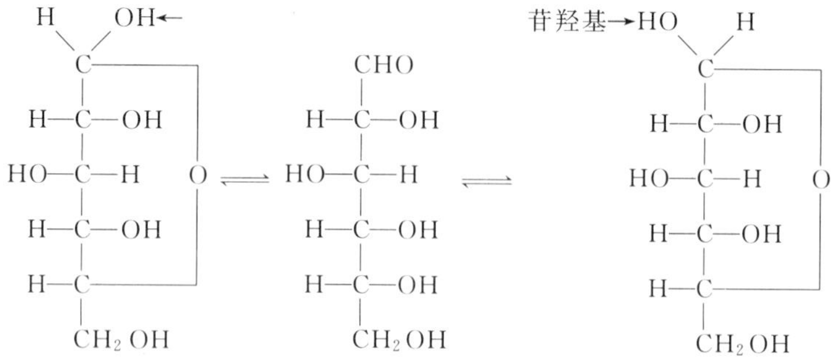

α-D-(+)-葡萄糖　　　　开链式葡萄糖　　　　β-D-(+)-葡萄糖

由于形成环状半缩醛，原来没有手性的羰基碳原子（C-1）变成了手性碳原子，从而使得葡萄糖的半缩醛式产生两种光学异构体，这两个光学异构体之间没有对映关系。与开链式相比，两者之间在结构上只是 C-1 上所产生的半缩醛羟基（又称苷羟基）的位置不同。**与决定构型的 C-5 上的羟基处于同侧的称为 α-D-(+)-葡萄糖**，比旋光度为 +112°；**处于异侧的为 β-D-(+)-葡萄糖**，比旋光度为 +18.7°。这两种异构体分别溶于水后，通过开链结构互相转变，并组成一个动态平衡体系。平衡时 α-D-(+)-葡萄糖约占 36.4%，β-D-(+)-葡萄糖约占 63.6%，开链式很少，但在水溶液中，2 种环状结构可以通过开链式相互转化，最后达到 3 种结构按一定比例同时存在的平衡状态，此时比旋光度达到一个恒定值 +52.5°，这就是葡萄糖溶液产生变旋光现象的原因。

通常将有多个手性碳原子的非对映异构体，只有一个碳原子的构型不同，而其他碳原子的构型完全相同者，称为差向异构体。而 D-葡萄糖的两种环状结构，为 C-1 的差向异构体，又称为端基异构体或异头体。

直立氧环式还不能表示出葡萄糖的真实结构。这是因为在环状结构中碳原子不可能是直线排列，同时 C-1 和 C-5 之间过长的氧桥键也不可能稳定存在。为了较真实地表示葡萄糖的环状结构，采用哈沃斯式。

3. 哈沃斯式

英国化学家哈沃斯（Haworth）采用了吡喃环来表示葡萄糖的环状结构即葡萄糖的哈沃斯式，因此平面环状结构的葡萄糖又称为吡喃葡萄糖。

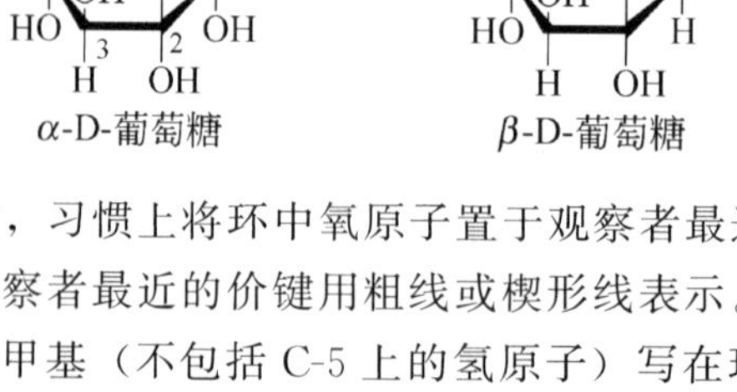

α-D-葡萄糖　　　　β-D-葡萄糖

书写葡萄糖哈沃斯式时，习惯上将环中氧原子置于观察者最远处的右侧，环中碳原子按顺时针方向依次编号，离观察者最近的价键用粗线或楔形线表示。把开链式中排在左边的氢原子、羟基以及 C-5 上的羟甲基（不包括 C-5 上的氢原子）写在环平面之上，排在右边的氢原子、羟基以及 C-5 上的氢原子写在环平面之下，在哈沃斯式中，C-5 上羟甲基和 C-1 上苷羟基在环平面同侧的是 β-型，在环平面异侧的是 α-型。

仔细分析 β-葡萄糖的哈沃斯式，不难发现，C-1~C-5 这 5 个成环碳原子上的氢原子在空间的排列是上下交错的，这样就可以避免体积较大的 5 个基团（C-1~C-4 的羟基和 C-5 上的羟甲基）之间的"拥挤"，使分子更加稳定。因此在葡萄糖的 α-型、β-型和开链式平衡体系中，β-型含量最高，α-型含量相对较低，开链式只有微量。

（二）己酮糖的结构

1. 果糖的开链式

果糖（fructose）的分子式是 $C_6H_{12}O_6$，属己酮糖，与葡萄糖互为同分异构体。果糖分子中 2 位碳是酮基，其余 5 个碳原子上各连一个羟基。其开链式结构如下：

$$\begin{array}{c}
^1CH_2OH \\
^2C=O \\
HO-^3C-H \\
H-^4C-OH \\
H-^5C-OH \\
^6CH_2OH
\end{array}$$

果糖分子中有 3 个手性碳原子，因此有 8 个旋光异构体，果糖中编号最大的手性碳原子，C-5 上的羟基与 D-甘油醛的羟基在同侧，属于 D-型糖，它具有左旋性，所以称为 D-(-)-果糖。

2. 氧环式

果糖分子中的酮基由于受到相邻碳原子上羟基的影响活性较高，能与 C-5 或 C-6 上的羟基作用，形成半缩酮结构。实验证明，果糖在游离态存在时，以六元环（吡喃型）的结构为主（约 80%）；在结合态（如蔗糖中）存在时，以五元环（呋喃型）的结构为主。由于 C-2 上苷羟基（半缩酮羟基）在空间的排列不同，氧环式结构的果糖也有 α-型和 β-型两种异构体，苷羟基在右边的为 α-型，在左边的为 β-型。

五元环和六元环可以通过开链式互相转变，β-吡喃果糖和 β-呋喃果糖的氧环式结构如下：

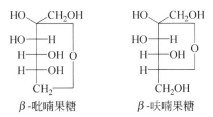

β-吡喃果糖　　β-呋喃果糖

果糖的环状结构也可用哈沃斯式表示，其 β-果糖的五元和六元环状结构的哈沃斯式为：

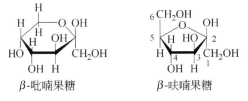

β-吡喃果糖　　β-呋喃果糖

与葡萄糖相似，果糖的任何一个结构，在溶液中都可以通过开链结构转变为其他结构，形成互变平衡体系。果糖也具有变旋光现象，各种异构体达到平衡时的比旋光度为 $-92°$。

（三）戊醛糖的结构

1. 核糖、脱氧核糖的开链式

核糖的分子式为 $C_5H_{10}O_5$，脱氧核糖分子式为 $C_5H_{10}O_4$，它们都是戊醛糖。在结构上的差异在于核糖的 C-2 上有羟基，而脱氧核糖的 C-2 上没有羟基。它们的开链式结构如下：

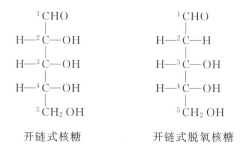

开链式核糖　　　　开链式脱氧核糖

2. 氧环式

核糖和脱氧核糖中都有醛基和羟基，C-4 上的羟基能与 C-1 醛基缩合生成半缩醛，其氧环式结构如下：

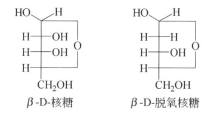

β-D-核糖　　　　β-D-脱氧核糖

3. 哈沃斯式

在生物化学中，多用哈沃斯式来表示核糖和脱氧核糖的环状结构，如：

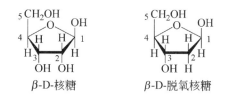

β-D-核糖　　　　β-D-脱氧核糖

二、单糖的性质

（一）单糖的物理性质

单糖都是无色晶体，具有吸湿性，极易溶于水（尤其在热水中溶解度很大），浓缩单糖溶液易得到黏稠的糖浆，不易在水中结晶，难溶于有机溶剂。多个羟基的存在使分子间氢键缔合很强，以至最简单的糖就有很高的沸点。单糖有甜味，不同的单糖甜味差异很大。单糖一般有旋光性，并有变旋光现象。

（二）单糖的化学性质

1. 互变异构

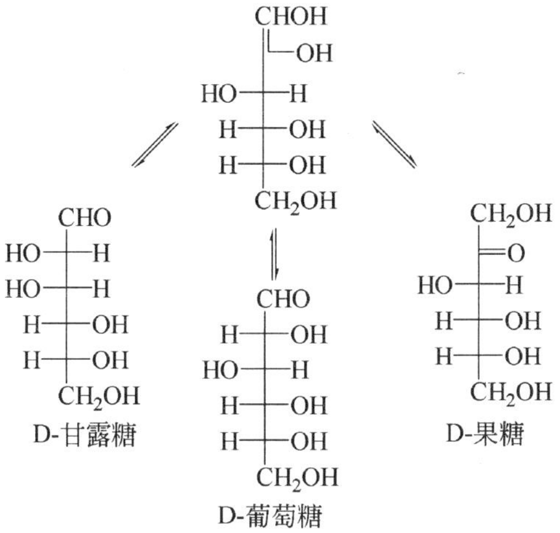

$$\text{D-甘露糖} \rightleftharpoons \text{烯二醇中间体} \rightleftharpoons \text{D-果糖}$$

$$\updownarrow$$

$$\text{D-葡萄糖}$$

单糖在冷、稀碱溶液中，α碳上的氢受羟基的影响变得活泼，极易转到羰基上，形成烯醇式，然后转变为其他的异构体。例如D-葡萄糖于冷、稀的氢氧化钠溶液中，将会得到一个D-葡萄糖、D-甘露糖、D-果糖的混合物。其中D-葡萄糖与D-甘露糖互为C-2的差向异构。**单糖这种转化为差向异构体的过程称为差向异构化**。在生物体内酶的催化下也可以进行上述转化。

2. 氧化反应

（1）弱碱性氧化剂氧化　单糖在稀碱溶液中，由于形成的烯二醇中间体极易被氧化，因而碱性溶液中的单糖是很强的还原剂，糖的这种性质常用于糖的定性或定量分析，常用的弱氧化剂有托伦试剂、斐林试剂以及在临床检验中常用于检验血糖及尿中葡萄糖含量的班氏试剂（$CuSO_4$＋柠檬酸钠的碳酸钠溶液）。与弱氧化剂氧化后，单糖氧化成糖酸等复杂的氧化产物，托伦试剂反应出现银镜，而斐林试剂、班氏试剂反应后则生成氧化亚铜砖红色沉淀。

凡能被托伦试剂、斐林试剂及班氏试剂等弱氧化剂氧化的糖称为还原糖，反之为非还原糖，单糖都是还原糖，可用此反应进行检验，但不能区分醛糖与酮糖。

$$\text{单糖} + [Ag(NH_3)_2]OH \xrightarrow{\triangle} \text{复杂产物} + Ag\downarrow$$

$$\text{单糖} + \text{班氏试剂} \longrightarrow \text{复杂产物} + Cu_2O\downarrow$$

（2）酸性溶液中氧化　醛糖可以被溴水氧化。溴水是一弱氧化剂，它只能将醛基氧化成羧基，其钙盐（葡萄糖酸钙）具有维持神经与肌肉的正常兴奋性作用，并有助于骨质的形成。而酮糖则无此反应，因而可根据溴水是否褪色来区别醛糖与酮糖。若用更强的氧化剂来氧化，则醛糖、酮糖均可被氧化成糖二酸。例如：

$$\begin{array}{c}\text{COOH}\\\text{H}\!-\!\!-\!\text{OH}\\\text{HO}\!-\!\!-\!\text{H}\\\text{H}\!-\!\!-\!\text{OH}\\\text{H}\!-\!\!-\!\text{OH}\\\text{CH}_2\text{OH}\end{array} \xleftarrow{\text{Br}_2/\text{H}_2\text{O}} \begin{array}{c}\text{CHO}\\\text{H}\!-\!\!-\!\text{OH}\\\text{HO}\!-\!\!-\!\text{H}\\\text{H}\!-\!\!-\!\text{OH}\\\text{H}\!-\!\!-\!\text{OH}\\\text{CH}_2\text{OH}\end{array} \xrightarrow{\text{稀 HNO}_3} \begin{array}{c}\text{COOH}\\\text{H}\!-\!\!-\!\text{OH}\\\text{HO}\!-\!\!-\!\text{H}\\\text{H}\!-\!\!-\!\text{OH}\\\text{H}\!-\!\!-\!\text{OH}\\\text{COOH}\end{array}$$

$$\begin{array}{c}\text{CH}_2\text{OH}\\\!=\!\!\text{O}\\\text{HO}\!-\!\!-\!\text{H}\\\text{H}\!-\!\!-\!\text{OH}\\\text{H}\!-\!\!-\!\text{OH}\\\text{CH}_2\text{OH}\end{array} \xrightarrow{\text{稀 HNO}_3} \begin{array}{c}\text{COOH}\\\text{HO}\!-\!\!-\!\text{H}\\\text{H}\!-\!\!-\!\text{OH}\\\text{H}\!-\!\!-\!\text{OH}\\\text{COOH}\end{array}$$

此外，人体内的葡萄糖可在酶的催化下氧化成葡萄糖醛酸，该化合物是体内重要的解毒物质。

$$\begin{array}{c}\text{CHO}\\\text{H}\!-\!\!-\!\text{OH}\\\text{HO}\!-\!\!-\!\text{H}\\\text{H}\!-\!\!-\!\text{OH}\\\text{H}\!-\!\!-\!\text{OH}\\\text{CH}_2\text{OH}\end{array} \xrightarrow{\text{酶}} \begin{array}{c}\text{CHO}\\\text{H}\!-\!\!-\!\text{OH}\\\text{HO}\!-\!\!-\!\text{H}\\\text{H}\!-\!\!-\!\text{OH}\\\text{H}\!-\!\!-\!\text{OH}\\\text{COOH}\end{array}$$

3. 成脎反应

单糖与苯肼作用，首先生成苯腙，苯腙与过量的苯肼反应，生成不溶于水的黄色结晶，称为糖脎。生成糖脎是 α-羟基醛或 α-羟基酮的特有反应。葡萄糖、果糖的成脎反应为：

$$\begin{array}{c}\text{CH}_2\text{OH}\\\!=\!\!\text{O}\\\text{HO}\!-\!\!-\!\text{H}\\\text{H}\!-\!\!-\!\text{OH}\\\text{H}\!-\!\!-\!\text{OH}\\\text{CH}_2\text{OH}\end{array} + \text{H}_2\text{NNH}\!-\!\text{C}_6\text{H}_5\text{（过量）} \longrightarrow \begin{array}{c}\text{CH}\!=\!\text{N}\!-\!\text{NH}\!-\!\text{C}_6\text{H}_5\\\!=\!\text{N}\!-\!\text{NH}\!-\!\text{C}_6\text{H}_5\\\text{HO}\!-\!\!-\!\text{H}\\\text{H}\!-\!\!-\!\text{OH}\\\text{H}\!-\!\!-\!\text{OH}\\\text{CH}_2\text{OH}\end{array}$$

$$\begin{array}{c}\text{CHO}\\\text{H}\!-\!\!-\!\text{OH}\\\text{HO}\!-\!\!-\!\text{H}\\\text{H}\!-\!\!-\!\text{OH}\\\text{H}\!-\!\!-\!\text{OH}\\\text{CH}_2\text{OH}\end{array} + \text{H}_2\text{NNH}\!-\!\text{C}_6\text{H}_5\text{（过量）} \longrightarrow \begin{array}{c}\text{CH}\!=\!\text{N}\!-\!\text{NH}\!-\!\text{C}_6\text{H}_5\\\!=\!\text{N}\!-\!\text{NH}\!-\!\text{C}_6\text{H}_5\\\text{HO}\!-\!\!-\!\text{H}\\\text{H}\!-\!\!-\!\text{OH}\\\text{H}\!-\!\!-\!\text{OH}\\\text{CH}_2\text{OH}\end{array}$$

醛糖和酮糖的成脎反应均只在 C-1 和 C-2 上发生。由此可见，若除 C-1 和 C-2 构型不同外，糖分子中其他 C 原子构型相同，则可生成相同的糖脎。如 D-葡萄糖、D-果糖和 D-甘露糖的糖脎相同。不同的糖脎结晶形状不同，熔点不同，常用成脎反应来鉴别不同的糖及帮助测定糖的构型。

4. 成酯反应

单糖分子中的羟基可与酸反应生成酯。例如，人体内的葡萄糖在酶的作用下，可以与磷酸反应生成 α-葡萄糖-1-磷酸酯、α-葡萄糖-6-磷酸酯和 α-葡萄糖-1,6-二磷酸酯。它们是糖代谢的中间产物，糖在代谢中首先要经过磷酸化，然后才能进行一系列化学反应。因此，糖的成酯反应是糖代谢的重要步骤。

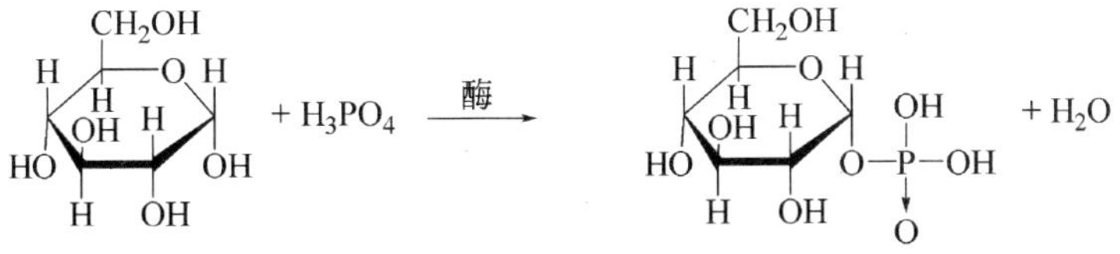

$$\alpha\text{-葡萄糖} + H_3PO_4 \xrightarrow{\text{酶}} \alpha\text{-葡萄糖-1-磷酸酯} + H_2O$$

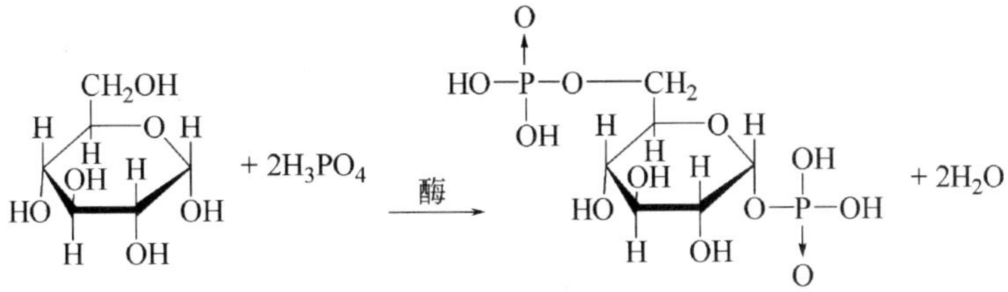

$$\alpha\text{-葡萄糖} + 2H_3PO_4 \xrightarrow{\text{酶}} \alpha\text{-葡萄糖-1,6-二磷酸酯} + 2H_2O$$

5. 成苷反应

单糖环状结构中的半缩醛羟基（苷羟基）比较活泼，在适当的条件下可与醇、酚、胺、硫醇等化合物缩合失去一个小分子，生成具有缩醛结构的化合物，称为糖苷。

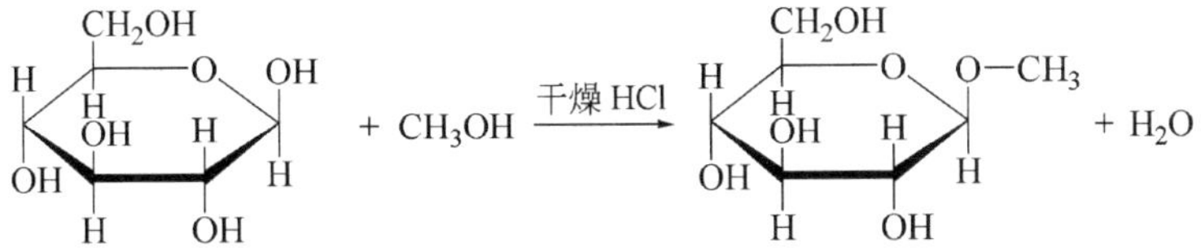

$$\beta\text{-葡萄糖} + CH_3OH \xrightarrow{\text{干燥 HCl}} \beta\text{-葡萄糖甲苷} + H_2O$$

糖苷由糖和非糖两部分组成。**糖的部分称为糖体或糖苷基，非糖部分称为配糖基或苷元**。糖体可以是单糖或低聚糖，**糖苷基和配糖基之间连接的键称为苷键**，大多数天然糖苷中的配糖基为醇类或酚类，它们与糖苷基之间是由氧连接的，所以称为**氧苷键**。除氧苷键外，还有氮苷键、硫苷键等。

从结构上看，糖苷是缩醛（酮），比较稳定。单糖形成糖苷后，分子中失去了自由的苷羟基，因此不能再互变成开链式结构，α-型和β-型也不能相互转变，从而使单糖的一些性质（如还原性和成脎反应）和变旋光现象等不复存在了。糖苷在酸性溶液中或在酶的作用下，易水解生成糖和苷元。

糖苷在自然界分布广泛，多数具有生理活性，是许多中草药的有效成分。如毛地黄苷有强心作用，苦杏仁苷有止咳作用等。

6. 颜色反应

（1）莫立许（Molisch）反应　在糖的水溶液中加入α-萘酚的酒精溶液，然后沿容器壁慢慢加入浓硫酸，不得振摇，这样密度较大的浓硫酸沉到底部。在糖与硫酸的交界面很快出现美丽的紫色环，这就是莫立许反应。

所有的糖，包括单糖、低聚糖和多糖均能发生莫立许反应，而且该反应非常灵敏，因此常用此反应来鉴别糖类化合物。

（2）塞利凡诺夫（Seliwanoff）反应　塞利凡诺夫试剂是间苯二酚的盐酸溶液。在酮糖（游离的酮糖或双糖分子中的酮糖，例如果糖和蔗糖）的溶液中，加入塞利凡诺夫试剂，加热，很快出现红色。在相同的时间内，醛糖反应速率很慢，以至观察不出它的变化。所以，用此实验可以鉴别酮糖和醛糖。

三、重要的单糖

1. 葡萄糖

D-葡萄糖是自然界分布最广的单糖,因最初从葡萄汁中分离得到而得名。葡萄糖为白色结晶粉末,有甜味,甜度不如蔗糖,熔点146℃(分解),易溶于水,难溶于乙醇等有机溶剂。D-葡萄糖为右旋体,所以也称为右旋糖。

人体血液中的葡萄糖称血糖(blood sugar)。正常人血糖浓度为3.9~6.1mmol·L^{-1}。保持血糖浓度的恒定具有重要的生理意义。长期低血糖会导致头昏、恶心及营养不良等症状;缺乏胰岛素将引起糖代谢障碍及高血糖,导致糖尿病的发生。

葡萄糖是一种重要的营养物质,是人体所需能量的主要来源,因它不需消化就可以直接被人体吸收利用。葡萄糖注射液有解毒、利尿作用,在临床上可用于治疗水肿、血糖过低、心肌炎等。在人体失水、失血时用于补充体液,增加人体能量。50g·L^{-1}葡萄糖溶液是临床上常用的等渗溶液。葡萄糖在食品工业、印染和制革工业中也具有重要用途。

2. 果糖

D-果糖广泛分布于植物体中。它以游离态存在于水果和蜂蜜中,以结合态存在于蔗糖中。甜度达到了蔗糖的1.8倍,为天然糖中最甜的糖类。纯净的果糖是棱柱形晶体,熔点103~105℃(分解)。它不易结晶,通常为黏稠的液体,易溶于水。

人体内果糖也能与磷酸形成磷酸酯(如1-磷酸果糖、1,6-二磷酸果糖),它们是糖代谢过程中的重要的中间产物。

医药领域是果糖比较新的应用领域,市场上已经出现了一些使用果糖的医药制品。例如:甘油果糖注射液,是一种新型的高渗注射液,用于治疗脑出血、脑损伤,是临床降低颅内压、消除脑水肿的一线药物。甘油果糖注射液能有效降低颅内压,消除脑水肿,使病人早日清醒,减轻致残。果糖也可作为药用辅料,药片糖包衣中的葡萄糖,都可以改用结晶果糖,适用于糖尿病人、慢性肝病患者等。

3. 半乳糖

D-半乳糖是D-葡萄糖的C-4差向异构体,游离的半乳糖在乳汁中存在。半乳糖是琼脂、树胶、乳糖等的组成成分,乳糖在稀酸条件下水解可得D-半乳糖。在人体内半乳糖经一系列酶的催化可异构化生成葡萄糖,然后参与代谢,给予吃奶的婴儿提供能量。如果机体内缺少使半乳糖转化的酶,半乳糖则不能转化为葡萄糖,而是在血液中堆积起来,从而导致半乳糖血症。当母亲患有该病时将会危及婴儿。

4. D-核糖、 D-2-脱氧核糖

D-核糖(ribose)和D-2-脱氧核糖(deoxyribose)是核酸中的碳水化合物组分,是一种戊醛糖,具有旋光性,其旋光性为左旋,是在细胞中发现的,是细胞核的重要组成部分,是人类生命活动中不可缺少的物质。以呋喃糖型广泛存在于植物和动物细胞中。

D-核糖为片状结晶,熔点87℃,在水溶液中它是呋喃糖和直链糖的平衡混合物。它是核糖核酸(RNA)的重要组成部分。D-核糖也是多种维生素、辅酶以及某些抗生素,如新霉素A、B和巴龙霉素的成分。

脱氧核糖是分子中氢原子数和氧原子数不符合 2∶1 的一种戊醛糖，它是脱氧核糖核酸（DNA）的重要组成部分。

5. 维生素 C

维生素 C(vitamin C)又名抗坏血酸，是一种强还原剂，是糖的衍生物。是一种重要的水溶性维生素，它与人体的多种代谢有关。人体不能合成及贮存，必须从外界摄取。它在新鲜绿叶蔬菜、橘子、柚子及柠檬等中含量丰富。在正常剂量情况下，维生素 C 体内库存是 1500mg。维生素 C 摄入不足可以致病。婴儿常因乳母维生素 C 缺乏，使乳汁中维生素 C 含量不足而得病。

维生素 C 的主要作用是提高免疫力，预防癌症、心脏病、中风，保护牙齿和牙龈等。另外，坚持按时服用维生素 C 还可以使皮肤黑色素沉着减少，从而减少黑斑和雀斑，使皮肤白皙。

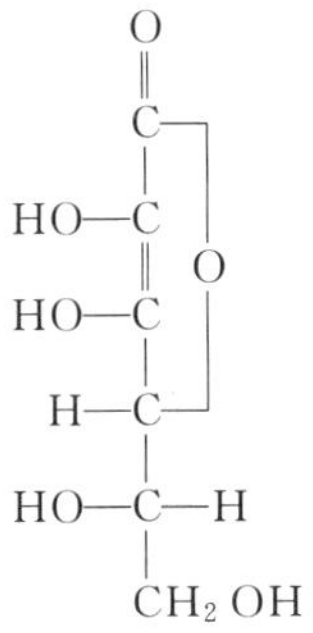

L-维生素 C

第二节 双 糖

水解生成两分子单糖的糖称为双糖，又称二糖（disaccharide）。也可看成是两分子单糖脱水缩合而成的糖苷。双糖广泛存在于自然界，它们的物理性质类似于单糖，易溶于水，有甜味，有旋光性等。

根据分子中是否含有苷羟基，可分为还原性双糖和非还原性双糖。还原性双糖还具有与单糖相同的化学性质，即能发生氧化、成苷、成脎等化学反应，而非还原性双糖因不具有自由的苷羟基，也就失去了还原性，不能发生氧化、成苷、成脎反应。

常见的双糖有麦芽糖（maltose）、乳糖（lactose）和蔗糖（sucrose）等，它们的分子式均为 $C_{12}H_{22}O_{11}$。

一、麦芽糖

麦芽糖主要存在于发芽的谷粒和麦芽中，饴糖就是麦芽糖的粗制品。在淀粉酶的作用下，由淀粉水解可得到麦芽糖，然后再经过麦芽糖酶的作用可进一步水解生成 D-葡萄糖。所以麦芽糖是淀粉在消化过程中的一个中间产物。

麦芽糖是由 1 分子 α-葡萄糖的苷羟基与另 1 分子葡萄糖 C-4 上的醇羟基之间脱水缩合而成的糖苷，苷键的形式为 α-1,4-苷键。麦芽糖的哈沃斯式为：

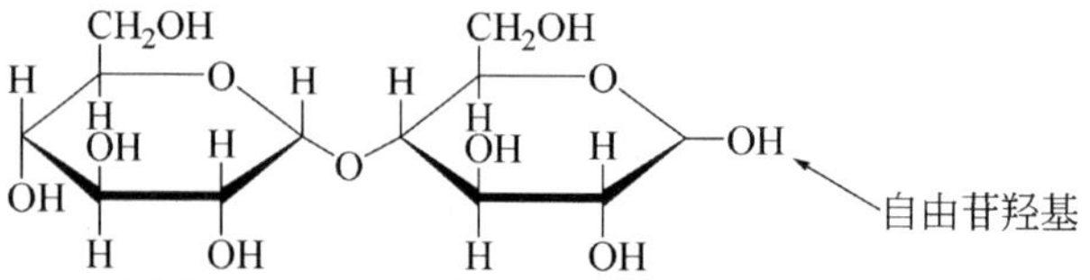

α-葡萄糖部分　　葡萄糖部分

从结构上看，麦芽糖分子中仍有1个自由的苷羟基，因此具有还原性，属还原糖，能与托伦试剂、班氏试剂、斐林试剂作用，也能发生成苷反应和成酯反应。在水溶液中麦芽糖的环状结构可以转变成含醛基的开链式，并存在α-型、β-型两种环状结构和开链式的互变平衡。达平衡时的比旋光度为+136°。在酸或酶的作用下，1分子的麦芽糖能水解生成2分子葡萄糖。

$$\underset{\text{麦芽糖}}{C_{12}H_{22}O_{11}} + H_2O \xrightarrow{H^+\text{或酶}} \underset{\text{葡萄糖}}{2C_6H_{12}O_6}$$

麦芽糖为白色晶体，易溶于水，熔点102～103℃。甜度约为蔗糖的1/3，是一种廉价的营养品，可用作甜味剂和细菌培养基。

二、乳糖

乳糖存在于人和哺乳动物的乳汁中，人乳中约含7%～8%，牛乳中约含4%～5%。它是婴儿发育必需的营养品。乳糖是奶酪工业的副产品，牛奶变酸是因为所含的乳糖被氧化成乳酸的原因。

乳糖是由1分子β-半乳糖的苷羟基与另1分子葡萄糖C-4上的醇羟基之间脱水缩合而成的糖苷，苷键的形式为β-1,4-苷键。乳糖的哈沃斯式为：

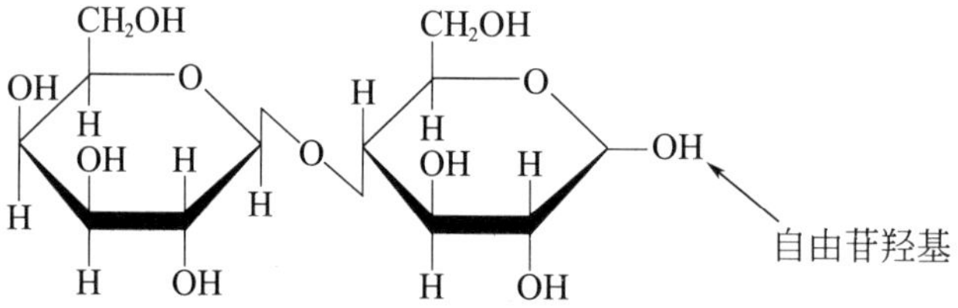

β-半乳糖部分　　葡萄糖部分

乳糖分子中有自由的苷羟基，因此有还原性，是还原糖。能与托伦试剂、班氏试剂、斐林试剂作用，也能发生成苷反应和成酯反应，有变旋光现象，达平衡时比旋光度为+53.5°。在酸或酶的作用下乳糖水解生成半乳糖和葡萄糖。

$$\underset{\text{乳糖}}{C_{12}H_{22}O_{11}} + H_2O \xrightarrow{H^+\text{或酶}} \underset{\text{半乳糖}}{C_6H_{12}O_6} + \underset{\text{葡萄糖}}{C_6H_{12}O_6}$$

乳糖为白色结晶性粉末，水溶性较小，味不甚甜。吸湿性小，在医药上用作矫味剂和填充剂。

三、蔗糖

蔗糖是自然界分布最广的双糖，主要存在于甘蔗和甜菜中，普通食用的白糖就是蔗糖。它是重要的调味剂，医学上常用来制造糖浆。

蔗糖是由1分子α-葡萄糖的苷羟基与1分子β-果糖的苷羟基脱水缩合而成的糖苷，苷键形式为α-1,2-苷键。蔗糖的哈沃斯式为：

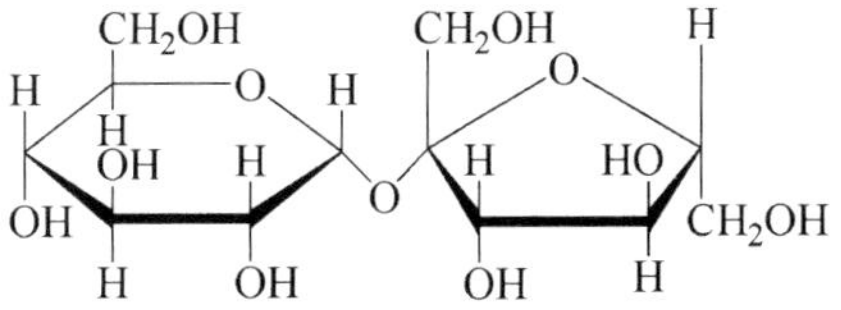

α-葡萄糖部分　　β-果糖部分

蔗糖分子中因不存在苷羟基，因此蔗糖没有还原性，是非还原糖。它不能与托伦试剂、班氏试剂、斐林试剂作用，也不能发生成苷反应。在水溶液中也不能发生变旋光现象。在酸或酶的作用下，蔗糖水解生成葡萄糖和果糖的混合物，这种混合物比蔗糖更甜，是蜂蜜的主要成分。蔗糖溶液是右旋的，但水解后两个单糖的混合物是左旋的。因此**蔗糖的水解过程又称为蔗糖的转化，水解的产物又称为转化糖。**

$$C_{12}H_{22}O_{11} + H_2O \xrightarrow{H^+ \text{或酶}} C_6H_{12}O_6 + C_6H_{12}O_6$$
蔗糖　　　　　　　　　　葡萄糖　　果糖

纯净的蔗糖是白色晶体，熔点 186℃，较难溶于乙醇，甜度仅次于果糖。

第三节　多　　糖

多糖（polysaccharide）可以看成是由许多个单糖分子缩合脱水而成的高分子化合物糖苷。多糖广泛存在于自然界，是生物体的重要组成成分。由同种单糖组成的多糖称为均多糖，如淀粉、糖原和纤维素等；由不同单糖组成的多糖称杂多糖，如阿拉伯胶等。多糖在酸或酶的催化下，能水解而成的最终产物是多个单糖分子。

多糖的性质与单糖有较大差别。多糖无甜味，一般难溶于水，均无还原性，不能生成糖脎，也没有变旋光现象。

一、淀粉

淀粉（starch）是绿色植物进行光合作用的产物，大量存在于植物的种子和块茎等部位，是多种植物碳水化合物的储藏物，是人类最主要的食物，也是酿酒、制醋和制造葡萄糖的原料，在制药中常用作赋形剂。

淀粉是由 α-D-葡萄糖脱水缩合而成的多糖。根据结构不同，又可分为直链淀粉和支链淀粉。天然淀粉由两部分组成。一般直链淀粉约占 10%～30%，支链淀粉约占 70%～90%。如玉米中直链淀粉占 27%，而糯米中几乎全部是支链淀粉。直链淀粉比支链淀粉容易消化。

1. 直链淀粉

直链淀粉又称糖淀粉，在热水中有一定溶解度。它是由 250～300 个 α-D-葡萄糖单元通过 α-1,4-苷键连接而成的直链多糖，很少或没有分支。

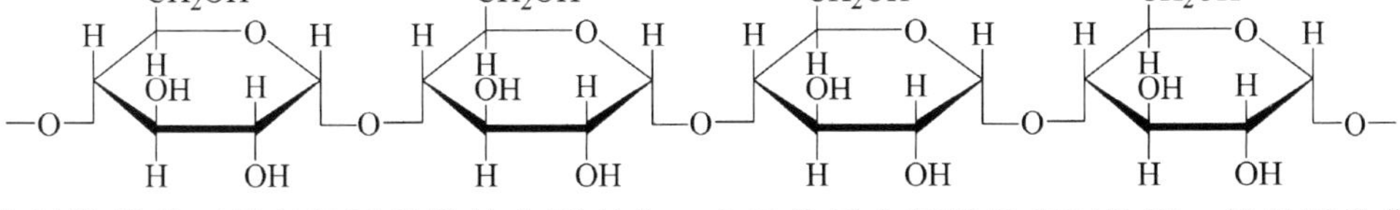

直链淀粉并不是以伸展的线性分子存在，由于分子内氢键的相互作用，使长链卷曲成螺旋状，每圈约含 6 个葡萄糖单位。直链淀粉形成螺旋状后，中间的空穴正好能容纳碘分子，

通过范德华力，碘与淀粉作用生成深蓝色复合物。这个反应非常灵敏，加热蓝色消失，冷却后又出现。此性质可以用来鉴别淀粉。

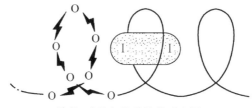

淀粉-碘蓝色物质结构示意图

2. 支链淀粉

支链淀粉又称为胶淀粉，在热水中膨胀呈糨糊状，是一种分支较多，分子量更大的多糖，一般含 6000~40000 个 α-葡萄糖单元，主链通过 α-1,4-苷键连接，支链通过 α-1,6-苷键连接。在支链淀粉的直链上，每隔 20~25 个葡萄糖单位就出现一处通过 α-1,6-苷键相连的分支，因此其结构较直链淀粉复杂，分子结构成分支状。

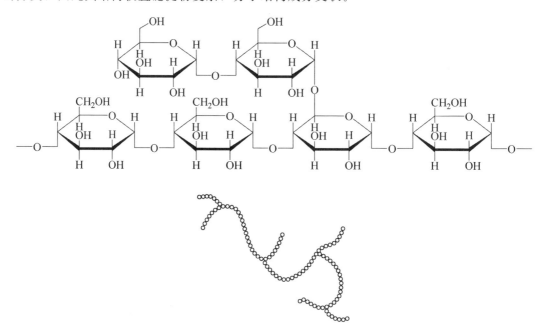

支链淀粉与碘作用呈紫色，而天然淀粉是直链淀粉与支链淀粉的混合物，故淀粉遇碘显蓝紫色。此特征反应可作为淀粉和碘的定性检验。

在酸或酶的作用下，淀粉可逐步水解生成分子较小的多糖、双糖，最终得到 D-葡萄糖。

$$(C_6H_{10}O_5)_n + nH_2O \xrightarrow{\text{淀粉酶}} nC_6H_{12}O_6$$
淀粉 葡萄糖

二、糖原

糖原（glycogen）是贮存于人和动物体内的一种多糖，又称动物淀粉，主要存在于肝脏和肌肉中，故又有肝糖原和肌糖原之分。

糖原的结构与支链淀粉相似，也是由 α-葡萄糖单元以 α-1,4-苷键和 α-1,6-苷键连接而成。但支链更多、更短，分子量更大。糖原分子中约含有 6000～20000 个 α-葡萄糖单元，其分子量在 100 万～400 万之间。糖原的结构如下。

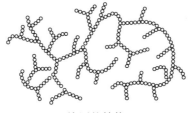

糖原的结构

糖原是白色的无定形粉末，不溶于冷水，溶于热水中成为胶体溶液，与碘作用呈红棕色。

人体约含 400g 糖原，用于保持血液中葡萄糖含量的基本恒定。当血液中的葡萄糖含量较高时，多余的葡萄糖结合成糖原贮存于肝内；而当血液中的葡萄糖含量降低时，糖原就分解成葡萄糖进入血液，以保持血糖水平，供给机体能量。

三、右旋糖酐

组成右旋糖酐的葡萄糖单元之间主要由 α-1,6-苷键相结合，同时还有 α-1,3-苷键和 α-1,4-苷键连接的分支结构。

右旋糖酐为白色或类白色无定形粉末，无臭，无味。易溶于热水，不溶于乙醇。其水溶液为无色或微带乳光的澄明液体。

右旋糖酐是血容量扩充药，有提高血浆胶体渗透压、增加血浆容量和维持血压的作用，能阻止红细胞及血小板聚集，降低血液黏滞性，从而有改善微循环的作用，是目前最佳的血浆代用品之一。临床上常用的有中分子右旋糖酐（平均分子量 6 万～8 万），主要用作血浆代用品，用于出血性休克、创伤性休克及烧伤性休克等。低分子右旋糖酐（平均分子量 2 万～4 万）和小分子右旋糖酐（平均分子量 1 万～2 万），能改善微循环，预防或消除血管内红细胞聚集和血栓形成等，亦有扩充血容量作用，但作用较中分子右旋糖酐短暂；用于各种休克所致的微循环障碍、弥散性血管内凝血、心绞痛、急性心肌梗死及其他周围血管疾病等。

四、纤维素

纤维素（cellulose）是地球上最古老、最丰富的天然高分子，是取之不尽用之不竭的人类最宝贵的天然可再生资源。绝大多数纤维素是由绿色植物通过光合作用合成，是构成植物细胞壁的主要成分。植物的细胞膜大约 50% 是纤维素，一般木材中含纤维素 50%，棉花中含 90% 以上。

纤维素的结构与直链淀粉相似，由 8000～10000 个 β-葡萄糖单元通过 β-1,4-苷键连接而成。一般无支链。

纤维素是白色微晶形物质，不溶于水和有机溶剂。在酸或酶的作用下能水解，最终产物是β-葡萄糖。牛、羊等食草动物的消化道中存在一些微生物，能分泌纤维素水解酶，可将纤维素水解成葡萄糖，所以纤维素可作为食草动物的饲料。而人的消化道中无纤维素水解酶，纤维素的主要生理作用是吸附大量水分，增加粪便量，促进肠蠕动，加快粪便的排泄，使致癌物质在肠道内的停留时间缩短，对肠道的不良刺激减少，从而可以预防肠癌发生。还可以减少脂类的吸收，降低血液中胆固醇及甘油三酯，降低冠心病的发病率。食物纤维素是一种不被消化吸收的物质，过去认为是"废物"，2013年认为它在保障人类健康、延长生命方面有着重要作用。因此，称它为第七种营养素。

致用小贴

天然药物中的多糖

天然药物中存在着各种多糖，有些多糖成分无生物活性，通常作为杂质除去，如菊糖、淀粉、树胶和黏液质等一些常见的多糖。有些多糖成分有治疗作用，如香菇多糖、灵芝多糖、猪苓多糖等有抗肿瘤的作用；昆布中的昆布素可用于治疗动脉粥样硬化症；黄芪多糖和人参多糖具有增强免疫的作用；银耳多糖能有效地保护肝细胞，减轻四氯化碳损伤造成的糖原合成减少。另外，还有些天然的多糖，如大黄多糖、牛膝多糖、麦冬多糖、儿茶多糖等正处于临床、药理验证阶段。多糖作为活性成分已引起国内外医药界的重视。

1. 写出下列单糖的哈沃斯结构式。
   (1) β-D-吡喃葡萄糖　(2) α-D-呋喃果糖　(3) β-D-核糖　(4) α-D-脱氧核糖
2. 写出 D-半乳糖及其 C-3 差向异构体的费歇尔投影式及哈沃斯结构式。
3. 写出 D-甘露糖与下列试剂的反应式。
   (1) 溴水　(2) 稀硝酸　(3) 苯肼（过量）　(4) 乙醇（干燥 HCl 存在下）
4. 有甲、乙两种 L-丁醛糖，两者均能与过量的苯肼反应生成相同的糖脎；若用稀硝酸氧化时，甲生成具有旋光性的 4 个碳原子的糖二酸，而乙生成的是无旋光性的 4 个碳原子的糖二酸，试推导出甲、乙的链状结构式并写出相应的化学反应式。
5. 用化学方法鉴别下列各组化合物。
   (1) 半乳糖、果糖　　　　(2) 糖原、蔗糖
   (3) 纤维素、麦芽糖　　　(4) 淀粉、葡萄糖甲苷
6. 已知 D-半乳糖的结构为（药学专业学生完成）：

(1) 写出它的对映异构体和 C-2 的异构体的构型。

(2) 它有无内消旋的旋光异构体?

(3) 它能与什么样的旋光异构体组成外消旋体?

(4) 它有无变旋光现象?

第十四章 氨基酸和蛋白质

知识导图

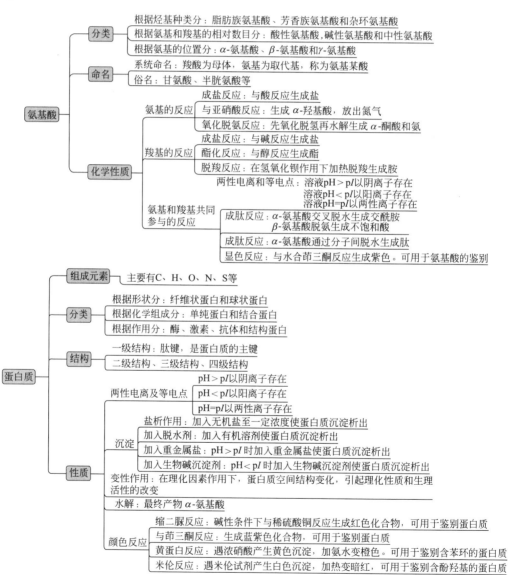

第十四章 氨基酸和蛋白质

> **学习目标**
> 1. 掌握氨基酸的结构、分类和命名方法。
> 2. 掌握氨基酸的化学性质。
> 3. 掌握蛋白质的组成、分类和化学性质。
> 4. 熟悉肽的结构,了解生物活性肽在医学上的意义。
> 5. 熟悉蛋白质的一级结构,了解蛋白质的空间结构。

蛋白质是存在于一切细胞中的大分子化合物,是生命活动的物质基础。在机体内蛋白质承担着各种各样的生理作用与机械功能。生命活动的基本特征就是蛋白质的不断自我更新,即新陈代谢。从结构上看,蛋白质是属于聚酰胺类化合物,其基本单位是氨基酸。因此要讨论蛋白质的结构和性质就应首先讨论氨基酸的结构和性质。

第一节 氨 基 酸

氨基酸(amino acid)是羧酸分子中烃基上的氢原子被氨基(—NH_2)取代后生成的化合物。它是蛋白质的基本组成单位,是人体必不可少的物质,在自然界已发现的天然氨基酸有 300 余种,其中由蛋白质水解所得的氨基酸只有 20 余种(表 14-1)。它们在化学结构上的共同特点是氨基连接在 α-碳原子上,属 α-氨基酸(脯氨酸是 α-亚氨基酸)。本节主要讨论 α-氨基酸,其通式为 R—CH—COOH。式中,R 代表不同的基团,R 不同就形成不同的 α-氨基酸。
       |
      NH_2

例如:

CH_3—CH—COOH C_6H_5—CH_2—CH—COOH   吲哚—CH_2—CH—COOH
      | | |
     NH_2 NH_2 NH_2

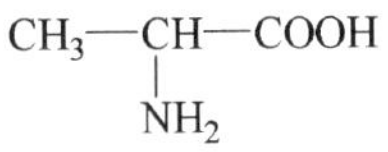

α-氨基丙酸   α-氨基-β-苯基丙酸   α-氨基-β-3-吲哚丙酸

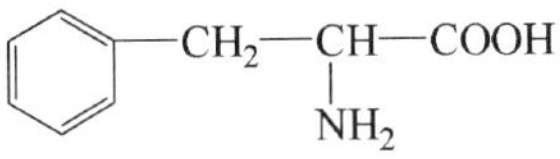

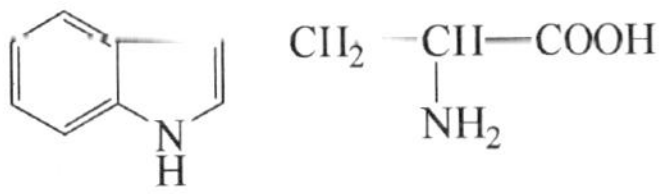

一、氨基酸的分类和命名

1. 氨基酸的分类

根据氨基酸的结构,有以下几种分类方法。

(1) 根据氨基酸分子中氨基和羧基的相对位置不同,氨基酸可分为:α-氨基酸、β-氨基酸、γ-氨基酸等。

(2) 按氨基酸分子中烃基的种类不同,可分为脂肪族氨基酸、芳香族氨基酸和杂环氨基酸。

表 14-1　18 种主要的 α-氨基酸

分类		名称	结构式	代号	字母代号	等电点(pI)
脂肪族氨基酸	中性氨基酸	甘氨酸 (α-氨基乙酸)	CH₂—COOH 　| 　NH₂	甘 (Gly)	G	5.97
		丙氨酸 (α-氨基丙酸)	CH₃—CH—COOH 　　　| 　　　NH₂	丙 (Ala)	A	6.02
		丝氨酸 (α-氨基-β-羟基丙酸)	CH₂—CH—COOH |　　| OH　NH₂	丝 (Ser)	S	5.68
		*亮氨酸 (α-氨基-γ-甲基戊酸)	CH₃—CH—CH₂—CH—COOH 　　|　　　　| 　　CH₃　　　NH₂	亮 (Leu)	L	5.98
		*异亮氨酸 (α-氨基-β-甲基戊酸)	CH₃—CH₂—CH—CH—COOH 　　　　　|　| 　　　　　CH₃ NH₂	异 (Ile)	I	6.02
		*缬氨酸 (α-氨基-β-甲基丁酸)	CH₃—CH—CH—COOH 　　|　　| 　　CH₃　NH₂	缬 (Val)	V	5.96
		*苏氨酸 (α-氨基-β-羟基丁酸)	H₃C—CH—CH—COOH 　　　|　| 　　　OH NH₂	苏 (Thr)	T	6.53
		*蛋氨酸 (α-氨基-γ-甲硫基丁酸)	CH₃—S—CH₂—CH₂—CH—COOH 　　　　　　　　　| 　　　　　　　　　NH₂	蛋 (Met)	M	5.74
		半胱氨酸 (α-氨基-β-巯基丙酸)	CH₂—CH—COOH |　　| SH　NH₂	半胱 (Cys)	C	5.05
	酸性氨基酸	天冬氨酸 (α-氨基丁二酸)	HOOC—CH₂—CH—COOH 　　　　　　| 　　　　　　NH₂	天 (Asp)	D	2.77
		谷氨酸 (α-氨基戊二酸)	HOOC—CH₂—CH₂—CH—COOH 　　　　　　　　| 　　　　　　　　NH₂	谷 (Glu)	E	3.22
	碱性氨基酸	*赖氨酸 (α,ω-二氨基己酸)	CH₂CH₂CH₂CH₂CHCOOH |　　　　　　　| NH₂　　　　　　NH₂	赖 (Lys)	K	9.74
		精氨酸 (α-氨基-δ-胍基戊酸)	H₂N—C—NH—(CH₂)₃CHCOOH 　　||　　　　　　　| 　　NH　　　　　　　NH₂	精 (Arg)	R	10.76
芳香氨基酸		*苯丙氨酸 (α-氨基-β-苯基丙酸)	C₆H₅—CH₂—CH—COOH 　　　　　　| 　　　　　　NH₂	苯 (Phe)	F	5.48
		酪氨酸 (α-氨基-β-对羟苯基丙酸)	HO—C₆H₄—CH₂—CH—COOH 　　　　　　　　| 　　　　　　　　NH₂	酪 (Tyr)	Y	5.66
杂环氨基酸		组氨酸 (β-5-咪唑-α-氨基丙酸)	(咪唑)—CH₂—CH—COOH 　　　　　　　| 　　　　　　　NH₂	组 (His)	H	7.59
		*色氨酸 (α-氨基-β-3-吲哚丙酸)	(吲哚)—CH₂—CH—COOH 　　　　　　| 　　　　　　NH₂	色 (Try)	W	5.80
		脯氨酸 (α-羧基四氢吡咯)	(吡咯烷)—COOH	脯 (Pro)	P	6.30

(3) 按氨基酸分子中羧基和氨基的数目不同可分为中性氨基酸、酸性氨基酸和碱性氨基酸。

中性氨基酸：分子中氨基的数目等于羧基的数目。

酸性氨基酸：分子中氨基的数目少于羧基的数目。

碱性氨基酸：分子中氨基的数目多于羧基的数目。

要注意的是，这种分类的"中性"、"碱性"和"酸性"并不是指氨基酸水溶液的酸碱性（或 pH 值），而是指分子中氨基（碱性基团）与羧基（酸性基团）的相对多少。如中性氨基酸溶于纯水时，由于羧基的电离略大于氨基，因此其水溶液的 pH 值略小于 7。

有些氨基酸如亮氨酸等**在人体内不能合成，只能依靠食物供给，这种氨基酸叫做必需氨基酸**（essential amino acid）（在表 14-1 中用"＊"号标示）。

2. 氨基酸的命名

氨基酸的命名可以采用系统命名法，与羟基酸的命名相似，即以羧酸为母体，氨基为取代基，称为"氨基某酸"。氨基的位置，习惯上用希腊字母 α、β、γ 等来表示，并写在氨基酸名称前面。

$$CH_3-\underset{\underset{CH_3}{|}}{CH}-\underset{\underset{NH_2}{|}}{CH}-COOH \qquad \phi-\underset{}{CH_2}-\underset{\underset{NH_2}{|}}{CH}-COOH$$

α-氨基-β-甲基丁酸 　　　　　　α-氨基-β-苯基丙酸

但氨基酸多按其来源和性质而采用俗名。例如甘氨酸是由于它具有甜味；胱氨酸是因它最先来自膀胱结石而得名；天冬氨酸最初是从植物天门冬的幼苗中发现等。

二、氨基酸的理化性质

α-氨基酸都是无色晶体，熔点一般都较高（常在 230～300℃之间），熔融时即分解放出二氧化碳。α-氨基酸都能溶于强酸或强碱溶液中，α-氨基酸在纯水中的溶解度差异较大。但难溶于乙醚、乙醇等有机溶剂。天然的 α-氨基酸除甘氨酸外，其他的都有手性而具有旋光性，且都是 L-构型。

氨基酸分子内既含有氨基又含有羧基，因此它们具有氨基和羧基的典型性质。但是，由于两种官能团在分子内的相互影响，又具有一些特殊的性质。

（一）氨基的反应

1. 成盐的反应

氨基酸分子中的氨基与氨分子相似，氮原子上的一对未共用的电子对，可以接受质子，表现出碱性，所以，氨基酸可与酸反应生成铵盐。

$$H_3C-\underset{\underset{NH_2}{|}}{CH}-COOH \ + \ HX \longrightarrow H_3C-\underset{\underset{NH_3^+X^-}{|}}{CH}-COOH$$

2. 与亚硝酸反应

α-氨基酸中的氨基能与亚硝酸反应生成 α-羟基酸，同时放出氮气。

$$R-\underset{\underset{NH_2}{|}}{CH}-COOH + HNO_2 \longrightarrow R-\underset{\underset{OH}{|}}{CH}-COOH + N_2\uparrow + H_2O$$

3. 氧化脱氢反应

氨基酸通过氧化脱氢可先生成 α-亚氨基酸，再水解而得 α-酮酸和氨。

$$R-\underset{\underset{NH_2}{|}}{CH}-COOH \xrightarrow{[O]} R-\underset{\underset{NH}{\|}}{C}-COOH \xrightarrow{+H_2O} R-\underset{\underset{O}{\|}}{C}-COOH + NH_3\uparrow$$

此反应是生物体内氨基酸代谢的重要途径之一。

（二）羧基的反应

1. 成盐的反应

氨基酸分子中的酸性基团羧基能与强碱氢氧化钠反应生成氨基酸的钠盐。

$$\text{R—CH—COOH} + \text{NaOH} \longrightarrow \text{R—CH—COONa} + \text{H}_2\text{O}$$
$$\quad\ \ |\qquad\qquad\qquad\qquad\qquad\quad\ |$$
$$\quad\ \text{NH}_2\qquad\qquad\qquad\qquad\qquad\text{NH}_2$$

2. 酯化反应

在少量酸的作用下，氨基酸能与醇发生酯化反应。

$$\text{R—CH—COOH} + \text{CH}_3\text{OH} \xrightarrow{\text{H}^+} \text{R—CH—COOCH}_3 + \text{H}_2\text{O}$$
$$\quad\ \ |\qquad\qquad\qquad\qquad\qquad\qquad\ \ |$$
$$\quad\ \text{NH}_2\qquad\qquad\qquad\qquad\qquad\quad\text{NH}_2$$

3. 脱羧反应

氨基酸在 $Ba(OH)_2$ 存在下加热，可脱羧生成胺。

$$\text{R—CH—COOH} \xrightarrow[\triangle]{Ba(OH)_2} \text{R—CH}_2\text{—NH}_2 + \text{CO}_2\uparrow$$
$$\quad\ \ |$$
$$\quad\ \text{NH}_2$$

在生物体内，氨基酸可在细菌中脱羧酶的作用下发生脱羧反应。如蛋白质腐败时，由精氨酸等发生脱羧反应生成丁二胺［腐胺，$H_2N(CH_2)_4NH_2$］；由赖氨酸脱羧可得到戊二胺［尸胺，$H_2N(CH_2)_5NH_2$］；由组氨酸脱羧后生成组胺，人体内的组胺过多，可引起过敏反应。

（三）氨基和羧基共同参与的反应

1. 两性电离和等电点

氨基酸分子中同时存在酸性基团羧基和碱性基团氨基，因此它既能与碱反应，又能与酸反应，是两性化合物。

在水溶液中，氨基酸分子中的酸性基团羧基发生酸式电离；碱性基团氨基则发生碱式电离。

酸式电离

$$\text{R—CH—COOH} \rightleftharpoons \text{R—CH—COO}^- + \text{H}^+$$
$$\quad\ \ |\qquad\qquad\qquad\quad\ \ |$$
$$\quad\ \text{NH}_2\qquad\qquad\qquad\text{NH}_2$$

碱式电离

$$\text{R—CH—COOH} + \text{H}_2\text{O} \rightleftharpoons \text{R—CH—COOH} + \text{OH}^-$$
$$\quad\ \ |\qquad\qquad\qquad\qquad\qquad\ \ |$$
$$\quad\ \text{NH}_2\qquad\qquad\qquad\qquad\quad\text{NH}_3^+$$

另外，氨基酸分子内的羧基和氨基相互作用也能生成盐，这种盐称为**内盐**。内盐分子中既有带正电荷的部分，又有带负电荷的部分，故又称为**两性离子**(amphion)。实验表明，在氨基酸的晶体中，氨基酸是以两性离子存在的。这种特殊的两性离子结构，是氨基酸具有低挥发性、高熔点、可溶于水和难溶于有机溶剂的根本原因。

$$R-\underset{NH_2}{\underset{|}{CH}}-COOH \rightleftharpoons R-\underset{NH_3^+}{\underset{|}{CH}}-COO^- \quad \text{两性离子（内盐）}$$

氨基酸在水溶液中存在以下平衡：

$$R-\underset{NH_2}{\underset{|}{CH}}-COO^- \underset{OH^-}{\overset{H^+}{\rightleftharpoons}} R-\underset{NH_3^+}{\underset{|}{CH}}-COO^- \underset{OH^-}{\overset{H^+}{\rightleftharpoons}} R-\underset{NH_3^+}{\underset{|}{CH}}-COOH$$

阴离子　　　　　两性离子　　　　　阳离子
（pH>pI）　　　（pH=pI）　　　　（pH<pI）

  氨基酸分子在水溶液中的两性离子、阴离子和阳离子这 3 种存在方式的比例，与 2 种电离方式的电离程度有关。可以通过调节溶液的 pH 值，改变这 3 种离子的比例。在氨基酸水溶液中加酸，可抑制酸式电离，增大碱式电离，氨基酸主要以阳离子形式存在，在外加电场作用下，向负极移动；反之，若向水溶液中加碱，可抑制碱式电离，增大酸式电离，氨基酸主要以阴离子形式存在，在外加电场作用下，向正极移动。**如将氨基酸水溶液的 pH 调到一特定数值时，使氨基酸的酸式电离与碱式电离相等，则氨基酸几乎全部以两性离子的形式存在，整个氨基酸分子是电中性的，在外电场中不向任何一极移动，此时溶液的 pH 称为该氨基酸的等电点**（isoelectric point），常用 pI 表示。不同的氨基酸，等电点的数值是不同的（数值见表 14-1）。

  若向此 pH=pI 的溶液中加碱，使溶液 pH>pI 时，氨基的电离被抑制，氨基酸主要以阴离子形式存在，在电场中向正极泳动；向 pH=pI 的溶液中加酸，使溶液 pH<pI 时，羧基的电离被抑制，氨基酸主要以阳离子形式存在，在电场中向负极泳动。

  在等电点时，氨基酸的溶解度最小，容易析出。利用这一性质，通过调节溶液的 pH，使不同的氨基酸在各自的等电点分别结晶析出，达到分离和提纯氨基酸的目的。

2. 受热反应

  氨基酸分子中氨基和羧基的相对位置不同，受热发生的反应也不同。α-氨基酸受热时，两分子间的氨基和羧基交叉脱水，生成交酰胺（二酮吡嗪）。例如：

$$\underset{R}{\underset{|}{\underset{CH}{\underset{|}{\underset{C}{\overset{O}{\overset{\|}{\,}}}}}}}\!\!\!\!\!\underset{NH_2}{\overset{OH}{\,}} + \underset{HO}{\underset{\underset{O}{\overset{\|}{C}}}{\underset{|}{\overset{CH}{\,}}}}\!\!\!\!\!\overset{NH_2}{\overset{|}{\underset{R}{\,}}} \longrightarrow \underset{R}{\underset{|}{\underset{CH}{\underset{|}{\underset{C}{\overset{O}{\overset{\|}{\,}}}}}}}\!\!\!\!\!\underset{NH}{\overset{NH}{\,}}\!\!\!\!\!\underset{\underset{O}{\overset{\|}{C}}}{\underset{|}{\overset{CH}{\,}}}\!\!\!\!\!\overset{R}{\,} + 2H_2O$$

β-氨基酸受热时，失去一分子氨而生成 α,β-不饱和酸。例如：

$$CH_3\underset{NH_2}{\underset{|}{CH}}-CH_2COOH \xrightarrow{\triangle} CH_3CH=CHCOOH + NH_3$$

3. 成肽反应

  两分子 α-氨基酸在酸或碱存在下受热，可脱水生成二肽。反应时一个 α-氨基酸分子中的羧基和另一 α-氨基酸分子中的氨基脱去一分子水。

$$H_2N-\underset{R^1}{\underset{|}{CH}}-COOH + H_2N-\underset{R^2}{\underset{|}{CH}}-COOH \xrightarrow[\triangle]{H^+\text{或}OH^-} H_2N-\underset{R^1}{\underset{|}{CH}}-\underset{O}{\underset{\|}{C}}-NH-\underset{R^2}{\underset{|}{CH}}-COOH + H_2O$$

氨基酸　　　　　　氨基酸　　　　　　　　　　　　二肽

二肽分子中含有的酰胺键（ $-\overset{O}{\underset{}{C}}-\overset{H}{\underset{}{N}}-$ ）**叫做肽键**（peptide bond）。由于二肽分子中仍含有自由的氨基和羧基，因此还可以继续与氨基酸脱水成为三肽、四肽以至多肽。

由两种不同氨基酸组成的二肽，由于结合顺序不同可存在两种异构体，如甘氨酸和丙氨酸组成的二肽有两种异构体：

$$H_2N-CH_2-\underset{O}{\overset{}{C}}-\underset{H}{\overset{}{N}}-\underset{CH_3}{\overset{}{CH}}-COOH \qquad H_2N-\underset{CH_3}{\overset{}{CH}}-\underset{O}{\overset{}{C}}-\underset{H}{\overset{}{N}}-CH_2COOH$$

甘氨酰丙氨酸　　　　　　　　丙氨酰甘氨酸

由两个以上 α-氨基酸通过肽键相连的化合物称为多肽（polypeptide），由多种 α-氨基酸分子按不同的排列顺序以肽键相互结合，可以形成成千上万种多肽链，一般将分子量在 10000 以上的多肽称为蛋白质。

4. 显色反应

（1）**与茚三酮的显色反应**　α-氨基酸与水合茚三酮在溶液中共热时，发生一系列反应，最终生成蓝紫色化合物，称为罗曼紫（Rubemann purple），并放出 CO_2。

$$2\,\underset{}{\text{茚三酮}(OH)_2} + H_2N-\underset{R}{\overset{H}{CH}}-COOH \longrightarrow \text{罗曼紫} + 3H_2O + CO_2\uparrow + R-\overset{O}{\underset{}{C}}-H$$

该反应非常简便、灵敏，根据 α-氨基酸与茚三酮反应所生成化合物的颜色的深浅程度以及放出二氧化碳的体积，可以进行定性和定量分析氨基酸。但含亚氨基的氨基酸（如脯氨酸）与茚三酮反应呈黄色。

（2）**与丹酰氯的反应**　丹酰氯（dansy chloride）简写为 DNS-Cl，化学名称为 5-二甲氨基萘磺酰氯，它可与氨基酸在温和条件下发生反应，该反应为 α-氨基酸中氨基的磺酰化反应，其生成物丹酰基氨基酸，在紫外光下呈强烈的黄色荧光。

$$\text{DNS-Cl} + H_2N-\underset{R}{\overset{}{CH}}-COOH \longrightarrow \text{丹酰基氨基酸} + HCl$$

这个反应非常灵敏，常用于微量氨基酸的定量测定。

第二节　蛋　白　质

蛋白质（protein）和多肽都是由 α-氨基酸脱水缩合而成的，因此，在蛋白质和多肽之间没有严格的界限。通常将分子量在 10000 以上的称为蛋白质。

蛋白质（protein）是生命的物质基础，没有蛋白质就没有生命。因此，它是与生命及与各种形式的生命活动紧密联系在一起的物质。机体中的每一个细胞和所有重要组成部分都有蛋白质参与。蛋白质占人体重量的 16%～20%，即一个 60kg 重的成年人其体内约有蛋白质 9.6～12kg。人体内蛋白质的种类很多，性质、功能各异，但都是由 20 多种氨基酸按不同比例组合而成的，并在体内不断进行代谢与更新。

食入的蛋白质在体内经过消化被水解成氨基酸被吸收后，重新合成人体所需蛋白质，同时新的蛋白质又在不断代谢与分解，时刻处于动态平衡中。

一、蛋白质的组成和分类

（一）蛋白质的元素组成

虽然天然蛋白质的结构复杂、种类繁多，但组成蛋白质的元素并不多，主要由碳、氢、氧、氮和硫等元素组成。有些蛋白质还含有磷、铁、碘、锰、锌等元素。对各种天然蛋白质经过元素分析，得出主要元素含量为：

C：50%～55%   H：6.0%～7.3%   O：19%～24%
N：13%～19%   S：0%～4%

大多数生物体内的蛋白质含氮量接近 16%，即每含 1g 氮大约相当于 6.25g 蛋白质，因此，将 6.25 称为蛋白质系数。通过生物样品含氮量的测定，可以推算出该样品中蛋白质的含量：

样品中蛋白质质量 = 样品中含氮质量×6.25

（二）蛋白质的分类

蛋白质的种类繁多，来源各异，目前对蛋白质常见的分类方法主要有三种。

1. 根据蛋白质的形状不同分类

（1）纤维状蛋白　该类蛋白质呈纤维状，不溶于水。如毛发中的角蛋白和肌肉中的肌球蛋白等。

（2）球状蛋白　该类蛋白质呈球状，可溶于水或酸、碱、盐溶液，如红细胞中的血红蛋白等。

2. 根据化学组成不同分类

（1）单纯蛋白质（simple protein）　该类蛋白质纯粹由氨基酸通过肽键结合而成，其水解的最终产物全部是 α-氨基酸。如白蛋白和球蛋白等。

（2）结合蛋白（conjugated protein）　该类化合物则是由单纯蛋白质和非蛋白部分结合而成，其中的非蛋白部分称为辅基（prosthetic group）。例如核蛋白是由单纯蛋白质和辅基（核酸）结合而成。

3. 根据蛋白质的作用不同分类

（1）酶　起催化作用。

（2）激素　起调节作用。

（3）抗体　起免疫作用。

（4）结构蛋白　起构造作用。

二、蛋白质的结构

各种蛋白质的特定结构，决定了各种蛋白质的特定的生理功能。蛋白质的结构很复杂，通常用一级结构、二级结构、三级结构和四级结构四种不同的层次来描述。其中二级、三级和四级结构统称为空间结构或高级结构，指的是蛋白质分子中原子和基团在三维空间的排列和分布。

1. 蛋白质的一级结构

多肽链中氨基酸的排列顺序称为蛋白质的一级结构（primary structure）。肽键是构成蛋白质的主键。

一级结构是蛋白质的基本结构，目前只有少数蛋白质分子中的氨基酸排列顺序已经十分清楚。例如胰岛素由 AB 两条肽链构成，它们之间通过二硫键构成胰岛素分子。其中 A 链有 21 个氨基酸；B 链有 30 个氨基酸，如图 14-1 所示。

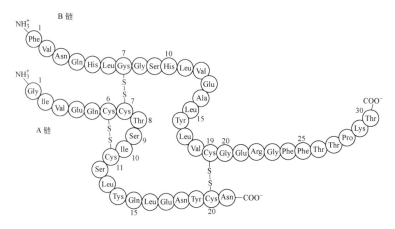

图 14-1 胰岛素的一级结构

蛋白质中氨基酸的排列顺序十分重要，它对整个蛋白质的功能起决定作用。

2. 蛋白质的二级结构

蛋白质的二级结构涉及蛋白质的优势构象和所呈现的形状。在多肽链中，一个肽键中的羰基与另一个肽键中的亚氨基之间可形成氢键，氢键的存在而使得多肽链不是以直线型伸展的形式在空间展开的，而是卷曲、折叠成具有一定形状的空间构象，即蛋白质的二级结构。蛋白质的二级结构主要有 α-螺旋和 β-折叠两种构象，氢键在维系和固定蛋白质的二级结构中起了重要作用。

（1）α-螺旋型（α-helix） 天然蛋白质的 α-螺旋型多数为右旋螺旋，原因是这种构象使侧链及基团分布在螺旋外侧，有更大的空间减少相互作用和空间阻碍而相对稳定。如图 14-2 所示，在这种 α-螺旋模型中，每一圈含 3.6 个氨基酸单元。相隔四个肽键形成氢键以此来稳定螺旋结构，氢键的取向几乎与中心轴平行。两个螺旋圈之间的距离约为 0.54nm，螺旋直径为 1~1.1nm。氢键越多，α-螺旋体的构象就越稳定。

（2）β-折叠型（β-turn） 在 β-折叠模型中，蛋白质的肽链排列在折叠型的各个平面上，相邻肽链上的羰基和氨基之间通过氢键相互连接，两条肽链可以相互平行或不平行，如图 14-3 所示。

3. 蛋白质的三级结构

由蛋白质的二级结构在空间盘绕、折叠、卷曲，构成具有特定构象的紧密结构，称为蛋白质的三级结构。图 14-4 是肌红蛋白的三级结构。蛋白质的三级结构不仅指多肽链整个主

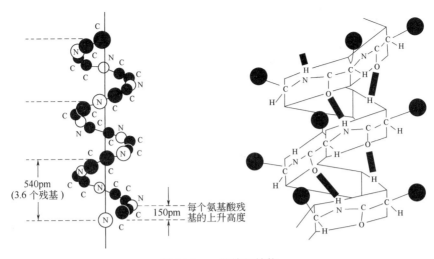

图 14-2　α-螺旋型结构

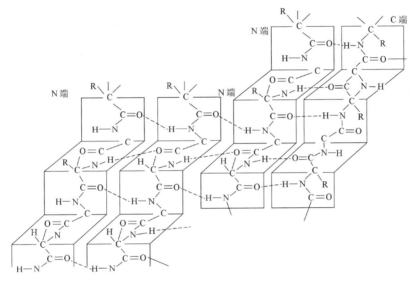

图 14-3　β-折叠型结构

链的走向，而且包括了所有侧链所占据的空间位置。维持蛋白质三级结构的作用力主要是侧链之间的相互作用，包括盐键、氢键、二硫键和疏水键等。研究证明具有三级结构的蛋白质才具有生物功能，三级结构一旦破坏，蛋白质的生物功能便丧失。

4. 蛋白质的四级结构

结构复杂的蛋白质分子，由两条或两条以上具有三级结构的多肽链以一定的方式，缔合而成具有一定空间结构的聚合物，这种空间结构称为蛋白质的四级结构，如图 14-5 所示。

三、蛋白质的性质

蛋白质分子是由氨基酸通过肽键连接而成的高分子化合物，其分子中存在着游离的氨基和羧基，因此具有一些与氨基酸相似的性质。但由于蛋白质是高分子化合物，所以理化性质又与氨基酸有所不同。

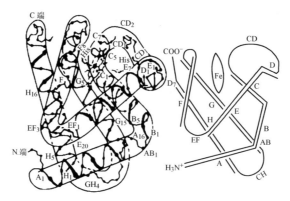

图 14-4 肌红蛋白的三级结构

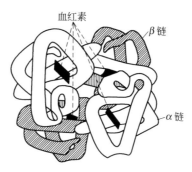

图 14-5 血红蛋白的四级结构

(一) 两性电离及等电点

像氨基酸一样，蛋白质分子的多肽链中具有游离的羧基和氨基等酸性和碱性基团，因此具有两性。蛋白质在溶液中也存在下列电离平衡（蛋白质用 $H_2N-P-COOH$ 表示）：

$$\underset{\substack{\text{pH}>\text{p}I \\ \text{阴离子}}}{P\begin{subarray}{c}COO^-\\NH_2\end{subarray}} \xrightleftharpoons[OH^-]{H^+} \underset{\substack{\text{pH}=\text{p}I \\ \text{两性离子}}}{P\begin{subarray}{c}COO^-\\\overset{+}{N}H_3\end{subarray}} \xrightleftharpoons[OH^-]{H^+} \underset{\substack{\text{pH}<\text{p}I \\ \text{阳离子}}}{P\begin{subarray}{c}COOH\\\overset{+}{N}H_3\end{subarray}}$$

在不同 pH 的溶液中，蛋白质的存在形式不同，调节蛋白质溶液的 pH，使蛋白质的酸式电离和碱式电离程度相等，则蛋白质以两性离子存在，此时溶液的 pH 称为该蛋白质的等电点，用 pI 表示。不同的蛋白质，等电点的数值不同，一些常见蛋白质的等电点见表14-2。

表 14-2 一些常见蛋白质的等电点

蛋白质	等电点	蛋白质	等电点
乳清蛋白	4.12	血红蛋白	6.7
血清蛋白	4.88	胰岛素	5.3
卵清蛋白	4.87	胃蛋白酶	1.0
脲酶	5.0	肌球蛋白	7.0
细胞色素 C	10.7	鱼精蛋白	12.0

在等电点时，蛋白质的溶解度、黏度、渗透压等都最小，最容易从溶液中析出。

当蛋白质溶液的 pH＝pI 时，蛋白质以两性离子存在，在外电场中既不向正极移动，也不向负极移动；当向 pH＝pI 的蛋白质溶液中加碱，溶液的 pH＞pI，此时蛋白质分子中氨基的电离被抑制，蛋白质主要以阴离子形式存在，在电场中向正极泳动；向 pH＝pI 的蛋白质溶液中加酸，溶液的 pH＜pI，此时蛋白质分子中羧基的电离被抑制，蛋白质主要以阳离子形式存在，在电场中向负极泳动，这种现象称为蛋白质的电泳现象。

蛋白质的两性电离和等电点不仅使它成为生物体内的缓冲剂，而且对分离和提纯蛋白质有重要意义。大多数蛋白质的等电点在 5 左右，而正常成人体液 pH 为 7.35～7.45，由于 pH＞pI，因此蛋白质以阴离子形式存在于体液中，并与体液中的 K^+、Na^+、Ca^{2+}、Mg^{2+} 等金属离子结合成盐，称为蛋白质盐。这些盐还可以与蛋白质组成缓冲对，在体内起缓冲作用。

对于不同的蛋白质，分子大小是不同的，在特定的 pH 时所带电荷的电性以及所带电荷的数量也是不同的，这些因素都会影响蛋白质电泳的速度和方向。用蛋白质电泳来分离混合的蛋白质，目前在临床上已广泛应用。

（二）沉淀

蛋白质溶液能保持稳定主要依靠两个因素：第一，当蛋白质溶液的 pH 不在等电点时，蛋白质分子都带相同的电荷，由于同性电荷相斥，不易聚合成大颗粒而沉淀；第二，蛋白质分子多肽键上含有多个亲水基团（如肽键、氨基、羟基、羧基等）与水结合，形成了一层较厚的水化膜，阻止了蛋白质分子之间聚集沉淀。

但是，**如果改变条件，破坏蛋白质的稳定因素，就可以使蛋白质分子从溶液中凝聚并析出，这种现象称为蛋白质的沉淀**。

沉淀蛋白质的方法主要有以下几种。

1. 盐析

在蛋白质溶液中加入电解质（无机盐类如硫酸铵、硫酸钠等）至一定浓度时，蛋白质便会从溶液中沉淀析出，这种现象称为盐析（salting out）。其原因是利用盐离子具有强亲水性，从而破坏了蛋白质的水化膜；同时盐电离的异种电荷中和了蛋白质的电荷。被破坏了稳定因素的蛋白质分子因此凝聚而沉淀析出。**盐析时所需盐的最小浓度称为盐析浓度**。不同蛋白质盐析所需的盐的浓度是不同的。**通过调节盐的浓度，可以使不同的蛋白质分段析出。此现象叫分段盐析**。

盐析的特点是电解质的用量大，作用是可逆的，盐析一般不会改变蛋白质的性质（不变性），若向体系中加入足够的水，盐析的蛋白质可以重新溶解形成溶液。

2. 加入脱水剂

向蛋白质溶液中加入亲水的有机溶剂，如甲醇、乙醇或丙酮等，能够破坏蛋白质分子的水化膜，使蛋白质沉淀析出。沉淀后若迅速将脱水剂与蛋白质分离，仍可保持蛋白质原有的性质。但这些脱水剂若浓度较大且长时间与蛋白质共存，会使蛋白质难以恢复原有的活性。如 95% 酒精比 70% 酒精脱水能力强，但 95% 酒精与细菌接触时，使其表面的蛋白质立即凝固，结果酒精不能继续扩散到细菌内部，细菌只暂时丧失活力，并未死亡，而 70% 酒精可扩散到细菌内部，故消毒效果好。

3. 加入重金属盐

当溶液 pH＞pI 时，蛋白质主要以阴离子形式存在，可与重金属离子（如 Hg^{2+}、

Ag^+、Pb^{2+} 等）结合形成不溶于水的蛋白质盐并沉淀。沉淀析出的蛋白质盐失去原有的活性（变性）。

重金属的杀菌作用就是由于它能沉淀细菌蛋白质，蛋清和牛乳对重金属中毒的解毒作用，也是利用了这一反应。

4. 加入生物碱沉淀剂

蛋白质在其 pH 低于等电点的溶液中带正电荷，可与苦味酸、鞣酸、三氯醋酸、磷钨酸等生物碱沉淀剂的酸根结合，生成不溶的蛋白质盐。

（三）蛋白质的变性作用

当蛋白质在某些理化因素（如加热、高压、振荡或搅拌、干燥、紫外线、X 射线、超声波、强酸、强碱、尿素、重金属盐、三氯乙酸、乙醇等）**的影响下，空间结构发生变化而引起蛋白质理化性质和生物活性的改变过程称为蛋白质变性**（protein denaturation）。性质改变后的蛋白质称为变性蛋白质。

蛋白质变性的实质是蛋白质分子中的一些副键，如氢键、盐键、疏水键等被破坏，使蛋白质的空间结构发生了改变。这种空间结构的改变使原来藏在分子里面的疏水基团暴露在分子表面，结构变得松散，水化作用减少，溶解性降低，从而丧失原有的理化性质和生物活性。根据变性程度将蛋白质的变性分为可逆变性和不可逆变性。**当变性作用对蛋白质空间结构破坏程度较小，解除变性因素，可以恢复蛋白质原有的性质，称为可逆变性**（reversible denaturation）。反之，称为**不可逆变性**（irreversible denaturation）。加热使蛋白质凝固就属于不可逆变性。

在医学上蛋白质的变性原理已得到广泛应用。例如：用高温、高压、酒精、紫外线照射等手段，使蛋白质变性，达到消毒杀菌目的；在制备和保存生物制剂时，应避免蛋白质变性，防止失去活性；重金属盐可以使蛋白质变性，因此对人体有毒，让中毒患者服用大量牛乳及蛋清对重金属盐中毒有解毒作用。

（四）蛋白质水解

蛋白质在酸、碱溶液中加热或在酶的催化下，能水解为分子量较小的化合物。其水解过程如下：

$$\text{蛋白质} \longrightarrow \text{多肽} \longrightarrow \text{二肽} \longrightarrow \alpha\text{-氨基酸}$$

食物中的蛋白质在人体中酶的催化下，水解成各种 α-氨基酸后，才能被人体吸收，其中的部分氨基酸在体内重新合成人体蛋白质。

（五）蛋白质的颜色反应

蛋白质能发生多种显色反应，此类反应可以用来鉴别蛋白质。

1. 缩二脲反应

蛋白质分子中有很多肽键，因此在强碱性溶液中，蛋白质与稀硫酸铜作用，可以发生缩二脲反应，使溶液显红色或紫色。

2. 与茚三酮的显色反应

蛋白质和氨基酸一样，与水合茚三酮在溶液中共热，生成蓝紫色化合物。

3. 黄蛋白反应

某些蛋白质遇浓硝酸立即变成黄色，再加氨水变为橙色，这个反应称为黄蛋白反应。含有苯环的蛋白质能发生此反应。

4. 米伦反应

蛋白质分子中含有酪氨酸残基时，在其溶液中加入米伦（Millon）试剂（硝酸汞和硝酸亚汞的硝酸溶液）即产生白色沉淀，再加热则变暗红色，此反应称为米伦反应。该反应是酪氨酸分子中酚基所特有的反应。

 致用小贴

胰岛素

胰岛素是由胰脏内的胰岛β细胞受内源性或外源性物质如葡萄糖、乳糖、核糖、精氨酸、胰高血糖素等的刺激而分泌的一种蛋白质激素。胰岛素是机体内唯一降低血糖的激素，同时能够促进糖原、脂肪、蛋白质合成，主要用于糖尿病治疗。

作为药物的胰岛素其种类有牛胰岛素、猪胰岛素和人胰岛素。

牛胰岛素：从牛胰腺提取而来，分子结构中有三个氨基酸，与人胰岛素不同，疗效稍差，容易发生过敏或胰岛素抵抗。

猪胰岛素：从猪胰腺提取而来，分子结构中仅有一个氨基酸与人的胰岛素不同，因此疗效比牛胰岛素好，不良反应也比牛胰岛素少。但猪胰岛素对某些病人会产生免疫反应等不良反应，如低血糖、耐药性、加重糖尿病人微血管病变等。

人胰岛素：人胰岛素并非从人的胰腺提取而来，而是通过基因工程生产得到，其纯度更高，不良反应更少，由于生产成本高于猪胰岛素，因此价格较贵，但不受材料来源限制，所以具有长远的发展价值。

 目标测试

1. 什么是氨基酸的等电点，为什么可以利用其等电点来分离或提纯氨基酸？
2. 写出在下列介质中各氨基酸的主要存在形式，并说明在外电场作用下向何极移动。

（1）丙氨酸 pH=3.0　　　　　　（2）谷氨酸 pH=10

（3）缬氨酸 pH=9.34　　　　　　（4）色氨酸 pH=5.80

3. 人体内的蛋白质一般以什么离子形式存在？为什么？
4. 简述蛋白质的组成和结构。
5. 用化学方法鉴别下列各组化合物。

（1）蛋白质、淀粉和苯甲酸　　　　（2）苯酚、苯丙氨酸、酪氨酸

（3）水杨酸、色氨酸　　　　　　　（4）甘氨酸、蛋白质、苯胺

6. 给出一个分离甘氨酸、赖氨酸和谷氨酸的混合物的方法。（药学专业学生完成）

第十五章 类脂

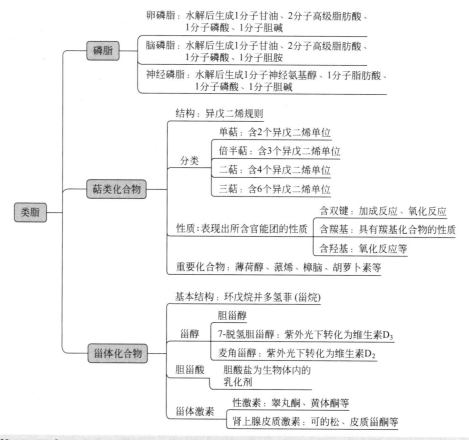

学习目标

1. 熟悉甘油磷脂和鞘磷脂的结构特点。
2. 熟悉甾族化合物的基本结构特点。
3. 熟悉萜类化合物的基本结构特点。
4. 了解常见萜类化合物和甾体化合物的代表物。

类脂是根据脂溶性特点分为一类的物质，包括油脂、磷脂、蜡、萜类和甾体化合物。类脂是生物体的重要组成部分，具有不同的生理功能，本章主要介绍磷脂、萜类和甾体化合物。

第一节 磷脂

磷脂（phospholipid）是广泛地分布在动植物组织中的含有一个磷酸基团的类脂化合物。主要存在于动物的脑、神经组织、骨髓、心、肝和肾等器官中，卵黄、植物的种子及胚芽中也都含有丰富的磷脂。它们是细胞原生质的组成部分，一切细胞的细胞膜中均含有磷脂。

磷脂是甘油和 2 分子高级脂肪酸、1 分子磷酸形成的酯类化合物，其中磷酸还连接含氮部分。磷脂包括卵磷脂、脑磷脂和神经磷脂等。

卵磷脂和脑磷脂都是甘油磷脂，是含有磷的脂肪酸甘油酯，性质和结构都与油脂相似。水解后可得甘油、脂肪酸、磷酸和含氮有机碱等四种不同的物质。两者结构上的区别在于含氮有机碱不同。

神经磷脂水解后生成神经氨基醇而没有甘油。

1. 卵磷脂（磷脂酰胆碱）

1 分子卵磷脂完全水解后，可以生成 1 分子甘油、2 分子脂肪酸、1 分子磷酸和 1 分子胆碱。因此卵磷脂又称为磷脂酰胆碱，结构式如下：

$$\begin{array}{l} CH_2-O-\overset{O}{\underset{\|}{C}}-(CH_2)_{16}CH_3 \\ CH-O-\overset{O}{\underset{\|}{C}}-(CH_2)_7CH=CHCH_2CH=CH(CH_2)_4CH_3 \\ CH_2-O-\overset{O}{\underset{\|}{\underset{OH}{P}}}-O-CH_2-CH_2-\overset{CH_3}{\underset{CH_3}{\overset{|}{N^+}}}-CH_3OH^- \end{array}$$

甘油部分　磷酸部分　　　　胆碱部分

卵磷脂（lecithin）是白色蜡状物质，不溶于水，易溶于乙醚、乙醇和氯仿。卵磷脂不稳定，在空气中易氧化而变成黄色或褐色。它在脑神经组织、肝、肾上腺、红细胞中含量较多，尤其在蛋黄中含量较为丰富。因最初是从卵黄中发现且含量最丰富而得名。

卵磷脂与脂肪的吸收和代谢有密切的关系，具有抗脂肪肝的作用。

2. 脑磷脂（磷脂酰胆胺）

1 分子脑磷脂完全水解后，可生成 1 分子甘油、2 分子脂肪酸、1 分子磷酸和 1 分子胆胺（乙醇胺）。因此脑磷脂又称为磷脂酰胆胺或磷脂酰乙醇胺，其结构式如下：

$$\begin{array}{l} CH_2-O-\overset{O}{\underset{\|}{C}}-R^1 \\ CH-O-\overset{O}{\underset{\|}{C}}-R^2 \\ CH_2-O-\overset{O}{\underset{\|}{\underset{OH}{P}}}-O-CH_2-CH_2-NH_2 \end{array}$$

甘油部分　磷酸部分　　胆胺部分

脑磷脂（cephalin）在空气中易氧化颜色变深。不溶于乙醇和丙酮，易溶于乙醚。因主要存在于脑组织中而得名。

脑磷脂与血液的凝固有关，存在于血小板内，其中能促进血液凝固的凝血激酶就是由脑磷脂和蛋白质组成的。

3. 神经磷脂（鞘磷脂）

神经磷脂完全水解后可得到1分子脂肪酸、1分子磷酸、1分子胆碱和1分子神经氨基醇（鞘氨醇）。神经磷脂又称为鞘磷脂。

鞘氨醇（神经氨基醇）结构为：

$$CH_3-(CH_2)_{12}-CH=CH-\underset{OH}{CH}-\underset{NH_2}{CH}-CH_2OH$$

神经磷脂结构为：

$$CH_3(CH_2)_{12}CH=CH-\underset{OH}{CH}-\underset{\underset{\underset{R}{C=O}}{NH}}{CH}-CH_2O-\underset{OH}{\overset{O}{\underset{\|}{P}}}-OCH_2CH_2N^+(CH_3)_3$$

N-酰基鞘氨醇部分　　　　　　磷酸部分　胆碱部分

神经磷脂（sphingomyelin）是白色结晶，在光作用下或在空气中不易氧化，比较稳定，不溶于丙酮和乙醚，而溶于热乙醇中。

神经磷脂是细胞膜的重要成分，大量存在于脑和神经组织中，是围绕着神经纤维鞘样结构的一种成分。在机体不同组织中神经磷脂所含脂肪酸的种类不同。水解神经磷脂得到的脂肪酸有软脂酸、硬脂酸、二十四碳酸、15-二十四碳烯酸等。

第二节　萜类化合物

萜类化合物是广泛存在于植物和动物体内的天然有机化合物。如从植物中提取的香精油——薄荷油、松节油等，植物及动物体中的某些色素——胡萝卜素、虾红素等。它们都是具有一定生理活性的物质。如松节油、薄荷油、樟脑油，具有祛痰、止咳、祛风、发汗、抗菌、驱虫或镇痛等作用。

一、萜类化合物定义、分类和通性

1. 萜类化合物的定义

研究发现，绝大多数萜类化合物分子在结构上的共同点是分子中的碳原子数都是5的整倍数。例如：

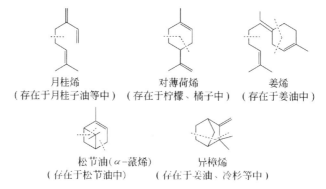

月桂烯（存在于月桂子油等中）　对薄荷烯（存在于柠檬、橘子中）　姜烯（存在于姜油中）

松节油（α-蒎烯）（存在于松节油中）　莰烯（存在于姜油、冷杉等中）

上述化合物的碳链骨骼可以看成是由若干个异戊二烯单位主要以头-尾（少数为头-头、尾-尾）相接而成的。

$$CH_2=\underset{\underset{CH_3}{|}}{C}-CH=CH_2 \qquad \underset{异戊二烯单位}{\overset{头\quad\quad\quad 尾}{C-\underset{\underset{C}{|}}{C}-C-C}}$$

异戊二烯

这种结构特点叫做萜类化合物的**异戊二烯规则**。异戊二烯规则是从对大量萜类分子构造的测定中归纳出来的，所以能反过来指导测定萜类的分子构造。

少数天然产物虽是萜类，但它们的碳原子数并不是 5 的倍数。如茯苓酸为 31 碳萜；有的碳原子数是 5 的倍数，却不能分割为异戊二烯的碳架，如蓟烷。反之，有些化合物虽然是异戊二烯的高聚物，但不属于萜类化合物，如天然橡胶。由此可见，萜类化合物只能看作为由若干个异戊二烯连接而成的，而实际上并不能通过异戊二烯聚合而得。放射性核素追踪的生物合成实验已证明，在生物体内形成萜类化合物真正的前体是甲戊二羟酸。

$$HOOC-CH_2-\underset{\underset{OH}{|}}{\overset{\overset{CH_3}{|}}{C}}-CH_2-CH_2-OH$$

甲戊二羟酸

而甲戊二羟酸在生物体内则是由醋酸合成的，醋酸在生物体内可以作为合成许多有重要生理作用的化合物的起始物质，例如维生素 A 和 D、胡萝卜素、性激素、前列腺素和油脂等。将含有放射性核素 ^{14}C 的 $^{14}CH_3COOH$ 注入桉树中，结果在桉树中生成的香茅醛分子中存在 ^{14}C。把 $^{14}CH_3COOH$ 注入动物体，所得油脂中的软脂酸也含有 ^{14}C。所以**把这些来源于醋酸的化合物称为醋源化合物**。油脂、萜类和甾体化合物都是醋源化合物。

2. 萜类化合物的分类

萜类化合物中异戊二烯单位可相连成链状化合物，也可连成环状化合物。

根据组成分子的异戊二烯单位的数目可将萜类化合物分成表 15-1 所列的几类。

表 15-1 萜类化合物的分类

类 别	异戊二烯单位	碳原子数	举例
单萜	2	10	蒎烯、柠檬醛
倍半萜	3	15	金合欢醇
二萜	4	20	维生素 A、松香酸
三萜	6	30	角鲨烯、甘草次酸
四萜	8	40	胡萝卜素、色素
多萜或复萜	>8	>40	

萜类化合物的命名，我国一般按英文俗名意译，再根据结构特点接上"烷""烯""醇"等类名而成；或是根据来源用俗名，如薄荷醇、樟脑等。

3. 萜类化合物的通性

萜类化合物常具有一定的生理活性，可供药用，具有祛痰、止咳、祛风、发汗、解热、镇痛、抗菌、消毒、降压、抗病毒、驱虫、活血化瘀等作用，所以萜类化合物在医药领域占有重要的地位。

萜类化合物是带有香味或不带香味的液体或固体。多数具有挥发性，含有手性碳原子，有旋光性。化学性质表现出所含官能团的性质。如双键上可以发生加成反应、氧化反应，羰基、羟基、羧基等发生聚合、异构、分子重排、内酯结构水解开环等反应。

二、重要的萜类化合物

（一）单萜

1. 柠檬醛（开链单萜）

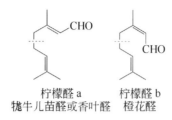

柠檬醛a
牻牛儿苗醛或香叶醛

柠檬醛b
橙花醛

柠檬醛属于链状单萜类化合物，它有顺反异构体。它广泛存在于各种挥发油中，在柠檬醛草挥发油、橘子油中有很强的柠檬香气，是用于配制柠檬香精的重要原料，也是合成维生素的重要原料。

2. 薄荷醇（单环单萜）

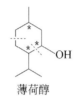

薄荷醇

薄荷醇又名薄荷脑，属于单萜类化合物，其系统名为3-萜醇，薄荷醇的熔点为43℃，沸点为213.5℃，存在于薄荷油中，是低熔点无色针状结晶，难溶于水，易溶于有机溶剂。具有芳香凉爽气味，有杀菌、防腐作用，并有局部止痛的效力。用于医药、化妆品及食品工业中，如清凉油、牙膏、糖果、烟酒等。

薄荷醇分子中有三个手性碳原子，有四对外消旋体。即（±）-薄荷醇、（±）-新薄荷醇、（±）-异薄荷醇、（±）-新异薄荷醇。天然的薄荷醇是左旋的薄荷醇。

3. 蒎烯（双环单萜）

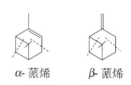

α-蒎烯　β-蒎烯

蒎烯又称松节烯，蒎烯属于环状单萜类，它有α-蒎烯和β-蒎烯两种结构。

α-蒎烯是松节油的主要成分（约占80%），其沸点156℃，β-蒎烯也存在于松节油中，但含量较少。松节油有局部止痛作用，肌肉或神经痛也可用它来涂擦。α-蒎烯是合成冰片、樟脑的重要原料。

4. 樟脑（双环单萜）

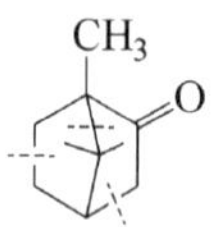

莰酮（樟脑）

樟脑又称2-莰酮，属于双环单萜类化合物，它是樟烷的含氧衍生物，主要存在于樟树中。其分子中虽含有 2 个手性碳原子，但由于受环和碳桥的限制，实际上只有 1 对顺式对映异构体，1 对外消旋体。

樟脑存在于樟脑树中，它是白色闪光晶体，易升华，具有令人愉快的香味，熔点为 179℃，沸点为 209℃。樟脑是呼吸及循环系统的兴奋剂，为急救良药，但水溶性低，为增大其水溶性而制成的衍生物樟脑磺酸钠，易溶于水，注射进入体内后能迅速吸收，奏效快。它也可用于驱虫、防蛀。樟脑是医药工业上的原料，可用来配十滴水、清凉油等。

（二）倍半萜

1. 金合欢醇

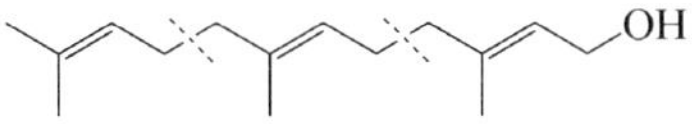

金合欢醇

金合欢醇是无色黏稠液体，有铃兰气味，存在于玫瑰油、茉莉油、金合欢油及橙花油中。金合欢醇是一种珍贵的香料，用于配制高级香精；用于抑制昆虫的变态和性成熟，即幼虫不能成蛹，蛹不能成蛾，蛾不产卵。其十万分之一浓度的水溶液即可阻止蚊的成虫出现，对虱子也有致死作用。

2. 山道年

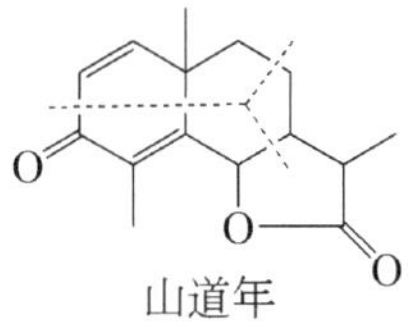

山道年

山道年是由山道年花蕾中提取出的无色结晶，熔点为 170℃，不溶于水，易溶于有机溶剂。过去是医药上常用的驱蛔虫药，其作用是使蛔虫麻痹而被排出体外，但对人也有相当的毒性。

（三）二萜

1. 叶绿醇

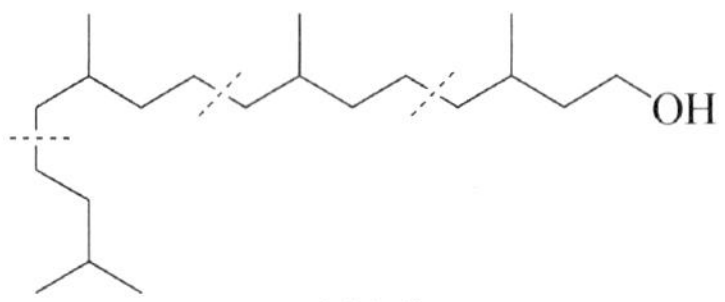

叶绿醇

叶绿醇是叶绿素的一个组成部分，用碱水解叶绿素可得到叶绿醇，叶绿醇是合成维生素 K 及维生素 E 的原料。

2. 维生素 A

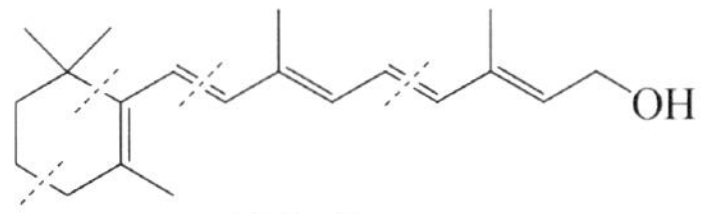

维生素 A(A_1)

维生素 A 是淡黄色晶体，熔点为 64℃，存在于动物的肝、奶油、蛋黄和鱼肝油中。不溶于水，易溶于有机溶剂。受紫外光照射后则失去活性。它是脂溶性维生素，为哺乳动物正常生长和发育所必需的物质，体内缺乏维生素 A 则发育不健全，并能引起眼膜和眼角膜硬化症，初期的症状就是夜盲症。

（四）三萜

角鲨烯

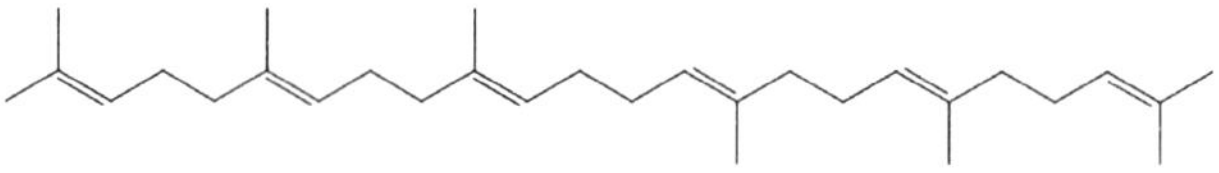

角鲨烯化学名称为 2，6，10，15，19，23-六甲基-2，6，10，14，18，22-二十四碳六烯，是一种高度不饱和烃类化合物，最初是从黑鲨鱼的肝油中发现的，又称鱼肝油萜。角鲨烯也广泛分布在人体内膜、皮肤、皮下脂肪、肝脏、指甲、脑等内，每人每天可分泌角鲨烯约 125～425mg，头皮脂分泌量最高。具有提高体内超氧化物歧化酶（SOD）活性、增强机体免疫能力、改善性功能、抗衰老、抗疲劳、抗肿瘤等多种生理功能，是一种无毒性的具有防病治病作用的海洋生物活性物质。角鲨烯是羊毛甾醇生物合成的前身，而羊毛甾醇又是其他甾体化合物的前身。

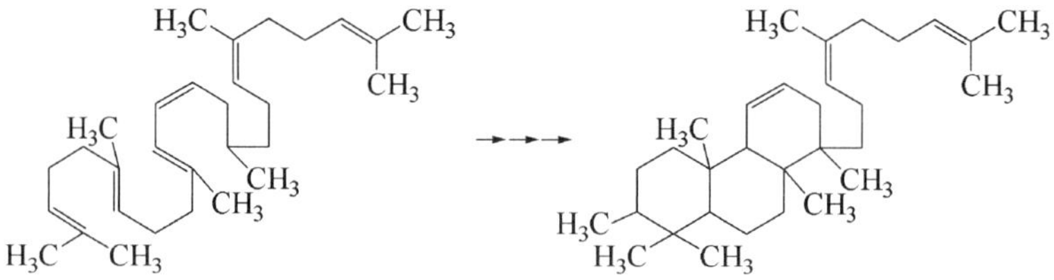

角鲨烯 → → 羊毛甾醇

（五）四萜

四萜类化合物的分子中都含有一个较长的碳碳双键的共轭体系，所以四萜都是有颜色的物质，多带有由黄至红的颜色。因此也常把四萜称为多烯色素。

最早发现的四萜多烯色素是从胡萝卜素中来的，后来又发现很多结构与此相类似的色素，所以通常把四萜称为胡萝卜类色素。最常见的是 α-胡萝卜素、β-胡萝卜素、γ-胡萝卜素。常见四萜如下：

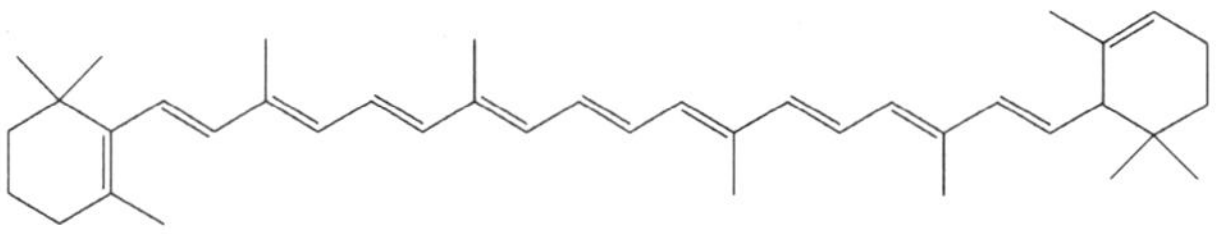

α-胡萝卜素 熔点 188℃   15%

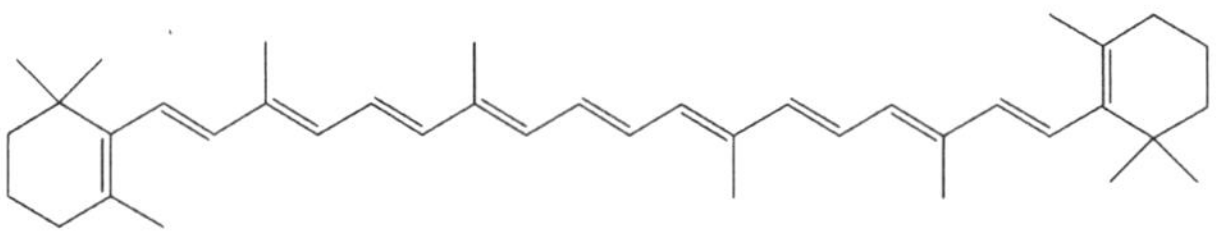

β-胡萝卜素 熔点 184℃   85%   广泛存在于植物的叶、茎和果实及动物的乳汁和脂肪中，β-体最重要（生理活性最强）

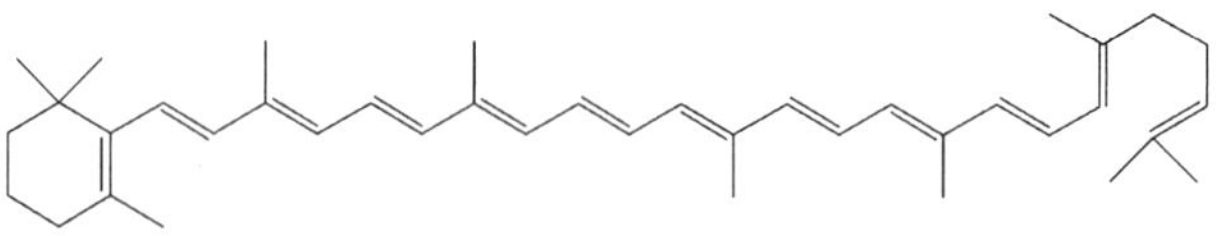

γ-胡萝卜素 熔点 178℃   0.1%

3种异构体都易溶于苯、氯仿、二硫化碳,而不溶于乙醇、乙醚。它们在动物肝脏内由酶催化氧化成维生素 A,所以把胡萝卜素称为维生素 A 原。

第三节　甾体化合物

甾体化合物广泛存在于动植物组织内,如动植物体内的甾醇、胆酸、维生素 D、动物激素、肾上腺皮质激素、植物强心苷、蟾酥毒素、甾体生物碱、甾体药物、昆虫激素等,并在动植物生命活动中起着重要的作用。

一、甾体化合物的结构

1. 甾体化合物的基本结构

甾体化合物分子中,都含有一个叫甾核的四环碳骨架,即具有环戊烷多氢菲(也称为甾烷)的基本骨架结构,环上一般带有三个侧链,其通式为:

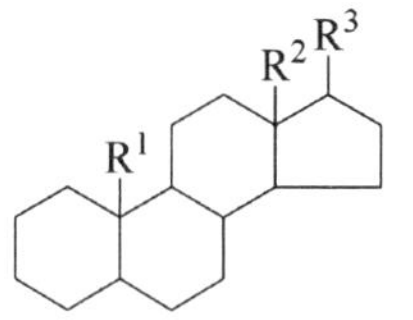

R^1、R^2 一般为甲基,称为角甲基,R^3 为其他含有不同碳原子数的取代基。"甾"是个象形字,是根据这个结构而来的,"田"表示四个环,"巛"表示为三个侧链。许多甾体化合物除这三个侧链外,甾核上还有双键、羟基和其他取代基。四个环用 A、B、C、D 编号,碳原子也按固定顺序用阿拉伯数字编号。如下图:

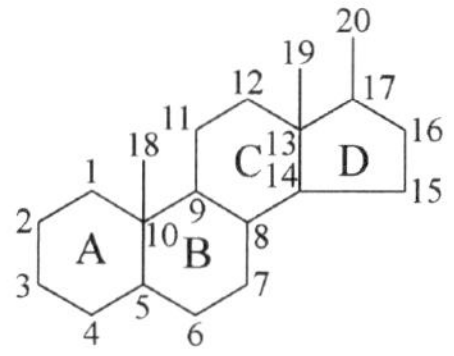

2. 甾环的立体结构构型及表示方法

甾族化合物的立体结构复杂。就甾体母核即甾环而言,环上有 7 个手性碳原子,可能有的立体异构体数目为 $2^7=128$ 个。但由于 4 个环稠合在一起相互牵制和空间位阻等影响,使实际上可能存在的异构体数目大大减小,一般只以稳定的构型存在,并且一种构型只有一种构象。

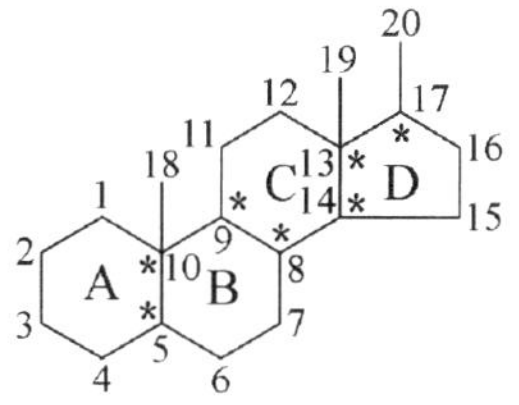

天然产甾体化合物现知的只有两种构型,一种是 A 环和 B 环以反式相并联,另一种是 A 环和 B 环以顺式相并联。而 B 环和 C 环、C 环和 D 环之间是以反式相并联的,故甾体化合物可分为两种类型。

（1）正系（5β-型） A、B 环为顺式，相当于顺十氢化萘的构型，即 C-5 上的氢原子与 C-10 上的角甲基都伸向环平面的前方，处于同一边用实线表示。

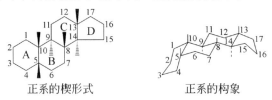

正系的楔形式　　　　　正系的构象

（2）别系（5α-型） A、B 环为反式，相当于反十氢化萘的构型，即 C-5 上的氢原子与 C-10 上的角甲基不在同一边，用虚线和实线分别来表示。

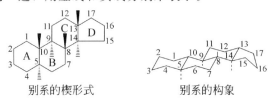

别系的楔形式　　　　　别系的构象

在很多甾体化合物中，由于 C-4 和 C-5 各与邻位碳原子形成双键，因此区分 A、B 环稠合时的构型的因素不存在，也就无正系和别系之分了。

二、甾体化合物的命名

甾体化合物通常用与其来源或生理作用有关的俗名，而按系统命名法进行命名较为复杂，需先要确定甾体的母核，然后在其前后标明各取代基的名称、数量、位置和构型。

甾体化合物母核的名称与其所连的 R 基团有关，其关系如表 15-2 所示。

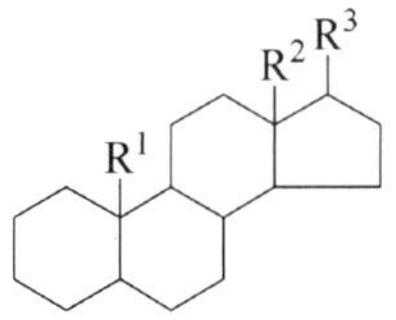

表 15-2　甾体化合物及其母核

甾体母核名称	R^1	R^2	R^3
甾烷	—H	—H	—H
雌甾烷	—H	—CH$_3$	—H
雄甾烷	—CH$_3$	—CH$_3$	—H
孕甾烷	—CH$_3$	—CH$_3$	—CH$_2$CH$_3$
胆烷	—CH$_3$	—CH$_3$	CH$_3$CHCH$_2$CH$_2$CH$_3$
胆甾烷	—CH$_3$	—CH$_3$	CH$_3$CHCH$_2$CH$_2$CHCH$_3$（带 CH$_3$ 支链）
麦角甾烷	—CH$_3$	—CH$_3$	CH$_3$CHCH$_2$CH$_2$CHCHCH$_3$（带 CH$_3$ 支链）

三、重要的甾体化合物

根据甾体化合物的结构和存在方式不同，重要的甾体化合物有甾醇、胆酸、甾体激素、强心苷等。

（一）甾醇

1. 胆甾醇（胆固醇）

胆甾醇是最早发现的一个甾体化合物，存在于人及动物的血液、脂肪、脑髓及神经组织中。因最初是从胆结石中得来的固体醇而得名。

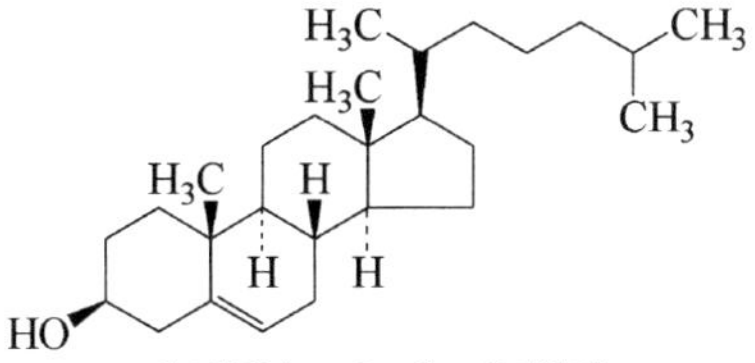

5-胆甾烯-3β-醇（胆甾醇）

胆甾醇是无色或略带黄色的结晶，熔点148.5℃，在高真空度下可升华，微溶于水，溶于乙醇、乙醚、氯仿等有机溶剂。人体中胆固醇含量过高是有害的，它可以引起胆结石、动脉硬化等症。由于胆甾醇与脂肪酸都是醋源物质，食物中的油脂过多时会提高血液中的胆甾醇含量，因而食油量不能过多。胆甾醇是制药上合成维生素 D_3 的原料。

胆甾醇分子中的双键，可以与溴或溴化氢发生反应，也可以催化加氢生成二氢胆甾醇。将胆甾醇溶于氯仿中，加入乙酐和浓硫酸，溶液逐渐由浅红色变为蓝色，最后变为绿色。这是甾体母核的颜色反应，可作为甾体化合物的定性检验反应。

2. 7-脱氢胆甾醇和维生素 D_3

胆甾醇在酶催化下氧化成 7-脱氢胆甾醇。7-脱氢胆甾醇存在于皮肤组织中，在日光照射下发生化学反应，转变为维生素 D_3：

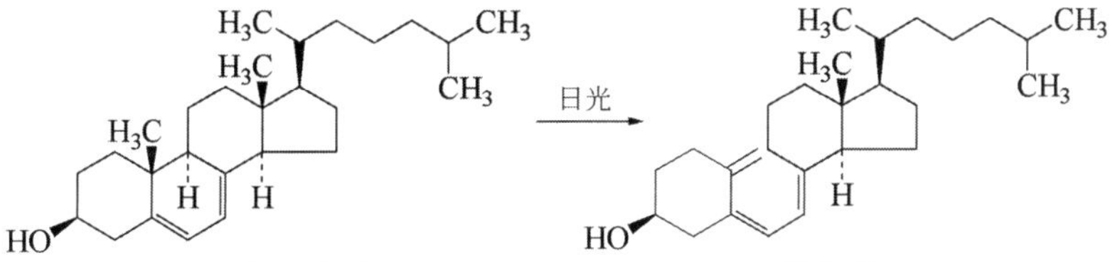

7-脱氢胆甾醇 →（日光）→ 维生素 D_3

维生素 D_3 是从小肠中吸收 Ca^{2+} 过程中的关键化合物。体内维生素 D_3 的浓度太低，会引起 Ca^{2+} 缺乏，不足以维持骨骼的正常生成而产生软骨病。

3. 麦角甾醇和维生素 D_2

麦角甾醇是一种植物甾醇，最初是从麦角中得到的，但在酵母中更易得到。麦角甾醇经日光照射后，B 环开环形成维生素 D_2（即钙化醇）。维生素 D_2 同维生素 D_3 一样，也能抗软骨病。

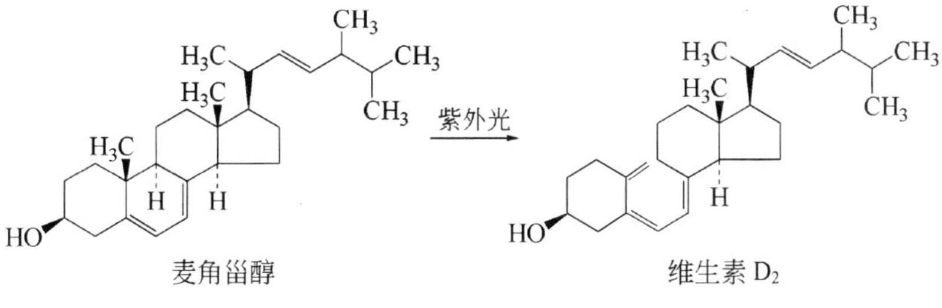

麦角甾醇 →（紫外光）→ 维生素 D_2

（二）胆酸

在人和动物胆汁中含有几种与胆甾醇结构类似的大分子酸，称为胆甾酸。胆酸是其中的一种，其结构如下：

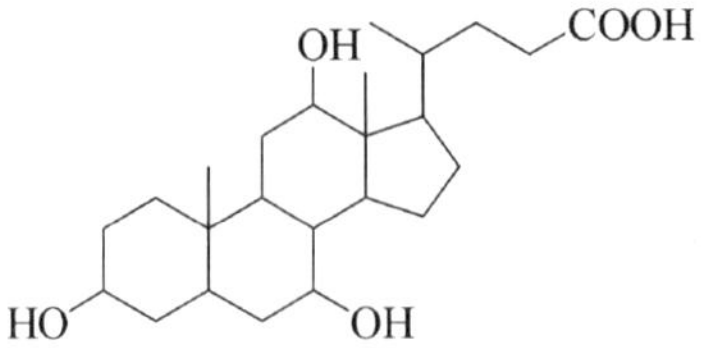

胆酸

胆酸在胆汁中与甘氨酸或牛磺酸通过酰胺键结合成甘氨胆酸或牛磺胆酸，在人体及动物小肠碱性条件下，又以钾（或钠）盐的形式存在，它们是良好的乳化剂，其生理作用是使脂肪乳化，促进脂肪在肠中的水解和吸收。故胆酸被称为"生物肥皂"，临床上所用的利胆药——胆酸钠，就是甘氨胆酸钠或牛磺胆酸钠的混合物。

（三）甾体激素

激素是由动物体内各种内分泌腺分泌的一类具有生理活性的化合物，它们直接进入血液或淋巴液中循环至体内不同组织和器官，对各种生理机能和代谢过程起着重要的协调作用。激素可根据化学结构分为两大类：一类为含氮激素（包括胺、氨基酸、多肽和蛋白质）；另一类即为甾体激素。

甾体激素根据来源分为肾上腺皮质激素和性激素两类，它们的结构特点是在 C_{17} 上没有长的碳链。

1. 性激素

性激素是高等动物性腺的分泌物，能控制性生理、促进动物发育、维持第二性征（如声音、体形等）。性激素分为雄性激素和雌性激素两大类，各有特定的生理功能。

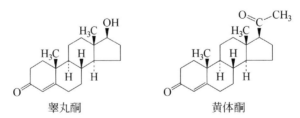

睾丸酮　　　　　　黄体酮

睾丸酮是睾丸分泌的一种雄性激素，具有促进雄性器官和第二性征的发育、生长以及维持雄性特征的作用。在临床上多用其衍生物，如甲基睾丸酮和睾丸酮的丙酸酯。

黄体酮是雌性激素，能抑制排卵，并使受精卵在子宫中发育。临床上用于治疗习惯性流产、子宫功能性出血、痛经及月经失调等症。

2. 肾上腺皮质激素

肾上腺皮质激素是哺乳动物肾上腺皮质分泌的激素，皮质激素的重要功能是维持体液的电解质平衡和控制糖类化合物的代谢。动物缺乏它会引起机能失常以至死亡。氢化可的松、可的松、皮质甾酮等皆此类中重要的激素。

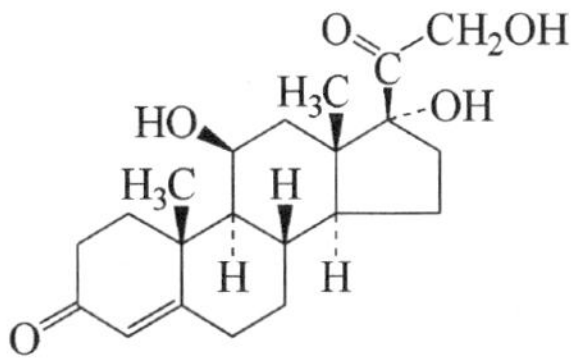

氢化可的松 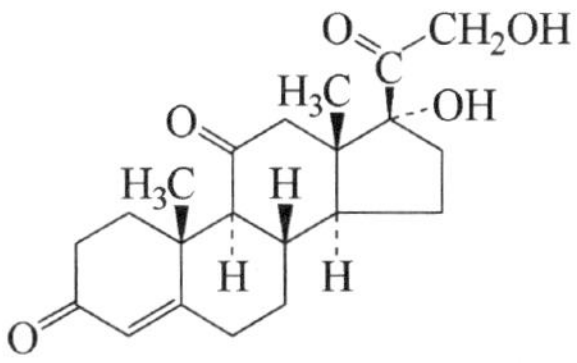　　　　　可的松 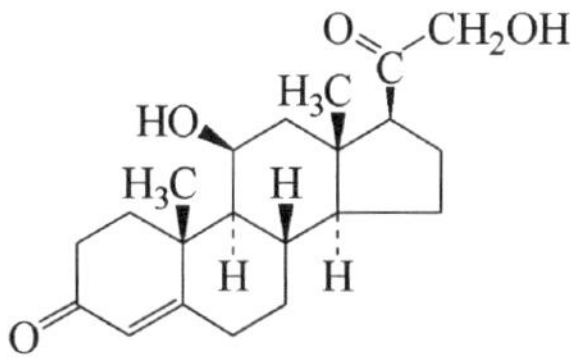　　　　　皮质酮

致用小贴

维生素 D

维生素 D 是一类抗佝偻病维生素的总称，均为甾醇的衍生物。主要存在于鱼肝油、肝脏、乳汁和蛋黄中。目前已知的至少有 10 种，但最重要的是维生素 D_2（麦角骨化醇）和维生素 D_3（胆骨化醇）。动物组织、人体皮肤内贮存的 7-脱氢胆甾醇，在日光和紫外线的照射下，经裂解转化为维生素 D_3，植物油和酵母中含有的麦角甾醇，在日光和紫外线的照射下，经裂解转化为维生素 D_2，故 7-脱氢胆甾醇和麦角甾醇被称为维生素 D 原，因此，常晒太阳或户外运动可预防维生素 D 的缺乏。

维生素 D 能促进小肠黏膜和肾小管对钙和磷的吸收，促进骨代谢，维持血钙、血磷平衡。维生素 D 缺乏时，儿童易患佝偻病，出现骨骼疼痛、多汗等；成人易出现骨软化、骨质疏松等症状。临床上常用维生素 D 防治佝偻病、骨软化症和老年性骨质疏松。临床上常用的制剂有：维生素 D_2 胶性注射液、胶丸和片剂，维生素 D_3 注射液，维生素 AD 胶丸和滴剂，骨化三醇和阿法骨化醇胶囊。

目标测试

1. 什么是萜类化合物？其分子结构有何特点？
2. 甾体化合物基本结构是什么？碳原子是如何编号的？
3. 什么是异戊二烯规则？试举出生物体中遵循异戊二烯规则的化合物。
4. 用简单的化学方法区分下列各组化合物。
（1）薄荷醇、柠檬醛、樟脑
（2）胆甾醇、胆酸、α-蒎烯
5. 写出胆甾醇的结构式，说明胆甾醇的显色反应在临床上有什么意义？
6. 标出构成下列化合物的异戊二烯单元。（药学专业学生完成）

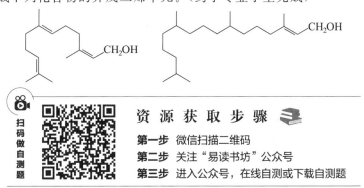

第十六章　医药用有机高分子化合物简介

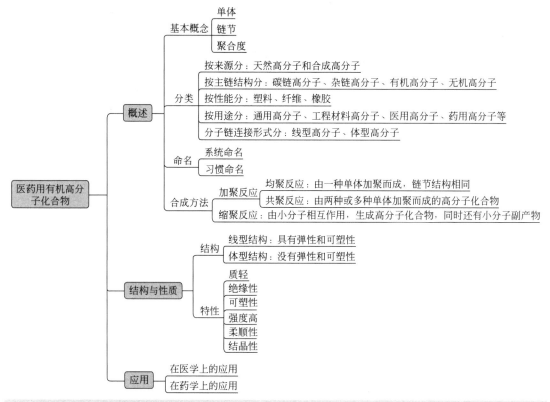

学习目标

1. 掌握高分子化合物的概念。
2. 熟悉高分子化合物的合成方法。
3. 熟悉高分子化合物结构与性质之间的关系。
4. 了解高分子化合物的分类和命名。
5. 了解高分子化合物在医药中的应用。

第十六章 医药用有机高分子化合物简介

人类的活动与高分子化合物有着密切的关系。在日常生活中，人们一直在应用天然的高分子化合物，如日常膳食的淀粉和蛋白质，衣着的棉、麻、丝、毛和皮等，都是天然的高分子化合物。生物体也依赖各种生物高分子，如蛋白质、核酸、糖类等维持其生理功能。20世纪30年代以后，人工合成了众多的高分子化合物，提供了众多的医用材料、医用辅料，为防治疾病提供了新的手段。据统计，目前高分子材料在医学上应用的有90多个品种，1800余种制品。西方国家在医学上耗用的高分子材料每年以10％～15％的速度增长。本章主要简介几种医药用有机高分子化合物。

第一节 高分子化合物概述

一、高分子化合物的基本概念

高分子化合物是由很多原子或原子团主要以共价键结合而成的分子量很大（通常为$10^4 \sim 10^6$）、具有重复结构单元的大分子有机化合物。由于高分子大多是由小分子通过聚合反应而制得的，因此也称为聚合物或高聚物，例如：淀粉、纤维素、合成塑料等都是高分子化合物。

1. 单体

能够用来合成高分子化合物的小分子化合物称作单体。如氯乙烯是聚氯乙烯的单体。

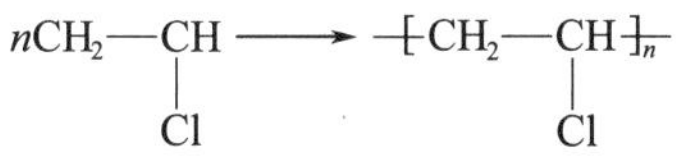

$$n CH_2=CH{-}Cl \longrightarrow {-}[CH_2-CH(Cl)]_n{-}$$

氯乙烯　　聚氯乙烯

2. 链节

从结构上看，聚氯乙烯是由相同的结构单元 —CH$_2$—CH(Cl)— 重复连接而成的。它是组成聚氯乙烯高分子链的基本单位，称为链节。

3. 聚合度

聚合物分子中，单体单元的数目叫聚合度。也就是高分子化合物链节重复的次数。如果说高分子是由一种单体聚合而成的，其聚合度为n；如果由两种单体聚合而成的其聚合度为$2n$。

高分子的分子量应该等于聚合度与链节的乘积。虽然是同一高分子化合物，但不同的分子个体的n值并不完全相同，所以每个高分子的分子量也不完全相同。所以，高分子化合物是混合物。

二、高分子化合物的分类

高分子化合物种类繁多，常见的分类方法有下列五种。

（1）按来源分类　　高分子化合物分为天然高分子和合成高分子两大类。

（2）按主链结构分类

① 碳链高分子，主链完全由碳原子组成。绝大部分烯类、二烯类聚合物属于这一类。如聚乙烯。

$${-}[CH_2-CH_2]_n{-}$$

② 杂链高分子，主链除碳原子外，还含有氧、硫、氮等杂原子。如聚酯、聚酰胺、聚

氨酯、聚醚等。

$$-[O-CH_2-CH_2]_n-$$

③ 元素有机高分子，主链上不一定有碳原子，而是由硅、氧、铝、硼等其他元素构成，侧基则由有机基团组成。如硅橡胶。

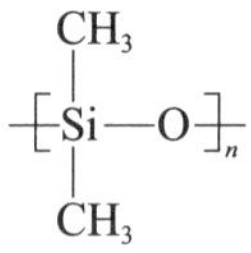

$$-[\underset{CH_3}{\overset{CH_3}{Si}}-O]_n-$$

④ 元素无机高分子，主链上没有碳原子，而由无机元素或基团构成，如聚氟磷氮等。

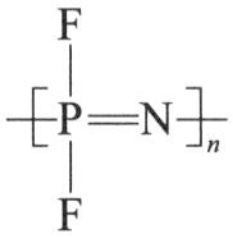

$$-[\underset{F}{\overset{F}{P}}=N]_n-$$

(3) 按性能分类　分为塑料、纤维和橡胶三大类。

塑料、纤维和橡胶是合成高分子中产量最大的，它们与国民经济、人民生活关系密切，故称为"三大合成材料"。

(4) 按用途分类　分为通用高分子、工程材料高分子、功能高分子、仿生高分子、医用高分子、药用高分子、催化剂高分子和生物高分子等。

(5) 按高分子化合物分子链的连接形式分类　分为线型高分子和体型高分子。

三、高分子化合物的命名

1. 系统命名法

高分子化合物的系统命名法基本原则如下。

(1) 确定聚合物的最小重复单元。

(2) 排出次级单元的次序，两个原则：对乙烯基聚合物，先写有取代基的部分；连接元素最少的次级单元写在前面。

(3) 由小分子有机化合物的 IUPAC 命名重复单元。

(4) 在此重复单元名称前加一个"聚"字。如：聚(1-氯代乙烯)，聚(1-苯基乙烯)。

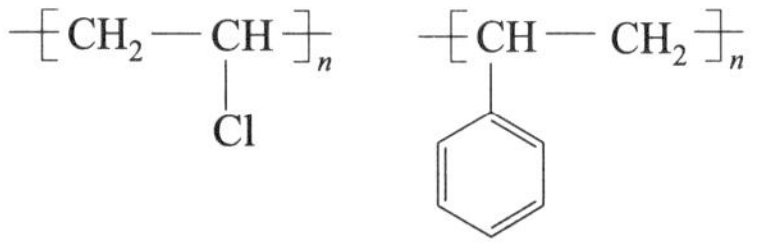

$$-[CH_2-\underset{Cl}{CH}]_n- \quad -[\underset{}{CH}-CH_2]_n-$$

聚(1-氯代乙烯)　　聚(1-苯基乙烯)

2. 习惯命名法

高分子化合物的系统命名比较复杂，实际上很少使用，习惯上天然高分子化合物常用俗名，例如：纤维素、淀粉、蛋白质等。合成高分子化合物常根据制法、原料等来命名。

(1) 由一种单体加聚反应制得的高分子化合物，在单体名称前面加一"聚"字来命名。例如：聚乙烯、聚氯乙烯、聚苯乙烯等。

(2) 两种或两种以上不同单体聚合成的高分子化合物，如果是加聚物，则在单体名称之后加上"共聚物"，例如：甲基丙烯酸甲酯-苯乙烯共聚物；如果是缩聚物，一般在两种单体名称之后加上"树脂",例如:苯酚-甲醛树脂(简称酚醛树脂);有时按缩聚物的结构特征命名,例如:聚酯、聚酰胺等。

(3) 以"橡胶"作为合成橡胶的词尾,如丁苯橡胶、氯丁橡胶、硅橡胶等。

此外,有些合成高分子化合物也常用商品名,例如:特氟隆(聚四氟乙烯)、有机玻璃(聚甲基丙烯酸甲酯)、尼龙(nylon)、涤纶、腈纶等。

还有用英文缩写符号的,例如:聚氨酯的英文缩写为PU,丁二烯与苯乙烯共聚物的英文缩写为PBS。

四、高分子化合物的合成方法

高分子化合物可由单体相互作用而制得。这种相互作用的方式可分为两种,一种是加成聚合反应(简称加聚反应),另一种是缩合聚合反应(简称缩聚反应)。另外还有开环聚合。

(一) 加聚反应

一种或多种单体,通过分子中的双键以加成方式化合成高分子化合物,在反应过程中没有低分子的副产物生成,这种反应叫做加聚反应。

加聚反应的特点是:

① 加聚反应所用的单体是带有双键或三键的不饱和键的化合物。例如,乙烯、丙烯、氯乙烯、苯乙烯等;

② 加聚反应发生在不饱和键上;

③ 加聚物分子量是单体分子量的整数倍。

加聚反应根据单体种类,可分为均聚反应和共聚反应。

1. 均聚反应

由一种单体加聚而成,分子链中链节结构都是相同的,叫均聚物。生成均聚物的化学反应叫均聚反应。例如:氯乙烯的聚合。

$$n CH_2=CH \atop | \atop Cl \quad \longrightarrow \quad \displaystyle{-\!\!\!\left[CH-CH_2\right]\!\!\!-_n \atop | \atop Cl}$$

氯乙烯　　聚氯乙烯

2. 共聚反应

由两种或多种单体加聚而得到的高分子化合物叫做共聚物。生成共聚物的化学反应过程叫做共聚反应。例如:氯乙烯和乙酸乙烯酯的聚合。

$$n CH_2=CH + n CH_2=CH \longrightarrow -[CH_2CHCH_2CH]_n- \atop | \qquad\qquad | \qquad\qquad\qquad\qquad | \qquad | \atop Cl \qquad\quad OCOCH_3 \qquad\qquad\qquad\ Cl \quad OCOCH_3$$

氯乙烯　　乙酸乙烯酯　　　　聚氯乙烯共乙酸乙烯酯

3. 加聚反应的历程

加聚反应可以按自由基反应历程和离子型反应历程来进行,都经过链的引发、链的增长和链的终止三个阶段。下面主要以氯乙烯单体聚合为例讨论自由基型聚合反应的历程。

链的引发:主要有引发剂引发和光、热和辐射等激发。

$$R\cdot + CH_2=CH \longrightarrow R-CH_2-CH\cdot \atop \ \ \ \ \ \ \ \ \ \ \ \ \ \ \ \ \ \ \ | \qquad\qquad\qquad\qquad | \atop \text{引发剂}\qquad\ Cl \qquad\qquad\qquad\quad Cl$$

$$CH_2=CH \atop Cl \xrightarrow{\text{光照}} \cdot CH_2-CH\cdot \atop Cl$$

链的增长：
$$R-CH_2-\underset{Cl}{CH}\cdot + CH_2=\underset{Cl}{CH} \longrightarrow R-CH_2-\underset{Cl}{CH}-CH_2-\underset{Cl}{CH}\cdot$$

$$\longrightarrow \cdots \longrightarrow R{\left[CH_2-\underset{Cl}{CH}\right]}_n CH_2-\underset{Cl}{CH}\cdot$$

链的终止：
$$R\sim CH_2-\underset{Cl}{CH}\cdot + \cdot \underset{Cl}{CH}-CH_2 \sim R \longrightarrow R\sim CH_2-\underset{Cl}{CH}-\underset{Cl}{CH}-CH_2\sim R$$

（二） 缩聚反应

由小分子（单体）间相互作用，生成高分子化合物，同时生成低分子副产物（如水、醇、氨等）的反应称为缩聚反应。发生缩聚反应的化合物必须含有两个或两个以上的官能团，反应前后，原料和产物的化学组成发生变化。例如，聚酰胺、聚酯、酚醛树脂和有机硅高分子等。例如：己二酸与己二胺聚合成聚酰胺-66（尼龙-66）。

$$n\,H_2N(CH_2)_6NH_2 + n\,HOOC(CH_2)_4COOH \longrightarrow {\left[NH(CH_2)_6NHC(CH_2)_4C\right]}_n + 2nH_2O$$

己二胺　　　　　己二酸　　　　　　　　　　　聚酰胺-66

缩聚反应的特点是：

（1）缩聚反应通常是官能团间的聚合反应，反应中有低分子副产物产生，如水、醇、胺等；

（2）缩聚物中往往留有官能团的结构特征，如—OCO—、—NHCO—，故大部分缩聚物都是杂链聚合物；

（3）缩聚物的结构单元比其单体少若干原子，故分子量不再是单体分子量的整数倍。

利用形成酯键得到的聚合物叫聚酯。如聚对苯二甲酸乙二酯（PET），即涤纶树脂，它是用乙二醇和对苯二甲酸直接合成的。它既是一种合成纤维，也是重要的工程塑料。

$$n\,HOCH_2CH_2OH + n\,HOOC-\!\!\!\left\langle\!\!\!\bigcirc\!\!\!\right\rangle\!\!\!-COOH \longrightarrow$$

$$H{\left[OCH_2CH_2OOC-\!\!\!\left\langle\!\!\!\bigcirc\!\!\!\right\rangle\!\!\!-CO\right]}_n OCH_2CH_2OH + (2n-1)H_2O$$

第二节　高分子化合物结构与性质

一、 高分子化合物的结构

高分子化合物一般呈链状结构，称作高分子链。高分子链主要有两种结构类型：一类是线型结构，一类是体型结构。此外，有些高分子是带有支链的，称为支链高分子，也属于线型结构范畴。有些高分子虽然分子链间有交联，但交联较少，这种结构称为网状结构，属体型结构范畴，见图 16-1。

图 16-1　高分子链的结构类型

在线型结构（包括带有支链的）高分子物质中有独立的大分子存在，这类高聚物在溶剂中或加热熔融状态下，大分子可以彼此分离开来。因此线型结构的高聚物具有弹性、可塑性，在溶剂中能溶解，加热能熔融，硬度和脆性较小的特点。

在体型结构（分子链间大量交联的）高分子物质中则没有独立的大分子存在，因而也没有分子量的意义，只有交联度的意义。因此体型结构高聚物没有弹性和可塑性，不能溶解和熔融，只能溶胀，硬度和脆性较大。

二、高分子化合物的性质

从低分子化合物到高分子化合物，由于分子量的巨大改变而引起质变，使高分子化合物具有一些不同于小分子化合物的特性。

1. 质轻

相对于金属和玻璃而言比较轻，因为它们是由碳、氢、氧、氮等较轻的元素组成的有机化合物。密度为 $1\sim2g/cm^3$。最轻的泡沫塑料的密度大约只有 $0.01g/cm^3$。

2. 绝缘性

高分子化合物是一种优良的电绝缘体。由于高聚物分子中的化学键绝大多数是共价键，键的极性不大，不易发生电离，不导电，不会形成电流，具有较好的电绝缘性，是一种理想的电绝缘材料。

3. 可塑性

线型高分子化合物受热达到一定温度，就会软化成黏性的流体状态，因而具有良好的可塑性。这一过程时间较长，易于加工，且加工温度低，可以加工成各种形状的产品，使其得到广泛的应用。

4. 强度高

高分子化合物具有良好的机械强度。其机械强度主要取决于聚集状态、聚合度及分子间作用力等。聚合度越大，分子间作用力就越大，强度也就越大。如果分子链的极性强，或有氢键存在，那么其强度就非常高。如，芳纶-1414 纤维，具有耐磨、耐疲劳、耐冲击等特点，有"人造钢丝"之称。

5. 柔顺性

线型高分子化合物的分子链很长，由于原子间的 σ 键可以自由旋转，分子链也能自由旋转，这样可以使每个链节的相对位置不断变化。这种性能称为高分子链的柔顺性。具有柔顺性的高分子化合物往往卷曲成无规则的线团，在拉伸时分子链被拉直，当外力消除后又卷曲收缩。所以一些高分子化合物具有弹性，柔顺性越大，弹性越好。

6. 结晶性

高分子化合物的结晶态与低分子化合物不同，是指分子链在其分子间作用力的影响下，有规则地排列成有序结构。结晶态的高分子化合物在开始固化时，由于分子链很长，高分子的黏度逐渐增加，此时沿高分子化合物的长链完全定向排列成有规则的结晶非常困难，因此高分子化合物从来不会完全结晶，除结晶区域还有非结晶区域存在。整个分子由几个结晶区和非结晶区构成，结晶区内的链段排列整齐，非结晶区部分链段是卷曲而又互相缠绕的。高分子化合物的结晶度越大，机械强度越大，熔点越高，溶解与溶胀的趋势越小。

高分子化合物的结晶性影响高分子化合物的性质。纤维具有的高强度与它的高结晶态有关，而橡胶则非常柔软，它是由非结晶态高分子构成的。

第三节 高分子化合物在医药中的应用

一、高分子化合物在医学中的应用

医用高分子化合物属于特殊功能性高分子，它必须安全无毒，化学稳定性高，具有生物功能性、组织相容性和血液相容性，不致癌、不溶血、不凝血、不过敏、不引起炎症以及长期植入体内不会丧失原有的机械性能。下面介绍几种常用的医用高分子化合物。

1. 聚乙烯（PE）

$$\text{---}[CH_2\text{---}CH_2]_n\text{---}$$

聚乙烯（polyethylene, PE）是由乙烯聚合而成，聚乙烯无臭，无毒，手感似蜡，具有优良的耐低温性能（最低使用温度可达 $-70 \sim -100\,^\circ\!C$），化学稳定性好，能耐大多数酸碱的侵蚀（不耐具有氧化性的酸）。常温下不溶于一般溶剂，聚乙烯不溶于水，大部分呈半透明状。电绝缘性能优良。

聚乙烯化学稳定性高，拉伸强度大。聚乙烯塑料可作人工关节，整形材料，其纤维可作缝合线，也是药品包装和食品包装的常用材料，是用途极为广泛的高分子化合物。

2. 聚氯乙烯（PVC）

$$\text{---}[CH_2\text{---}CH]_n\text{---}$$
$$\qquad\qquad |$$
$$\qquad\qquad Cl$$

聚氯乙烯（polyvinyl chloride, PVC）是白色或微黄色粉末，密度 $1.4\,g\cdot cm^{-3}$，含氯量 $56\% \sim 58\%$。PVC 具有阻燃、耐酸、碱、成型性好，机械强度及电绝缘性良好的优点。但其耐热性较差。具有稳定的物理化学性质，不溶于水、酒精、汽油；对盐类相当稳定，但能够溶解于醚、酮、氯化脂肪烃和芳香烃等有机溶剂。由于 PVC 的光、热稳定性较差，因此在实际应用中必须加入稳定剂以提高对热和光的稳定性。

PVC 可分为卫生级和普通级，因为残存单体氯乙烯是致癌物质，所以卫生级 PVC 一般要求单体含量小于 10^{-5}。

在医学上一次性医疗器械产品大多采用卫生级聚氯乙烯（PVC），用作注射制品，如输血袋、输液袋、血导管等。

3. 聚乳酸（PLA）

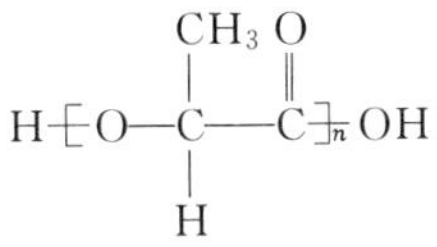

$$H\left[O-\underset{\underset{H}{|}}{\overset{\overset{CH_3}{|}}{C}}-\overset{O}{\overset{\|}{C}}\right]_n OH$$

聚乳酸是以乳酸为主要原料经聚合反应而制得，原料来源充分而且可以再生。聚乳酸属聚酯类。可发生水解而使高聚物降解，其制品废弃后在土壤或海水中经微生物作用可分解为二氧化碳和水，燃烧时不会散发毒气，不会造成污染，实现在自然界中的循环，因此是理想的绿色高分子材料。

聚乳酸无毒，无刺激性并有良好的生物相容性。聚乳酸可作医用手术的缝合线及注射用微球、微囊、埋植剂等制剂的材料。药物的释放速度可通过选择不同的分子量，不同光学活性的乳酸共聚或不同种类的聚乳酸混合以及添加适当的相混溶成分加以调节。

4. 聚甲基丙烯酸甲酯（PMMA）

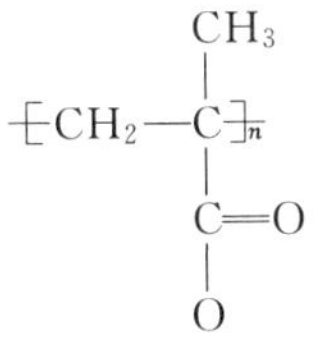

$$\left[CH_2-\underset{\underset{\underset{O}{\overset{\|}{C}}}{\underset{|}{\overset{|}{C}}}}{\overset{\overset{CH_3}{|}}{C}}\right]_n$$

聚甲基丙烯酸甲酯（PMMA）俗称有机玻璃。具有极好的透明度（接近于玻璃）；它的机械加工性能优良，耐冲击、不易破碎，热稳定性和化学稳定性优良。临床上作口腔材料、隐形眼镜、人工关节和人工颅骨等。有机玻璃的缺点是表面硬度低、耐磨性差，并在 80~90℃开始变形。

5. 甲壳素

甲壳素又名甲壳质、几丁质。存在于虾、蟹等的外壳、昆虫的甲壳、软体动物的壳和骨骼中，是一种来源于动物的大量存在的天然碱性多糖。将甲壳素在碱性条件下脱去乙酰基，就得到壳聚糖。

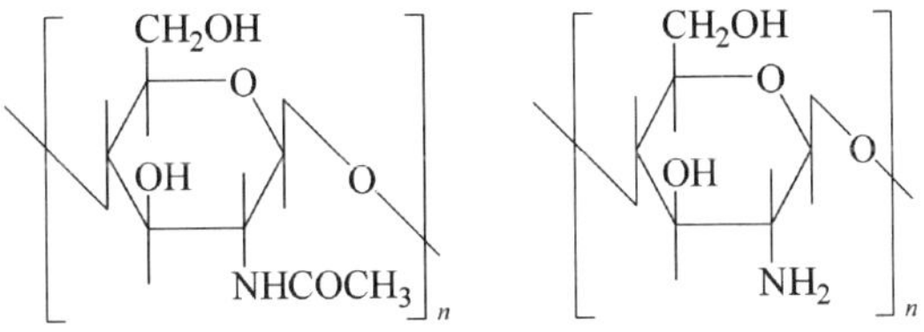

甲壳素　　　　壳聚糖

壳聚糖的化学结构与纤维素相似，又具有纤维素所没有的特性。壳聚糖无毒，具有生物相容性、生物活性和生物降解性，且具有抗菌、消炎、止血、免疫等作用。壳聚糖在医疗上用作创伤被覆材料，用于烧伤、植皮部位的创面。以壳聚糖制成的棍棒形，可用作皮下和骨内埋植，有助于骨折后的愈合。还可制作可吸收手术缝合线。

6. 硅橡胶

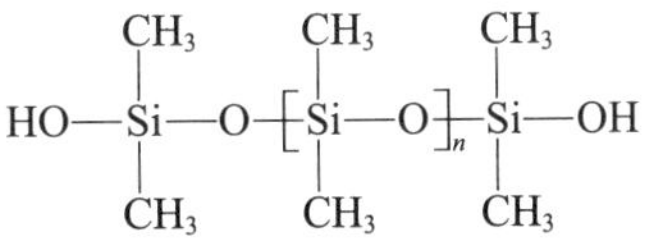

$$HO-\underset{\underset{CH_3}{|}}{\overset{\overset{CH_3}{|}}{Si}}-O\left[\underset{\underset{CH_3}{|}}{\overset{\overset{CH_3}{|}}{Si}}-O\right]_n\underset{\underset{CH_3}{|}}{\overset{\overset{CH_3}{|}}{Si}}-OH$$

硅橡胶实际就是高分子量的线型聚有机硅氧烷经交联而成的一种体型高聚物。它具有优良的耐热性、耐寒性、弹性、介电性、耐油、防水、耐老化等性能，硅橡胶突出的性能是使用温度宽广，但硅橡胶的拉伸强度和撕裂强度等力学性能较差，在常温下其力学性能不及大多数合成橡胶。

硅橡胶是医用高分子材料中特别重要的一类，它具有优异的生理惰性、无毒、无味、无腐蚀、抗凝血、与机体的相容性好，能经受苛刻的消毒条件。可用做医疗器械、人工脏器等。如硅橡胶防噪声耳塞，硅橡胶鼓膜修补片，还有硅橡胶人造血管、人造气管、人造肺、人造骨、人造关节、人造十二指肠管等，功效都十分理想。

二、高分子化合物在药学中的应用

药用高分子化合物有天然的、化学合成的和半合成的。有的具有生理活性，可作为高分子药物使用；有的作为载体药物，可用于局部或选择性针对病变部位给药；有的用作药物缓释剂。下面简介几种合成的药用高分子化合物。

1. **聚丙烯酸和聚丙烯酸钠（PAA，PAA-Na）**

$$\left[\text{CH}_2-\text{CH}\right]_n \qquad \left[\text{CH}_2-\text{CH}\right]_n$$
$$\qquad\quad\ |\qquad\qquad\qquad\quad\ |$$
$$\quad\ \text{COOH}\qquad\qquad\ \text{COONa}$$
$$\quad\ \text{PAA}\qquad\qquad\qquad \text{PAA-Na}$$

聚丙烯酸（或其钠盐）是硬而脆的白色固体，吸湿性强，能溶于水等极性溶剂，不溶于非极性溶剂。其钠盐不溶于有机溶剂。

聚丙烯酸具有羧酸的性质，可与氨水、三乙醇胺、三乙胺等发生中和反应，可与多价金属离子结合成不溶性的盐。其浓溶液的黏度增大，变成凝胶。所以聚丙烯酸和聚丙烯酸钠在医药上可作搽剂、软膏等外用药剂及化妆品中的基质。

聚丙烯酸钠可在交联剂作用下形成不溶性的高聚物。这种不溶性的高聚物是一种高吸水性树脂，可吸收自身重量 300～500 倍的水。交联聚丙烯酸钠大量用作医用尿布、吸血巾、妇女卫生巾等一次性复合卫生材料的主要填充剂或添加剂。

2. **聚乙二醇（PEG）**

$$\text{HO}\left[\text{CH}_2-\text{CH}_2-\text{O}\right]_n$$

目前比较常见的聚乙二醇，由于聚合条件不同，低级的为液体，高级的为固体。聚乙二醇可溶于大多数的极性溶剂，其溶解度随分子量的增加而降低。不溶于非极性溶剂。有很强的吸湿性。

聚乙二醇分子含有化学性质不活泼的醚的结构，故其性质稳定，不易发生反应，耐热，不易发霉，无毒性，无腐蚀性，对皮肤无刺激性及敏感性。

聚乙二醇可作软膏、栓剂的基质，还可同药物均匀混合在一起，制成药片，服用时，药物的释放由高分子在体内的溶解速度控制；也可用于液体药剂的增黏、增溶及稳定剂；还可用于薄膜片的增塑剂、致孔剂。

3. **聚乙烯醇（PVA）**

$$\left[\text{CH}_2-\text{CH}\right]_n$$
$$\qquad\quad\ |$$
$$\quad\ \text{OH}$$

它是由聚醋酸乙烯经醇解而制得，是白色或淡黄色粉末状或颗粒状的高聚物。溶于水，而在酯、醚、酮及高级醇中微溶或不溶。性能介于塑料和橡胶之间，具有良好的黏着性能。聚乙烯醇分子链上的羟基易发生醚化、酯化和缩醛化反应，与双官能团试剂发生交联反应而生成不溶性高聚物，与硼酸水溶液作用发生不可逆的凝胶化现象。

聚乙烯醇对眼、皮肤无毒、无刺激，是一种安全的药用高分子材料，可用作外用辅料，药液的增黏剂；也用作微型胶囊的囊材、缓释剂、膜剂和涂膜剂的成膜材料等，应用效果良好，也是一种良好的水溶性成膜材料。

4. 聚乙烯基吡啶氧化物（PVNO）

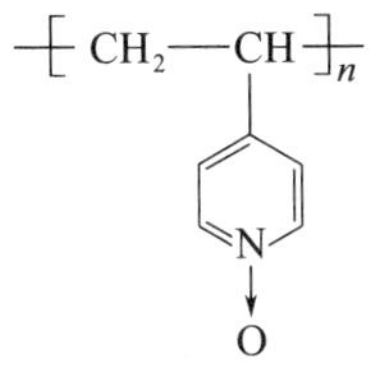

$$\left[CH_2-CH\right]_n \text{—} \underset{\underset{O}{|}}{N}\text{—吡啶环}$$

聚乙烯基吡啶氧化物是一种有效的抗硅沉着病药物。PVNO 不仅能阻滞石英对巨噬细胞的毒性作用，并且在硅沉着病的治疗中也有明显的抑制纤维化进展的作用。

5. 丙烯酸树脂

通常把丙烯酸酯、甲基丙烯酸酯、甲基丙烯酸等单体的共聚物作为药物制剂中的薄膜包衣材料，统称为丙烯酸树脂，实际是一大类树脂。丙烯酸树脂具有良好的成膜性。

丙烯酸树脂易溶于甲醇、乙醇、异丙醇、丙酮等有机溶剂中，在水中的溶解度取决于侧链基团的性质和水溶液的 pH 值；侧链上含有羧基的，能在中性和弱碱性的小肠溶液中溶解；侧链为酯基和其他无离子化基团的，在酸性和碱性环境中不发生水解。

丙烯酸树脂是一类无毒、安全的药用高分子，它主要用作片剂、丸剂、颗粒剂的包衣材料，而且还可用作胶囊剂、膜剂等的成膜材料。在胃液中迅速溶解。随着树脂类型不同可作胃溶型薄膜包衣、肠溶型薄膜包衣。近年来亦用于制备微胶囊、固体分散体，并用作控释、缓释药物剂型的包衣材料。

6. 聚乙烯吡咯烷酮（PVP）

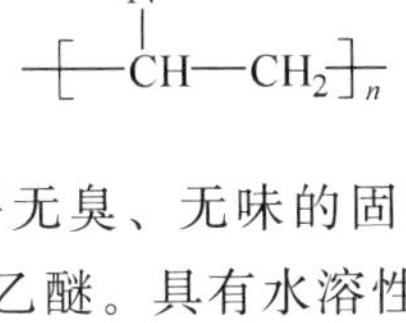

$$\left[CH-CH_2\right]_n \text{—} \underset{N}{|}\text{—}C=O \text{（吡咯烷酮环）}$$

PVP 是白色或淡米色无臭或几乎无臭、无味的固体粉末，易吸潮。在水、乙醇、氯仿和异丙醇中均易溶解，不溶于丙酮及乙醚。具有水溶性高分子化合物的一般性质，如胶体保护作用、成膜性、粘接性、吸湿性、增溶性、凝聚作用及与某些化合物的配合作用等。其中最具特色并被广泛应用的是它的优异的溶解性、配合能力及生理相容性等。

PVP 安全无毒。在液体药剂中，10% 以上的 PVP 具有助悬、增稠和胶体保护作用；更高浓度可延缓可的松、青霉素等的吸收。交联的聚乙烯吡咯烷酮可用作片剂的崩解剂和填充剂、赋形剂。在药物片剂中，PVP 是优良的黏合剂，可作片剂薄膜包衣材料，着色包衣材料色素的分散剂，胶囊剂和眼用制剂等的辅料。PVP 有极强的亲水性和水溶性而非常适合作固体分散体载体，促进难溶药物的溶解，提高生物利用度和制剂的稳定性，也可用于制备骨架的缓释片。还可与一些药物形成可溶性复合物。如与碘形成的配合物聚乙烯吡咯烷酮碘是一种新型长效杀菌消毒剂，它具有与碘酒同等的杀菌消毒效果，却没有对生物体的刺激性和其他副作用。

高分子分离膜

高分子分离膜是用聚合物或高分子复合材料制成的具有选择性透过功能的半透性薄膜。采用这样的半透性薄膜，在压力差、浓度差或电位差的推动力下，借流体混合物中各组分透过膜的速率不同，使之在膜的两侧分别富集，以达到分离、精制、浓缩及回收利用的目的。

高分子分离膜可用于浓缩天然果汁、加工乳制品、酿酒等食品工艺中，无需加热或物理加工，就可保持食品原有的风味。利用高分子富氧膜能简便地获得富氧空气，可以制备电子工业用超纯水和无菌医药用超纯水。利用高分子分离膜装配的人工肾、人工肺，能净化血液，治疗肾功能不全患者。手术用人工心肺机中的氧合器也有高分子分离膜。

1. 写出下面名词的解释。
(1) 高分子化合物　　(2) 单体　　　(3) 聚合度
(4) 链节　　　　　　(5) 加聚反应　(6) 缩聚反应

2. 下列哪些属于高分子化合物？
(1) PVC　　　(2) 有机玻璃　(3) 涂料　　(4) 蚕丝
(5) 木材　　　(6) 塑料　　　(7) 尼龙　　(8) 橡胶

3. 写出下列高聚物的结构表示式。
(1) PVA　　　(2) PLA　　　(3) PE　　　(4) 聚四氟乙烯
(5) 尼龙-66　(6) 聚氯乙烯　(7) 聚丙烯酸 (8) 聚乳酸

4. 高分子化合物有哪些主要的物理化学性质？

5. 高分子化合物的结构主要有哪几种类型？试分别举例说明。

6. 高分子化合物在药物缓释方面起什么样的作用？

7. 若要制手术缝合线，采用哪种高分子材料比较合适？

8. 什么是绿色高分子？

实验部分

有机化学实验须知

有机化学实验是有机化学教学中非常重要的部分。它集有机化学理论、反应原理、实验技术、综合技术于一体，有着非常丰富和深刻的内容，是培养学生综合应用基础知识、基本理论与基本技能，进行开拓创新的重要途径。

一、有机化学实验的目的

通过有机化学的学习，应当达到如下目的：

(1) 掌握有机化学实验的基本技能。

(2) 积累物质变化的感性知识，掌握重要有机化合物的制备方法。深刻理解有机化学基本理论与概念，培养用实验的方法获得新知识的能力。

(3) 学习预防与处置化学实验事故的方法，正确使用与处置所涉及的一些化学危险品，树立环境保护意识与"绿色化学"概念。

(4) 培养严谨的治学精神，养成良好的实验习惯与作风。

二、有机化学实验室规则

(1) 每次实验前必须充分预习实验内容，了解实验目的和要求，掌握实验所涉及的原理和详细的操作步骤，写出预习实验报告。

(2) 在实验室中应保持安静和遵守纪律，实验时思想要集中，操作要认真，观察要仔细。要如实、认真地做好实验记录，不准用散面纸记录，以免丢失。

(3) 遵从教师的指导，严格按照实验讲义规定的步骤、试剂用量进行操作，学生如有新的见解或建议要改变实验步骤时，须征求教师同意后才可改变。公用仪器、试剂等用后放回原处。

(4) 注意节约，爱护仪器，如果仪器有损坏，应及时登记。

(5) 实验过程中，保持桌面整洁。勿将固体杂物（如火柴、滤纸、沸石等）和实验废液倒入水槽，应倒入指定的废液缸中。

(6) 保持实验室整洁，每次做完实验后，由值日生打扫卫生，倒废液缸，关闭水龙头、电源及门窗，并填写好实验室相关记录。

三、有机化学实验室安全知识

进行有机化学实验时，经常要使用易燃、易爆、有毒和有腐蚀性的试剂，如果使用不当就可能产生着火、爆炸、中毒等事故。此外玻璃器皿、电器设备的使用不当也会发生事故。为防止事故的发生，必须注意以下几点：

(1) 实验开始前应检查仪器是否完好无损，装置是否稳妥。

(2) 实验时应经常注意仪器有无漏气、破碎，反应进行是否正常。

(3) 将玻璃管或温度计插入塞中时，应检查塞孔大小是否合适，管口是否光平，然后将玻璃管或温度计用布裹住或用水、甘油等润滑后旋转而入，握玻璃管的手应靠近塞子，防止因玻璃管折断而被割伤。

(4) 严禁在实验室内饮水和进食，实验结束时要洗手。

(5) 称取和使用有毒、恶臭和强烈刺激性物质时，应在通风橱中操作；有毒残渣要按规定作妥善处理。

(6) 使用电器时，应防止人体与电器导电部分直接接触。不能用湿手或手握湿物接触电插头，实验结束后，应及时拔下电源插头。

四、实验室事故处理

1. 着火事故处理

(1) 实验室如果着火，应保持沉着、冷静。首先移开未着火的易燃物，然后根据起火原因和火势采取不同的方法扑灭。

(2) 地面或实验台面着火，若火势不大，可用湿抹布来灭火。

(3) 反应器皿内着火，可用石棉板盖住瓶口，火即熄灭。

(4) 油类物质着火，用沙或使用适宜的灭火器灭火。

(5) 电器着火，应切断电源，用适宜的灭火器灭火。

2. 玻璃割伤

玻璃割伤后要仔细观察伤口有无玻璃碎粒，若伤势不重，即让血先流片刻，再用消毒棉花和硼酸水或双氧水洗净伤口，涂上碘酒包好；若伤口深，应立即用绷带扎紧伤口上部，以防大量出血，再急送医务室。

3. 烫伤

轻伤者涂硼酸软膏或烫伤油膏，重者立即送医务室。

4. 化学药品灼伤

(1) 酸　立即用大量水冲洗，然后用5%碳酸氢钠溶液冲洗，再涂上油膏。

(2) 碱　立即用大量水冲洗，然后用饱和硼酸溶液或1%醋酸溶液冲洗，再涂上油膏。

(3) 溴　立即用大量水冲洗，然后用酒精擦洗至无溴液存在为止，然后涂上甘油或烫伤油膏。

五、有机化学实验室常用玻璃仪器简介

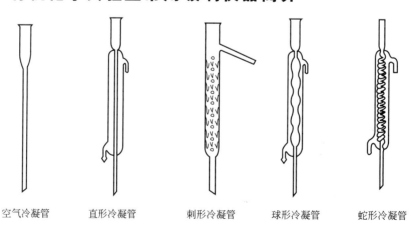

空气冷凝管　　直形冷凝管　　刺形冷凝管　　球形冷凝管　　蛇形冷凝管

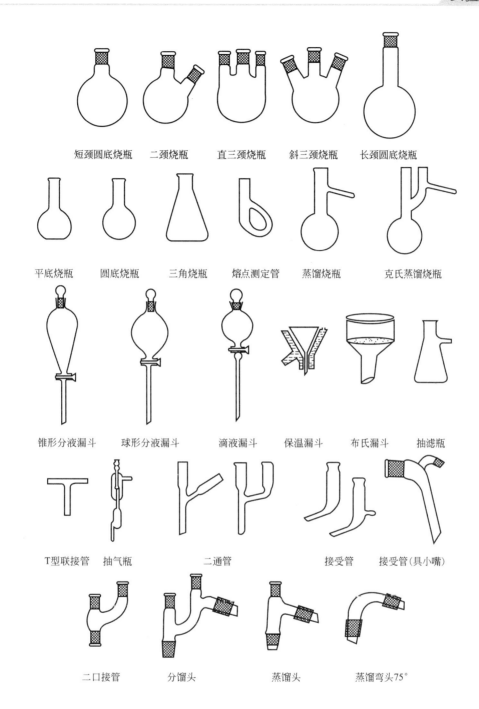

短颈圆底烧瓶　二颈烧瓶　直三颈烧瓶　斜三颈烧瓶　长颈圆底烧瓶

平底烧瓶　圆底烧瓶　三角烧瓶　熔点测定管　蒸馏烧瓶　克氏蒸馏烧瓶

锥形分液漏斗　球形分液漏斗　滴液漏斗　保温漏斗　布氏漏斗　抽滤瓶

T型联接管　抽气瓶　二通管　接受管　接受管(具小嘴)

二口接管　分馏头　蒸馏头　蒸馏弯头75°

实验一　熔点的测定

一、实验目标

1. 理解测定熔点的原理和影响因素。
2. 掌握测定熔点仪器的组装及使用。
3. 掌握毛细管法测定熔点的操作。

二、 仪器与试剂

1. 仪器

熔点测定管、200℃温度计、软木塞、铁架台、铁夹、铁环、毛细管（长7～8cm，内径1mm）、酒精灯、表面皿、牛角匙、玻璃管（内径5mm左右，长50cm）。

2. 试剂

液体石蜡、乙酰苯胺。

三、 实验原理

将固体物质加热到一定的温度，当物质的固态和液态的蒸气压相等时，即从固态转变为液态。在大气压下，物质的固态和液态平衡时的温度称为该物质的熔点。纯净的固体有机化合物一般都有固定的熔点。纯净化合物从开始熔化（始熔）到全部熔化（全熔）的温度变化范围称为熔程，此温度范围很小，不超过0.5～1℃。混有杂质时，熔点下降，熔程增长。因此，通过测定熔点，可以初步判断该化合物的纯度。也可以将两种物质混合后，看其熔点是否下降，以此来判断这两种熔点相近似的化合物是否为同一物质。

影响熔点测定的因素：①温度计的误差；②读数的准确性；③样品的干燥程度；④毛细管的口径和圆匀性；⑤样品填入毛细管是否紧密均匀；⑥传热液是否合理；⑦加热升温的速度。

四、 实验步骤

1. 样品的装填

将待测熔点的干燥样品研成细粉后，取少许（约0.1g）堆于干净的表面皿上，用一端熔封好的毛细管开口端向下插入粉末中。

取一根玻璃管垂直放于一干净的表面皿上，把装有样品的毛细管开口端向上，让其从玻璃管口上端自由落下。这样反复几次，使管内装入高约3mm的样品，样品紧密填装在毛细管熔封端。

2. 装置的组装

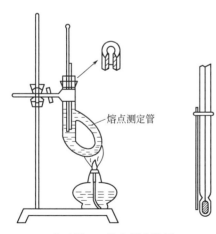

实验图1 熔点测定装置

用铁夹夹紧熔点管管颈的上部，并固定在铁架上。熔点测定管管口配有一个带缺口的软木塞，温度计插在软木塞中，水银球位于测定管的两侧管口之间。

传热液（本实验采用液体石蜡）加到液面刚能盖住测定管的上侧管口。

装有样品的毛细管用橡胶圈固定在温度计上，样品部分位于水银球中部。

熔点测定装置见实验图1所示。

3. 加热

按上述装置好仪器后，用酒精灯在熔点测定管的侧管末端缓缓加热。

开始时升温速度可以较快，5～6℃·min^{-1}；到距熔点10～15℃时控制在1～2℃·min^{-1}；越接近熔点，升温速度应越慢。

4. 测熔点

当毛细管内样品形状开始改变，或出现小滴液体时，记下此时的温度，为始熔温度。

样品熔化至完全透明时，记下此时的温度，为全熔温度。始熔到全熔之间的温度范围即为熔程。

本实验以乙酰苯胺为样品，平行测定两次。进行第二次测定时，须待传热温度降低到熔点以下 30℃左右，再取另一根装好样品的新毛细管，按同法加热测定，两次误差不应超过 ±1℃。

五、注意事项

1. 测定熔点时，传热液可选用浓硫酸、液体石蜡、甘油等，样品熔点在 200℃以下的，可采用浓硫酸或液体石蜡作传热液。温度过高，浓硫酸会分解为三氧化硫，给实验造成困难；液体石蜡会产生蒸气而燃烧。甘油作传热液，适用于测定熔点较低的物质。

2. 毛细管的口径要适当，管体要圆而匀；管长 7~8cm；内径 1mm。

3. 测定完毕，温度计需放冷后用废纸擦去传热液，才能用水冲洗，否则温度计易炸裂。

六、思考题

1. 杂质混入样品后，熔点为什么降低？
2. 有两种样品，测定其熔点数据相同，如何证明它们是相同还是不同的物质？

实验二　常压蒸馏及沸点的测定

一、实验目标

1. 了解常压蒸馏及沸点测定的原理及应用范围。
2. 熟悉常压蒸馏装置，学会装配、拆卸仪器的方法及常压蒸馏的基本操作。
3. 掌握常压蒸馏法测定沸点的方法。

二、仪器与试剂

1. 仪器

250mL 磨口圆底烧瓶、直形冷凝管、蒸馏头、100℃温度计、接液管、接收瓶、500mL 烧杯、铁架台（2个）、铁夹（2个）、漏斗、量筒、酒精灯、橡皮管（2根）、沸石、电炉。

2. 试剂

酒精溶液。

三、实验原理

将液体加热至沸腾，使液体变为蒸气，再使气体冷凝为液体的过程称为蒸馏。在常压（101.3kPa）下进行的蒸馏，称为常压蒸馏。

液体物质在一定温度有一定的蒸气压，液体的蒸气压随着温度的升高而增大。当液体的蒸气压等于大气压（外界施于液面的总压力）时，有大量气泡从液体内部逸出而沸腾，这时的温度称为液体的沸点。不同的物质在一定温度下蒸气压不同,沸点也不同。沸点是有机化合物的一个重要物理常数,在一定压力下,纯净液体的沸点是固定的,纯净的液体有机化合物蒸馏过程中温度变化范围(沸程)很小,一般不超过 0.5~1℃,而混合物没有固定的沸点,沸程较大。通过沸点的测定,对判定有机物的纯度具有一定的意义。

四、 实验步骤

1. 常压蒸馏装置和装配方法

根据加热器具的高度,将圆底烧瓶固定在铁架台的铁架上,铁夹夹在圆底烧瓶的瓶颈处,接上蒸馏头、塞子,温度计通过塞子插入瓶颈,调整温度计的位置,使水银球的上限恰好与蒸馏头支管的下限在同一水平线上。

用另一铁架台固定冷凝管,铁夹夹在冷凝管的中部,调整冷凝管的位置,使冷凝管与圆底烧瓶紧密连接,冷凝管的中心线与蒸馏支管的中心线同轴。冷凝管的尾部与接液管连接,接液管直接插入作为接收器的锥形瓶中。冷凝管下端的进水口与自来水龙头连接,上端出水口用胶管连接后导入水槽。

常压蒸馏装置连接见实验图 2 所示。

2. 蒸馏操作及沸点的测定

使用漏斗将待蒸馏的酒精溶液小心转移到圆底烧瓶中,液体的量一般为烧瓶体积的 2/3~1/3,注意不要使液体从支管流出,加入 2~3 粒沸石。

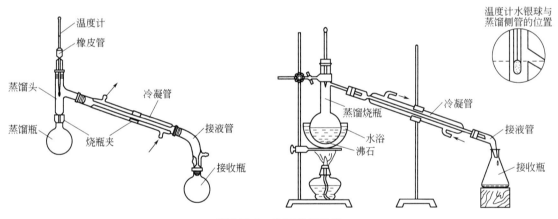

实验图 2 常压蒸馏装置

安装好温度计,全面仔细检查整套装置,接通冷凝水后,开始加热。注意观察蒸馏瓶中的现象和温度计读数的变化。当液体逐渐沸腾,蒸气逐渐上升,蒸气的顶端到达温度计水银球时,温度急剧上升。水银球上出现液滴时,蒸馏头支管末端遂即会出现第一滴馏出液,蒸馏开始,蒸馏速度宜缓慢而均匀,以 $1\sim2$ 滴·s^{-1} 为宜。在达到待蒸馏物沸点之前,常有少量低沸点液体先蒸出,称为前馏分,收集后应弃去。这部分蒸完后,温度趋于稳定,记录下此时的温度。更换一只洁净、干燥的接收瓶,此时收集的就是较纯的物质。

若维持原来的水浴温度,温度计读数突然下降,即可停止加热,记录此时的温度。蒸出前馏分后,温度趋于稳定,馏出开始时温度计的读数到蒸出最后一滴馏分时温度计的读数,即为该馏分的沸点范围,即沸程。

移去热源，稍冷却后，关闭冷凝水，按与装配仪器相反的顺序拆卸仪器。根据所收集馏分的重量或体积，计算回收率。回收率计算公式如下：

$$回收率=\frac{实际产率}{理论产率}\times100\%$$

五、 注意事项

1. 组装仪器的顺序一般是：热源→铁架台→圆底蒸馏烧瓶→蒸馏头→塞子→冷凝管→接液管→接收器。拆装置的顺序正好相反。
2. 冷凝管夹夹住瓶颈管体时，都应有橡皮、纸片或布条等软性物质作为衬垫。要夹得松紧适宜，夹住后上下不能移动，稍用力尚可左右移动为好。
3. 整套装置应力求端正整齐，做到"正看一个面，侧看一条线"。
4. 开始时应该先进水，后点火；结束时应该先停火，后停水。

六、 思考题

1. 什么是沸点？
2. 蒸馏时为什么要加沸石？

实验三　水蒸气蒸馏

一、 实验目标

1. 了解水蒸气蒸馏的原理及应用。
2. 掌握水蒸气蒸馏的操作技术。

二、 仪器与试剂

1. 仪器

水蒸气发生器、T形管、螺旋夹、烧瓶（100mL）、尾接管、铁架台（带铁夹）、长颈圆底烧瓶（250mL）、直形冷凝管、烧杯（100mL）、量筒（100mL）。

2. 试剂

苯胺、水杨酸、0.1% $FeCl_3$。

三、 实验原理

水蒸气蒸馏是分离和提纯有机化合物的常用方法之一。此法常用于在常压蒸馏下易被破坏的某些高沸点有机物的提取、混合物中含有大量树脂状杂质或不挥发性杂质，也常用于从较多固体反应物中分离被吸附的液体。

被提纯的物质必须不溶或难溶于水；共沸时与水不发生化学反应；在100℃左右时有一定的蒸气压（至少为0.7~1.3kPa）。

当提取物 A 与水共热时，根据分压定律，整个体系蒸气压为各组分蒸气压之和，即：

$$p_{总}=p_{H_2O}+p_A$$

式中，p_A 为提取物的蒸气压。当 $p_{总}$ 与大气压相等时，则液体沸腾，这时的温度即为它们的沸点，所以混合物的沸点比其中任何一个组分的沸点都低。因此，利用此法能在低于100℃的情况下将高沸点的组分与水一起蒸馏出来。蒸馏时混合物的沸点不变，直至其中一组分几乎全部蒸出，温度才上升至留在瓶中的液体的沸点。

以苯胺和水杨酸为例，苯胺的沸点为184.4℃，用水蒸气蒸馏时，当加热到98.4℃时，水的蒸气压为95.7kPa，苯胺的蒸气压为5.6kPa，它们的总蒸气压为101.3kPa（760mmHg），即开始沸腾。

伴随水蒸气蒸馏的进行，蒸馏出的苯胺和水两者质量之比等于它们分压和分子量的乘积之比，因此它们的质量之比可按下式计算：

$$\frac{m_{水}}{m_{苯胺}} = \frac{M_{水}}{M_{苯胺}} \frac{p_{水}}{p_{苯胺}} = \frac{18 \times 95.7}{93 \times 5.6} = 3.3$$

即1g苯胺与3.3g水同时蒸出。由于苯胺微溶于水，这个计算数值仅是近似值。而水杨酸在98.4℃时蒸气压太小，所以不被蒸出。

四、实验步骤

1. 水蒸气蒸馏装置和装配方法

水蒸气蒸馏装置包括水蒸气发生器、蒸馏部分、冷凝部分和接收器四部分。

水蒸气发生器A通常是铁制的，也可用短颈圆底烧瓶（500mL）代替，瓶口配有双孔软木塞，一孔插入一根约60～80cm长的玻璃管，作为安全管，其底部距瓶底约5mm（这样当烧瓶内部压力增大时，可使水沿安全管上升，以调节内压）；另一孔插入一蒸气导管，导管与T形管相连，T形管接一橡皮管，并夹以螺旋夹。另取一只250mL长颈圆底烧瓶B，使其位置与桌面约成45°角向水蒸气发生器A倾斜（避免烧瓶B内液体因溅跳而冲入冷凝管内），并通过T形管与水蒸气发生器A相连。烧瓶B也配一个双孔软木塞，一孔插入一根离烧瓶底约1cm的弯形蒸气导管；另一孔插入一根弯管（直径约8mm）与冷凝器相连，弯管的下端以露出软木塞约1cm为宜，冷凝器的下端则通过尾接管与一个三角瓶相连，以收集馏液。全部装置见实验图3所示。

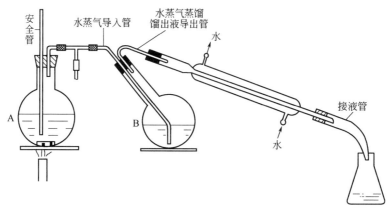

实验图3 水蒸气蒸馏装置

2. 水蒸气蒸馏操作

装置安装完毕后，取0.3g水杨酸和2mL苯胺（苯胺有毒，操作时应避免与皮肤接触或吸入其蒸气，若不慎触及皮肤时先用水冲洗，再用肥皂水和温水冲洗。）置于圆底烧瓶B

中，加 40mL 蒸馏水，在水蒸气发生器 A 中亦加水，其量不超过发生器容量的 2/3。然后将塞子塞好加热，当水沸腾时立即关闭 T 形管螺旋夹，使蒸气经导管通入烧瓶 B 中而进行蒸馏，同时用小火将烧瓶 B 在石棉网上加热，以避免部分蒸气在烧瓶 B 中冷凝而增加水的体积。但要注意瓶内液体蹦跳厉害时要停止加热，蒸馏速度为 2~3 滴/s。

当蒸馏液无明显油珠、澄清透明时停止蒸馏，但必须先旋开螺旋夹，然后移开热源，以免发生倒吸现象。

取两只小试管，分别加入馏出液与圆底烧瓶 B 中的残液各 1mL，然后加入 3 滴 0.1% $FeCl_3$ 溶液，检查水杨酸的存在。哪个溶液含有水杨酸？哪个没有？为什么？

将馏出液倒入指定的回收瓶中。

五、注意事项

1. 水蒸气发生器（如为白铁制成，必须设有液面剂，即在发生器一侧连接一段玻璃管，借以观察发生器内的水位）装有安全管（几乎插到底部，若发生器内蒸气压太大，水可沿着安全管上升进行调节），如蒸馏系统发生阻塞，水将从安全口喷出，此时应打开 T 形管上的弹簧夹，放气，然后检查蒸馏器内导气管下口是否已经堵塞。加热水蒸气发生器可用电炉、煤油炉或酒精喷灯、煤气灯。

2. 作为蒸馏器的圆底烧瓶须与桌面成 45°倾斜。导气管下端应有一定的弯角，使它位于瓶底中央，而接近瓶底，使水蒸气和蒸馏物充分接触并起搅拌作用，同时避免蒸馏物从导管溢出，经冷凝管而流入接收器，以便得到良好的蒸馏效果。

3. 水蒸气发生器与蒸馏器的导管连接后，应保持水平，它们之间接有 T 形管，是为了便于及时放出冷凝水，因为导气管中生成的冷凝水若流入蒸馏器中，将增大其内容物体积，容易因沸腾或产生泡沫，使蒸馏物从蒸气导出管溢出。此外，也是为了便于及时放气，在蒸馏系统发生阻塞时进行检查。

4. 蒸馏物若有挥发性固体（如在水蒸气蒸馏樟脑、龙脑时）而且已有阻塞冷凝管的趋势时，可停止向冷凝管通入冷水片刻，待固体熔化后再通入冷水。

5. 蒸馏过程中，必须经常注意安全管水位是否正常，蒸馏瓶内混合物是否飞溅厉害或液体是否倒吸，如遇这些现象应立即旋开螺旋夹，然后移去热源，找出故障的原因，排除后再继续加热。

六、思考题

1. 适用水蒸气蒸馏的物质应具备什么条件？
2. 如何判断水蒸气蒸馏的馏出液中，有机组分是在上层还是在下层？

实验四　烃和卤代烃的性质

一、实验目标

1. 验证烃和卤代烃的主要化学性质。
2. 掌握烷烃、烯烃、炔烃和芳香烃的鉴别方法。
3. 验证不同烃基结构和不同卤素原子的卤代烃的活性。

4. 学会乙炔制取的实验操作。

二、仪器与试剂

1. 仪器

试管（大、小）、试管夹、铁架台、带滴管的塞子、支试管、烧杯、酒精灯、温度计、量筒、石棉网。

2. 试剂

0.03mol·L^{-1}高锰酸钾溶液、3mol·L^{-1}硫酸溶液、0.05mol·L^{-1}硝酸银溶液、0.05mol·L^{-1}氨水溶液、0.1mol·L^{-1}硝酸银醇溶液、碳化钙、饱和食盐水、10%氢氧化钠溶液、浓硝酸、浓硫酸、苯、甲苯、溴苯、液体石蜡、5%溴的四氯化碳溶液、松节油、1-溴丁烷、溴化苄、1-氯丁烷、1-碘丁烷。

三、实验原理

1. 烷烃一般情况下不与强酸、强碱、强氧化剂、强还原剂发生化学反应。但在光照条件下能发生卤代反应。

2. 烯烃因分子中有碳碳双键，能发生加成、氧化等反应，如与溴水加成、被高锰酸钾溶液氧化等。

3. 炔烃的碳碳三键也比较活泼，其化学性质与烯烃相似，可发生亲电加成、氧化等反应。此外，炔烃中三键碳原子上的氢具有弱酸性，可以被金属取代而生成金属炔化物。

4. 苯环的特殊结构使苯的化学性质比较稳定，较难发生加成反应和氧化反应，而容易发生取代反应。苯环稳定，一般不会被氧化，但烷基苯的侧链只要有α-H就容易被氧化。

5. 卤代烃由于C—X键极性较大，容易断裂，易发生亲核取代反应。不同烃基结构和不同卤素原子的卤代烃活性不同，常用硝酸银溶液加以鉴别。

四、实验步骤

1. 烷烃的性质

(1) 取4支试管各加入5滴液体石蜡，分别加入下列试剂：①6滴0.03mol·L^{-1}高锰酸钾溶液和1滴3mol·L^{-1}硫酸溶液；②6滴浓硫酸；③6滴10%氢氧化钠溶液。振动0.5min，观察并解释现象。

(2) 取2支试管各放6滴液体石蜡及1滴溴的四氯化碳溶液，摇动后静置2min，注意是否发生变化？然后将一支试管藏入实验柜，另一支试管放在日光下照射，试管口用湿润的蓝色石蕊试纸检验，观察有无酸性气体产生，15min后比较实验结果。

2. 烯烃的性质

(1) 取1支试管，加入溴的四氯化碳溶液0.5mL，再加入0.5mL松节油（主要成分是不饱和环状烯烃α-蒎烯和β-蒎烯），振摇试管，观察并解释现象。

(2) 取1支试管，加入0.03mol·L^{-1}高锰酸钾溶液0.5mL和1滴3mol·L^{-1}硫酸溶液，摇匀，再加入松节油1mL，振摇，观察并解释现象。

(3) 取1支试管，加入硝酸银氨溶液1mL（硝酸银氨溶液的配制方法是取0.5mL 0.3mol·L^{-1}硝酸银溶液于一试管中，再滴加稀氨水，直到生成的沉淀恰好溶解为澄清溶液即可），再加入1mL松节油，振摇，观察并解释现象。

3. 乙炔的制备和性质

（1）乙炔的制备　取一带导管的干燥支试管，支试管配上带有滴管的塞子，在滴管内装入适量饱和食盐水。在支试管中放入2g碳化钙，盖紧塞子，再慢慢滴入少许饱和食盐水，则水与管内碳化钙作用，生成的乙炔即由导管引出。

（2）取3支试管，分别加入0.03mol·L^{-1}高锰酸钾溶液1mL和3mol·L^{-1}硫酸溶液3滴、1mL 5％溴的四氯化碳溶液、1mL硝酸银氨溶液，然后把乙炔发生器的导气管口依次插入3支试管中，同时振摇试管，观察并解释现象。

4. 芳香烃的性质

（1）硝化反应　取干燥大试管1支，加入1mL浓硝酸，再加入2mL浓硫酸，充分混合，将热的混酸用水冷却至室温后，慢慢滴入1mL苯，同时振荡试管，然后放在80℃的水浴中加热，15min后，把试管里的物质倒入盛有约20mL水的小烧杯里，观察生成物的颜色、状态，并闻其气味，观察并解释现象。

（2）磺化反应　取干燥大试管1支，加入甲苯0.5mL，然后小心加入浓硫酸1mL，这时，管内液体分层，小心摇匀后，将试管浸在80℃水浴中，边加热边振荡，数分钟后，反应液不分层而成均一状态时，表示反应已完成。取出试管，用水冷却，将管内的反应液倾倒至盛有10～15mL水的小烧杯中，观察生成物的颜色、状态，并闻气味。

（3）氧化反应　取2支试管，分别加入0.03mol·L^{-1}高锰酸钾溶液5滴和5滴3mol·L^{-1}硫酸，然后分别加入10滴苯和甲苯，剧烈振荡（必要时在水浴中加热）几分钟后，观察并解释现象。

5. 卤代烃的性质

（1）不同烃基结构的反应　取3支干燥试管，各加入0.1mol·L^{-1}硝酸银醇溶液1mL，然后分别加入2～3滴1-溴丁烷、溴化苄和溴苯。振摇试管，观察有无沉淀析出？10min后，将无沉淀的试管在70℃水浴中加热5min后再观察。写出它们活性的次序并解释现象。

（2）不同卤原子的反应　取3支干燥试管，各加入0.1mol·L^{-1}硝酸银醇溶液1mL，然后分别加入2～3滴1-氯化烃、1-溴丁烷和1-碘丁烷，如前操作方法观察沉淀生成的速度，写出它们活性的次序并解释现象。

五、注意事项

1. 液体石蜡为混合烷烃（C_{16}～C_{24}），沸点在300℃以上。若用石油醚代替液体石蜡时，先要用浓硫酸处理，以除去不饱和烃。

2. 做好硝化反应实验，关键在于要充分摇动，这是因为芳烃和混酸很难溶解。

六、思考题

1. 如何鉴别饱和烃与不饱和烃？
2. 如何鉴别苯和甲苯？
3. 为什么不同的卤代烃有不同的反应活性？

实验五　醇、酚、醚的性质

一、实验目标

1. 验证醇、酚、醚的主要化学性质。

2. 掌握伯醇、仲醇和叔醇、一元醇和多元醇以及苯酚等有机物的鉴别方法。

二、仪器与试剂

1. 仪器

小试管、酒精灯、玻璃蜡笔、表面皿。

2. 试剂

无水乙醇、正丁醇、金属钠、1%酚酞、95%乙醇、异丙醇、叔丁醇、0.5%重铬酸钾、3mol·L^{-1}硫酸、仲丁醇、卢卡斯试剂、2%硫酸铜、5%氢氧化钠、甘油、苯酚、2%苯酚、饱和溴水、1%间苯二酚、0.2%邻苯二酚、0.5% 1,2,3-苯三酚、1%氯化铁、4%对苯二酚、5%重铬酸钾。

三、实验原理

1. 醇的化学性质

（1）醇与金属钠反应　一元醇是中性化合物，与碱的水溶液不起反应，但是金属钠（或钾）易取代醇羟基的氢，生成醇钠（或醇钾）。醇钠遇水分解成醇和氢氧化钠。

（2）氧化作用　在强氧化剂高锰酸钾或重铬酸钾的作用下，伯醇很容易被氧化成醛或进一步被氧化成羧酸；仲醇可被氧化成酮；叔醇在相似的条件下则难被氧化。

（3）醇与氢卤酸的作用　醇中的羟基可被卤素取代而生成卤代烃，醇的取代反应的活性次序是叔醇＞仲醇＞伯醇。通常用卢卡斯试剂来鉴别少于6个碳的伯醇、仲醇、叔醇。

（4）邻羟基醇与氢氧化铜的作用　多元醇由于分子中羟基数目的增多，羟基中的氢的电离度增大，因此具有很弱的酸性。多元醇的弱酸性很难用指示剂检查，但可通过与重金属的氢氧化物（如新制备的氢氧化铜）发生类似中和作用的反应表现出来。

2. 酚的化学性质

（1）酚的弱酸性　酚具有弱酸性，能与氢氧化钠作用生成酚钠，酚钠遇较强的酸则分解又析出酚。

（2）酚的溴代　由于酚羟基能增加苯环上邻、对位氢原子的活泼性而容易发生亲电取代反应，因此苯酚上的氢原子被溴取代而生成溶解度较小的2,4,6-三溴苯酚白色沉淀。

（3）酚与三氯化铁溶液的反应　酚类或含有酚羟基的化合物大都能与三氯化铁溶液发生特殊的颜色反应，产生颜色的原因主要是生成了电离度较大的酚铁配离子。

（4）酚类的氧化　酚类易被氧化，多元酚更易被氧化，如对苯二酚可被重铬酸钾的硫酸溶液氧化成对苯醌。

3. 醚的性质

醚键上的氧原子具有未共用电子对，能与强酸中的H^+结合形成锌盐。因此，醚能溶于强酸如H_2SO_4、HCl等。锌盐是一种弱碱强酸盐，仅在浓酸中才稳定，遇水很快分解为原来的醚。

四、实验步骤

1. 醇的化学性质

（1）醇钠的生成及水解　取两支干燥小试管，分别加入1mL无水乙醇和1mL正丁醇，再各加入一粒绿豆大小并用滤纸擦干的金属钠，用拇指按住试管口，观察反应速率有何差异。待试管内生成的气体达一定量时,将试管口靠近酒精灯灯焰,放开拇指观察有何现象?

待金属钠与乙醇全部作用完后,将试管内反应液的一半倾入表面皿上,使多余的乙醇完全挥发,残留在表面皿上的固体就是乙醇钠。将 2～3 滴水滴于乙醇钠上使其溶解,然后滴加 1% 酚酞,观察现象。

(2) 醇的氧化 取 3 支小试管,编号后各加入 5% 重铬酸钾溶液 2 滴和 1 滴 3mol·L^{-1} 硫酸溶液,然后分别加入 10 滴 95% 乙醇、异丙醇和叔丁醇,将各试管摇匀,3min 后观察现象。

(3) 伯醇、仲醇、叔醇的鉴别——卢卡斯试验。取 3 支干燥的试管,分别加入 5 滴正丁醇、仲丁醇和叔丁醇,然后各加入 15 滴卢卡斯试剂,塞好管口,振荡后静置,观察试管内是否变浑浊?有无分层现象?记录开始变浑浊的时间。

(4) 邻二醇与氢氧化铜的作用 取两只小试管,各加入 6 滴 2% 硫酸铜溶液、5 滴 5% 氢氧化钠溶液,使硫酸铜完全沉淀下来,然后在两支试管中分别加入 2 滴甘油和乙醇,摇匀后观察结果并加以比较。

2. 酚的化学性质

(1) 酚的酸性 取 1 支试管加 1mL 蒸馏水和 5 滴液体苯酚(将固体苯酚放入滴瓶内,再把滴瓶放入 50～60℃ 的热水中加热即成液体苯酚),充分振荡,有何现象?然后滴入 2 滴 5% 氢氧化钠,则溶液澄清(为什么?)。在此澄清液中再加 1 滴 3mol·L^{-1} 硫酸溶液又有何变化?

(2) 酚的溴代 取 5 滴 2% 苯酚溶液于一小试管中,慢慢滴加 1～2 滴饱和溴水,振荡后观察现象。

(3) 酚与氯化铁溶液的反应 取 4 支小试管编上号,分别加入 2% 苯酚、1% 间苯二酚、0.2% 邻苯二酚、0.5% 1,2,3-苯三酚溶液各 20 滴,再在每支试管内加入 1 滴 1% 氯化铁溶液,摇匀后观察现象。

(4) 酚的氧化 在 1 支试管中加入 10 滴 4% 对苯二酚溶液,再滴加 5 滴 3mol·L^{-1} 硫酸溶液,边振荡边慢慢滴加 2 滴 5% 重铬酸钾溶液,观察黄色结晶的析出。

3. 醚的化学性质

醚生成𬭩盐的反应:取 2 支干燥大试管,分别加入浓盐酸、浓硫酸各 2mL,放在冰浴中冷却至 0℃。另取 2 支试管各加乙醚 1mL,也放在冰浴中冷却。之后再把冷却后的乙醚分别加到盛有浓盐酸和浓硫酸的试管中,振荡,观察现象(注意是否能闻到乙醚气味)。然后在溶有乙醚的盐酸和硫酸的试管中加入冰水 5mL,振荡,再观察现象(注意乙醚气味是否保留)并解释。

五、 注意事项

1. 乙醇与钠作用时,溶液逐渐变稠,金属钠外面包上一层醇钠,反应逐渐变慢,这时可稍微加热或摇动试管使反应加快。

2. 卢卡斯试验于 25～30℃ 较宜,此试验所用的试管必须干燥,否则影响鉴别结果。

3. 酚的溴化实验,溴水不能过量,否则生成的 2,4,6-三溴苯酚会与过量的溴水作用,变为淡黄色难溶于水的四溴化合物。

六、 思考题

1. 做乙醇与钠的实验时,为什么要用无水乙醇,而做醇的氧化实验时则用 95% 的乙醇?

2. 如何用简单的化学方法区别苯酚和甘油？

实验六　醛和酮的性质

一、实验目标

1. 验证醛、酮的主要化学性质。
2. 掌握鉴别醛、酮的化学方法。

二、仪器与试剂

1. 仪器

试管、试管架、试管夹、酒精灯、烧杯（250mL）、石棉网、试管刷、玻璃棒。

2. 试剂

饱和亚硫酸氢钠、乙醛、丙酮、苯甲醛、异丙醇、碘试液、2,4-二硝基苯肼溶液、品红亚硫酸试剂、斐林试剂（甲、乙）、2mol·L^{-1}氨水、5%亚硝酰铁氰化钠、2mol·L^{-1}盐酸、10%氢氧化钠、5%硝酸银。

三、实验原理

醛、酮分子中都含有羰基，它们具有许多相似的化学性质。例如，醛、脂肪族甲基酮及八个碳以下的脂环酮都能与饱和亚硫酸氢钠发生加成反应，生成白色的加成物沉淀；醛、酮还可与2,4-二硝基苯肼发生缩合反应，生成黄色、橙色或红色沉淀；在碱性溶液中具有 $H_3C-\overset{O}{\underset{\|}{C}}-$ 结构的醛、酮或具有 $H_3C-\overset{OH}{\underset{|}{CH}}-$ 结构的醇，都能与碘发生碘仿反应。由于醛分子中羰基上连有氢原子，从而使醛又具有特殊的化学性质。例如，醛易被托伦试剂、斐林试剂等弱氧化剂氧化，还可与品红亚硫酸试剂发生颜色反应；而酮不发生此反应。

四、实验步骤

1. 醛、酮相同的化学反应

（1）与饱和亚硫酸氢钠反应　取3支试管，各加入新配制的饱和亚硫酸氢钠溶液1mL，依次加入乙醛、苯甲醛、丙酮各0.5mL，振摇后置冰水浴中冷却，观察现象并解释。

在上述沉淀中加入2mol·L^{-1}盐酸至沉淀溶解，说明原因。

（2）与2,4-二硝基苯肼作用　取4支试管，各加入1mL 2,4-二硝基苯肼溶液，再分别加入2~3滴甲醛、乙醛、苯甲醛、丙酮，混匀，观察现象并解释。

（3）碘仿反应　取4支试管，各加入1mL水和2滴10%氢氧化钠溶液，再分别加入2~4滴甲醛、乙醛、丙酮、异丙醇，然后在每支试管中逐滴加入碘试液，边滴边摇，至有黄色沉淀生成为止。观察现象并解释。

2. 醛、酮不相同的化学性质

（1）与托伦试剂作用　在1支大试管中加入2mL 5%硝酸银溶液，再加入2滴10%氢氧化钠溶液，此时有褐色的氧化银生成，然后滴加2mol·L^{-1}氨水，边滴边振荡，至沉淀刚刚溶解为止（注意氨水勿过量），即得托伦试剂。

将配好的托伦试剂分别倒入 2 支十分清洁的小试管中，各加 5～8 滴乙醛、丙酮，摇匀后置水浴（50～60℃）中微热几分钟，观察现象并解释。

（2）与斐林试剂反应　取斐林试剂甲、乙各 2mL 于 1 支试管中，混合均匀后分装在 3 支试管中，依次加入丙酮、乙醛、苯甲醛各 3～5 滴，振摇，置沸水浴中加热，观察现象并解释。

（3）与希夫试剂（品红亚硫酸试剂）作用　取两支试管各加 1mL 品红亚硫酸试剂，分别加入乙醛和丙酮各 2～3 滴，观察现象并解释。

（4）丙酮的检验　在 1 支试管中加入 1 滴丙酮和 5～8 滴 5％亚硝酰铁氰化钠溶液，然后加入 2 滴 10％氢氧化钠溶液，观察溶液颜色变化。

五、注意事项

1. 亚硫酸氢钠溶液不稳定，易被氧化和分解。因此，不宜保存过久，以实验前配制为宜。

2. 银镜反应中，要得到漂亮的银镜，必须用干净的试管，最好将试管依次用硝酸、水和 10％的 NaOH 溶液洗涤，再用水和蒸馏水淋洗，由于托伦试剂久置后，形成的氮化银沉淀易爆炸，所以必须现配制，实验时，切忌用明火直接加热，实验完毕，用稀硝酸洗去银镜。

3. 碘仿反应时试样不能加多，否则生成碘仿会溶于醛酮中，另外，加碱不能过量，加热不能过久，这些都能导致生成的碘仿溶解或分解。

4. 希夫试剂不能受热，不能呈碱性，否则 SO_2 会逸去，而恢复品红的颜色，出现假阳性反应。

六、思考题

1. 用哪些方法可以鉴别醛和酮？
2. 进行银镜反应须注意哪些事项？
3. 碘仿反应可鉴别具有何种结构的物质？

实验七　羧酸和取代羧酸的性质

一、实验目标

1. 验证羧酸和取代羧酸的主要化学性质。
2. 掌握羧酸及取代羧酸的鉴别方法。

二、仪器与试剂

1. 仪器
试管、烧杯、玻璃棒、毛细滴管、pH 试纸、铁架台、试管夹、酒精灯。
2. 试剂
5％甲酸、5％乙酸、5％草酸、5％三氯醋酸、油酸、石灰水、10％乙酰乙酸乙酯、2,4-二硝基苯肼、乳酸、5％NaOH 溶液、溴水、异戊醇、冰醋酸、浓硝酸、浓硫酸、0.05％高锰酸钾、苯甲酸、无水碳酸钠、1mol·L^{-1} NaOH、1mol·L^{-1}醋酸、10%三氯化铁、溴水。

三、实验原理

羧酸均有酸性。一元羧酸的酸性小于无机酸而大于碳酸，都属于弱酸，但其中以甲酸酸性较强。多元羧酸（如草酸）的酸性大于饱和一元羧酸。甲酸的结构中含有醛基，故能发生银镜反应。草酸的结构特点是两个羧基直接相连，受热易发生脱羧反应，并能还原高锰酸钾。羧酸和醇在催化剂存在下可酯化。

乙酰乙酸乙酯是以酮式和烯醇式两种异构体同时存在着，两种异构体可以相互转变而达到动态平衡。所以它既具有酮的性质，又具有烯醇的性质。羟基酸和酚酸分别具有醇和酚的性质，如醇酸能被氧化，酚酸遇氯化铁溶液会显色等。

四、实验步骤

1. 羧酸的性质

（1）酸性讨论　用干净的细玻璃棒分别蘸取5%甲酸、5%乙酸、5%草酸和5%三氯醋酸溶液在pH试纸上试验，比较各酸的强弱，并解释之。

（2）与碱反应　取试管2支，加入苯甲酸、水杨酸晶体少许，加蒸馏水1mL，振荡，在苯甲酸浑浊液中，滴入1mol·L^{-1} NaOH数滴至溶液澄清。再滴入5%盐酸溶液，观察和记录反应现象并解释之。

（3）与碳酸盐反应　取试管1支，加入少量无水碳酸钠，再滴入1mol·L^{-1}醋酸数滴，观察有何现象？

（4）氧化反应　取3支试管，分别加入10滴5%草酸、5%乙酸、5%甲酸，然后分别加入1滴0.05%高锰酸钾，振摇，观察有何现象？

（5）脱羧反应　在2支干燥的试管中，分别加入1g草酸、水杨酸，用带导管的塞子塞紧，将试管用烧瓶夹固定在铁架台上，管口略向上倾斜，装置见实验图4所示。将导管插入盛有2mL石灰水的试管中，然后用直火加热，同时观察石灰水中有何变化？停止加热时，应先移走盛有石灰水的试管，然后移去热源（为什么？）。

实验图4　草酸脱羧反应装置

（6）酯化反应　取干燥试管1支加入10滴异戊醇和10滴冰醋酸，混合后，再加5滴浓硫酸，振摇试管，并浸入热水浴中加热10～15min，取出试管，在冷水中冷却。加入2mL水，注意生成物的气味并观察浮起的酯层。

2. 甲酸的特性

（1）与高锰酸钾的作用　取10滴10%甲酸溶液于试管中，然后加10滴10%氢氧化钠溶液使呈碱性后（用红色石蕊试纸试验），再加入0.05%高锰酸钾溶液2～3滴，观察现象并解释。

（2）与托伦试剂的作用　取10滴10%甲酸溶液于一干净试管中。加10滴10%氢氧化钠溶液使其呈碱性（用红色石蕊试纸试验）。然后再加硝酸银的氨溶液（另取1支干净试管滴入10滴5%硝酸银溶液，加3滴10%氢氧化钠溶液，逐滴加入2mol·L^{-1}氨水至生成的沉淀刚刚溶解为止）。加热至沸，观察现象。

3. 取代羧酸的性质

(1) 乙酰乙酸乙酯的互变异构现象　在一支试管中加入 1mL 10%乙酰乙酸乙酯溶液及 4～5 滴 2,4-二硝基苯肼，振荡，观察现象并解释。

于另外一支试管中加入 1mL 10%乙酰乙酸乙酯溶液及 1 滴 10%三氯化铁溶液，反应液呈何种颜色？为什么？向此试管中加入溴水数滴，有何现象？放置后又有什么现象？前后颜色变化说明什么问题？

(2) 羟基酸的氧化　在一试管中加入 0.5～1mL 乳酸，再加同体积的 0.05%高锰酸钾溶液，加 2 滴 5%氢氧化钠溶液，振荡之，观察现象并解释。

(3) 水杨酸和乙酰水杨酸与氯化铁的反应　取 2 支小试管，分别加入 1～2 滴 1%氯化铁溶液，各加水 1mL，然后 1# 试管中加少许水杨酸晶体，振荡；2# 试管中加少许乙酰水杨酸晶体，振荡，加热。观察现象并解释。

五、 注意事项

1. 草酸含有二分子结晶水，加热到 100℃时，此结晶水即放出，继续加热，即起脱羧作用。但草酸加热到 250℃时亦开始升华，为了避免使升华的草酸冷凝在试管口而发生分解，试管应倾斜放置。

2. 甲酸在碱性溶液中与高锰酸钾作用，紫红色反应液迅速转变而呈鲜绿色，几分钟后转变成为黄褐色沉淀。这是由于高锰酸钾在碱性溶液中氧化甲酸盐后，本身变成了鲜绿色的锰酸盐，锰酸盐继续氧化转变成二氧化锰黄褐色沉淀。

六、 思考题

1. 如何鉴别甲酸、乙酸和草酸？
2. 如何鉴别乙酰乙酸乙酯和邻羟基苯甲酸？

实验八　羧酸衍生物的性质

一、 实验目标

1. 验证酰卤、酸酐、酯、酰胺的主要化学性质。
2. 掌握羧酸衍生物的鉴别方法。

二、 仪器与试剂

1. 仪器

酒精灯、试管（10mm×100mm、18mm×150mm）、烧杯、试管夹等。

2. 试剂

乙酰氯、乙酐、乙酸乙酯、乙酰胺、花生油、乙醇、苯胺、1mol·L^{-1}盐酸羟胺甲醇溶液、2.5mol·L^{-1}氢氧化钠溶液、10mol·L^{-1}氢氧化钠溶液、1.5mol·L^{-1}硫酸溶液、0.3mol·L^{-1}硫酸铜溶液、0.05mol·L^{-1}三氯化铁溶液、2%硝酸银溶液、10%氢氧化钠溶液、浓硫酸、稀盐酸、饱和食盐水、饱和碳酸钠溶液、红色石蕊试纸。

三、实验原理

羧基上的羟基被其他原子或基团取代生成的产物叫做羧酸衍生物，如酰卤、酸酐、酯、酰胺均为羧酸衍生物，它们的分子中都含有酰基，因而具有相似的化学性质，如都可发生水解、醇解、氨解反应。由于酰基上所连的基团不同，因而使其反应活性不同，其活性顺序为：酰卤＞酸酐＞酯＞酰胺。

四、实验步骤

1. 水解反应

（1）酰卤的水解　在盛有1mL水的试管中，沿管壁慢慢加入5滴乙酰氯，略加摇动，观察现象并解释。待反应结束后，再加入2滴2%硝酸银溶液，观察有何变化。

（2）酸酐的水解　在盛有1mL水的试管中，加入5滴乙酐，摇匀后，在温水浴中加热数分钟，用石蕊试纸测试酸性，观察现象，嗅其气味并解释。

（3）酯的水解　在3支试管中，分别加入1mL乙酸乙酯和1mL水，在一支试管中加入1mL稀硫酸，在另一支试管中加入1mL 10%氢氧化钠溶液，摇匀后将3支试管同时放入60～70℃水浴中，边振摇边观察混合液是否变澄清，并解释。

（4）酰胺的水解　在2支试管中，各加入0.5g乙酰胺，在一支试管中加入10%氢氧化钠溶液1mL，另一支试管中加入1mL稀硫酸，煮沸，并将湿润的红色石蕊试纸放在试管口，观察现象，嗅其气味并解释。

2. 醇解反应

（1）酰卤的醇解　在干燥的试管中加入1mL无水乙醇，边摇边逐滴加入10滴乙酰氯，待试管冷却后，慢慢加入2mL饱和碳酸钠溶液，静置后观察现象并嗅其气味。

（2）酸酐的醇解　在干燥的试管中，加入15滴无水乙醇和10滴乙酐，再加入1滴浓硫酸，振摇。待试管冷却后，慢慢加入2mL饱和碳酸钠溶液，静置。观察现象并嗅其气味。

3. 酰氯的氨解

在干燥的试管中，加入新蒸馏过的淡黄色苯胺5滴，然后慢慢滴加乙酰氯10滴，待反应结束后，再加入5mL水，搅拌均匀。观察现象。

4. 油脂的皂化反应

在大试管中加入花生油20滴，乙醇20滴，$10mol \cdot L^{-1}$氢氧化钠溶液20滴，振摇混合，把试管放在沸水浴中加热，不断振摇，混合均匀，皂化反应完成后，加入10mL热的饱和食盐溶液，搅拌，肥皂浮于表面。放冷，过滤，集取肥皂保留滤液。

取肥皂少许，放入试管中，加20mL蒸馏水，加热振摇使其溶解。然后滴加$1.5mol \cdot L^{-1}$硫酸，振摇，使溶液呈酸性。观察并解释实验结果。

取滤液，加入自制的氢氧化铜胶状沉淀，振摇。观察并解释所发生的变化。

5. 生成异羟肟酸铁的反应

取试管两支，各加10滴$1mol \cdot L^{-1}$盐酸羟胺甲醇溶液，分别加入乙酸乙酯和醋酐1滴，摇匀后加$2.5mol \cdot L^{-1}$氢氧化钠溶液到刚好呈碱性，加热煮沸，冷却后加稀盐酸使呈弱酸性，再加1～2滴$0.05mol \cdot L^{-1}$三氯化铁溶液。观察现象并解释。

五、注意事项

1. 乙酰氯很活泼，与水或醇反应均较剧烈，应注意安全。试管口不能对准人，特别不

2. 皂化是否完全的测定：取几滴皂化液于一试管中，加入 2mL 蒸馏水，加热并不断振荡。若此时无油滴分出表示皂化已经完全。

六、思考题

1. 怎样用化学方法鉴别乙酰氯、乙酸酐、乙酸乙酯、乙酰胺？
2. 如何鉴别羧酸衍生物？

实验九　有机含氮化合物的性质

一、实验目标

1. 验证胺、尿素及重氮化合物的主要化学性质。
2. 掌握区别伯胺、仲胺、叔胺的简单方法和原理。

二、仪器与试剂

1. 仪器

大试管、小试管、试管夹、酒精灯、滴管、玻璃棒。

2. 试剂

甲胺、苯胺、N-甲基苯胺、N,N-二甲基苯胺、乙酰氯、乙酰胺、碘甲烷、苯磺酰氯、β-萘酚碱性溶液、浓盐酸、饱和溴水、25%亚硝酸钠、碘化钾淀粉试纸、1%盐酸苯胺、饱和醋酸钠溶液、苯酚碱溶液、尿素、红色石蕊试纸、2%硫酸铜、5%尿素、浓硝酸、饱和草酸溶液、10%氢氧化钠、冰醋酸、1.5mol·L^{-1}硫酸溶液、0.05%高锰酸钾溶液。

三、实验原理

1. 胺

(1) 碱性　胺呈弱碱性，能与无机酸作用生成可溶性的盐。

(2) 酰化反应　伯胺和仲胺均能发生酰化和磺酰化反应，而叔胺因氮原子上无 H 原子而不能发生此类反应，因此常用磺酰化反应来区别伯、仲、叔三类胺。

(3) 苯胺的溴代作用　由于氨基的影响，使苯胺的苯环上的邻位和对位氢原子的活性增加，容易发生取代反应。苯胺在室温下就能发生溴代，生成白色的 2,4,6-三溴苯胺沉淀。

(4) 重氮化反应及偶联反应　苯胺等芳香族伯胺，在5℃以下的酸性溶液中可以发生重氮化反应，生成重氮盐。重氮盐在一定的条件下能与酚或芳香胺发生偶联反应，生成有颜色的偶氮化合物。

2. 尿素

尿素有弱碱性，可与硝酸或草酸作用，生成难溶于水的盐；在酸、碱或尿素酶的作用下可发生水解反应；与亚硝酸作用时，尿素分子中的氨基被羟基取代，生成酸并放出氮气。

将尿素加热至其熔点以上，则两分子尿素脱去一分子氨而生成缩二脲，缩二脲在碱性溶液中与铜盐生成紫红色的配合物，这种显色反应称为缩二脲反应。

四、实验步骤

1. 胺的性质

（1）碱性　在 2 支试管中分别加入 2 滴甲胺、苯胺和 1mL 水，充分振荡后，即成乳浊液，分别用红色的石蕊试纸和 pH 试纸检验是否显碱性，并比较它们的碱性强弱。再滴加 2~3 滴浓 HCl 溶液显酸性，振荡，观察现象并解释。

（2）酰化反应　取 3 支干燥试管，分别滴加 5 滴苯胺、N-甲基苯胺、N,N-二甲基苯胺，逐滴加入乙酐 5 滴，边滴加边振摇，观察现象并解释。若观察不出变化，可将试管温热 2min，冷却后再加入 1mL 10% 的氢氧化钠溶液使显碱性，再观察。

（3）苯胺的溴代反应　取 2mL 水于小试管中，加 1 滴苯胺并振荡，再加 2~3 滴饱和溴水，观察现象。

（4）氧化反应　在 3 支试管中分别加入 3 滴苯胺、N-甲基苯胺、N,N-二甲基苯胺，再分别加入 2 滴 10% 的氢氧化钠溶液和 3 滴 0.05% 高锰酸钾溶液，摇匀后在水浴中加热，观察现象并解释。

（5）Hinsberg 反应　在 3 支试管中分别加入 5 滴苯胺、N-甲基苯胺、N,N-二甲基苯胺，再分别加入 10% NaOH 溶液 1.5mL 及 5 滴苯磺酰氯，塞住试管口，剧烈振摇 3~5min，除去塞子，在水浴上温热 1min，冷却，用试纸检查溶液是否仍呈碱性，若不是碱性，应加氢氧化钠呈碱性，观察有无固体或油状物析出？

若溶液中无沉淀，边振摇边滴加 6mol·L^{-1} 盐酸至酸性后，用玻璃棒摩擦试管壁，析出沉淀，则表示为伯胺。

若溶液中析出沉淀或油状物，加酸酸化后不溶解的，则表示为仲胺。

若溶液中仍为油状物，加浓盐酸后，溶解为澄清溶液则为叔胺。

（6）胺与亚硝酸的反应　取三支大试管，编号，分别加入 5 滴苯胺、N-甲基苯胺、N,N-二甲基苯胺，然后各加入 1mL 浓盐酸和 2mL 水。另取三支试管，分别加入 0.3g 亚硝酸钠晶体和 2mL 水，振摇使溶解，并把所有试管放在水浴中冷却到 0℃。

1$^\#$ 试管：往其中慢慢滴加亚硝酸钠溶液，不断振摇，直到取出反应液 1 滴，滴在碘化钾-淀粉试纸上，出现蓝色，停止加入亚硝酸钠。加入数滴 β-萘酚碱性溶液，析出橙红色沉淀。

2$^\#$ 试管：往其中慢慢滴加亚硝酸钠溶液，有黄色固体或黄色油状物析出，加碱到碱性而不变色。

3$^\#$ 试管：按同法加入亚硝酸钠溶液，有黄色固体生成，加碱到碱性，固体变绿色。解释上述一系列变化，并得出相应的结论。

（7）季铵的生成　在干燥试管中，加 4 滴 N,N-二甲基苯胺，再加碘甲烷 6 滴，振荡，塞住管口，放置约 20min，观察有无黄色晶体生成；加水后，季铵盐溶于水中。

2. 重氮盐的性质

重氮盐的制备：加 1mL 苯胺、1.5mL 水和 3mL 浓盐酸于一大试管中，把试管放入冰水浴中冷却，搅拌 1min，保持温度为 0~5℃。边搅拌边逐滴加入 25% 亚硝酸钠溶液，至反应液刚刚能使碘化钾淀粉试纸变色，并且搅拌 2min 后仍能使该试纸变色为止，得到氯化重氮苯溶液，把该溶液仍保持在冰水浴中。

（1）放氮反应　取上面得到的氯化重氮苯溶液 1mL 于小试管中，将试管放在 50~60℃ 的水浴中加热，观察现象，待试管冷却后嗅试管中苯酚的气味。

(2) 偶联反应　在两支小试管中各加入 1mL 上面得到的氯化重氮苯溶液。然后在第一支试管中加入 1% 盐酸苯胺溶液和饱和醋酸钠溶液各 1mL，观察现象。在第二支试管中加入 4～6 滴苯酚碱溶液，振荡，观察现象。

3. 尿素的性质

(1) 尿素的碱性　取两支小试管，分别加入 5 滴 5% 尿素溶液，再分别加 5 滴浓硝酸和 5 滴饱和草酸溶液，观察现象。

(2) 尿素的水解　取 1mL 10% NaOH 溶液于小试管中，加 10 滴 5% 尿素溶液，将试管中的溶液加热至沸，嗅所产生的气味或用湿润的红色石蕊试纸放在试管口上，观察现象。

(3) 与亚硝酸的作用　取 10 滴 5% 尿素溶液于小试管中，再加入 10 滴冰醋酸和 1 滴 25% 亚硝酸溶液，振荡，观察现象。

(4) 缩二脲反应　称取尿素约 0.1g 于小试管中，小心加热至熔化，继续加热并嗅所产生的气味或用湿润的红色石蕊试纸放在试管口上检验。最后加热至试管中有固体物质凝固为止，该固体即为缩二脲。

上述试管冷却后，加入 3mL 水和 5 滴 10% 氢氧化钠溶液，加热使固体溶解，然后再加 3～4 滴 2% 硫酸铜溶液，观察现象。

五、注意事项

1. 亚硝酸不稳定所以临用时以亚硝酸钠和盐酸反应生成。
2. 重氮化反应需在低温下进行且亚硝酸不宜过量，否则生成的重氮盐易分解；酸需过量，以避免生成的重氮盐与尚未作用的芳胺发生偶联反应。
3. 氯化重氮苯溶液应为无色或棕色透明溶液。若溶液呈现较深的红棕色，可能是温度没控制好。温度高于 5℃，氯化重氮苯就分解成苯酚，苯酚再与未分解的氯化重氮苯偶联而生成有颜色的物质。

六、思考题

1. 甲胺和苯胺的碱性何者较强？请解释之。
2. 苯胺的重氮盐为什么要保存在冰水浴中，温度升高会产生什么现象？
3. 有何种简便方法区别伯胺、仲胺、叔胺？

实验十　乙酸乙酯的制备

一、实验目标

1. 掌握有机酸合成酯的原理及方法。
2. 学会分液漏斗的使用。
3. 掌握蒸馏、洗涤、干燥等基本操作。

二、仪器与试剂

1. 仪器

250mL 三口圆底烧瓶、250mL 直形冷凝管、球形冷凝管、蒸馏头、100℃ 温度计、接液管、50mL 锥形瓶、铁架台（2个）、铁夹（2个）、电炉。

2. 试剂

乙醇、冰醋酸、浓硫酸、饱和食盐水、无水碳酸钾、2mol·L^{-1}碳酸钠、4.5mol·L^{-1}氯化钙。

三、实验原理

乙醇和乙酸在少量浓硫酸催化下发生酯化反应而生成酯。

$$CH_3COOH+CH_3CH_2OH \xrightleftharpoons{H_2SO_4} CH_3COOCH_2CH_3 + H_2O$$

生成的酯可以水解成为乙酸和乙醇，所以酯化反应是可逆反应。为了提高酯化产率，必须尽量使反应向有利于生成酯的方向进行。一般采用的措施包括：①增加乙醇的用量（或乙酸的用量）；②加浓硫酸把生成物之一的水吸收除去；③在反应时不断移去生成的酯。在本实验中，乙醇比乙酸便宜，所以乙醇是过量的。消耗的乙酸的物质的量与生成的乙酸乙酯的物质的量相等。

即：$n_{乙酸}=n_{乙酸乙酯}$

计算产率公式：实际产量 $m_{实}=V_{乙酸乙酯}\rho_{乙酸乙酯}=V_{乙酸乙酯}\times 0.9003$（g）

理论产量 $m_{理论}=n_{乙酸乙酯}M_{乙酸乙酯}=0.696\times 88.10=61.32$（g）

$$产率=\frac{实际产量}{理论产量}\times 100\%$$

四、实验步骤

1. 乙酸乙酯的制备装置

在 250mL 三口瓶中，加入 4mL 乙醇（$n=0.97$mol），摇动下慢慢加入 5mL 浓硫酸，使其混合均匀，并加入几粒沸石。三口瓶一侧口插入温度计，另一侧口插入滴液漏斗，漏斗末端应浸入液面以下，中间口安一长的刺形分馏柱。见实验图5。

2. 乙酸乙酯的合成

仪器装好后，在滴液漏斗内加入 10mL 乙醇和 8mL 冰醋酸（$n=0.696$mol），混合均匀，先向瓶内滴入约 2mL 的混合液，然后，将三口瓶在石棉网上小火加热到 110～120℃左右，这时蒸馏管口应有液体流出，再自滴液漏斗慢慢滴入其余的混合液，控制滴加速度和馏出速度大致相等，并维持反应温度在 110～125℃之间，滴加完毕后，继续加热 10min，直至温度升高到 130℃不再有馏出液为止。停止加热，当反应冷却后，关闭冷凝水。

3. 洗涤

馏出液中含有乙酸乙酯及少量乙醇、乙醚、水和醋酸等，在摇动下，慢慢向粗产品中加入饱和的

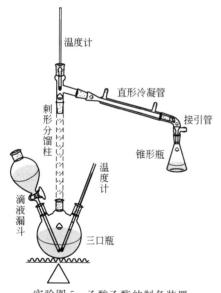

实验图5　乙酸乙酯的制备装置

碳酸钠溶液（约6mL）至无二氧化碳气体放出，酯层用 pH 试纸检验呈中性。移入分液漏斗中，充分振摇（注意及时放气！）后静置，分去下层水相。酯层用 10mL 饱和食盐水洗涤后，再每次用 10mL 饱和氯化钙溶液洗涤两次，弃去下层水相，酯层自漏斗上口倒入干燥的

锥形瓶中，用无水碳酸钾干燥，得到乙酸乙酯粗品。

4. 蒸馏精制

将干燥好的粗乙酸乙酯小心倾入60mL的梨形蒸馏瓶中（不要让干燥剂进入瓶中），加入沸石后在水浴上进行蒸馏，收集73~80℃的馏分。产品5~8g。

5. 测量

用量筒量取乙酸乙酯体积，计算产率（$\rho=0.9003g/mL$）。

五、注意事项

1. 反应温度应控制在110~120℃，温度低反应不完全，温度过高会增多副产物而降低酯的产量。

2. 温度计的水银球部分应距离烧瓶底约1cm，使能正确指示温度。滴液漏斗的末端应插入液面以下约1cm，若在液面之上，滴入的乙醇受热蒸发，不能参与反应，影响产量；若插入太深，因压力关系会使液体难以滴入。

3. 控制从滴液漏斗滴入反应物的速度，使与馏液蒸出的速度大体保持同步。如果滴加太快会使醋酸与乙醇来不及反应而被蒸出。

六、思考题

1. 酯化反应有什么特点？可采取什么措施使酯化反应尽量向正反应方向进行？
2. 酯化反应中加硫酸的作用是什么？

实验十一　乙酰水杨酸的制备

一、实验目标

1. 掌握乙酰化反应的原理和实验操作方法。
2. 掌握减压过滤及混合溶剂重结晶操作。

二、仪器与试剂

1. 仪器

50mL锥形瓶、100℃温度计、25mL量筒、10mL量筒、500mL烧杯、50mL烧杯、抽滤瓶、布氏漏斗、滤纸、玻璃棒、台秤、真空泵。

2. 试剂

水杨酸、乙酸酐、浓硫酸、95%乙醇、蒸馏水、0.1%三氯化铁。

三、实验原理

乙酰水杨酸又称阿司匹林，是常用的解热镇痛药。制备乙酰水杨酸最常用的方法是将水杨酸与乙酸酐作用，发生乙酰化反应，生成乙酰水杨酸。

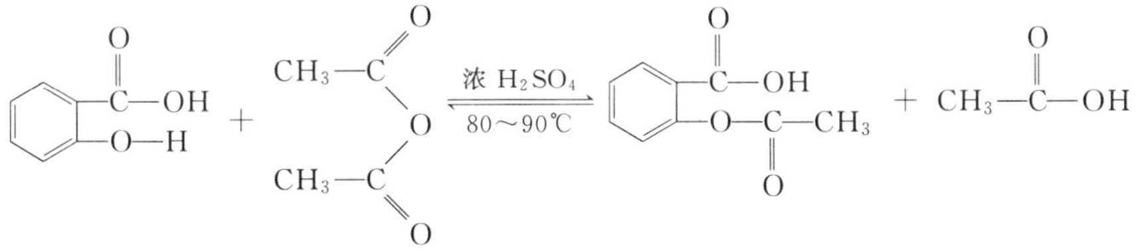

水杨酸分子内氢键使羟基的活性降低，故在酰化时加入浓硫酸使氢键破坏，从而促进乙酰化的进行。

由于水杨酸既有羟基又有羧基，致使反应复杂化。在乙酰化的同时发生一些副反应，生成少量副产物，成为杂质。在温度不高（低于90℃）的情况下副反应程度较小，产物中的主要杂质是未作用完的水杨酸、乙酸酐及生成的乙酸。乙酸酐水解生成乙酸，乙酸溶于水；而水杨酸和乙酰水杨酸不溶于水，据此可除去产物中的大部分乙酸酐及乙酸。在反应时酸酐是过量的，故酰化反应进行得比较完全，未作用完的水杨酸很少，可用乙醇-水混合溶剂重结晶的方法将其除去。重结晶时，残留的乙酸也同时除去。

水杨酸有一个酚羟基，可与三氯化铁形成深色络合物，乙酰水杨酸中的酚羟基已被酰化不再发生颜色反应。故可用三氯化铁检验提纯效果。

四、实验步骤

1. 乙酰水杨酸的制备

在干燥的50mL锥形瓶中加入2.0g水杨酸，再缓缓加入5.0mL乙酸酐，摇匀后滴加5滴浓硫酸，摇匀，置于80~90℃的水浴中加热并振摇10min。缓慢加入2.0mL水以分解过剩的乙酸酐。分解作用完成后（不再有气泡），再加20.0mL水，摇匀后置冷水浴中冷却至大量晶体析出。转移至布氏漏斗中抽滤，用滤液冲洗锥形瓶，将瓶中沉淀全部转移至布氏漏斗中，抽干。用10mL冷蒸馏水分两次洗涤晶体，抽干得粗产品。

取豆粒大小粗产品溶于几滴乙醇中，加入2滴0.1%三氯化铁水溶液，检查水杨酸的存在。

在100mL烧杯中将粗产品溶于5.0mL 95%的乙醇中，在60℃水浴上加热溶解，加入20mL水，静置冷却至大量晶体析出（约60min），抽滤，用滤液将烧杯中晶体全部转移至布氏漏斗中，抽干。用10mL水-乙醇混合液（$V_{水}:V_{乙醇}=4:1$）分两次润洗晶体，抽干。称量并计算产率。

2. 计算产率

$$产率 = \frac{实际产量}{理论产量} \times 100\%$$

3. 纯度检查

用0.1%三氯化铁溶液检查纯品中是否有水杨酸。

五、注意事项

1. 酰化时所用仪器必须干燥无水，刚加入原料和反应物时，勿将固体黏附在瓶颈壁上。

2. 水浴加热时应避免水蒸气进入锥形瓶中，以防乙酸酐和生成的阿司匹林水解。同时反应温度不宜过高，否则会增加副产物（乙酰水杨酰水杨酸酯、水杨酰水杨酸酯等）的生成。

3. 抽滤后得到的固体，在洗涤时，应先停止减压，用刮刀轻轻将固体拨松，用约5mL水浸湿结晶，再打开减压阀抽滤。

4. 乙酰水杨酸在水中能缓慢分解，应尽量减少与水接触时间。若对产品纯度要求较高，可用乙醚-石油醚或苯作为溶剂重结晶。

六、 思考题

1. 将粗产品进行重结晶时应注意什么问题?
2. 通过什么样的简便方法可以鉴定出阿司匹林是否变质?
3. 如果在硫酸存在下,水杨酸与乙醇作用将会得到什么产物?写出反应方程式。

实验十二　糖的化学性质

一、 实验目标

1. 验证糖类物质的主要化学性质。
2. 学会重要糖类化合物的鉴定方法。

二、 仪器与试剂

1. 仪器

大试管、小试管、250mL 烧杯、显微镜。

2. 试剂

班氏试剂、$0.1mol·L^{-1}$ 葡萄糖、$0.1mol·L^{-1}$ 果糖、$0.06mol·L^{-1}$ 麦芽糖、$0.06mol·L^{-1}$ 蔗糖、$20g·L^{-1}$ 淀粉、西里瓦诺夫试剂、H_2SO_4 $[V(H_2SO_4):V(H_2O)=1:5]$、5%碳酸钠、盐酸苯肼、醋酸钠。

三、 实验原理

1. 糖的还原性

单糖和具有半缩醛羟基的二糖具有还原性,叫做还原糖。它们能还原托伦试剂、斐林试剂和班氏试剂。无半缩醛羟基的二糖和多糖无还原性,不能还原上述试剂。

2. 糖的水解反应

蔗糖无还原性,但蔗糖经水解后生成葡萄糖和果糖时,则能与班氏试剂作用。酶和酸可以催化蔗糖的水解反应。

淀粉为多糖,本身无还原性,当被水解生成麦芽糖和葡萄糖时,则具有还原性。水解淀粉时可用酶或酸为催化剂。淀粉遇碘呈蓝色。

3. 糖脎的生成

还原糖与盐酸苯肼所生成的糖脎是结晶,难溶于水。糖脎生成的速度和结晶形状以及熔点等均因糖的不同而异,因此利用糖脎的生成可以鉴别、分离不同的糖。

4. 糖的颜色反应

糖在强酸的作用下能与酚类作用,生成有颜色的物质,利用这些反应可以鉴别某些糖。

四、 实验步骤

1. 糖的还原反应

(1) 托伦试验　取 5 支干净的小试管,编号,各加入 10 滴托伦试剂,再分别加入 5 滴 $0.1mol·L^{-1}$ 葡萄糖、$0.1mol·L^{-1}$ 果糖溶液、$0.06mol·L^{-1}$ 麦芽糖溶液、$0.06mol·L^{-1}$

蔗糖溶液和 20g·L^{-1} 的淀粉溶液各 5 滴，将试管振荡混匀后放入 60℃ 水浴中，加热 2min，观察现象并解释。

(2) 与斐林试剂作用　取斐林溶液 A 和斐林溶液 B 各 2.5mL 混合均匀后，分装入 5 支试管中，编上号码，放入水浴中温热。再分别滴入 5 滴 0.1mol·L^{-1} 葡萄糖、0.1mol·L^{-1} 果糖溶液、0.06mol·L^{-1} 麦芽糖溶液、0.06mol·L^{-1} 蔗糖溶液和 20g·L^{-1} 的淀粉溶液，将试管振荡混匀后放入水浴中，加热 2～3min，观察现象并解释。

(3) 与班氏试剂作用　取 5 支小试管，编上号码，各加入 1mL 班氏试剂，然后分别加入 5 滴 0.1mol·L^{-1} 葡萄糖、0.1mol·L^{-1} 果糖溶液、0.06mol·L^{-1} 麦芽糖溶液、0.06mol·L^{-1} 蔗糖溶液和 20g·L^{-1} 的淀粉溶液，加热 2～3min，观察现象并解释。

2. 蔗糖和淀粉的水解

在两支小试管中，分别加入 2mL 0.06mol·L^{-1} 蔗糖、20g·L^{-1} 淀粉溶液，再各加入 2 滴体积为 1:5 的硫酸，混合均匀，放入沸水浴中，把蔗糖溶液加热 10～15min，淀粉溶液加热 20～25min。取出试管用 5% 碳酸钠溶液中和，直到无气泡生成为止。得到的溶液分别用班氏试剂进行实验。

3. 糖脎的生成

取 4 支小试管，分别滴入 10 滴 0.5mol·L^{-1} 葡萄糖、0.5mol·L^{-1} 果糖溶液、0.3mol·L^{-1} 麦芽糖溶液、0.3mol·L^{-1} 蔗糖溶液，各加水 10 滴，再各加入 1mL 新配制的盐酸苯肼试剂。将试管振荡后置于沸水浴中，加热 35min。取出试管，自行冷却后即有黄色结晶析出。取少许结晶，用显微镜观察比较各种糖脎的晶形。

4. 糖的颜色反应

(1) 莫立许反应　取 5 支试管，编号，分别加入 1mL 0.5mol·L^{-1} 葡萄糖、0.5mol·L^{-1} 果糖溶液、0.3mol·L^{-1} 麦芽糖溶液、0.3mol·L^{-1} 蔗糖溶液和 100g·L^{-1} 的淀粉溶液，再各加 2 滴莫立许试剂，振荡均匀。把装有糖溶液的试管倾斜成 45°，沿试管壁慢慢加入浓硫酸 1mL（注意不要振荡），使硫酸与糖溶液之间有明显的分层，观察两层之间的颜色变化。如数分钟内无颜色出现，可在水浴上温热（注意仍不要振荡试管）。观察现象并解释。

(2) 西里瓦诺夫反应　取 5 支小试管，编号，各加入 1mL 西里瓦诺夫试剂，再分别滴入 5 滴 0.1mol·L^{-1} 葡萄糖、0.1mol·L^{-1} 果糖溶液、0.06mol·L^{-1} 麦芽糖溶液、0.06mol·L^{-1} 蔗糖溶液和 20g·L^{-1} 的淀粉溶液，将试管振荡混匀后放入沸水浴中，加热 2min，观察现象并解释。

(3) 淀粉与碘溶液的反应　往试管中加 4mL 水、1 滴碘溶液和 1 滴 20g·L^{-1} 的淀粉溶液，观察现象并解释。

五、注意事项

苯肼的毒性大，操作时应小心，如不慎触及皮肤，应立即用 5% 醋酸溶液冲洗，再用肥皂洗涤，之后用水洗。

六、思考题

1. 什么是还原糖？如何区别还原糖和非还原糖？

2. 蔗糖与班氏试剂长时间加热，有时也能得到砖红色沉淀，怎样解释此现象？
3. 为什么可以利用碘溶液定性地了解淀粉水解进行的程度？

实验十三　葡萄糖溶液旋光度的测定

一、实验目标

1. 了解旋光仪的构造。
2. 掌握旋光仪的使用方法。
3. 会用比旋光度公式计算溶液浓度。

二、仪器与试剂

1. 仪器
全自动旋光仪。
2. 试剂
10％葡萄糖溶液。

三、实验原理

光线从光源射出，经过起偏镜成为偏振光，再通过盛有旋光性物质的测定管时，由于物质的旋光性，使偏振光的偏振面发生改变，不能通过第二个棱镜（检偏镜），必须扭转一定的角度才能通过，检偏镜旋转的角度为该物质在此条件时的旋光度。

物质的旋光度与溶液的浓度、溶剂、温度、旋光测定管长度及所用光源的波长等都有关系，所以常用比旋光度 $[\alpha]_\lambda^t$ 来表示各物质的旋光性。通过对旋光度的测定计算旋光性物质的浓度。

旋光度与比旋光度的关系为：

$$[\alpha]_\lambda^t = \frac{\alpha}{cl}$$

四、实验步骤

1. 装样
将蒸馏水、样品葡萄糖溶液分别装入 2 支 2dm 的测量管中。
2. 旋光度的测定
将仪器电源插头插入 220V 交流电源，并将接地线可靠接地。
向上打开电源开关（右侧面），经 5min 后，钠光灯发光稳定。
向上打开光源开关（右侧面），仪器预热 20min。
按"测量"键，这时液晶屏应有数字显示。注意：开机后"测量"键只需按一次，如果误按该键，则仪器停止测量，液晶屏无显示。可再次按"测量"键，液晶重新显示，此时需重新校零。
将装有蒸馏水或其他空白溶剂的测量管放入样品室，盖上箱盖，待示数稳定后，按"清零"键，测量管中若有气泡，应先让气泡浮于凸颈处；通光面两端的雾状水滴，应用软布揩干,测量管螺帽不宜旋得过紧,影响读数。测量管安放时应注意标记的位置和方向。

取出空白溶液测量管,将装有待测样品的测量管,按相同的位置和方向放入样品室内,盖好箱盖,仪器将显示出该样品的旋光度,此时指示灯"1"点亮。

按"复测"键一次,指示灯"2"点亮,表示仪器显示第一次复测结果,再次按"复测"键,指示灯"3"点亮,表示仪器显示第二次复测结果。按"123"键,可切换显示各次测量的旋光度值。按"平均"键,显示平均值,指示灯"AV"点亮。

注意:如样品超过测量范围,仪器在±450处来回振荡。此时,取出测量管,仪器即自动转回零位。此时可将试液稀释一倍再测。

仪器使用完毕后,应依次关闭光源、电源开关。

五、 注意事项

1. 测定管在装入液体后,螺丝盖不能旋得太紧,否则产生扭力使管内有空隙而影响旋光。
2. 测定管装溶液时,不能带入气泡,管内不能有空隙。
3. 装空白溶液的测量管,与装有待测样品的测量管,应按相同的位置和方向放入样品室内。

六、 思考题

1. 使用旋光仪应注意什么问题?
2. 如何计算比旋光度?

实验十四　氨基酸和蛋白质的性质

一、 实验目标

1. 验证氨基酸和蛋白质的主要化学性质。
2. 掌握氨基酸和蛋白质的简单鉴定方法。

二、 仪器与试剂

1. 仪器

白瓷点滴板、水浴箱、酒精灯、试管、滤纸、毛细滴管。

2. 试剂

0.3%半胱氨酸、10%NaOH溶液、5%亚硝基铁氰化钠、0.5%甘氨酸、0.5%酪蛋白、蛋白质溶液、浓硝酸、浓盐酸、浓硫酸、0.1%苯酚、清蛋白溶液、饱和硫酸铵溶液、0.5%醋酸铅、1%硫酸铜、2%硝酸银、0.1%茚三酮、10%三氯乙酸、0.5%磺基水杨酸、1%醋酸、饱和苦味酸溶液、0.5酪蛋白、5%硫酸铜。

三、 实验原理

氨基酸可与某些试剂作用发生颜色反应。蛋白质可在酸、碱、酶的作用下水解形成氨基酸的混合物,其中以 α-氨基酸为主。蛋白质分子中含有肽键和其他基团,因此具有不同的颜色反应，在各种物理、化学因素影响下，蛋白质由于次级键的破坏，其空间结构也有不同程度的破坏，其理化性质和生物活性也随着改变，这种现象称为蛋白质的变性，如沉淀、凝固等，变性分为可逆变性和不可逆变性。

四、实验步骤

1. 亚硝基铁氰化钠反应

取1块点滴板，在板孔中加1滴0.3%半胱氨酸溶液，1滴10%NaOH溶液和2滴5%亚硝基铁氰化钠溶液，观察紫红色的出现（该颜色容易消退）。

2. 茚三酮反应

（1）取1张小滤纸片，滴加1滴0.5%甘氨酸溶液，风干后，加1滴0.1%茚三酮-乙醇溶液，在小火上烘干。观察现象并解释。

（2）取3支试管，编号后，分别加4滴0.5%甘氨酸溶液，0.5%酪蛋白和蛋白质溶液，再各加2滴0.1%茚三酮-乙醇溶液，混合均匀后，放沸水浴中加热1~2min，观察并比较三支试管显色的先后次序。

3. 双缩脲反应

取1支试管，加10滴蛋白质溶液和15~20滴10%NaOH溶液，混合均匀后，再加入3~5滴5%硫酸铜溶液，边加边摇动，观察现象并解释。

4. 黄蛋白反应

（1）取1支试管，加4滴蛋白质溶液及2滴浓硝酸，由于强酸作用，蛋白质出现白色沉淀。然后，将沉淀放在水浴中加热，沉淀变成黄色，冷却后，再逐滴加10%NaOH溶液，当反应液呈碱性时，颜色由黄色变成橙黄色。皮肤接触到硝酸，产生黄色就是这个原因。

（2）取1支试管，加4滴0.1%苯酚溶液代替蛋白质溶液，重复上述操作，观察颜色的变化。

（3）取1支试管，加一些指甲再加5~10滴浓硝酸，放置10min后，观察指甲的颜色变化。

5. 蛋白质的可逆沉淀反应——盐析作用

取1支试管加5mL蛋白质氯化钠溶液和5mL饱和硫酸铵溶液，混合均匀，静置10min，观察球蛋白沉淀析出，过滤，然后在滤液中逐渐加固体硫酸铵，边加边摇，直至饱和（约需硫酸铵1~2g），此时，清蛋白沉淀析出。

另取1支试管加10滴浑浊的清蛋白溶液，再加2mL蒸馏水，摇动均匀，观察清蛋白沉淀是否溶解。

6. 蛋白质的不可逆沉淀反应

（1）重金属沉淀蛋白质　取3支试管，各加入1mL蛋白质溶液，然后，分别加2滴1%硫酸铜溶液和2%硝酸银溶液，0.5%醋酸铅溶液，立即产生沉淀。再分别逐滴加过量（约2~3mL）的1%硫酸铜溶液，2%硝酸银溶液，0.5%醋酸铅溶液，边滴加边摇动，观察加入过量的硫酸铜和醋酸铅溶液的试管与硝酸银的试管有何不同。

另取1支试管加10滴硝酸银蛋白质溶液，再加2~3mL蒸馏水，摇动均匀，观察硝酸银蛋白的沉淀是否溶解。

（2）加热沉淀蛋白质　在试管中加2mL蛋白质溶液，然后，将试管放在沸水浴中加热5~10min，蛋白质凝固成白色絮状沉淀，沉淀不再溶于水中。

（3）有机酸沉淀蛋白质　取2支试管，各加入5~10滴蛋白质溶液，然后，分别加入

5～10滴10%三氯乙酸溶液和0.5%磺基水杨酸溶液，观察沉淀析出。

（4）无机酸沉淀蛋白质　取3支试管，各加入6滴蛋白质溶液，再分别加4滴浓盐酸、浓硫酸和浓硝酸，不要摇动试管，观察各试管中白色沉淀的出现，然后，再分别加2～5滴浓盐酸、浓硫酸和浓硝酸，摇动均匀后，观察加过量的酸的试管中有何不同现象产生。

（5）苦味酸沉淀蛋白质　取1支试管加入1mL蛋白质溶液及4～5滴1%醋酸溶液，再加入5～10滴饱和苦味酸溶液，观察现象并解释。

五、注意事项

1. 双缩脲反应中，硫酸铜不能过量，否则硫酸铜在碱性溶液中生成氢氧化铜沉淀，会遮蔽所产生的紫色反应。
2. 苯酚不能太浓，否则不便比较。

六、思考题

1. 氨基酸能否发生缩二脲反应？
2. 为什么鸡蛋清可用作铅或汞中毒的解毒剂？

实验十五　苯甲醇和苯甲酸的制备

一、实验目标

1. 了解由苯甲醛制备苯甲醇和苯甲酸的原理和方法，加深对康尼查罗反应的认识。
2. 进一步掌握有机物的分离提纯方法。

二、仪器与试剂

1. 仪器

125mL锥形瓶、橡皮塞、蒸馏装置、抽滤装置、分液漏斗。

2. 试剂

氢氧化钠（固体）、苯甲醛、乙醚、饱和亚硫酸氢钠溶液、10%碳酸钠溶液、无水硫酸镁、浓盐酸、刚果红试纸。

三、实验原理

没有α-H原子的醛（如苯甲醛、甲醛等）在浓碱的作用下可发生自身氧化还原反应，即一分子醛被还原成醇，另一分子醛被氧化成酸，这是一种歧化反应，称为康尼查罗反应。例如：

苯甲醛的康尼查罗反应方程式如下：

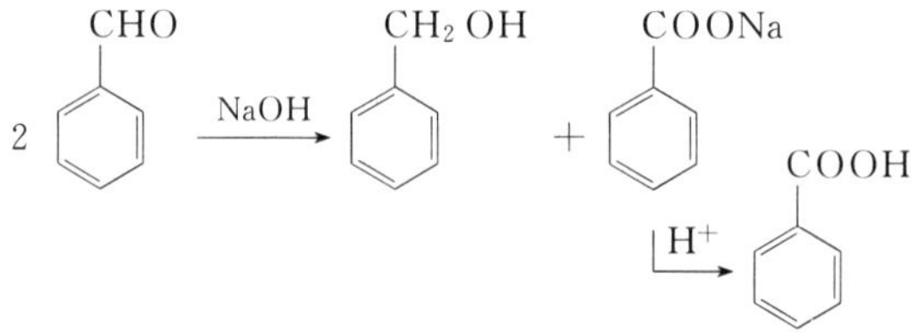

$$2\,C_6H_5CHO \xrightarrow{NaOH} C_6H_5CH_2OH + C_6H_5COONa \xrightarrow{H^+} C_6H_5COOH$$

在上述反应中，苯甲醛分子被氧化成苯甲酸，同时还原生成苯甲醇。反应的实质是羰基的亲核加成反应。

在康尼查罗反应中，通常使用50%的浓碱，反应在室温下进行，其中碱的物质的量比醛的物质的量常常多1倍以上，否则反应不易进行，未反应的醛与生成的醇混在一起，通过一般蒸馏难以分离。

四、实验步骤

1. 康尼查罗反应

（1）在125mL锥形瓶中，加入18g氢氧化钠（0.45mol）和18mL水，振荡使氢氧化钠溶解并冷却至室温。

（2）然后边振摇边慢慢加入20mL新蒸过的苯甲醛（21g，0.2mol）。加完后用橡皮塞塞紧瓶口，用力振摇，使其充分混合。振摇过程中，若瓶内温度过高，需适时冷却。

（3）最后反应混合物变成白色蜡糊状。放置24h以上，至下次实验用。

2. 苯甲醇的分离

向反应瓶中加入大约60mL水，不断振摇使其中的苯甲酸盐全部溶解。将溶液倒入分液漏斗，每次用20mL乙醚萃取3次。合并乙醚萃取液，保存水溶液，留作制苯甲酸用。

将乙醚萃取液依次用5mL饱和亚硫酸氢钠溶液、10mL 10%碳酸钠溶液及10mL水洗涤后，用无水硫酸镁或无水碳酸钾干燥。

干燥后的乙醚溶液，先用水浴蒸去乙醚，然后在石棉网上蒸馏苯甲醇，收集202～206℃馏分。称重，计算产率（8～8.5g，产率74%～79%）。

纯苯甲醇的沸点为205.35℃，折射率 n_D^{20} 为1.5396。

3. 苯甲酸的分离

乙醚萃取后的水层，在不断搅拌下，由快至慢地加入浓盐酸酸化至使刚果红试纸由红变蓝为宜。充分冷却使沉淀完全析出，抽滤，粗产物用水重结晶后，晾干，称重，计算产率（产量9～10g，产率74%～82%）。

纯苯甲酸的熔点为122.4℃；本实验约需8h。

五、注意事项

1. 苯甲醛很容易氧化成苯甲酸，故应用新蒸馏的苯甲醛。
2. 应选用软木塞或橡皮塞，不宜用玻璃塞，因在碱性条件下玻璃塞会被粘牢而难以开启。

六、思考题

1. 分离和提纯苯甲酸和苯甲醇的原理是什么？
2. 经乙醚萃取后的水溶液为何要酸化到使刚果红试剂纸由红变蓝而不是酸化到中性？怎样知道酸化已经合适？
3. 用饱和亚硫酸氢钠及10%碳酸钠溶液洗涤的目的是什么？

实验十六　从茶叶中提取咖啡因

一、实验目标

1. 学习茶叶中提取咖啡因的实验室方法。
2. 巩固萃取、蒸馏、抽滤等基本操作。

二、仪器与试剂

1. 仪器

回流装置、抽滤装置、蒸馏装置、蒸发皿。

2. 试剂

茶叶、95%乙醇、生石灰。

三、实验原理

茶叶中含有多种生物碱，其中以咖啡因为主，占1%～5%，另外还有11%～12%的单宁酸，以及色素、纤维素、蛋白质等。咖啡因是弱碱性化合物，为白色针状晶体，溶于水、乙醇、氯仿、丙酮等，微溶于石油醚。在100℃时失去结晶水，开始升华，120℃时升华相当显著，170℃以上升华加快，无水咖啡因的熔点为234.5℃。

利用咖啡因能溶于水和醇的性质，可用热水或醇从茶叶中提取咖啡因，然后蒸去溶剂，即得粗咖啡因，再利用升华将咖啡因和其他生物碱等杂质分离而提纯。

四、实验步骤

① 称取茶叶末10g放入250mL圆底烧瓶中，加入100mL 95%乙醇，并加入几粒沸石，装上回流装置，在水浴加热下回流1h，稍冷后抽滤。

② 再将滤渣放入烧瓶，加100mL 95%乙醇，水浴加热回流1h，稍冷后抽滤。

③ 合并两次滤液，蒸馏回收大部分乙醇。

④ 再把残液倾入蒸发皿中，拌入3～4g生石灰，在蒸汽浴上蒸干。冷却后，擦去粘在边上的粉末，以免在升华时污染产物。

⑤ 取一个合适的玻璃漏斗，倒罩在隔以刺有许多小孔的滤纸的蒸发皿上，用沙浴小心加热升华。当纸上出现白色针状结晶时，暂停加热，冷却至100℃；再适当控制火焰，尽可能使升华速度放慢，提高结晶纯度。如发现有棕色烟雾时，即升华完毕，停止加热，冷却后，揭开漏斗和滤纸，仔细地把附在滤纸上及器皿周围的咖啡因结晶用小刀刮下。残渣经拌和后，用较大火焰再加热片刻，升华一次。见实验图6。

⑥ 合并两次升华收集的咖啡因，测定熔点。

如产品中还有颜色和含有杂质，可用热水重结晶提纯一次。咖啡因为白色针状结晶体，在178℃时升华。称重，计算产率（产量45～55mg，产率0.45%～0.55%）。

五、注意事项

在萃取回流充分的情况下，升华操作的好坏是本实验成败的关键。在升华过程中要始终严格控制加热温度，始终都用小火间接加热。温度太高，会使被烘物碳化变黑，并将一些有色物质烘出来，使产品不纯。第二次升华时，加热温度也应严格控制，否则使被烘物大量冒烟，导致产物不纯和损失。

六、 思考题

1. 本实验为什么采用升华提纯而不采用重结晶提纯？
2. 要提高产率和产品纯度应注意哪些问题？
3. 提取咖啡因时加入氧化钙和碳酸钠的作用是什么？

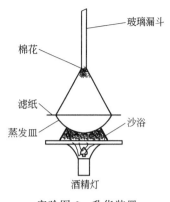

实验图 6 升华装置

实验十七 从黄连中提取黄连素

一、 实验目标

学习从黄连中提取黄连素的方法。

二、 仪器与试剂

1. 仪器

烧杯（250mL）、抽滤装置、电炉、蒸发皿（100mL）、150℃温度计、抽滤装置、量筒（100mL）、滤纸筒、索氏提取器、普通蒸馏装置、台秤、滤纸、试管、大烧杯、水浴装置。

2. 试剂

黄连（磨成粉末状）、95％乙醇、浓盐酸、醋酸（1％）、pH 试剂、冰块、丙酮。

三、 实验原理

黄连中黄连素的含量约 4％～10％。含黄连素的植物很多，如黄柏、三颗针、伏牛花、白屈菜、南天竹等均可作为提取黄连素的原料，但以黄连和黄柏含量为高。

黄连素是黄色的针状结晶，微溶于水和乙醇，较易溶于热水和热乙醇中，几乎不溶于乙醚。黄连素盐酸盐难溶于水，但易溶于热水，本实验就是利用这些性质来提取黄连素的。

四、 实验步骤

1. 抽提

称取 10g 已磨细的黄连粉末，装入索氏提取器的滤纸筒内，在提取器的烧瓶中加入 80mL 95％乙醇和几块沸石，装好索氏提取器，接通冷凝水，加热，连续抽提 1～1.5h，待冷凝液刚刚虹吸下去时，立即停止加热，冷却。

2. 回收乙醇

装好蒸馏装置，水浴加热蒸馏，回收大部分乙醇（沸点 78℃）。直到残留物呈棕红色糖浆状。

3. 析出黄连素盐酸盐

向残留物中加入1%醋酸30mL，加热溶解，趁热过滤，以除去不溶物，再向溶液中滴加浓盐酸，至溶液浑浊为止（约需10mL），放置冷却（最好用冰水）。即有黄色针状体的黄连素盐酸盐析出。抽滤、结晶，用冰水洗涤两次，再用丙酮洗涤一次即得黄连素盐酸盐粗品。

五、 注意事项

1. 滤纸筒既要紧贴器壁，又要方便取放。被提取物高度不能超过虹吸管，否则被提取物不能被溶剂充分浸泡，影响提取效果。被提取物亦不能漏出滤纸筒，以免堵塞虹吸管。

2. 如果晶形不好，可用水重结晶一次。

六、 思考题

从黄连中提取黄连素的原理是什么？

实验十八　重　结　晶

一、 实验目标

1. 学习重结晶法提纯固体有机化合物的原理和方法。
2. 掌握抽滤、热过滤操作和菊花形滤纸的折叠方法。

二、 仪器与试剂

1. 仪器

循环水真空泵、恒温水浴锅、热水保温漏斗、玻璃漏斗、玻璃棒、表面皿、烧杯、锥形瓶、抽滤瓶、布氏漏斗、胶塞、酒精灯、铁架台、滤纸、量筒、刮刀。

2. 试剂

乙酰苯胺、活性炭、沸石、蒸馏水。

三、 实验原理

重结晶是分离提纯固体化合物的一种重要的、常用的分离方法之一。从有机合成反应分离出来的固体粗产物往往含有未反应的原料、副产物及杂质，必须加以分离纯化。

适用范围：它适用于产品与杂质性质差别较大、产品中杂质含量小于5%的体系。

原理：利用混合物中各组分在某种溶剂中溶解度不同或在同一溶剂中不同温度时的溶解度不同而使它们相互分离。

固体有机物在溶剂中的溶解度随温度的变化易改变，通常温度升高，溶解度增大；反之，则溶解度降低，热的饱和溶液，降低温度，溶解度下降，溶液变成过饱和易析出结晶。利用溶剂对被提纯化合物及杂质的溶解度的不同，以达到分离纯化的目的。

四、 实验步骤

（1）将被纯化的化合物，在已选好的溶剂中，配制成沸腾或接近沸腾的饱和溶液（同时准备好热水保温漏斗)。

① 150mL 锥形瓶＋3g 乙酰苯胺＋60mL 水＋2 粒沸石→加热溶解。

② 将热溶液稍冷后，加入少量的活性炭，搅拌使其均匀分布在溶液中，继续煮沸 5min 如仍不能脱色，可重复上述操作。

(2) 将上述过热溶液趁热过滤，除去不溶物。

① 在漏斗里放一张叠好的折叠滤纸，并用少量热水润湿，将上述热溶液尽快地倾入热水漏斗中。

② 每次倒入的溶液不要太满，也不要等溶液全部滤完后再加。

③ 过滤过程中要不停地向夹套补充热水，以保持溶液的温度便于过滤。所有溶液过滤完毕后，用少量热水洗涤锥形瓶和滤纸，用表面皿将盛滤液的瓶盖好。

④ 滤纸大小要和布氏漏斗底大小吻合，不可太大或太小，滤纸用少量冷水润湿，吸紧。

⑤ 停止抽滤时，先拿样、布氏漏斗，再关闭水泵，避免回吸。

(3) 将滤液冷却，使结晶析出。

(4) 用布氏漏斗抽滤。

(5) 洗涤，干燥。

(6) 测熔点。

(7) 计算回收率。

实验装置见实验图 7 和实验图 8。

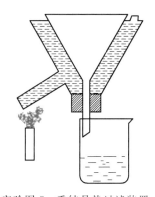

实验图 7 重结晶热过滤装置

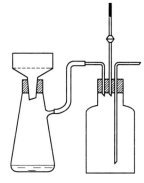

实验图 8 抽滤装置

五、注意事项

1. 在热过滤时，整个操作过程要迅速，否则漏斗一凉，结晶在滤纸上和漏斗颈部析出，操作将无法进行。

2. 洗涤用的溶剂量应尽量少，以避免晶体大量溶解损失。

3. 用活性炭脱色时，不要把活性炭加入正在沸腾的溶液中。

4. 滤纸不应大于布氏漏斗的底面。

5. 停止抽滤时先将抽滤瓶与抽滤泵间连接的橡皮管拆开，或者将安全瓶上的活塞打开与大气相通，再关闭泵，防止水倒流入抽滤瓶内。

6. 溶剂选择

(1) 不与被提纯物质起化学反应。

(2) 在较高温度时能溶解多量被提纯物质；而在室温或更低温度时，只能溶解很少量的该种物质。

（3）对杂质的溶解非常大或者非常小（前一种情况是使杂质留在母液中不随被提纯物晶体一同析出；后一种情况是使杂质在热过滤时被滤去）。

（4）容易挥发（溶剂的沸点较低），易与结晶分离除去。

（5）能给出较好的晶体。

（6）无毒或毒性很小，便于操作。

（7）价廉易得。

六、思考题

1. 加活性炭脱色应注意哪些问题？
2. 用水重结晶纯化乙酰苯胺时（常量法），在溶解过程中有无油珠状物出现？如有油珠出现应如何处理？
3. 抽滤装置和操作应注意些什么？

实验十九　减压蒸馏

一、实验目标

1. 了解减压蒸馏原理及应用范围。
2. 熟悉减压蒸馏装置，学会装配、拆卸仪器的方法。
3. 掌握减压蒸馏的基本操作。

二、仪器与试剂

1. 仪器

磨口圆底烧瓶、克氏（Claisen）蒸馏头、直形冷凝管、真空接液管、水泵、100℃温度计、毛细管、电炉、橡皮塞、厚壁橡皮管。

2. 试剂

乙酰乙酸乙酯。

三、实验原理

液体的沸点是指它的蒸气压等于外界大气压时的温度。所以液体沸腾的温度是随外界压力的降低而降低的。因而如用真空泵连接盛有液体的容器，使液体表面上的压力降低，即可降低液体的沸点，这种在较低压力下进行蒸馏的操作称为减压蒸馏。这样，高沸点的有机化合物在减压下，可在比常压低得多的温度下蒸馏出来，而避免分解破坏。

减压蒸馏是分离和提纯有机化合物的一种重要方法。它特别适用于那些在常压蒸馏时未达沸点，即已受热分解、氧化或聚合物质。应用这一方法可将沸点高的物质以及在普通蒸馏时还没达到沸点温度就已分解、氧化或聚合的物质纯化。

四、实验步骤

1. 减压蒸馏装置和装配方法

常用的减压系统分为蒸馏、抽气（减压）以及在它们之间的保护和测压装置三部分组成。实验图 9 和实验图 10 分别是两种常见的减压蒸馏装置示意图。

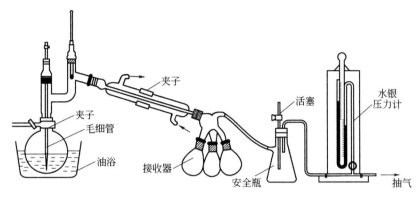

实验图 9　减压蒸馏装置之一

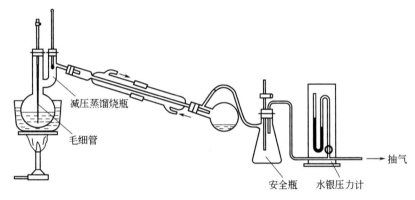

实验图 10　减压蒸馏装置之二

（1）蒸馏部分　与常压蒸馏不同，减压蒸馏瓶又称克氏蒸馏瓶，在磨口仪器中用克氏蒸馏头配圆底烧瓶代替。它有两个颈其目的是为了避免减压蒸馏时瓶内液体由于沸腾而冲入冷凝管中。瓶的一颈中插入温度计，另一颈中插入一根毛细管，其长度恰好使其下端距瓶底 1~2mm。毛细管上端连有一段带螺旋夹的橡皮管，螺旋夹用以调节进入空气的量，使有极少量的空气进入液体，呈微小气泡冒出，作为液体沸腾的汽化中心，使蒸馏平稳进行。接收器可用蒸馏瓶（圆底或抽滤瓶充任），切不可用平底烧瓶或锥形瓶（壁薄不耐压）。蒸馏时若要收集不同的馏分而又不中断蒸馏，则可用两尾或多尾接液管，就可使不同的馏分进入指定的接收器中。

根据蒸出液体的沸点不同，选用合适的热浴和冷凝管，如果蒸馏的液体量不多而且沸点甚高，或是低熔点的固体，也可不用冷凝管，而将克氏瓶的支管通过接液管直接插入接收瓶的球形部分中。蒸馏沸点较高的物质时，最好用石棉绳或石棉布包裹蒸馏瓶的两颈，以减少散热。控制热浴的温度，使它比液体的沸点高 20~30℃。

（2）抽气部分　实验室通常用水泵、循环水泵或油泵进行减压。

水泵：系用玻璃水泵，其效能与其结构、水压及水温有关。水泵所能达到的最低压力为当时室温下的水蒸气压。例如水温为 6~8℃，水蒸气压为 0.93~1.07kPa。在夏天，水温为 30℃，则水蒸气压为 4.2kPa 左右。本实验使用的是循环水泵代替普通水泵，其还带测压装置。

油泵：油泵的效能决定于油泵的机械结构以及真空泵油的好坏（油的蒸气压必须很低），好的油泵能抽至真空度为13.3Pa。油泵结构较精密。工作要求条件较严。如果有挥发性的有机溶剂、水或酸的蒸气，都会损坏油泵。一般使用油泵时，系统的压力控制在0.67～1.33kPa之间，在沸腾液体表面要获得0.67kPa以下的压力比较困难，这是由于蒸气从瓶内的蒸发面逸出而经过瓶颈和支管时，需要有0.13～1.06kPa的压力差，如果要获得较低的压力，可选用短颈和支管粗的克氏蒸馏瓶。

（3）保护和测压装置部分　当用油泵进行减压时，为了防止易挥发的有机溶剂、酸性物质和水汽进入油泵，必须在馏液接收器与油泵之间顺次安装冷却阱和几种吸收塔，以免污染油泵用油，腐蚀机件致使真空度降低。

实验室通常采用循环水泵来进行减压，其装置还自带测压表，不需要如上述油泵复杂装备。

在泵前还应接一个安全瓶，瓶上的两通活塞供调节系统压力及放气之用。减压蒸馏的整个系统必须保持密封不漏气，所以选用橡皮塞的大小及钻孔都要十分合适。所有橡皮管最好用真空橡皮管。各磨口玻璃塞部分都应仔细涂好真空脂。当被蒸馏物中含有低沸点的物质时，应先进行普通蒸馏，然后用循环水泵减压蒸去低沸点物质，最后再用油泵减压蒸馏。

2. 减压蒸馏操作

（1）检漏　在圆底烧瓶中放置1/2待蒸馏液体，按实验图9或实验图10装好仪器，旋紧毛细管夹，打开安全瓶上活塞，然后开泵抽气。逐渐关闭活塞，观察真空表上真空度变化，有否漏气。如漏气检查各部分塞子和橡皮管的连接是否紧密等。必要时可用熔融的固体蜡密封（密封时应解除真空后才能进行）。

（2）抽气　旋转活塞，调节至所需的真空度。调节螺旋夹，使液体中有连续平稳的小气泡通过。

（3）加热　开启冷凝水，选用合适的热浴加热蒸馏（使热浴温度比液体的沸点高20～30℃）。加热时，克氏瓶的圆球部分至少有2/3浸入浴液中。蒸馏过程中，都要密切注意瓶颈上的温度计和压力的读数。注意记录压力、沸点等数据，纯物质的沸点范围，一般不超过1～2℃。假如起始蒸出的馏液比要收集的物质沸点低，则在蒸至接近预期的温度时需要调换接收器。此时先移去热源，取下热浴，待稍冷后，渐渐打开活塞，使系统与大气相通，然后松开毛细管夹，切断循环水泵（或油泵），卸下接收瓶，装上另一接收瓶，再重复上述操作。

（4）结束　蒸馏完毕后，灭火源，撤去热浴，待稍冷后缓缓解除真空，使内外压平衡后，方可关闭循环水泵（或油泵）。否则，由于系统中压力较低，循环水泵中的水有倒吸的可能（或油泵中油就有吸入干燥塔的可能）。

五、减压蒸馏操作注意事项

1. 用毛细管起汽化中心的作用，用沸石起不到什么作用。对于那些易氧化的物质，毛细管也可以通氮气，二氧化碳起保护。

2. 毛细管的拉制最好像发丝一样细。但易折断，装时要小心。

3. 接收瓶不能用锥形瓶及平底烧瓶，以免由于瓶壁薄而破裂。

4. 各接口要紧密不漏气。

六、 思考题

1. 减压蒸馏的原理是什么？它与常压蒸馏有什么不同？
2. 减压蒸馏的开始和结束按怎样的顺序进行操作？
3. 减压蒸馏时，为什么在减压蒸馏瓶中插一根毛细管？

实验二十　从海带中提取碘

一、 实验目标

1. 了解从海带中提取碘的生产原理。
2. 学会从网络中查找有关化学资料，培养应用理论解决实际问题的能力。

二、 仪器与试剂

1. 仪器

酒精灯、蒸发皿、铁架台、玻璃棒、试管、铁圈、分液漏斗、烧杯。

2. 试剂

干海带，3% H_2O_2 溶液，H_2SO_4 溶液，淀粉溶液，CCl_4，NaOH 溶液。

三、 实验原理

碘是人体生长发育不可缺少的微量元素，它在人体中含量不多仅有 20~50mg，但是发挥的作用却不容小觑，碘在人体内用于合成甲状腺素，调节新陈代谢，如果人体内碘摄入量不足，则会患上地方性甲状腺肿，即俗称的"大脖子病"。

碘在地壳中的含量为 $3×10^{-5}$%。自然界并不存在游离状态的碘，独立的矿物也很少，只有碘酸钙矿。碘主要来源为：①智利硝石中含有 0.2% 碘酸钠，智利硝石在提取硝酸钠以后，其母液中约有 3% 碘酸钠。②海水中碘的浓度尽管很低，只有一亿分之五，但总量却很大。特别是某些海藻（例如海带）能吸收碘，使碘相对地富集起来（每 100g 海带中含碘达 24mg），因此海藻便成了提取碘的主要原料。

海带中含有碘化物，利用 H_2O_2 可将 I^- 氧化成 I_2。本实验把干海带灼烧后去除有机物，灰烬用 H_2O_2-H_2SO_4 溶液处理，将 I^- 氧化成 I_2。

$$H_2O_2 + 2I^- + 2H^+ \longrightarrow I_2 + 2H_2O$$

最后用淀粉检验 I_2 的存在，并用 CCl_4 萃取生成的 I_2。

四、 实验步骤

（1）将 3g 海带用刷子刷干净，并剪成条或片状（尽量小），用酒精润湿后放入瓷坩埚中，把坩埚置于泥三角上。

（2）用酒精灯灼烧盛有海带的坩埚，至海带完全烧成炭黑色灰后，停止加热，自然冷却。

（3）将坩埚内海带灰转移至小烧杯中，再加入 15mL 蒸馏水，不断搅拌，煮沸 2min，使可溶物溶解，冷却过滤。

(4) 向滤液中滴加 6 滴 H_2SO_4 溶液酸化，2mL H_2O_2，观察现象。

(5) 将上述溶液一分为二，1 号试管中滴入 1% 淀粉液 1~2 滴，观察现象。

(6) 在 2 号试管中加入 2mL CCl_4，振荡萃取，静置 2min 后观察现象。

五、注意事项

1. 海带不能用水洗，以免损失。

2. 灼烧海带时要注意通风。

3. 防污染处理：向 I_2-CCl_4 溶液的试管中加入 NaOH 溶液 10mL，吸收溶解在 CCl_4 中的碘单质，充分振荡后，把剩余溶液倒入指定容器防止污染环境。

实验附录 本书实验所用部分试剂配制法

名 称	配 制 方 法	备 注
卢卡斯试剂	将 34g 熔化过的无水氯化锌溶于 23mL 纯的浓盐酸中，同时冷却	密封保存于玻璃瓶中
饱和亚硫酸氢钠溶液	将 208g 亚硫酸氢钠溶于 500mL 水中，再加入 125mL 95% 乙醇，静止沉淀或过滤即得	密封保存；实验前配制为宜
2,4-二硝基苯肼试剂	称取 2,4-二硝基苯肼 3g，溶于 15mL 浓硫酸中，将此溶液缓慢加入 70mL 95% 乙醇，再用蒸馏水稀释到 100mL，过滤即得	贮存于棕色瓶中
碘溶液的配制	分别称取 2g 碘和 5g 碘化钾，溶于 100mL 蒸馏水中即得	
托伦试剂的配制	量取 20mL 0.05mol·L^{-1} 的 $AgNO_3$ 溶液，放在 50mL 锥形瓶中，滴加 0.5mol·L^{-1} 的氨水振荡，直到沉淀刚好溶解	现用现配
斐林试剂的配制	A 溶液：溶解 3.5g 的硫酸铜晶体于 100mL 水中，如浑浊可过滤。B 溶液：溶解酒石酸钾钠 17g 于 20mL 热水中，加入 20mL、20% NaOH 的溶液稀释至 100mL	A、B 两种溶液分别贮存，用时等体积混合
班氏试剂	取 17.3g 柠檬酸钠和 10g Na_2CO_3，溶于 70mL 蒸馏水中，若溶解不全，可稍加热。另取 13.7g 硫酸铜溶于 10mL 蒸馏水中，然后慢慢地将该硫酸铜溶液倾入已冷却的上述溶液中，加蒸馏水至 100mL	
希夫试剂	将 0.2g 品红盐酸盐研细溶于含 2mL 浓盐酸的 200mL 水中，再加 2g 亚硫酸氢钠，搅拌后静置过滤。如果溶液呈黄色，则加入 0.5g 活性炭脱色。过滤后即得	贮存于棕色瓶中
碘化钾淀粉试纸	将 3g 可溶性淀粉与 25mL 水搅拌均匀后，加入 225mL 沸水中，再加入 1g KI 及 1g Na_2CO_3，加水稀释至 500mL。将滤纸用此溶液浸湿，晾干后即可使用	
西里瓦诺夫（Seliwanoff）试剂	溶 0.25g 间苯二酚于 100mL 浓盐酸中，然后加入蒸馏水至 200mL	
盐酸苯肼试剂	将 2.5g 盐酸苯肼溶于 50mL 水中（如溶解不完全，可稍加热），加入 9g $CH_3COONa·3H_2O$（起缓冲作用，保持 pH 值为 4~6）。若有颜色，可加入少许活性炭脱色。过滤即得	滤液保存在棕色瓶中；现用现配；苯肼有毒，使用时勿让其接触皮肤。如不慎触及，应立即用 5% 醋酸溶液冲洗，再用肥皂水洗涤

续表

名　称	配　制　方　法	备　注
0.1%茚三酮溶液	0.1g茚三酮溶于124.9mL 95%乙醇中	用时现配制
0.5%酪蛋白溶液	将0.5g 0.5%酪蛋白溶于99.5mL含0.048g氢氧化钠溶液中	

附 录

主要有机物与后续课程知识点的衔接关系

编号	课程/有机物	C01 中药化学	C02 药剂学	C03 药物化学	C04 天然药物化学	C05 药物分析	C06 食品卫生与安全	C07 食品化学	C08 药理学	C09 生物化学与检验技术	C10 基础营养
S001	烷烃										
S002	烯烃		基本理论								
S003	芳香烃					巴比妥类药物分析					
S004	卤代烃			麻醉药		维生素类药物分析					
S005	醇		基本理论	利尿脱水药、消毒防腐药	麻醉药、抗心绞痛			物质化学结构与毒性的关系	吸入性麻醉药		
S006	酚	酚性化合物	药物制剂稳定性	消毒防腐药、解热镇痛药、利尿脱水药、抗心律失常药	消毒防腐药、驱肠	药物的鉴别		物质化学结构与香气的关系			
S007	醚			安眠镇静药	消毒防腐			抗氧化剂、天然色素、化学结构与毒性的关系	抗氧化剂、物质化学结构与毒性的关系		
S008	醛							发酵食品的香气、物质化学结构与毒性的关系	发酵食品的香气、物质化学结构与毒性的关系	葡萄糖检验	
S009	酮	黄酮类化合物		维生素	黄酮类化合物	喹诺酮类药物的分析		食品中的天然色素、化学结构与毒性的关系	食品中的天然色素、化学结构与毒性的关系		
S010	醌	蒽醌类化合物			蒽醌类化合物	特殊杂质检查		动物性食品的香气、食品化学结构与毒性的关系	动物性食品的香气、食品化学结构与毒性的关系	葡萄糖检验	
S011	羧酸	有机酸	基本理论	调节酸碱平衡用药；助消化药、止泻药、消毒防腐药、抗血吸虫病药		芳酸类药物的分析		食品中的天然色素、动物性食品化学、调味剂	解热镇痛抗炎药	葡萄糖检验、血脂检验	
S012	羟基酸	鞣质		解热镇痛药、抗偏头痛药、抗凝血药、抗结核病药				食品中的天然色素、调味剂、防腐剂、膨松剂		葡萄糖检验	基础营养

续表

编号	C01 中药化学	C02 药剂学	C03 药物化学	C04 天然药物化学	C05 药物分析	C06 食品卫生与安全	C07 食品化学	C08 药理学	C09 生物化学与检验技术	C10 基础营养
S013 酮酸						加热食品所形成的香气、食品的氧化、味剂、鲜			葡萄糖检验	
S014 氨基酸		蛋白质							蛋白质检验	
S015 酸酐		基本理论								
S016 酯	油脂和蜡、香豆素类	药物制剂稳定性	麻醉药、安眠镇痛药、解热痛药、利尿药、水药、降血糖药、抗心律失常药、消毒防腐药		阿司匹林、氯贝丁酯		发酵食品的香气、防腐剂、抗氧化剂、乳化剂、香料、藻类的化学结构与毒性的关系	解热镇痛抗炎药	血脂检验	营养学基础——脂
S017 酰胺	生物碱		麻醉药、安眠镇静药、解热痛药、利尿药、抗心律失常药、降血糖药、抗生素药	生物碱	抗菌类药物、巴比妥类药物、胺类药物的分析					
S018 胺类	生物碱		对抗肌肉松弛药、抗组织胺类药、拟胃上腺素药、抗肿瘤药、消毒防腐药	生物碱	抗菌类药物、巴比妥类药物、胺类药物的分析	化学性污染——N-亚硝基化合物	动物性食品的化学成分	抗心绞痛药	蛋白质检验	
S019 硝基化合物					胺类、杂环类药物的分析		物质化学结构与毒性的关系			
S020 重氮化合物					胺类、杂环类药物的分析	食品添加剂——着色剂	合成色素		肾功能检验	
S021 偶氮化合物				香豆素与木脂素	杂环药物的分析	化学性污染——杂环类化合物	合成色素			
S022 杂环化合物	苯丙素类化合物	抗精神药、镇痛药、高血压药、抗抑郁药、抗癌药			杂环药物的分析		食品中的天然色素	抗精神失常药、镇痛药、抗生素	蛋白质检验	

续表

编号	课程\有机物	C01 中药化学	C02 药剂学	C03 药物化学	C04 天然药物化学	C05 药物分析	C06 食品卫生与安全	C07 食品化学	C08 药理学	C09 生物化学与检验技术	C10 基础营养
S023	生物碱	生物碱		解痉药、中枢兴奋药、抗心律失常药、抗菌药、抗肿瘤药	生物碱	生物碱类药物的分析			胆碱受体激动药、肾上腺素受体激动/阻断药		
S024	萜类化合物	萜类和挥发油			萜类和挥发油	维生素A		食品中的天然色素			营养学基础——维生素A、D、E、B_1、B_2、烟酸、泛酸、维生素B_6、B_{12}、C
S025	甾体化合物	甾体化合物		利胆药、甾体激素药	强心苷、皂苷	甾体、激素类药物的分析			皮质激素药、性激素药		
S026	蛋白质	其他成分	高分子溶液制剂	降血糖药	生化药物的成分（胰岛素）、双缩脲反应		化学性污染		胰岛素	蛋白质检验	营养学基础——蛋白质
S027	单糖	糖和苷类化合物			苷类化合物	维生素B_1、氨基糖苷类药物		食品的成分化学、食品中营养成分的代谢、食品加工中的褐变现象、抗氧化剂		葡萄糖检验	营养学基础——碳水化合物
S028	双糖	糖和苷类化合物			苷类化合物	维生素B_1、氨基糖苷类药物		食品的成分化学、食品中营养成分的代谢、食品中的味化学		葡萄糖检验	营养学基础——碳水化合物
S029	多糖	糖和苷类化合物	注射剂	血浆代用品	苷类化合物	维生素B_1、氨基糖苷类药物		食品的成分化学、食品中营养成分的代谢		葡萄糖检验	营养学基础——碳水化合物
S030	对映异构	中药化学成分与中药制剂		抗震颤麻痹药		生物碱类药物		水溶性维生素			

参 考 文 献

[1] 刘斌. 有机化学. 北京：人民卫生出版社，2013.
[2] 刘永民. 医用有机化学. 上海：第二军医大学出版社，2013.
[3] 张斌. 药用有机化学. 北京：中国医药科技出版社，2013.
[4] 李端. 天然药物化学. 北京：中国医药科技出版社，2013.
[5] 郝艳霞. 药物化学理论与实践. 北京：科学出版社，2018.